サケをつくる人びと

水産増殖と資源再生

福永真弓 著

東京大学出版会

Futuring Salmon : Dreams of Marine Ranching in Ruins
Mayumi FUKUNAGA
University of Tokyo Press, 2019
ISBN978-4-13-060322-5

はじめに

海を征服し、その秘密を知ろうとする、すべての者の生活と思想が当然そうあるべき形に、いま海は彼の生活と思想をも形づくりはじめていた。海の広がりと深みのすべてに動きまわる、あらゆる生物に、それがたとえそれが殺す必要のある生物だとしても彼は親近感を持った。しかし、わけても、彼がその運命を支配している大きな海獣に対しては、半ば気恥ずかしく思いながらも、同情と、神秘的ともいえる敬虔な気持ちを覚えるのだった。

アーサー・C・クラーク『海底牧場』（高橋泰邦訳、二〇一三〔一九五七〕）

サケが獲れない。三陸沿岸ではそんな声が東日本大震災のずいぶん前からつぶやかれていた。自営の定置網をもつ三陸の漁協は、「いよいよサケの戻りが悪い」と頭を抱え、町の人は「今年もサケが獲れないらしい」と立ち話をしては、心配そうにハマを見る年が続いた。

これまでサケは、安定的に、かつ量を生む資源管理の成功神話として語られてきた。そのサケが獲れない。しかも魚体が小さい。気候変動の影響に原因を求める声とは別に、サケ資源の安定生産を支えてきた、人工ふ化放流事業の限界を指摘する言葉が、おおっぴらに関係者の口にのぼり始めていた。

二〇一一（平成二三）年の東日本大震災後は特に、震災の影響で施設が大きく損傷し、放流数が減少した。震災前よりもさらに人びとがサケ漁獲の減少を憂えていた、ある春の日のことだ。

わたしはかつてサケ定置網漁船に乗っていた漁師とハマを歩いていた。震災から二年後、まだあちらこちらに津波の爪痕は大きく残されていた。

彼は人生の大半を定置網漁師として過ごしてきた。すでに定置漁船は下りたが、今でもサッパ船でウニやアワビを採りに出る。わたしは彼に会えば、サケと生きてきた彼の来し方を話してくれるようねだる。決して饒舌ではない。はじめはぽつりぽつりと、そのうち、酒が入って興に乗ると、船の上で張り上げていただろう、太い声を響かせて彼は語り始める。

昔は定置網といえばブリだったこと。サケはあまり獲れなくて、地曳網で獲れるサケが楽しみだったこと。一九八〇（昭和五五）年頃にはあふれるようにサケが獲れるようになって、あまりに獲れすぎて天候の悪い日に定置網の船がひっくり返ったこと。今でもその年はじめて湾にやってくるサケの姿を見るときに心がはやること。つい先日、放流された稚魚が藻場のなかにいるのをサッパ船から見かけて、つい無事に戻ってこいと声をかけてしまったこと。

もっとも、彼の一番のお気に入りは、幼少期、サケ地曳網の手伝いをしていた兄弟に連れて行かれた浜辺で、網に入ったひときわ大きなサケに睨まれた話だった。南部鼻曲がりとも呼ばれるオスの顔は、睨まれるとそれは恐ろしかろうと思う迫力ある形相だ。

彼の話のなかでは、サケはいつも、睨んだり、つれなくしたり、彼と張り合い、感情を互いに交感できたりする対等な相手として現れる。

「面白いやつだ、サケっていうのは」

あまつさえそんな言い方もする。そして、またサケに睨まれることがありやしないかと楽しみにしながら、変わっていくサケに向き合ってきた。

サケは面白いやつだ。

彼がそういうとき、資源量として換算される数字上のサケとも、タンパク質として消費される切り身になった商品のサケとも、自然保護の対象として象徴化されるサケとも違うサケがそこには居る。人と対等に向き合い、交渉し、敬意すら払われるサケだ。

その彼も、ここのところの不漁にはため息をつく。そして途方に暮れたようにつぶやくのだ。あいつら（サケ）はどこに行ってしまったんだろう、と。

去っていくサケがいれば、新たに現れるサケもいる。

東日本大震災前から、水産庁の増養殖に関する議論を調べたり関係者に話を聞いたりしていると、「サケ・マスもそうだが、栽培漁業の他の魚も含めて、ふ化放流事業にはコスパも科学的にも問題がある」「新しい養殖開発に力を入れた方がいい」「もっと高価格帯の輸出できる魚の養殖を進めたい」という趣旨の発言をよく耳にするようになった。

気候変動により不確実性がさらに増した自然界のなかに、稚魚を放流して増やそうとするのは効率が悪い。確実に消費者に好まれる高価格帯の魚を、大規模に安定生産できる養殖技術の開発の方が割がよい。そういう思考だ。

実際に世界の魚介類の養殖は近年急激に増加している。一九七二（昭和四七）年の時点では、養殖は世界全体の魚類消費量のわずか七％を占めるだけだった。およそ三〇年後の二〇〇四（平成一六）年には、三九％を占めるようになった（FAO 2016）。養殖は今や水産業の中心になったのだ。

日本でもこの流れにのっとり、技術で「魚」本体を品種改良したり、完全養殖や、海産魚の淡水での養殖化を試みたりと、魚の家畜化、すなわち家魚化が進められている。有名どころでは、マグロやウナギの完全養殖の試みがある。

サケはそのなかでも、世界中で急速に家魚化が進んできた魚だ。ここ三〇年ほどでその養殖量も増大した。大規模工場式生産技術も実用化され、手頃な値段でサケを食べられるわたしたちの日常を支えている。日本でもご当地サーモンなるものが増え、養殖サケは刺身や寿司ネタにあたりまえの、しかも人気のラインナップになった。

去っていくと漁師が憂うサケと、新たに現れてすでにわたしたちの食卓になじんだ感のある養殖サケ。

はたして、今、わたしたちの目の前に居るサケとは何ものか。

わたしたちは正面からこの疑問に向き合うことも、去りゆくサケと新しく現れたサケがいることに気づくこともなく、ただ商品としてのサケを食べながら変化を受け入れてきた。履歴を語らない商品に囲まれた平生の暮らしのなかでは、人がサケを生きものとしてどのように大きく変えてきたか、変えようとしているか自覚することはない。

そして今、わたしたちが商品に支えられて舌と腹を満たしているうちに、さらにわたしたちの手によって、サケは二つの極へ生きものとしての存在を収斂させられようとしている。人が恐れながら憧れてやまず、人間の領域としての文化と対峙させながら概念化し生み出してきた「野生」に属する生きものとしてのサケと、生殖過程も形態も肉質も、病気になりやすいかどうかという性質すらも、遺伝子から自在にコントロールして大量に生産し、商品として消費する「家畜」としてのサケだ。

だがそのどちらにも、あの漁師と睨み合うサケの存在は含まれない。

漁師と睨み合ったサケは、人工ふ化放流事業で育ったサケである。人工ふ化放流技術は経済的効率性を追求するため開発された技術手法だ。生殖過程は、育ったら回収することを目的にコントロールされている。捕獲され、形態の選択をされながら人の手によって繁殖し、稚魚期まで飼育される。その意味ではサケは、つくられた資源である。

しかし、育った稚魚は野に放たれる。沿岸から放流されて人の手を離れ、四年から五年を、大洋で過ごす。そして、サケという生きものが歴史的にそうで在り続けたように、母川へ再び繁殖するために戻ってくる。サケはこうして、繁殖への技術介入をその生に組み込んでもなお、生の回遊を変わらずに行って人間の営みに呼応し続けてくれた生きものだ。野生でも家畜でもない間（あわい）――サケと人が互いに働きかけ、応答し、自律性をもってそれぞれの生を営む時空間的広がりと応答そのもの――を長く生きてきた。

この間（あわい）自体は、人工ふ化放流技術によって生み出されたものではない。むしろ、間（あわい）は人工ふ化放流事業が始まるずっと前からのサケと人との長いかかわりのなかで保持されてきたものだ。人びとはサケの生態を理解し、サケののぼる川の空間を所有して地付き資源としてサケを利用してきた。同時に、漁獲制限をして自然繁殖を確保し、産卵場所や稚魚を保護してきた。そしてサケは人びとがサケに働きかける営みを自分の生のなかに組み込みながら、川で生まれ、大洋を泳ぎ、川に戻ることで応答してきた。こうして人と生きもの、その周囲の環境の応答が蓄積されて、野生化でも家畜化でもない間（あわい）は生まれ、応答の変容とともに少しずつそのありようを変えてきた。

近代になって導入された人工ふ化放流技術は、人間の環境改変と利用増大によるサケ資源の減少をとどめ、効率よく資源を生産するために導入され、開発されてきた。繁殖過程を人の手の元に置き、積極的にサケを「つくる」技術である。養殖技術にも通じる人工ふ化放流技術は、間（あわい）のサケと人のかかわりを変容させつつ、それでもそれまでの歴史的連続性をもつ間にサケと人の身を置き続けてきた。

しかし現在、サケが獲れないと憂うる人びとを見れば、何かしらわたしたちは間でのサケとの応答に支障を来しているようだ。政策的にはもはや、人工ふ化放流技術は効率性・合理性を失われたとみなされ、人工ふ化放流事業から養殖という極に政策の重心が移されようとしている。間から人は退出し、人との応答のなかでその存在を変容してきたサケもまた、家魚化と野生化の両極に存在を収斂させられながら、長くわたしたちと慣れ親しんできた間から退出しようとしている。

だが、この間からの退出は何を意味するのだろうか。

そもそも、家魚化と野生化の間とは、いったいどのようなものだったのだろうか。

間にあることがわたしたちにもたらしてきた特別な何かがあるのだろうか。あるとしたらわたしたちは今、家魚化と野生化に向かうなかで、何を手放そうとしているのだろう。

そして、間に生きてきたサケとはいったい何ものか。

本書の目的は、間に生きてきたサケの存在論的系譜をたどり、間における人、モノ、事柄の関係性の履歴をたどることだ。サケと人のあいだに間が歴史的に保持されてきた記録をたどり、その間でサケがつくられるようになった経緯を、サケをつくってきた、そして現在もつくっている人びとと技術の軌跡とともに追いかける。特に、ここ一〇〇年の変化を生み出してきた、水産行政および研究の主柱である増殖というレジームに着目し、追いかけてみよう。

おそらくこの探求の先には二つの小さな希望が待っている。一つは、間だからこそ生み出されてきた、サケと人のかかわりの豊穣さが可能にする、生きものの行く末を生きものとともに想像する力。もう一つは、すでに技術的なハイブリッドな存在となったサケであっても、人びとや他の生きもの、モノに応答し、豊穣なかかわりを生み出す潜在可能性をもちながら、わたしたちとともにこれまでと連続性のある間（あわい）を生み出すことができる、という希望だ。

もう一つの本書の隠れた目的は、この過程を通じて、増殖とともに歩んできた水産学を、増殖のコンセプトが最初に多分に含んでいた重要な概念、人と人以外の生きものの生きる場を再生する学問として編み直すよう提案することにある。

まずは、サケをめぐる旅を始めよう。

サケをつくる人びと／目次

第4章 サケと漁場を取り戻す——人工ふ化放流技術の導入

第10章 離れゆく——間（あわい）からの退出……324

サケをつくる人びと

1　去りゆくカワザケ、進む家魚化

わたしたちの身のまわりにサケを見つけるのは簡単だ。コンビニの棚を見てみよう。サケのおにぎりは欠かせない商品だし、しかもたいていのコンビニはちょっと具の大きくて値段の高いサケのおにぎりまで用意している。お弁当のなかにも切り身が入っているし、お茶漬けのもとにもフリーズドライのサケが入っている。わたしたちの身のまわりにあふれているサケ。しかし皆さんは、サケの姿形を正確に思い描けるだろうか。サケとはいったいどんな魚だろう。そして、サケとはどのような生活史をもつ生きものなのだろうか。

まずはわたしたちの食卓にあるサケに向き合ってみたい。そして、本書で人とサケのかかわりを解きほぐすために着目する、カワザケという生きものについて述べてみよう。カワザケという言葉を聞いて、「おや」と思った方はすでにサケについての知識をもち、関心をもってこの魚を見ている人だろう。たいていの人はサケの品種の一つ、ぐらいに思うのではないだろうか。

少しだけ種明かしをすると、カワザケこそ、わたしたちが長く、長く付き合ってきた間（あわい）に生きるサケだ。だが、今やその姿は限られたところでしか見ることができない。その理由を解きほぐすことが、サケがわたしたちから離れ、わたしたちがサケから離れた経緯を探ることになるだろう。

1・1 「サケ」とはどんな生きものか

わたしたちの食卓とサケ

サケほど一生を広く語られてきた魚も少ないだろう。その生活史はきわめてドラマチックで、人びとの感動を誘う。冬に川で生まれ、春に沿岸に下り、そこから太平洋に向かって旅立ち、再び四年から五年後の秋に産卵すべく生まれた川へ戻り、産卵後は川で朽ちる。この過程は教科書やテレビなどでよく知られた話であるし、川を遡り、産卵後死んでいく様子を、映像などで見たことがある人も多いだろう。沿岸にやってきたサケを獲る沿岸漁業(1)の様子は秋の風物詩として放映される。北海道および東北地方の人びとにとっては、稚魚放流をする小学生たちの姿は、春の訪れを思い起こさせるものでもあろう。ともに映像で強調されるのは、自然の生命と物質の循環を体現するサケの一生である。

サケはわたしたちの社会にとって、歴史的にも大きな存在であり続けてきた。サケは、季節になると必ず数を伴って、海から川へ遡り、人間社会を訪れてくれる。漁獲するのにたやすい。そして、その魚体の大きさ、身の旨さから、食いでのある生きものでもある。縄文遺跡においても数多くサケの骨が出土しているように、先史時代から日本列島に住む人びとを支えてきた。それが、和名でサケとして長く親しまれてきたシロザケ(*Oncorhynchus keta*)である。

現在、日本でサケやマスとして出回っているのは、サケ属、イワナ属、タイセイヨウサケ属、イトウ属の四属のおよそ一三種であり、これらサケ亜科魚類を総称して「サケ・マス」と呼んでいる。もっぱらサケとして歴史のなかで呼びならわされてきたのはシロザケである。マスと呼ばれてきたのはサクラマス（*Oncorhynchus masou*）だ。海に下らずに一生を河川や湖沼で過ごす陸封型サクラマスは、ヤマメという別称で区別される。サツキマス（陸封型はアマゴ）、ビワマスはともにサクラマスの亜種にあたる。シロザケもサクラマスも、本州にも北海道にも広く分布する。北海道の河川に遡上するカラフトマス、北海道の河川湖沼にいるヒメマス（陸封型のベニザケ）、択捉島以北の太平洋岸の河川に遡上するベニザケ、沿海州・千島列島以北の太平洋岸の河川に遡上するギンザケ、アラスカやロシアを遡上河川とするマスノスケ（キングサーモン）は、いずれも北海道開拓、明治期以降の漁船技術の進展によって、北の海、いわゆる北洋が日本の漁場となってから広く知られるようになった魚である。

北洋は、近世末期から、水産資源の開発、科学技術の発展と資本の投入、人びとの富を実現する夢の場となってきた。明治以降は、ロシア、米国、カナダなど北太平洋で接する国々との衝突や、資源利用と国境の拡張をにらんだナショナリスティックな政治的駆け引きのなかで確保されてきた海洋である。ゆえに、そういった諸々を投影し、時代を共有した人びとのあいだで強固な物語性をもつ場所だ（神長　二〇一五）。その北洋で、いの一番に名前があがる資源といえば、サケ・マスである。

サケ・マスは、このような人、魚、地理的空間、科学技術のかかわりの変容とともに、その言葉に含まれる魚種を広げてきた。その過程で、人びとのあいだで喚起される生きものとしてのイメージも塗り替えられてきた。ここ一〇〇年ほどは、人間とのかかわりのなかで生きものとしての生自体を大きく変容させながら、人間とともに生きてきた。

しかしながら、普段の食生活のなかで、わたしたちがどこまでサケをきちんと知っているかというと怪しい。そ

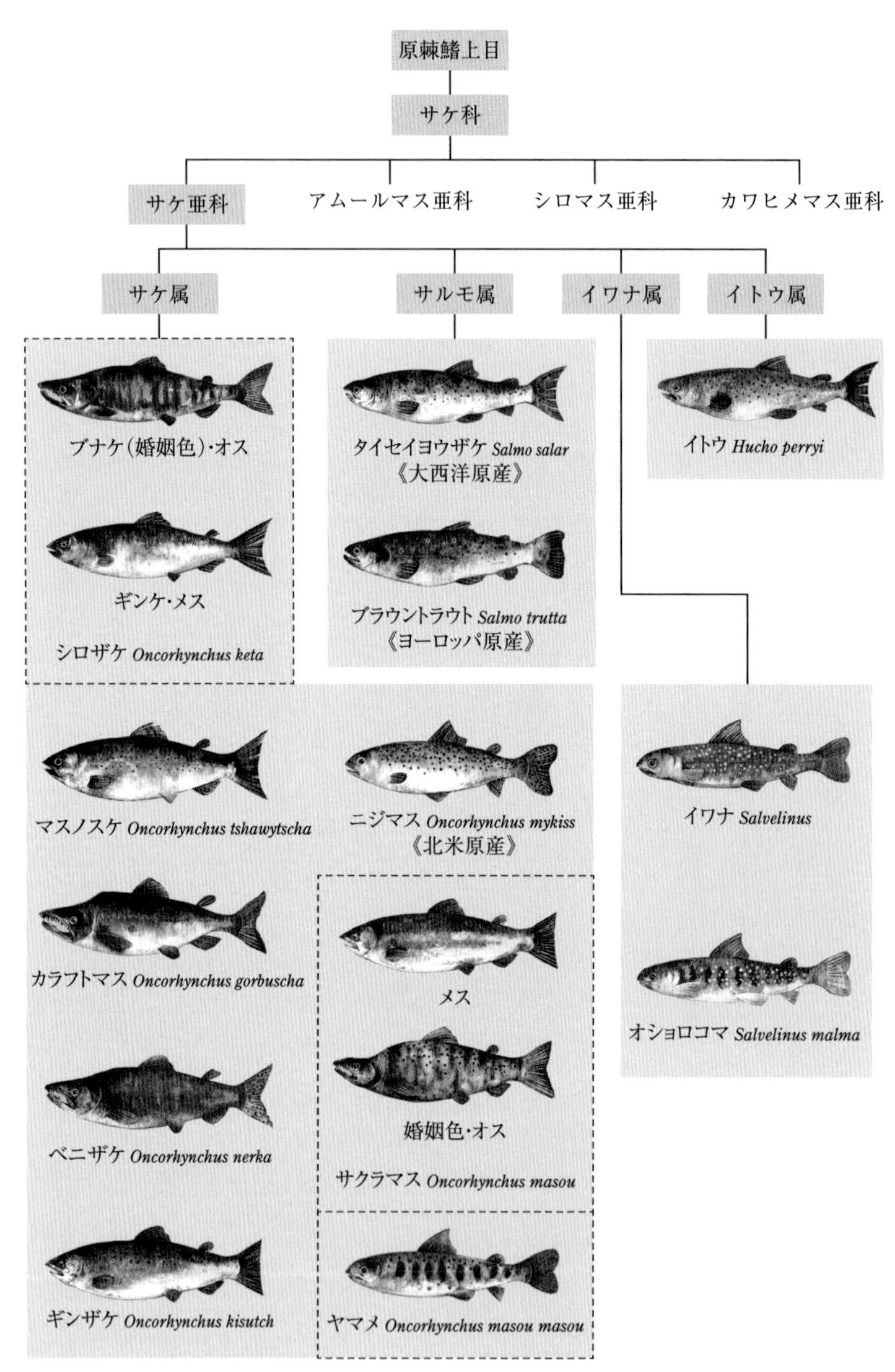

図1　日本のサケ・マス図一覧（イラスト：七つの森　いぬいさえこ）

もそもわたしたちは、複数の種類のサケ・マスを知らないうちに食べている。わかりにくいのは、複数の種類が「サケ」あるいは「サーモン」とひとくくりにされているうえに、さらに「マス」「トラウト」「サーモントラウト」と呼ばれるものもあるからだ。わたしたちの混乱の度合いは高まる。しかも、それぞれの輸入や養殖といった出自の文脈がわたしたちにはとてもわかりにくい。この出自の多様さが説明のしにくさのもう一つの理由である。

わたしたちは普段、そのようなサケ・マスに刻まれた来し方を想像したりはしない。それどころか、目の前にあるのが「どの」サケ・マスなのか、判断できるのは商品名と売り文句だけだ。短く添えられた「厳寒のオホーツク海から」「美しい海で養殖された」「オーロラの見える場所からおいしいサーモンをあなたにお届け」などという、商業用プロフィールから判断するほかない。

さらに、細かく商品化された複数の名前が一つの種類についていることも、来し方のわかりにくさを助長している。たとえば、わたしたちともっとも付き合いの長い、日本のサケ資源の多くを占めるシロザケ自体も、ブナ、ギンケ、スケ、アキアジ、大目、時鮭、秋鮭、ケイジ、メジカ、などとさまざまな言い方がある。人びとの目に触れるのはそれらが商品化された名前であることも多い。しかも、南部鼻曲がりなど、近世の頃に地方から商品として差別化を図るためにつくられた、年季の入った名前もある。平安時代から地方税として中央に納められ、近世には商品経済の商品として出回っていたサケは、異なる文化的な姿を数多くもつ。現在では、そうして名付けられてきたシロザケの複数の名前を、別のサケの種類を表す名前だと思ってしまっている人も少なくないだろう。

本書では以降、混乱を避けるために、サケ・マスのなかで、資源量も付き合いの長さも頭抜けるシロザケだけをサケと呼ぶ。マスについても同じように、サクラマスだけをマスと呼ぶことにしよう。日本で利用されているサケ亜科魚類全般について、サケ・マスとまとめて呼ぼう。

たくさんのサケ、それぞれの来し方

さて、本書での呼び方が決まったところで、どのくらいたくさんのサケ・マスが皆さんの生活に利用されているか改めて考えてみよう。毎年行われている総務省の家計調査では、二〇一〇（平成二二）年からは二人以上の世帯が購入している魚のなかでもっとも多く購入された魚になっている。[2] 試しに、身近なスーパーかコンビニに足を延ばしてみてほしい。スーパーに並ぶ少し高めの塩鮭や、コンビニに並ぶおにぎりのベニシャケは北洋で獲れるベニザケだ。かつては日本の漁船が北洋まで出かけて数多く獲りたいと切望した魚である。現在では北洋サケ・マス資源をめぐる国際的な取り決めから、日本の漁船が自前で調達できる量はわずかとなり、米国かロシアからの輸入に頼っている。スーパーでよく目にする、冷凍の切り身に塩をまぶした塩ふりギンザケやソテー用の脂ののった赤い身のギンザケは、チリから輸入された養殖ギンザケだ。同じギンザケでも、宮城県などで養殖されブランド化されたギンザケもいる。回転寿司で回り、居酒屋の刺身皿でつやつやしたサーモンピンクの身を見せるのは、ノルウェーなどで養殖されたタイセイヨウザケがほとんどである。日本や他国で養殖された北米原産のニジマス、あるいはニジマスを母体に各種ハイブリッドされたシナノユキマスなどの新しい「サーモン」「サーモントラウト」もよく外食産業にお目見えするようになった。さらには、養殖が軌道に乗ったイワナもサクラマスも、回転寿司のネタに出回るようになった。

かくも、日本が利用してきたサケ・マスの種類は多い。では、肝心のサケはどこに、というと、季節になると秋鮭、アキアジとしてスーパーに出回るのがシロザケだ。また、お弁当に何かと重宝するサケフレークもそうだ。定番のコンビニのおにぎりの具にもなっている。近年は、フィレになって海外へ輸出される量も増えている。

こうして、日々その商品としての姿の広がりをもつサケ・マスだが、そのどれも、生物としての生き方は異なっている。さらに、それぞれが歴史的に、あるいは現在のサプライチェーンのなかでかかわってきた人びとの集団も多様に異なる。

単に「サケ」とか「サーモン」とか、そのようにひとくくりにされてしまうと、サケ・マスが資源として人間社会を支えながら、生きものとしての姿を変えてきたこと、そのような種として人間社会とかかわってきたことをまったく見失ってしまう。サケ・マスは、その生活史と生態そのものが地域性と時代性を強くもち合わせ、川から沿岸、海へとつながる流域の空間ごとに異なる群れをつくる。しかも、種の多くは生まれた河川へ戻って再び命をつないでいく。その結果、その群れの帰る河川や沿岸の人間社会と深くかかわりながら、人間社会の歴史そのものをその身に刻んできた生きものである。

同時にその広がりと多様な変容は、漁獲と生産にまつわる文脈の「単線化」と同時並行で行われてきた。なかでも、日本でもっとも削られて見えなくなってきたのは、アイヌ民族とサケとのかかわりであり、北方交易圏の軌跡だ。日本列島には、アイヌ民族とサケとのかかわりが古代から存在している。そのかかわりの広さと深さはアイヌ民族の言語にもよく表れている。アイヌ語の魚を意味するチェプ（cep）は「われら食うもの」であり、サケのことを意味する。蝦夷松前藩主、松前邦広の五男の松前広長（一七三七–一八〇一）が当時の蝦夷について記した『松前志』にも、「チエフ」とサケを呼び、アイヌ民族では「魚中の真魚」として見なされているという記述がある。(3) チェプは他の言葉と組み合わされたり、合成されたりすると広く魚を意味するが、単体だとサケを意味する。アイヌ語にはチェプ以外にも、やはり真の魚を意味するシペというサケをいい表す言葉もあり、また、地域によって、サケの生活史の段階によってサケをいい表す言葉が数多くある。(4) アイヌ民族の言語学者、知里真志保が記したように、それぞれの地域においてサケのカムイノミ（神への祈り）が行われている。アイヌ民族にとってサケは生活に欠かせない資源であり続けてきた[5]（知里　一九五九）。

しかし中近世から、本土の和人との交渉のもと、土地・水域・資源の収奪が続いてきた。特に近世後期から明治にかけて、本土を中心とした市場と統治制度に組み込まれたアイヌ民族とサケのかかわりは互いに大きく変容した。北海道は、都市計画、産業開発、農林水産資源開発において近代の実験場となった。そして、北洋や北海道沿岸・沖合のサケ・マス漁、および全国に影響を与えるサケ・マス資源管理と人工ふ化放流技術開発の拠点基地として再定位された。その再定位は、アイヌ民族とサケ、北方交易圏の軌跡を、近代的なサケ・マス資源管理で上書きしてきた（山田　二〇一一）。アイヌ民族と和人、北方交易圏の人びとのあいだのサケ・マスやその生態に関する知識・技術・資源管理の伝播、交渉、そして、和人によるアイヌ民族からの資源や土地などの略取、統治に置くための同化政策、その過程での社会文化の収奪と差別化は、現在のサケ・マス資源管理とはかかわりのない話として切り離されてきた。戦後のサケ資源管理では、アイヌ民族の姿はさらに不可視化され、不在の存在へと変えられてきた。繰り返し、先住民権運動のなかでアイヌ民族から土地や水域、サケの川漁の権利を取り戻そうとする声も、ノイズとして退けられてきた。北洋漁業へ漁場が空間的にも広がり、組織的なサケ資源管理が新たなサケと人のかかわりを広げた。他方、アイヌ民族とサケのかかわりは、サケと人のかかわりの全体から捨象されていったのである。

このように、サケ・マスと人のかかわりは、広がりと単線化がともに進むという矛盾した歴史のなかで進んできた。そしてサケ・マスは、その生きものとしての生を変えながら、また、表象される姿を変えながら、人間との出会い方や関係の結び方をも変容させつつ、わたしたちの社会とともに生きてきたのである。

進行する家魚化とサケ

ではわたしたちは、どのようにサケ・マスの生活史を変えてきたのだろうか。サケ・マスの生活史を直接変えてきた大きな要因の一つは漁獲である。しかし近代に入ってからは、治水・利水に伴う河川開発、浚渫、埋め立て、造岸など、人間社会側が生み出してきた物的環境の変容がその主な要因となってきた。また、サケ・マスは、従来の流域から遠く離れた流域や湖沼に移植されても条件が合えば適応しうる。養殖という形で、その生活史の一部を、海だけ、淡水だけ、に限定されたとしても、その状況に適応しながら使いやすい資源であり続けてくれる。人間にとってのぞましい系統群の選択から、交配過程、染色体操作、生活史と生態空間（サケ・マスが生活に必要な空間）[6]の改変など、サケ・マスの生をコントロールし、人間に使い勝手のよい資源にする手法は多岐にわたり、人間にとって安定的に資源増産が可能であるよう技術開発も進んできた。

今やあたりまえに食卓に並ぶチリ産のギンザケ開発の端緒の一つは、日本によって開かれた。もともとチリにはサケ・マスがいなかったが、チリをサケ・マスの供給地にしようと、一九七二（昭和四七）年から日本が技術・人材提供をしてシロザケ移植が試みられた。養殖ギンザケ、タイセイヨウザケ、ニジマスは、その後、ドイツなど国際的な資本競合のなかでチリの一大産業となった（細野　二〇一〇）。刺身用サーモンや寿司ネタとして人気のタイセイヨウザケは、完全な養殖化と機械化、大規模産業化が根づき、人間の歴史のなかでもっとも最近に成功した魚の家畜化、いわゆる家魚化[7]の例としてよく知られるようになった（Lien　2015）。国ぐるみで家魚化と大規模養殖化に取り組んできたノルウェー産が世界的に有名である。ちなみにここでいう家畜化とは、生殖過程を人間に管理され、野生の集団から遺伝的に隔離されていることを指す。魚に限った場合の家畜化を表す言葉として、家魚化という言葉を使うことにしよう。

家魚化の進んだサケ・マスの食味も、味や身の質感、脂質の含み具合など、わたしたちの嗜好に合わせて、人工的な操作のもとでつくられたものでもある。たとえば、生食用のノルウェー産の養殖タイセイヨウザケは、脂質と色味の組み合わせが、身の色のカラーチャートのもとで管理されている。世界の各地域の歴史的・現代的嗜好を把握したうえで、それぞれの地域の消費者向けに個別にカスタマイズされ、商品として調整されて育てられる、そのような生きものになっている。販売先の好みに応じて飼料と水揚げするタイミングがコントロールされ、食味が洗練された養殖サケ・マスは確かにおいしい。もともと、ベニザケやタイセイヨウザケ、ギンザケは日本のサケよりも身の赤みが強く、脂のりがよいという生物学的特徴をもつ。ゆえに、カスタマイズされた養殖のそれらは、サケよりも生食や洋食化したメニュー向きだ。おまけにご飯の友としても優秀だ。輸入が始まってから、またたくまに日本の市場を多様なサケ・マスが占めるようになった理由はここにある。

もちろん、日本の在来種でも食味とサプライチェーン上の効率性を追求する開発は進められている。最近では、まったく河川や湖沼、海などに触れずに水槽で育てられる閉鎖循環式陸上養殖が、サケでも開発されつつある。(8) その狙いの一つは、サケをタイセイヨウザケやギンザケのような、市場での競争力の高い商品に変えることである。また、ニジマスを母体としてさまざまにサケ・マスをかけ合わせ、淡水、海水、それぞれの水域のみで育つ新しい養殖用品種の「サーモン」を生み出そうとする動きも枚挙にいとまがない。二〇一八(平成三〇)年、青森県産業技術センター内水面研究所が発表した新サーモンは、青森系ニジマスと海水耐性系ドナルドソンニジマスを親魚とした「青森系ニジマス×海水耐性系ドナルドソンニジマス全雌三倍体魚」である。名前の通り、明治維新以降に米国から輸入され、青森県で選択・交配されてきた淡水養殖に優れているニジマスと、ドナルドソンニジマスと呼ばれる、米国で特に選択と交配によって大型化されたニジマスをかけ合わせたものである。もともとニジマスは、生み出された品種の自然界との交雑を避けるため、また、性が未熟である方が美味で魚体も大きいことから、卵を産まない雌三倍体にされて養育されている。[9]

養殖のサケ・マスが爆発的に増え始めたここ五〇年あまり、科学技術の進展とともに、サケ・マスは家魚として養育される割合を増やしてきた。そして現在では、養殖に適するようにカスタマイズされた家魚としてのサケ・マスが、わたしたちの食卓にあたりまえに並んでいる。五〇年というわずかな時間のあいだに、わたしたちは、生物としてのあり方から、人間社会における社会文化的・経済的位置づけまで、サケ・マスという存在そのものを大きく変容させてきたのである。

他方、世界的には、野生魚としてのサケ・マスも自然保護の見地からまた求められ、科学技術とともに生み出され続けている。河川ごとの遺伝子系統群の差異を特定し、サケ・マスの生理について詳細に分析し、大海原での行動を追跡して明らかにできるようになった。特に欧米では、サケは野生（wilderness）を象徴する魚として、遡上する沿岸や流域の環境も野生化し、保護する試みが続いてきた。

人新世（Anthropocene）における家畜化と野生化

サケ・マスがその身で経験している家畜化と野生化は、人新世[10]と呼ばれるようになった現代においていっそう加速化している。人新世という言葉は、気候変動のように地球の惑星システム全体にすら大きく干渉するほど、人間活動が広がった現代を表す時代区分である。第二次世界大戦後以降のグレート・アクセラレーションと呼ばれる急激な人間活動の拡大は、もともと同じ地平にいてかかわりをもっていた他の生きものたちや、その生息環境に大きな変化をもたらしてきた（McNeil and Robert 2014）。言い方を変えれば、人間活動が地球の生態系にもっとも大きな影響を与える原因になったのだ。わたしたちの周囲には、人間によって資源が使い尽くされたり、汚染されたり、歴史的に培われてきた意味が奪われたりした荒廃した空間が増えた。人間にとって資源利用や生活拠点にすることが難しく、他の生きものの多くにとってもすみかにすることの難しい「死せる土地、死せる水」（Sassen 2014）だ。また、そのような荒廃地ではなくとも、資源の生産力が減少した地域は多い。

そのような現実のなかで、わたしたちは増大する消費を支えなければならない。そのために新しい処女地を発見して資源を新しく採取し始めたり、あるいはまだ未利用の資源へ資源利用を転換したりすることが、地球上ではすでにあまり見込めない。よって、これまで以上に効率的に、人工的な資源生産を行う試みを必要としている。宇宙と深海はまた別の話だが、人間がアクセスしやすい地表と水域についてはそうだ。

そのため、重要になるのが、植物工場、陸上の水槽、洋上の閉鎖域のような、できるだけ攪乱の少ない人工的環境を用いて、安定的かつ効率的に生物資源を確保する方法だ。つまり、養殖、牧畜、栽培のこれまで以上の進展が必要となる。そして、資源生産に適応できる種をさらに効率よく資源利用できるように、生きものとしての生活史や身体を変容させることが必要となる。技術開発の進展もあって、家畜化はこうした論理のもと、これまで以上のスピードで進んでいる。しかも、家畜化された種は、市場で評価される味覚や脂質の調整もたやすく、生産量も調整しやすいので、サプライチェーンを統制しやすく、商品としても優秀であるように設計することが可能だ。

かつてなく家畜化が大規模に、かつ対象種の生のありようも人の生のありようも大胆に変えながら進むのと並行して、野生化（re-wilding）も進んできた。産業化や植民地化の途中で、野生は保護される対象として見いだされ、その領域はサンクチュアリや野生生物保護区として囲い込まれてきた。あるいは野生は再生・創出されるべき対象となり、環境ごと生み出されてきた。日本において野生化は、動植物を野生のものとして取り戻すために再導入したり、その保全を行ったりしながら進められてきた。こう聞けば、コウノトリやトキ、そのすみかとしての里山と動植物を取り戻すことを思い浮かべる人もいるだろう。

こうした動きのなかで、野生化が誰の手によってなされ、誰の野生の概念や理想を反映しているのかも問題になってきた。欧米の文化的文脈のなかで形成されてきた野生概念は、野生と括られた動植物とかかわりながら暮らしてきた人びとから、その動植物を空間ごと奪い、植民地主義化してきたことも明らかにされてきた（Cronon 1983; Spence 1999）。同時に、新たな植民地主義ともいうべき野生化とそれによる景観の変容がアフリカ諸国などで起こりつつある（Suzuki 2016）。その一部である、資本や金融の動きに応じて新たに生態が社会・経済とともに組み換えられていく自然保護は、新自由主義型自然保護とも呼ばれている（Igoe 2017）。

また現在は、別の形態の野生化も、大規模にかつ工学的な手法をもって行われている。先に述べたように、わたしたちの社会では、「死せる土地、死せる水」が増え続けてきた。どうしたらこのような空間を、人間、あるいは他の生きものにとって潜在力の高い土地や水として取り戻せるだろうか。その答えとして現在進められているのが、生態系を再び生み出すという再野生化である。

たとえば、埋め立て開発の進んだ沿岸を思い浮かべてみよう。沿岸域の工業団地を造成するため、魚類の産卵や稚魚に重要な藻場や遠浅のハマを埋め立て、なおかつ大型船航行のために浚渫を繰り返す沿岸は、日本の至るところに見られる。わたしたちは経済的開発の過程でそのような環境になることを社会的に選んできた。現在、そのような沿岸では漁業資源が目減りしている。そのため、少しでも沿岸の魚を増やすために、漁獲制限に加えて、藻場の再生、砂地の造成、養浜、離岸堤の造成や、増えてほしい魚類の産卵場の保全や稚魚放流を行うことが求められる。生態系という動的なシステムのなかで、魚が必要とする生態系の状態を実現するのは容易ではない。しかし手を入れなければ、人がその沿岸・水域とともに培ってきたかかわりとそれらがもたらす恵みの可能性が、目減りしてしまう。シャコもシバエビも、ガザミもマコガレイも、もはや人工的に資本と資源を投下しなければ、あるいは投下したところで、かつてのようには獲ることはできない。少しでもそれらを増やそうと思えば、再びサービスや財を生み出すよう、人工物であふれた沿岸を野生化する試みが現在では欠かせない。こうして、資源となる生きものの生態空間（habitat）を整えるという意味の野生化が進む。

また、生態系のもつ多様な機能を生かすための野生化も盛んである。たとえば、干拓や埋め立て開発をした場所に干潟を再生し、嵐や高潮による防災減災に生かしたり、再び干潟の生物資源利用ができるようにしたりする。グリーンインフラと呼ばれるようになったこれらの試みは、二〇一一（平成二三）年の東日本大震災以降、日本でも耳にするようになった。

以上をふまえれば、現代の野生化は、人間活動によって失われた野生を取り戻すというよりも、人間活動を加えることで新しく「野生」を生み出すという意味合いで論じた方がよい。何を再び生み出すかは、何を目的にするかによる。コウノトリやトキの導入は、社会的に重要だと見なされたある自然の姿を再生しようとするもので、保全再生（restoration）と呼ばれてきた。野生化をこれまでそこにあったことのない野生を生み出すことも、そこにあった野生を保全再生することも両方含んだ広い意味で捉えておく必要があるだろう。こうした野生にとどめる、野生をつくり出す、という営みがわたしたちのまわりにはあふれている。

家畜であることと野生であることは、前者は人のための生きものへ生きものを変容させることであり、後者は生きものが人間の手を介さずに繁殖し集団を維持していくことだから、これまでは長らく対立項とされてきた。人と自然、それぞれを形づくる代表的な要素でもあった。手を入れる、手を入れない、という表現をされてきたこともある。しかしながら現在、家畜化と野生化は、どちらも人の手により方向づけられながら、科学技術と資本の投入によって実現されていくきわめて人工的な営みとして急速に進展している。

つまりわたしたちはかつてのように、人と明白に由来も履歴も異なる他者としての自然を簡単に見いだすことができない。しかも自然を、その自然らしさを体現する要素であった野生も含めて、社会的な合意や誰かの思惑のもとで表象し、設計し生み出す時代に生きている(11)。

このような家畜化と野生化を促進する試みは、古くて新しい問いを再びわたしたちにつきつけ、答えよと迫る。そもそも、野生であるとは何を意味するのか。そして、家畜化と野生化を通じて、今わたしたちは何をつくり出そうとしているのか。それははたして、自然といってよいのか。そして、そのようなつくり出す行為は、いったい誰のもとで、誰のために、どのような想像力と意思、手続きの正当性をもってなされているのか。

おまけに、自然とは、野生とは、という問いへの答えは常に複数である。複数性は、ほかならぬわたしたち人間と、人間以外の生命の、多元的でスケールの異なる生の次元のなかで、いかにモノ、出来事、人が現れうるか、ということに起因している。その意味で、世界は自明にそこにあるのではなく、理想の姿を見せてくれるわけではない。ゆえに、自然とは、野生とは、という問いは、自然や野生をそうあるべきだと考え、何がしかの方向性に導こうとしているわたしたち人間とは何か、人間なるものとは何か、ということをわたしたちに強く問いかける問いでもある。

サケという「つくられた天然資源」

さて、これらの問いの答えを考えるのに、日本のサケはたいへん適している生きものである。なぜならば、日本のサケは歴史的に、自然とも野生とも括られない間(あわい)を生きてきたからだ。しかも、人工ふ化放流事業の進展に伴い、「つくられた天然資源」であり続けてきた。つくられたといいながら天然資源であるという矛盾した間(あわい)の生きもの、それが日本のサケである。

日本のサケは、そのほとんどが日本の漁船によって、定置網や延縄、流し網を用いて日本の沿岸で捕獲される、いわゆる天然もの[12]である。しかしそれら天然ものは実のところ、人工ふ化放流に出自をもつ「つくられた」資源であり、川で自然繁殖したものではない。現在では、人工ふ化放流を経ずに繁殖するサケが統計上想定されていない(森田ほか 二〇一三)。それほど日本のサケ資源は、制度的にも人工ふ化放流に依存している。

人工ふ化放流について簡単に説明しておこう。人工ふ化放流は集団を自然の系統群から隔離する養殖とは異なる。むしろ自然の系統群の量を増やすことが目的である。そのために、もっとも自然界においてサケがその数を減らしやすい、産卵、受精および初期の稚魚期に人が介在する。そして、できるだけ多くの丈夫な稚魚を自然界に戻して資源増産を試みる。その過程で技術者たちは、人工ふ化放流に適したサケの群れになるように選択し、栽培と同様の育種を試みてきた。人工ふ化放流という過程を経た日本のサケは、天然という自然性を表す表象と、人間の領域にある生きものであることを示す文化という表象とともに、科学技術という刻印をひときわ鮮やかにもつ魚なのである[13]。

それゆえにサケには、人工ふ化放流事業そのものがもつ矛盾が刻まれている。人工ふ化放流事業は、一方では、サケの生態を科学的に解明し、サケが生きる沿岸・北部太平洋の生態空間ごと箱庭のようなコントロール可能な空間に組み替えることを目指してきた。そして、とにもかくにも資源量を増産するため、流域の歴史的なサケの数をはるかに超えるサケの増産を図ってきた。背景にあるのは、自然を支配できる対象と見なす思想である。そして、自然の法則性のすべてを人間は科学によってつまびらかにでき、それを統制して規格化し、箱庭のように人間にとって有益な価値を効率よくつくり出すものへとつくり直せる、という希望と確信である。この希望と確信こそ、近代なるものを構成し、推し進めてきた力でもある。

他方では、人工ふ化放流事業は、自然とは何か、野生であるとは何かという問いに、手探りで近づくことも必要としてきた。なぜなら、放流されたサケは、北部太平洋および沿岸域という、いまだ人間が読みきれず、コントロールできない広大な領域を生活空間として生きるからだ。人工ふ化放流事業は、読みきれない自然相手に順応的であることも求められる。そしてそこには、生態系の動的平衡のなかで生きるあまたの他の生きものもまた、生きている。面白いことに、前述した希望と確信のもとに邁進してきた科学者や技術者もまた、その過程で野生や自然の感触を手探りしてきた。生きているサケを日々相手にする漁師たちは何をかいわんや、である。

複雑なシステムの自然に対し、人の手が介添えすることによって、わたしたちは何を生み出そうとしてきたのか。それははたして、自然との共進化の過程といえるのか、それともあまりにも人間的な、都合のよいつくりかえなのか。わたしたちはいったい、どうやってこれから自然なるものを見いだし、どのようにともに生きていこうとするのか。

人工ふ化放流というものは、野生化と家魚化のあいだの微妙な境界に位置する技術であって、これらのやっかいな問いの答えを探るのに実に適した素材なのだ。

そこで本書では、それらサケのもつ刻印について、天然ものとしての資源をつくることを目指してきた日本の資源増殖の実践、人工ふ化放流事業に焦点をあて、読み解いてみよう。つくられた天然資源の来し方を読み解くことは、わたしたちがこれまでどうやって自然と人間のあいだの境界をつくり、それぞれがどのようなものであってきたか、その履歴を知ることだ。人新世に生きるわたしたちにとって、この履歴の束を知ることはとても重要である。なぜならば、この履歴の束こそ、わたしたちを待ち受ける難題に立ち向かうヒントを与えてくれるからだ。すなわち、これから人間と人間以外の生命を含めたどのような社会をつくるのか。そのためのガバナンスをどう構築できるのか。そのような難題である。

単に人工ふ化放流の事業史を追いかけるだけでは、サケと人の交渉史のなかで人工ふ化放流がどのような役割を果たしてきたかをうまく捉えることはできない。むしろ、人工ふ化放流事業の展開のなかで、多様に存在する地域の網の目のようなサケと人のかかわりが、いつのまにか単線化され、上書きされてしまってきたことに着目しなければならない。そして、いったん忘却されたかかわりが、忘却され続けるよう働くメカニズムに注意を払おう。その際に有効なのは、単線化のなかで忘却されようとする関係性の塊に着目することである。本書では、いくつもの関係性の塊を包含する根っことなってきた関係性の塊に着目したい。

その関係性の塊とは、カワザケという生きものの体現する関係性の塊である。

1・2　カワザケと増殖――二つの補助線

カワザケという生きもの

かつて芭蕉に「乾鮭も空也の痩も寒の中」と詠まれ、カラカラになり、保存のきく食糧として長らく重宝されてきたのは、ブナ、ブナケ、カワブナ、ホッチャレなどと呼ばれてきた川で獲れるサケである。これらを総称して本書ではカワザケと呼んでおこう。

これらは種や属の名前ではない。ハマチのように出世魚と呼ばれる魚が、ワラサ、ショッコ、ハマチ、ブリと大きさとライフステージによって名前を変えるのと同じく、ブナ、ブナケとは、産卵というライフステージを迎えたサケ、すなわち、川にのぼり、ブナの落ち葉のような婚姻色の模様からそのように呼ばれるサケのことだ。

サケは産卵のために沿岸に近づき、遡上し始めると餌を食べなくなる。まだ秋も早いうちに遡上のために岸に寄ってくるものは、まだ身も赤く、体表も銀色である。秋も深まって湾に入り、川に遡上してきたブナケは、個体にはっきりと婚姻色が現れる。ブナケのサケは、餌を食べなくなって久しいから、サケの身を赤くするプランクトンの色素が排出され、本来の白い身に戻っていく。そのようになったブナケの身は、脂も少なく、長期保存に向いている。塩漬けにしても乾かしても、脂が少ないから傷みなく長く保存でき、食せる。川にあがってきたブナケをカワブナ、さらに放卵や放精を終え、傷だらけの魚体になって生を終えようとしているサケを、ホッチャレという。

サケ・マス利用の歴史は、考古学的には縄文時代に遡れるが、サケ・マスが文字に表されたもっとも古い文献は、風土記である。『常陸風土記』『出雲風土記』『肥後風土記』の三つにサケの記述は残る。マスの記録は『出雲風土記』に見られる。『常陸風土記』には、「サケが取れるから改めて助川と川を名づけた。俗語に、サケの親をスケというう」という記述がある（秋本　二〇〇一：一六六）。現在の茨城県日立市のあたり、当時は久慈郡と呼ばれていたところである。平安時代の律令の施行規則、格式の一つの『延喜式』には、信濃・越中・越後から貢物の中男作物（一七歳以上、二〇歳以下の男子が納める貢物）としてサケが記されている[14]。『延喜式』は九〇五年から編纂が始まっていて、その記述からはすでにサケの部位ごとに加工されて租税の産品になっていることがわかる。その記述にある、鮭楚割（サケスワヤリ）はサケの内臓を抜いて乾かしたもの、氷頭（ヒズ）はサケの頭の軟骨の部分、背腸（セワタ）はサケの中骨についている腎臓を塩漬けにしたもので、現在ではメフンと呼ばれる珍味である。鮭子（スジコ）はいうまでもなく、腹の卵を塩漬けにしたものである。信濃には海はないが、サケがのぼる大きな川が流れるゆえに、サケ漁の盛んな場所だったことがこの租税からわかる。信濃までのぼってきたサケはもちろんカワザケである。

しかし現在、カワザケがフレーク以外で食卓にのぼることはほとんどない。同じサケでも、季節になれば秋鮭、時鮭、アキアジ[15]と呼ばれて食卓にのぼるのは、体表がギンケと呼ばれるきれいな銀色のままの、身の赤いサケだ。それは、日本近海以外で獲れる若いサケ、あるいは母川よりも北の沖合で漁獲されるサケ、沿岸に戻ってきたところを河川に入る前に定置網で捕らえられるサケである。カワザケよりも味がよいとされるギンケこそが、現在のつくられた天然資源であるサケとして語られ、資源増殖の主柱として語られるサケである。

多くの地域でカワザケが消えたのは、一九五二（昭和二七）年に施行された水産資源保護法で、カワザケの捕獲が人工ふ化放流事業のためにのみ認められるようになってからだ。さらに、人工ふ化放流事業の効率的な親魚確保のため、河口での一括採捕が行われるようになったこともあって、川をのぼっていくカワザケは多くの川で姿を消した。

今では、川にのぼり、ときにはその後再び産卵によい場所を求めて川を下って川で産卵までの時間を過ごすサケを見ることは稀になった。カワザケ漁も稀になった。カワザケの漁で知られる新潟県の三面川や大川、宮城県から岩手県の盛岡市まで流れる北上川とその支流、山形県の最上川支流の鮭川、茨城県の那珂川などは、近世からのカワザケ漁との連続性を当事者たちが意識する稀な存在だ[16]。そうした場所では、カワザケとともに生み出されてきた食文化もまだ生きている。カワザケを塩に漬けて熟成させた辛い塩鮭や、塩につけた後でいったん水で軽く塩抜きし、干した昔ながらの塩引き（新巻）も食べられている。もちろん、獲れたばかりのカワザケを水煮にしたり、塩焼きにしたりするのも季節の食べ方の一つだ。

色の白い身でなければ、おれたちのサケじゃあない。今でもそういう人たちに、わたしも本州の各地で何度となく出会ってきた。そしてカワザケのお相伴にあずかってきた。

最近では、カワザケは新しい関係性を人びとと他の生きもののあいだに築きうる存在として着目されている。すでに消えてしまったカワザケを、新しく自然保護や地域文化の保全の要として、象徴となる存在として取り戻そうとするものだ。もっともよく知られた事例は、北海道の豊平川だろう。札幌市内をゆくサケの姿は、市民によるサーモンカムバック運動の成果だ[17]。北海道では他にも、忠類川のようにカワザケをあげ、自然繁殖するサケを対象にしたスポーツフィッシングも始まっている。

同時に研究者たちのあいだでもカワザケの重要性が見直されている。人工ふ化放流事業の隙間のなかで、細々と続いてきた自然繁殖のサケを、「野生魚」[18]として人工ふ化放流事業由来の資源と区別して改めて増産しようという研究も始まった（帰山　一九九八）。その背景には、人工ふ化放流事業による資源増産によって、遺伝的多様性や回遊数の減少などの課題が表れたことがある。それらの課題を解決する道筋として、野生魚の保護や増産が目指されるようになってきたのだ。また、同じ太平洋域でも、カナダや米国で盛んであるように、サケ資源管理を流域・

沿岸の包括的管理として行う政策・制度や、野生系統群の保全のためのふ化放流事業などを参照しつつ、日本にとってよい資源管理の形が改めて模索され始めている[19]。野生魚については、人工ふ化放流事業を中心にしてきた研究体制と資源管理体制のなかで、その資源量も正確にわかっていないのが現状だ。

カワザケという関係性の塊は、周縁化され、忘却されながらも、細々と地域で生き残ってきた。そして現在では、社会から、科学から、カワザケという存在に新たな期待が集まっている。

そこで本書では、このカワザケに着目し、つくられた天然資源としてのサケはどのように生み出されてきたのか、追いかけてみることにしよう。カワザケの忘却と再生は、まさにサケがつくられてきた歴史の中心にある出来事だからだ。

カワザケを追い続けることによって、これまで単線化される過程のなかで切り捨てられていった履歴や文脈が、いかに言及されないまま、忘れ去られた「過去のもの」となってしまったか、明らかにすることになるだろう。カワザケはサケと人が応答してきた時空間的広がり、間（あわい）それ自体を明らかにする補助線になる[20]。

増殖という補助線

さらに本書では、もう一つ補助線を引く。明治期以降、日本の水産界の成り立ちを支え水産行政を動かしてきた、増殖という概念である。カワザケという関係性の塊が間（あわい）自体を明らかにする補助線ならば、増殖は、その間（あわい）でどのような変化が起こってきたのかを捉えるための補助線だ。

近世中後期から各地で行われていた資源管理・保全のためのさまざまな試みは、明治から大正にかけて繁殖という言葉で概念化され、さらに積極的な資源増産を人工的に行うという意味合いが強められて、増殖という概念になった。

増殖は家魚化そのものを意味する養殖とは異なる。増殖は、魚介類の再生産過程だけを限定的に家魚化しながらも、自然の生産力を用いて水産資源を増産しようとする試みである。人工ふ化放流事業はまさにその試みの中心であり続けてきた。その際に、頼りとなる自然の生産力を利用できるよう、必要となる空間の他の生きものの配置、生態系を構成するモノの配置を変えて、環境ごと箱庭につくりかえていくことも主眼に入れている。たとえばヒラメやスズキなど、高価な水産資源を確保できるような、沿岸環境と生態系の組み替え（整備）が目指されてきた。人工ふ化放流はまさにその試みを支えてきた技術である。これまで人工ふ化放流について説明してきた通り、それは家魚化とも野生化とも異なるが、両者の性質をもち合わせている。

増殖という補助線は、サケと人が応答しながら維持してきたカワザケという関係性の塊が、いかに人工ふ化放流事業の展開とともに変容したかを、その周囲の制度・人間社会のニーズ・人間以外の生きもの・モノごと記述する手助けをする。二つの補助線を配置することで、たとえば人間社会における空間利用ニーズの競合（たとえば、農業・工業による水質汚染や用水の摂取と、サケにとっての十分な質・温度・水量の確保という競合）が、どのような増殖技術の展開を必要とし、結果としてサケの生態空間をどう変えていったかがよく見えるようになる。同時に、そのようなサケの生の変化に、人びとがさらにどのように空間を変えたり、技術を開発したりして応答したかが、サケを獲るという変わらぬ営みと同じ平面で起こった出来事としてよく見えてくる。そしてサケと人の応答とそれによる間（あわい）の編成の変容がよく見いだせるだろう。

増殖はどのような自然と人のかかわりを読み解く文法をもたらしてきたのか、また、その文法のもとでつくられた社会の仕組みをどのように動かしてきたのか。増殖を中心とした文法を本書では増殖レジームと呼ぼう。なぜそう呼ぶのかは、本研究の方法論とかかわるので、次に方法論とともに説明しておきたい。

人以外が息づく世界を描くための方法論

では、本研究の方法論についてまとめておこう。本書の目的は、野生化でも家魚化でもない間（あわい）がどのように形成されてきたのかをたどってみることだ。そして、その間（あわい）に生きてきたサケの存在論的系譜をたどり、間（あわい）における人、モノ、事柄の関係性の履歴を探求することにある。

日本におけるサケと人の関係性については数多くの著述がなされてきた。サケは人気ものなのだ。一般に向けてわかりやすくサケの生態から資源管理制度、文化までを説明する「サケ学」も編まれるくらいである（阿部編 二〇一〇、帰山ほか編 二〇一三）。もっとも、サケと人について書いた本に特徴的なのは、地域の漁や食文化、伝承、生活様式などの民俗や生業史から、個人の釣りや環境教育の経験まで、研究者以外の書き手も多いことだ。もちろん、サケと人のかかわりを描いてきた学問分野も多岐にわたる。主には、先住民・地域研究、民俗学、経済史、水産史の書き手たちが、やはり漁や食、加工などの民俗や文化、生業について、統治、市場、流通、所有、共同体、植民地化、資源管理などに着目しながら、歴史的経緯とともに明らかにしてきた（岩本 一九七七、一九七九、谷川編 一九九六、菅 二〇〇〇、二〇〇六、高橋 二〇〇七、二〇一三、赤羽 二〇〇六、山田 二〇一一）。

水産技術者たちや北洋サケ・マスの漁業者たちが書いた手記や研究もある。一八八八（明治二一）年、北海道の千歳に官営のサケ・マスふ化場ができて以来、人工ふ化放流の技術開発の中心が北海道だったこともあり、また、沖合・北洋漁業の主要基地が北海道であったこともあり、北海道にその記述の多くが割かれている（岡本 一九五六、秋庭 一九八八、小林 二〇〇九、田中 二〇一二）。

本書では、カワザケと増殖、二つの補助線を用いながら、サケの存在論的変容を描くための方法論を探ってみよう。本書が参考にするのは、現在の社会学・人類学・哲学に大きく影響を与えるフランスのブルーノ・ラトゥールらによる「アクターネットワーク論（以下、ＡＮＴ）」（Latour 1987, 2005）である。ＡＮＴは、人びと、モノ、出来事、概念を同等のアクターとして見なし、描写する方法論である。特徴は、モノ、出来事、概念もまた、人間と同様に絶えず社会を再構成し続ける行為能力をもつアクター（actant）であると捉えることだ。人間と人間以外の生きもの、モノ、出来事、概念は、等しく「行為する」（performing）ことで、何らかの作用を生み出す[21]。行為と作用のネットワークを読み解くことで、こんがらがった現実を描写するとともに、分析の対象にできる。ＡＮＴはもともと、科学と社会がともにもつれ合いながら展開していくなかで、科学技術の社会に及ぼす影響が連鎖しながら巨大化することを明らかにするための方法論である。

ラトゥールは、社会と自然は、主体と客体と同様に融解したハイブリッドな状態のものとして在り、生まれくるものであって、それらを二項対立的に分けてそれぞれ純化しようとする政治性とダイナミズムにこそ着目すべきだと主張する。気候変動や原子力のように、ハイブリッドだからこそかつてない影響を及ぼす怪物たちとわたしたちは向き合わざるをえない。ネットワーク（翻訳と媒介）、すなわち人・生きもの・モノ・出来事などのあいだのかかわりを追いかけることで、ハイブリッドであるとはいかなる状態なのか、怪物化を止めることはできるのか、と問うことができる（ラトゥール　一九九一＝二〇〇八）。差異はありながらも、ラトゥールに影響を受け、大なり小なり共通した問題関心をもつダナ・ハラウェイらのフェミニスト科学技術論、文化人類学などは、自然と人間に関する新しい潮流、ポストヒューマニティーズ[22]を形成しようとしている。

家魚化と野生化、そして間（あわい）に生きてきたサケとわたしたちは、はたしてどのようなネットワークと純化のダイナミズムのなかにあり、どのようなハイブリッドであろうとしているのか。そういう問いがこの見方からは成り立つだろう。長くわたしたちがサケとともにとどまってきた間（あわい）は、いつから、どのような変容のなかにあり、わたしたちやサケはどのような存在へ自らを生み直してきたのか。そのように、間（あわい）に生きてきたサケを存在論的に問い直したいわたしたちには有効な方法論だ。

ゆえに本書は、モノ、人間以外の生きもの、出来事、概念、そうしたものをアクターと見て、アクター間のネットワークについて平衡に捉えることを試みよう。加えて本書では、アクター同士のネットワークと行為・作用のまとまりについて、レジームという分析枠組みを加えたい。一九七〇年代、国際関係論を牽引した理論の一つがレジーム理論（Zangl 2014）だった。そこでのレジームは、国家および国際組織間の統治体制を意味していた。本書では国際関係論のレジームとは距離を置く。それよりも、ミシェル・フーコーが「真理というレジーム」（フーコー　一九七七＝二〇〇〇）をもってイデオロギーを読み解いたときと同じ意味と用法で、レジームという言葉を使いたい。フーコーによれば、「真理というレジーム」は、人に是非の判断を行うことを可能にする機制と事例であり、それに基づく賞罰を与える手段である。また、真理を入手するための価値と一致するような技術と手続きである。そして、それが真理だと見なす役目をもった人びとの威信のもとでもあり、権力を伴う（フーコー　一九七七＝二〇〇〇）。本書においてレジームとは、ルールや規範などの規律、統治の方法、そのための道具立てが一連となってある目的のもとに動いていること、動いているその全体を指す。レジームは、人びとに判断基準を提供し、それに基づいて人びとを律する機制である。レジームには、レジームを構成し支えている価値のもとで維持されているルール、法制度、手続き、それらのための技術も含まれている。なおかつレジームは、そのレジームを支えるのが妥当だと見なす人びとの威信を支え、規範としても働く(23)。

本書で鍵になるレジームは、増殖レジームである。増殖レジームがいかに生成されていくのかが、間(あわい)のサケと人の存在論的変容を明らかにするための、一つの焦点になるだろう。近世につくられた資源保全の営みは、幾度となくサケを減少させてきた資源利用の負の歴史から、明治・大正期に繁殖保護という概念、政策、実践に再構成される。そこからさらに、技術的な転回を介して、増殖という新しい極を生み出してきたことが、カワザケの消えた構造にかかわる。カワザケと増殖、二つの補助線とともに、シナリオやネットワークがどう増殖レジームに凝集していくかを明らかにしよう。そうすることで、水産学と呼ばれる学問、およびその周囲で、生態から技術に係る科学研究、現場での技術実装と科学研究の狭間をいく技術開発がたどってきた道を、そこに集う人々の情念とともに明らかにできるだろう。

また、増殖レジームのもとで、シナリオや価値、作法が繰り返し使われていくことにより、その軌跡がつくる境界（法制度の、行政の、地理空間の、生活常識の、表象の）が生まれ、強められていくことにも着目しよう。専門家と一般の人びと、各専門家集団、官僚機構同士を分かつ境界もまた、作用を引き起こすアクターである。たとえば、効率よく資源管理を行うために、農業や林業はそれぞれ固有の制度、政策決定グループと過程、専門知・技術提供集団、生産者集団をまとめるシナリオを必要とする。すなわち、間(あわい)には境界が引かれることになる。その境界は、人びとの行動や考え方、人間以外のものにも作用する。農地のための圃場整備を行うにあたって、流域全体の保水量、流速、流量の変化や、河川形態の変化による土砂流量を考えることはない。つくられた境界のなかで知覚し、思考し、行為を行うようになる。生きものもまたこのような境界に動かされ生態を変える。単種の植林地と照葉樹林のあいだのように、人為がつくった境界に人間以外の生きものが適応して生息範囲を変えたり、場所から移動したりする。

サケについても、増殖レジームのもとでつくられていく境界が、サケの生きる間（あわい）の生態を、空間を、社会を変えていく。そうしてサケが、特に、間（あわい）に生きてきたはずのカワザケという関係性の塊がどう変容していくのか。人間と人間以外の生きもの、モノ、出来事、概念の生み出すかかわりを解きほぐし、探索してみよう。

宮古湾、津軽石川というフィールド

さて、わたしたちが具体的にたどるのは、本州の岩手県宮古市の宮古湾を舞台とするサケと人のかかわりである。宮古湾には、本州で有数のサケガワとして歴史的に有名な津軽石川がある。同じ湾に注ぎ込む北上山系を流れる閉伊川もまた、サケの戻る川であるが、津軽石川より格段に大きいこちらはむしろ、アユやサクラマスで有名な川である。宮古湾の入り口の北には、古来より鉱山開発で、現在では津波防潮堤で有名な田老があり、近世には宮古湾に戻るサケの漁をめぐって宮古湾内の人びとと緊張関係を築いてきた。宮古湾の東側を構成する重茂半島にも太平洋側に向かって流れるサケ川があるが、重茂半島の人びともまた、宮古湾内および沿岸に帰ってくるサケ漁の権利をめぐって宮古湾周辺の漁村と争い、サケを共有してきた歴史をもつ。

宮古湾では複数の母川に戻るサケの複数の集団が、湾の内外に時期を少しずつずらしながら戻り、人びとはそのサケと、周囲の集落の人びとと、盛岡や江戸など、ずっと離れた場所の人びとと、知恵比べ、根比べ、腕比べをしながら向き合ってきた。

宮古湾奥の津軽石川は、新潟県の三面川よりも早く、近世からサケの資源管理と繁殖保護を行ってきた瀬川仕法と呼ばれる制度を培ってきた川である。すなわち、自然産卵のための環境保全と漁獲を行う時期と日数の制限を行ってきた歴史をもつ。この川の周囲の人びとは、同時に、明治期以降、人工ふ化放流技術を自分たちのものとして積極的に受容してきた人びとである。本州のふ化場は民営で運営されてきた。ゆえに本州のサケの人工ふ化放流事業は、国家的事業の中心となってきた北海道とは、国による位置づけも、国家との距離もまったく異なっている。日本のサケ、というときには、生産量が日本でもっとも多く、北洋サケ・マス漁の中心基地であり、サケ人工ふ化放流事業の制度的中心地である北海道のサケを語ることが、日本のサケを語ることになってきた。植民地主義と欧米文化移入、先住民族のアイヌ民族との文化的接点が集積することから、日本のサケのなかでも北海道のサケは、何かとサケと人をめぐる地政学上の中心にあったといってよい。

しかし本書では、本州の津軽石を中心に見る。それにより、これまで北海道中心で語られてきた技術史およびサケと人とのかかわりの歴史を相対化することもできよう。そしてその相対化は、単線化され、忘却のなかに置かれてきた、サケと人の不可視化された関係性の塊、カワザケに正面から光をあてることになる。

津軽石の人びとにとってのサケは、長らくカワザケだった。同じ湾にそそぐ閉伊川よりも、ずっと遅く、一一月半ばから二月後半まで戻ってくる、本州一遅く川にのぼるサケである。成熟しているがゆえに、オスの鼻が曲がり、尖った歯が剝き出しになる、迫力のある顔の「南部鼻曲がり鮭」として昔から有名な、独特の相貌のサケである。しばらく、カワザケの物語に耳を傾けていただきたい。

（1）沿岸漁業について、本書では、以下の漁種を含む。定置、刺網、その他敷網、その他巻き網、地曳船曳、小型底曳、その他曳廻網、イカ釣り、その他釣り、その他延縄、採貝。沖合は、サンマ棒受け、イワシ巾着、アジ・サバ巾着、中型底曳、近海カツオ釣り、アジ・サバ一本釣り、近海マグロ延縄、サケ流し網のことを指す。遠洋漁業は、トロール、以西底曳、遠洋カツオ一本釣り、遠洋マグロ延縄、捕鯨、北洋サケ・マスのことを指す。

（2）二〇一七（平成二九）年についてはサケの全国的な不漁から、ブリに購入量一位の座を譲った。比較する際には、塩鮭と生鮮サケを合わせた量をサケの購入量と見なしている。総務省の家計調査については、下記のウェブサイト参照。https://www.stat.go.jp/data/kakei/index.html（二〇一八年一〇月三一日最終アクセス確認）。

（3）『松前志』については、寺沢一ほか編、一九七九『蝦夷・千島古文書集成――北方未公開古文書集成　第1巻』に所収されているものを参照。

（4）サケを表すアイヌ語の多様さについては、アイヌ民族博物館による『アイヌと自然デジタル図鑑』（http://www.ainu-museum.or.jp/siror/　二〇一八年三月一二日最終アクセス確認）にまとめられている。また、同博物館の『アイヌ語アーカイブ』による検索でも、さまざまなサケを表す言葉の多さがわかる。

（5）アイヌ民族の交易と社会のあり方については、モノからその姿をたどった関根達人『中近世の蝦夷地と北方交易――アイヌ文化と内国化』（二〇一四、吉川弘文館）を参照。

（6）生態空間についてはhabitatとほぼ同義で使っている。

（7）家魚化という言葉は、日本では、一九八二（昭和五七）年度から一九八三（昭和五八）年度において行われた、「水産庁西海区水産研究所の近海漁業資源の家魚化システムの開発に関する総合研究」でこの言葉が使われて広がった。もともと、育種と品種改良による魚の家畜化が念頭に置かれている言葉だった。ゆえに、現在では実現可能な技術に数えられるようになった、遺伝子組み換えやゲノム編成を用いた魚の家畜化についてはこの言葉のうちに含まれていなかった。

（8）「シロザケ陸上養殖本格化、岩手大三陸水産研究センター」『日刊水産経済新聞』二〇一六年一一月二九日。

（9）詳しくは以下の記事を参照。「『新サーモン』を青森名物に　通年水揚げ可　早期流通へ体制整備」『河北新報』二〇一八年八月四日。ちなみに現在ご当地サーモンは一〇〇種を超えている（中野浩至「トロサーモンお好きでしょ　国産ご当地もの一〇〇種超す」『朝日新聞』二〇一八年五月八日）。

（10）人新世とは、もともと地質学において使われ始めた言葉である。これまで一万一七〇〇年前から現在に至るまでは新生代第四紀完新世と呼ばれてきた。なかでも、火山や小惑星の激突以上の影響を地質に与え始めているとして、その時代を新たに括るために人新世という言葉が使われるようになった。しかし、その定義や内容については現在も論争が続いている。人新世の始まりは産業革命の頃（一八世紀後半）とも論じられるが、現在では、その時点からの連続性を認識しつつ、人間活動のかつてない広がりと影響が爆発的になった第二次世界大戦後から人新世の始まりとする説が優勢である。ノーベル賞を受賞した大気化学者パウル・クルッツェンと生態学者ユージーン・F・ストルマーにより世に広められた（Crutzen and Stoermer 2000）。もっとも人新世については、一元的な科学的世界観の把握のもと、科学技術による解決と強い統治を求める新しい全体主義的権力の凝集点的な概念となっているという批判もある（ボヌイユとフレソズ　二〇一三＝二〇一八）。逆に、人間と人間以外の生きものの諸関係性と連続性、多自然性への気づき、そのような認識のもとでの、関係論的な人間存在のあり方などを問い直す思想・実践的潮流を各学問分野に生み出している現状をふまえて、自省的かつ積極的に現在を捉えるうえで、人新世というくくりを用いようとする動きもある。文化人類学におけるその二つの動きについては奥野（二〇一七）に詳しい。

(11) 野生が特定の人種の理想と欲望を満たすために空間ごと囲い込まれる。あるいは、都市緑化などで生み出された生態系が、社会の階層化を固定化し、ジェントリフィケーションを招くといったことはすでに指摘されてきた（Smith 1982; Suzuki 2016）。

(12) 天然とは人の手が介入しない、純粋なままの自然の、という意味合いがあり、こと水産資源においては養殖との対比で、農林資源においては栽培植物化された農産物との差異を強調する際によく使われる。人の手を介さず、自然繁殖による次世代の再生産がなされたものが従来は天然ものと見なされてきたが、本書で後に述べるように、人工ふ化放流や種苗生産など、繁殖と生活史初期における人間の介入後、沿岸や海洋といった自然環境のなかで育ったものについても、最終的に他の自然繁殖したものと同じように漁獲されることから、市場では「天然もの」と括られている。人類学や環境社会学において「半栽培」と定義されるものとのかかわりも含め、第11章で議論するが、本書では以上のような文脈を鑑みて、①人の手を介さず繁殖し次世代を再生産するものに加え、②採取や漁獲・収穫の際にその資源が「天然である」と見なされる自然環境のなかにあり、人の手を介さず繁殖したものと同様の採取、漁獲・収穫が行われるものを広く「天然」と捉える。狭い意味合いに絞る際には、その旨を文章中で説明するものとする。

(13) 日本では、他のサケ・マスについても、「つくられた天然資源」化が進められてきた。ベニザケについては、日本の河川で繁殖していないものを、北海道において人工ふ化放流し、根づかせている。ベニザケは、日本にはもともと遡上型のものはおらず、一生を淡水で過ごす陸封型のヒメマスしかいなかった。その意味で、量こそシロザケと比べればかなり少ないが、意図的に生態系に系群を移入した、シロザケとは異なる資源のつくり方をされた魚である。もちろん、移入自体は何もめずらしいことではなく、明治時代から増養殖の目的の一つは、有用な魚を「その魚のいない」地方に根づかせ、資源を増やすことだった。

(14) たとえば鮭楚割については、五巻：三九条：「三節料」、五巻：八八条「調庸雑物」にその記述がある。延喜式は現在、皇學館大学のデータベース検索システムによってキーワードを閲覧できる。http://www.kogakkan-u.ac.jp/http/engishiki/ （二〇一七年四月一四日現在）。

(15) 時鮭と商品化されているものは、サケのなかでもロシア沿岸域に出自をもつ、五月から七月に三陸沿岸と北海道沿岸に回遊途中で現れる非常に若い個体のことである。雌雄も未成熟で、それゆえに脂がのっているとして好まれる。ちなみに、同じサケでも、日本沿岸に母川をもち、沿岸に雌雄未成熟のままある個体のことを鮭児と呼び、市場価値はさらに高い。

(16) 近世からの大川のコド漁とカワザケの漁場に関しては、菅（二〇〇六）に詳しい。歴史的・同時代的民俗のフィールドワークをもとに、地元の人びとがもっている漁場と資源の持続性を保つ社会側の仕組みを説明している。菅により説明された「公益性」という地元の外側にあった強力な国家の概念を、換骨奪胎して資源利用の主体であり続けるための正当性に組み替える人びとの営みは、本書の「カワザケはなぜ消えたのか」という議論に重要な示唆を与える。ちなみに、大川の現代のサケ漁については、菅の本からインスピレーションを受けた菊地文代・前島典彦によるドキュメンタリー映画『川はだれのものか――大川郷に鮭を待つ』(二〇一三)に詳しい。

(17) 今では風物詩となった豊平川へのサケの遡上だが、一時は河川工作物のせいでサケは遡上できていなかった。一九八二(昭和五七)年に当時の総理大臣鈴木善幸のもとに、小学生西岡由紀子さんが、「豊平川をサケの住める川にしてください」と手紙を書き、魚道を川につくることを実現したことによる(北海道さけ・ますふ化放流事業百年史編さん委員会 一九八八)。

(18) 野生魚、という言葉で括ること自体、サケに対する新しい価値づけを行おうとする意図が含まれた概念化だが、その点については本書の「カワザケはなぜ消えたのか」を追いかけた後で、再び論じたいと思う。

(19) 二〇一八年日本生態学会(三月一七日)において、「北日本の環境アイコン「サケ」の保全活動を考える」(水産研究・教育機構北海道区水産研究所、森田健太郎)という自由集会が企画され、野生魚としてのサケへ焦点をあてた研究発表がなされた。

(20) 歴史社会学者佐藤健二の言葉である。問いを立てる、歴史を捉える、文書の生きた空間を描写する、などの営みにおいて、対象をより際立たせたり、問いや著者の視角と交差させることで、立体的に対象が描写できたりするために用いられる、学問的な方法論(佐藤 一九八七)。

(21) ANTの使う言葉を少し説明しておこう。アクターネットワークは、複数のアクターがお互いに作用し合いながら存在する状態のことで、「ある期間、相互に結びついた一連の生物や無生物の要素から構成されるもの」(Callon 1987: 93)である。アクターネットワークによって生まれた、アクターたちが動き回る場をアクターワールドと呼ぶ。アクターワールドはある特定の一場面、出来事において立ちあがるものであり、それぞれのアクターは、他にも多様なアクターとの相互連関のもとで別のアクターワールドにいる。アクターは、それぞれが作用し合うために他のアクターを取り込むべく「翻訳」を行う。その際につくられるのがシナリオであり、そのシナリオのもとでアクターワールドは顕在化する。

(22) ANTと相互に影響し合いながら、人と生きもの・モノの関係性を同じ図面上で平衡に描こうとしてきたのが、フェミニスト科学哲学者のダナ・ハラウェイによる「マルチスピーシーズ」(Haraway 2008, 2016)の議論である。ハラウェイは、人も人以外の生きものも、他の生きものやモノ、事柄などとの政治のただなかにあって、その生命の存在論的なありようはその政治的交渉のなかから生み出されていることを「ボディポリティック」という概念で表した(Haraway 1991)。「マルチスピーシーズ」は、どのような生きものも他の生きものやモノ、事柄とともになければ、在ることはできないことを指摘し、人間はそのようなかかわりと関係なく在ることができる、とみなす例外主義を批判する概念である。そして、多様な種がともに在るための倫理の所在を見いだそうとする。哲学者ジル・ドゥルーズ、フェリックス・ガタリの「生成変化」や「アッセンブラージュ」（ドゥルーズ、ガタリ　一九八〇＝一九九四）といった概念の影響を受けた人類学の諸議論も、人とそれ以外のものとを平衡的に描こうとする議論である。これらの背景にマルクス・ガブリエルらの新実在論の影響も加わりつつある（ガブリエル　二〇一五＝二〇一八）。

このような潮流のなかにいる文化人類学者のエドゥアルド・コーンは、ラトゥールが提案した記号論的にモノの生成過程とかかわりを捉える思考を（ラトゥール　一九九一＝二〇〇八）、哲学者チャールズ・S・パースの記号論をもとに発展させ、「諸自己の生態学」という新たな視座を示した（コーン　二〇一三＝二〇一六）。彼は、生命が生まれ、生きゆく記号過程を、自己（記号を受け取り、解釈項を生んでいく場であり結節点としての）が思考し、学習することだと捉えた。そして、そのような諸自己がそれぞれ生きぬき、ときに相関しながら、あるいは非関係のままで、全体に「森」という全体の記号過程を生み出していることを「森が語る」と表現した。人間もまた諸自己のなかの一つであり、他の諸自己と平衡の関係性にあることが示される。

これらの議論は人間以外の生きものの個別の生命の重要さ（individuality）と主体性（subjectivity）にも焦点をあてるよう促してきた。環境倫理学で議論されてきた動物の福祉や権利とこれらの議論がどのように交流できるかは重要な課題だが、紙幅の都合上、次の機会を待ちたい。

(23)　シナリオとレジームの違いは何か。シナリオは、アクター同士が作用し合う目的であり要因である。シナリオを中心に顕在化するアクターワールドは、作用の連鎖の地図ではあるが、作用し合ううちに生まれるネットワークのなかの中心性や権力性、構造を描くものではない。もともとANT自体が、事前にアクターの属性と構造を把握して関係性を見るのではなく、すでに述べたように、すべてを平衡で水平にあるアクターとしてその関係性を把握しようとする理論だからだ。しかし、本書では、あるシナリオのもとに、実際にその関係性が繰り返されたり、リゾームのように壊れても何度も繰り返されつくられたり、関係性が集中したりするアクターとネットワークの作用の特定の性質を描写することを試みる。すなわち、あるシナリオが、他のシナリオをいくつも発生させたり、シナリオ同士を連鎖させたりしながら、規律と統治を編成するレジームができあがっていく様子を描写してみよう。

2

空間を囲い込む

——近世宮古湾の「サケを獲る人びと」

家魚でも野生でもない間(あわい)とはどのようなものなのか。この問いを探求するため、最初にわたしたちが追いかけるのは、サケの生態空間の一部を囲い込み、それによってサケと自分たちのかかわりを領有しようとする人びとの試みである。

少し時代を遡ろう。といっても、縄文時代から始めるわけではない。空間の囲い込みを通じて、サケの生の領域を囲い込む人間の試みが文書から探れる近世中期から始めてみたい。

まずは、近世中期から宮古湾の人びと、特に湾奥の津軽石の人びとが、空間を占有しながら、一方でどのようにサケの知識を蓄え、サケを自分たちの資源として領有してきたか、すなわち「わたしたちのもの」にしてきた（appropriation）かについて明らかにしてみよう。[1] 生きものを領有する、すなわち「わたしたちのもの」にするとは、生きもの・モノを生きるための資源として継続して利用できるよう、その生きもの・モノそれ自体や環境を変えようとする働きかけである。人間からの働きかけにおいては、対象となる生きもののもつ、能動的に他の生きもの、モノ、出来事とかかわりを生み出しながら適応する力を利用することで行われてきた。

もちろん、何も人間だけがこの過程を行うわけではない。生きものは自らが生きるためにこのような働きかけを環境に対して行い、自らの生態を支えるための空間とネットワークを生み出す。生きもの・モノに働きかける、いわば生の作用の体系をそれぞれがもち、他の生きものたちの生の作用の体系に埋め込まれながら日々の生を紡いでいる。人間の場合は、再生産するための技術や方法を引き継ぐ社会的な仕組みを整えたり、生きもの・モノの知識を蓄えたりして、対象となった生きもの・モノを人間の社会文化とかかわる存在として、それらの存在自体を更新する。さらに人間は、自然を領有しようとする営みのなかで、人間とそうではないもの、わたしたちの存在よりも先行してまわりにある、生きもの・モノの自己創出的ネットワークとその時空間的広がりに境界を引き、自然として概念化してきた。サケは自然の領域の生きものだけれども、同時に人間が利用する資源であり、社会文化を支える存在として人間の領域にも属するよう「わたしたちのもの」化される。

さて、本章で「わたしたちのもの」として囲い込まれていくのは、サケはサケでも沖や太平洋を泳ぐ時期のサケではない。湾のなかに入ってきてカワにのぼるサケだ。宮古湾では、サケの通り道の建網、ハマに寄ってきたサケを捕える地曳網、そしてカワを仕切った留に入ったサケを、刺網や曳網で獲るサケ漁がなされてきた。本章ではサケ漁という行為と、漁を続け資源を獲得し続けるための知識の蓄積と社会的仕組みの創出を明らかにしながら、漁場を超えてサケという生きもの、その生ごと「わたしたちのもの」だという感覚が、サケ、河川、海、他の生きもの、ムラや藩、商人ら、他者との関係性のなかでいかに醸成されていったのか、それがどのような形をとったのかを明らかにしよう。

そのために本章では、以下の二つのことに着目してサケと人の交渉を描いていくこととする。一つは、盛岡藩により漁場の利用権を預けられていた津軽石村などの人びとが、サケ資源の領有を正当化するうえで、サケの生態と資源管理についての知識と経験を根拠としていたこと。もう一つは、サケの「わたしたちのもの」化が、サケの再生産が行われる空間（河口域、湾内）の占有と、再生産過程に交渉すること（繁殖保護）による、サケの生の囲い込みから始まった、という歴史である。

2・1　サケの生態空間を囲い込む

サケを知る、囲い込む

サケの生活史が明確に文書として残っているのは、大坂の儒医、寺島良安による『和漢三才図会』（一七一二）の記述である。そのなかにはサケの生活史とともに、サケの卵を藁に包んで保護し、繁殖を促すことができるという示唆がなされている。また、越後塩沢の鈴木牧之は、『北越雪譜（初編巻之下）』（一八三六）において、「鮭なき国の海に通ずる山川の清流に」サケの卵を移植することを着想したという記述がある。これらはともに、河川で産卵し、海に戻るというサケの生活史が明らかになっているからこそできる示唆であり、着想である。

このように、サケは海原を移動する魚でありながら、その生活史ゆえに、他の魚に比べると漁獲・保護のための空間の占有が容易い。そのため、漁場と繁殖のための空間を占有することで、人びとはサケ資源を領有しようとしてきた。

漁獲のための空間の占有は、競合する人びとのあいだで明確にその資源の利用者・持ち手を定める社会的な仕組み、所有を通じて行われる。古代の「なわばり」支配から、封建制のもとでの漁場や地先権など近世の議論、現代に至るまで、空間の占有は所有[2]という社会的仕組みを通じて行われてきた。所有はある集団や社会ごとの文脈をもち、その集団や社会での合意のもとに成り立っていて、合意は強制力をもつ（Carruthers and Ariovich 2004）。

同時に、たとえば封建制のもとで複数の所有の形が相互に連関しながら支え合うように、重層的である。現代社会を支える所有概念、近代的所有の基礎をなすのは、個人が自らの労働を投下することで、モノやある空間の排他的な使用、収益、処分の権利を有するという私的所有の考え方だ。しかし漁場の占有については、別の所有の形態を考えてみる必要がある。すなわち、個別の生命と集団の存続を継いでいくために、生活資源として利用する生活空間を占有してきた、という歴史的事実であり、そのような歴史的事実をもとにした慣習に基づく所有の形態、総有やコモンズだ。現在でも私的所有に基づいて整理された実際の所有権とは別に、集団による共同占有の意識として重層的に現れることもある（鳥越　一九九七）[3]。また、漁業法でも長らく、組合管理の共同漁業権として、地域社会に慣習に基づく資源の共同占有と、その空間的管理に優先的な権利が認められてきた[4]。

日本には戦前から、このような重層的な漁場管理や制度について厚い研究蓄積がある。というのも、明治期の漁業制度改革において、旧慣を取り入れた漁業権の設計が模索され、法制度化されたからだ。全国規模の旧慣の調査も行われた。この研究主題はその後も経済学や行政学、法学の観点からのみならず、民俗学の見地からも非常に注目されてきたので、研究蓄積が多い。なかでも戦前戦後を通じた代表的な財界人の一人であり、民俗学者でもあった渋沢敬三は、アチック・ミューゼアム（屋根裏部屋博物館、後の日本常民文化研究所）に数多くの漁業関連資料を収集した。また彼は、民俗学による各地の多様な漁の方法や漁民の生活様式、慣習的な漁場管理の研究を数多く財政的にも支援した。

厚い研究蓄積のなかで、沿岸の海面占有、統治と所有形態について戦後長らく影響をもったのは、漁業史を専門とする歴史学者の二野瓶徳夫の説である。二野瓶は入会林野の研究成果から、同じ歴史学者の羽原又吉の浦方漁業総有説（羽原　一九五二）を批判的にふまえて総百姓共有漁業説を提唱した（二野瓶　一九六二）。

まず羽原の浦方漁業総有説について見てみよう。浦方とは、近世の郷村制度のなかで、村方、町方と区別された沿岸集落のことである。近世前期の浦方漁場は、中世の浦を起源とする広域的な漁場や、複数の浦やムラの領域にまたがる特権的な漁場を継承する場合が多かった。後者は、船の水主（かこ）として徴収される水主役や舟役負担の見返りとして特定の集団に保証された漁場だった。浦方総有とは、そのような集団が、本来ならばその集団が権利をもたない別のムラの地先まで、漁場利用の権利をもっていたことを意味する。

これに対し二野瓶は、地先をムラの入会として管理する地先入会漁業権を提起した。事例となったのは、能登のブリ定置網漁業である[5]。二野瓶の研究以降、近世の漁場の所有については総百姓共有であり、磯付き・根付き資源[6]は地先をもつムラの入会、沖合は複数のムラによる入会、という構造が一般的とされた。地先入会には、ムラが地先を入会として所有し、個人がムラの取り決めのなかで漁を行う場合と、ムラが共同で漁を行う場合とがある。

実際には、魚種や漁の形態によって、漁場は重層的ないくつもの統治の網のなかで運営されていたと考えられる。たとえば沖については、複数のムラによる入会ではなく、有力な業者によって占有されている場合もあった。船や網、人手など、有力な業者でないと沖合漁の操業は難しいからだ。たとえば盛岡藩では藩侯の許可を得た有力業者が一割の税を払って操業する、十分の一漁業権があった（田中　一九六〇）。

このような漁場の所有制度と統治の重層性については、一九八〇年代後半から地域漁業史のなかで明らかにされ始めた。各地域や漁場によって漁場の所有と利用のあり方がそれぞれ異なること、同じ地域内でも、階層や商品経済とのかかわりの相違によって、所有と利用については重層性があったことなどが明らかにされた。三陸沿岸については、経済史学者の岩本由輝によって、近世中期から商品経済における漁村の機能集団化が進んだこと、入会統治の前提とされてきた漁村共同体もいち早く解体されたことが明らかになった（岩本　一九七七）。

さらに三陸沿岸の漁場統治と所有の仕組みについては、近世から近代初期の漁業史を研究する高橋美貴によって近世中後期の漁場請負制の研究のなかで明らかにされた。漁場請負制とは、藩が漁場の占有利用権や漁獲物の専売権を特定の集団や個人に負わせることによって、運上金の徴収による藩の財源の確保と、藩内の水産物の生産と流通を統制することをいう。高橋によれば、漁場請負制には「領主権力—漁場所持人—漁場請負人—漁師」の構造があった（高橋　一九九五a、二〇一三）。商品経済、地域外の商人資本、藩、ムラ、ムラの階層性のなかでどのような統治の重層性と漁場占有の形態があったか、このような漁場請負制の構造の解明からいっそう研究が進んだ。

近世中後期の宮古湾とサケ

さて、わたしたちの具体的な物語の舞台となる、三陸の宮古湾の奥にある津軽石川へ移ろう。

宮古湾は、閉伊川と津軽石川の二つを抱えた壺状の形をしており、遠浅な干潟と広大なハマに恵まれた天然の良港だった。近世中期には、鍬ヶ崎村のある鍬ヶ崎浦は、江戸為登船や松前渡海船の絶好の寄泊地となった。また、代官所のあった宮古村は、三陸の好漁場を抱えて水産物を商品とする廻船問屋のある、盛岡藩きっての港町であり、繁華町だった。嘉永七（一八五四）年に、盛岡藩士の長沢文作と大矢文治が公用で領内を旅して記した『三閉伊日記』には、宮古湾が花街をもつ御領一の港として賑わっており、浄土ヶ浜という名所を観覧する船も出ていたことが書かれている（平船　一九八八）。

まずは、サケ漁の周囲にどのような社会と経済の仕組みがあったのか、簡単に描写しておこう。[7]

『邦内郷村志』は、盛岡藩に仕えた花巻の大巻秀詮が、明和から寛政年間（一八世紀後半）にかけて、郡町村の石高、戸数、人数、産物、寺社などをまとめた本である。本には当時の産品の記述が残っている。[8] それによると、サケの塩引き、タイ、ヒラメ、スズキ、マス、イワシ、タラ、アカウオ、カツオ、カツオ節、タコ、アワビ、カレイ、スルメ、カラガイ（唐貝）、魚油、魚〆粕、塩が産品としてあがっている（大巻　一七九七）。これら産品の生産流通にかかわっていたのが、廻船問屋たちである。当時の宮古は、盛岡藩における海の玄関口だった。

宮古湾の村々では、一六七〇（寛文一〇）年に河村瑞賢が開いた東廻り航路を通じて、江戸に産品を届ける廻船問屋が活躍していた。宮古の本町に大店を構えていた美濃屋、大坂出身で宮古湾の鍬ヶ崎村に根づいた和泉屋惣次郎の豊島屋がその代表格である。津軽石村では、後に言及する盛合家が、宮古の商人、ひいては吉里吉里善兵衛と張る三陸有数の在地商人資本として活躍した。やはり廻船問屋や造り酒屋などを手広く営み、近世末期には在郷給人となった。

漁法と漁具も近世中後期に大きく発展した。昭和初期まで続く、宮古湾の漁の姿が生み出された時代だった。湾内に大群でやってくるイワシを使った油とホシカ（肥料）の生産、昆布を砕いた布の粉（めこ）と呼ばれる飢饉のための救荒食の生産と備蓄、マグロの建網漁の開発が行われた。(9)

なかでも、サケはアワビやコンブと並んで、近世三陸の代表的な商品経済の一つである。それゆえ、近世の初期にはすでに、盛岡藩の生産・流通統治のもとで管理が厳密に行われていた。サケがあがるサケガワからの収益は藩にとって重要な財源だった。盛岡藩の場合、漁獲物そのものにかかる海川運上と、漁獲されたものを他藩に出荷する際にかかる十分の一役が課せられていた。そのため、運上金、すなわち上納金を納めることがサケガワのムラに求められた。藩の財政が苦しくなると、ムラに運上金を課すのではなく、より高い上納金を納める者にサケガワでの漁を請け負わせるようになった。前節に出てきた、漁場請負制と呼ばれる仕組みである。宮古湾沿岸でも、多くの場合、領外あるいは在郷の商人資本により請け負われた。津軽石川周辺では請負人を瀬主と呼んだ。これらを請け負える個人あるいはイエは、運輸から市場開拓、藩に代わる徴税請負人まで担っていた（岩本　一九七九：四五）。漁場請負制の展開によって、盛岡藩による生産と流通の統制の両者が強まったように見えるが、実際には、藩の経営自体を左右していたのは商品経済の発達であり、そのもとでの商人資本の影響力の大きさが増していった。

　商品経済と商人資本の発達は、ムラの構造や人びとのあいだの階層分化にも大きな影響を与えた。近世中期からは、廻船問屋や酒屋を営み宮古湾を越えて影響力をもっていた有力なイエが、瀬主としてサケガワにおけるサケの漁労を仕切った。漁師として実際の漁労を担っていたのは、瀬主である有力なイエのもとに従属する名子（なご）と呼ばれる者たちだった。名子はその由来を、平安時代の荘園制度のもとで地頭のもとに隷属して林業、漁業、農業などの生産を行う人びとにもつ。名子制度は近世の三陸に特徴的な制度である。瀬主のイエ、主家とは血縁的つながりはない。縁戚関係にあるマキと呼ばれる分家も、本家である主家に従って漁に従事していた。だが名子はさらに隷属的で、所有する山林や土地をもたない人びとのことを指した（山口　一九五五）。

　なお、近世中期からは、商品経済の浸透から農業生産にかかる金穀をまかないきれず、瀬主から田畑を抵当に金穀を借りることが多くなった。特にサケ漁が振るわないときは金穀貸し付けの返済不能に陥り、結果として田畑を抵当に瀬主に渡し、名子となって瀬主のもとで働く人びとも増えた。名子制度はこうして三陸では残り続けた。

　サケの塩引きを地方税として納めることができるだけ、この地にサケをもたらしていたのは、宮古湾に注ぐ二つの川、閉伊川と津軽石川だった。三陸沿岸は湧水をその川の水源にする小河川が多く、津軽石川もそのうちの一つで、短いながらも宮古湾奥で広い河口域をもち、サケが数多く戻る川だった。

　この二つの川、閉伊川と津軽石川のサケには系統群に大きな違いがある。

閉伊川はその源流を現在の盛岡市との境界にある兜明神岳にもつ、現在の全長八八キロ、流域面積九七二平方キ

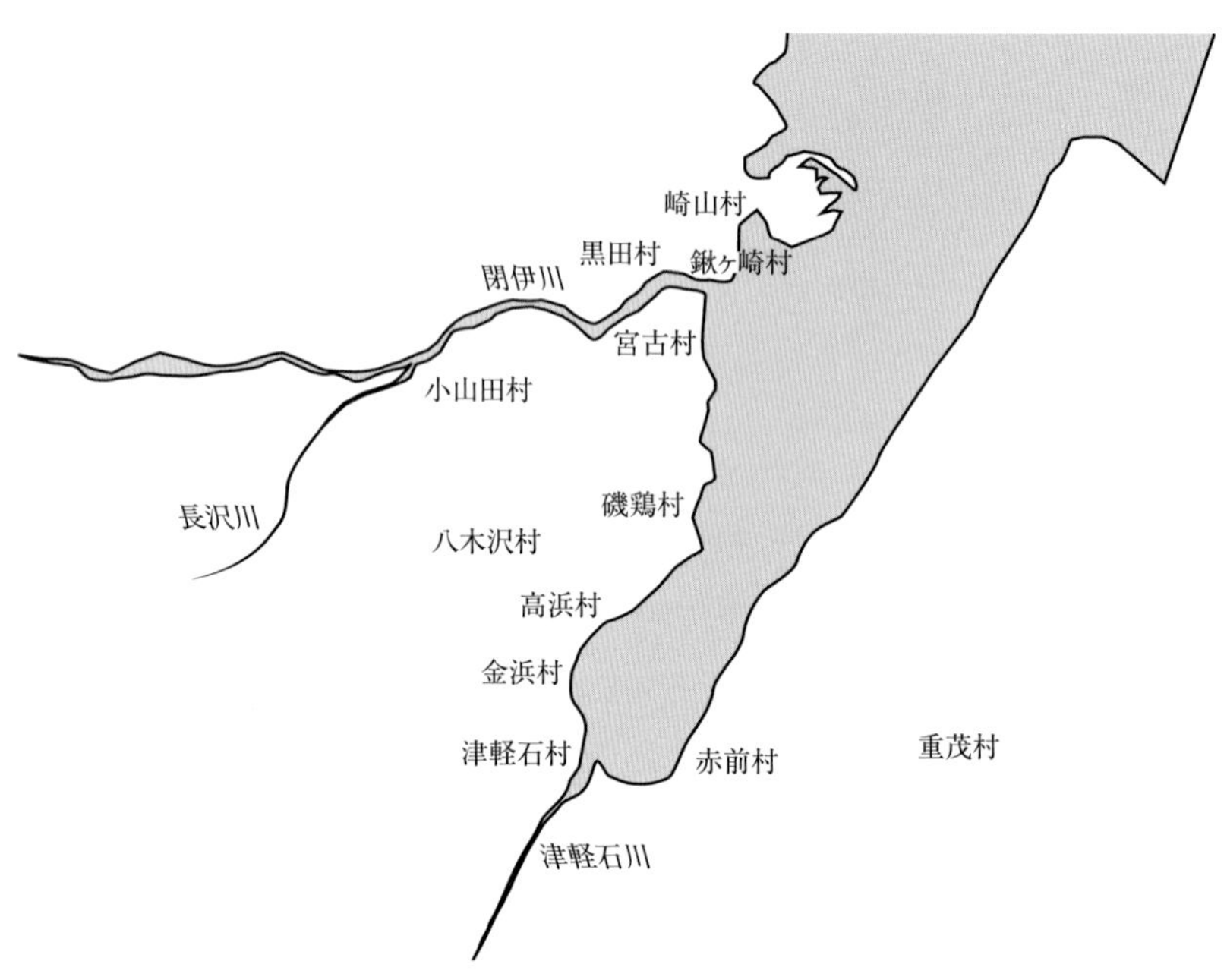

図 2　1797 年頃宮古湾図（『邦内郷村志』参照）

ロの川である。アユ、サクラマス、イワナ、ヤマメなど他の淡水魚類にも恵まれた渓流の多い川である。閉伊川のサケは、一〇月頃から早くに川に入り、広い川をあちこちに移動しながら成熟を待つ。中流域の茂市（旧茂市村、支流刈屋川との合流地点）あたりまで遡上するが、支流の長沢川で産卵するために千徳（旧千徳村）あたりまで戻ってくることが知られている。戦中から戦後すぐの記憶をもつ閉伊川沿いの人びとにとっては、閉伊川のサケはのぼってきてからも支流に向かって川を行き来する、「そういう生きもの」だった。今でも川をよく見ている釣り好きな人や、かつての記憶がある人は、サケが川を行き来する様子を見たことがあるという。

他方、津軽石川は、本州でもっとも遅くのぼる系統群をもつ。こちらのサケは、そもそも湾に入ってくるのも遅いが、長く湾内にとどまり、そこで成熟を待ってから一気に川をのぼってくる。一一月に入ってから、最後は二月までのぼる。現在の山田町の水呑場山を源流域として、川の長さも二二キロと短く、流域面積も一五三平方キロと閉伊川に比べて非常に小さい。しかし、サケは閉伊川よりも数多くのぼる。

このような違いをもつ二つの川が流れ込み、砂浜と干潟が湾の西と南に広がっているのが宮古湾だった。そして長年、潤沢なサケ資源を湾周辺のムラは享受してきたのである。

入会の成立と空間の囲い込み

津軽石川の河口域、サケが戻ってくる地域と沿岸には津軽石村、河口の西側の浜沿いに金浜村、高浜村、河口東側に赤前村があった。壺のような宮古湾では、湾の始まる手前から、各浜で地曳網などによるサケ漁が行われていた。この項では、津軽石川のサケについて、資源の減少とサケ生産をめぐる人びとの争いから、入会による資源管理の仕組みが盛岡藩の裁定のもとで生まれる様子を見てみよう。サケの資源管理が入会を通じて行われ始め、サケの生の囲い込みが空間の所有から始まっていく様子が見てとれよう。

なお、この章の歴史的な記述については、経済史学者の岩本由輝が解読した歴史資料や、宮古市史編纂室が解読した歴史資料に依拠している。岩本由輝は、盛合家に残る『日記書留帳』および一枚文書の漁業関係部分を、一九六七（昭和四二）年から一九六八（昭和四三）年まで、「盛岡藩津軽石村漁業関係資料（一）-（八）」として『月報社会史研究』（東北大学経済学部日本経済史研究室発行）で翻刻し、まとめて発表した。そして、一九七〇（昭和四五）年に『近世漁村共同体の変遷過程――商品経済の進展と村落共同体』を、一九七九（昭和五四）年に『南部鼻曲がり鮭』を著し、商品経済の進展に従って、生存のための生産をともにしてきた漁村共同体が変容し解体する様子を描いた。岩本の研究の焦点は大きく分けて二つある。一つは、商品経済に対応し、サケ漁ならサケ漁のために特化した機能をもつ集団が、有力な瀬主のもとで行政的な境界を越えて流動的に広がりながら、それまでの漁村共同体とは性質を異にする共同体を再編したこと。もう一つは幕末に向けて共同体内での階層分化が商品経済とともにいっそう進み、結果として解体されていく過程である（岩本 一九七七、一九七九）。本章では岩本の分析を参照しながら、特にサケ漁の場の空間的占有とサケと人のかかわりの制度的展開に着目しよう。

津軽石村『日記書留帳』については宮古市史編纂室により翻刻された「二〇一八〇三一六翻刻版」と岩本の資料箇所を並記する。岩本の資料においてのみ翻刻されている一枚文書の引用については、岩本の資料のページ数を示すものとする。なお、これらの古文書については、一部を除き、現在、宮古市教育委員会市史編纂室で保管されている。『日記書留帳』は、正徳年間（一七一一―一七一六年）までの盛合家に残る諸記録を古伝から書き起こしたもので、一七七七（安永六）年に再編されている。その頃在郷給人として武士の位を得た盛合家によって、記述は取捨選択されている可能性があることは指摘しておく。

さて、宮古湾でもっとも古い文書上のサケ漁の記録は、閉伊川の一六一二（慶長一七）年のもの（岩本 一九七九：三七―三八）である。また、津軽石川の請負については、その少し後、一六三五（寛永一二）年八月九日に盛岡藩が、津軽石川の二ノ留という漁場を津軽石村作助に請負を認めた記録が残っている（岩本 一九七九：四三）。この請負は、盛岡藩が砂金八匁（砂金匁は貨幣呼称）の運上金を出せる者に漁場の請負を任せる、というものだった。請け負った個人を瀬主と呼んだが、もちろん瀬主は、地元の人間に限られるわけではない。したがって、外部の商人資本や個人が瀬主となれば、サケガワに接するムラがサケガワを実質的に管理する主体ではなくなることもありえた。

津軽石川については、一七世紀半ばまでは中世土豪の流れをくむ津軽石村の山崎家が有力瀬主となっていた。しかし、一六七〇（寛文一〇）年に行われた東廻り航路の改修による商品経済のいっそうの拡大と、それに伴う大型曳網の開発などもあって、閉伊漁場と呼ばれた、閉伊川、津軽石川の河川、宮古湾一帯には多くの他領の商人資本が出入りするようになった。それと同時に、サケ生産の需要が増えてよりいっそうの漁獲を求め、資源をめぐるムラ同士の漁場争いが激しくなるようになった。

サケガワが入会となるきっかけ、サケの生の一部の囲い込みがなされるきっかけとなったのは、一六九五（元禄八）年に起こった、津軽石村、赤前村、金浜村の三村のあいだでの漁場境界争いだった。『日記書留帳』のなかの「付録元禄九年」には次のように記述されている。争いの始まりは、津軽石川の洪水によって河口の向きが変わり、赤前村の領内に移ったことだった。赤前村は、自領地内に河口が移ったことを理由に、津軽石村と金浜村が地曳網を行うことを拒否した。当然他の二つのムラは反発した。この騒動は互いの曳網を切り裂いて漁の妨害をする行為にまで発展した（岩本　一九七九：四八-五〇、『日記書留帳』三、岩本　一九六七ａ：七）。

騒動の背景には、航路改修後、水産物の流通量が増加し、地曳網が改良され、サケ漁の生産が増えたことがある。より多くのサケを獲ろうと、津軽石川の河口手前の湾内で、赤前村と金浜村が地曳網によりサケを獲り続けた結果、川に遡上しふ化する数が少なくなった。津軽石川を漁場とした津軽石村は不漁に悩まされたが、サケの産卵を妨げた結果、赤前村、金浜村もまた同じ不漁に悩まされることになった。サケ資源全体が減少したのである。

同じく、『日記書留帳』「付録元禄九年」によれば、一六九七（元禄一〇）年には津軽石村が、洪水後の河口を整備して河口を変える工事を赤前村と金浜村にもちかけた。しかし赤前村は防風林の松原に障りが出るとして、工事の要請に応じなかった（『日記書留帳』四-五、岩本　一九六七ａ：七-八）。実際のところは、赤前村に移動した河口をそのままにしたかったのだと思われる。そこで津軽石村は、工事の再開に関して再び盛岡藩の裁定を仰いだ。

藩の実地検分のもと、新たな漁場境が定められた。これ以降、津軽石村、赤前村、金浜村、高浜村が浦廻り四ヶ浦として、津軽石川の川と周辺のハマの地付き支配の単位とされた。

その後も、定められた漁場境の工事の施工や漁業再開までの調整が続いた。『日記書留帳』には、工事は津軽石村、金浜村、高浜村が金銭を負担して、近隣のムラからも人足を動員して大規模に行われたとある（『日記書留帳』五-六、岩本 一九六七b：四）。

最終的に三つのムラのあいだの漁場境界争いが一応の決着を見て漁業が再開されたと見られるのは、一七〇一（元禄一四）年である。『日記書留帳』によれば、サケ漁に関しては、津軽石川の丁場を浦廻り四ヶ浦による入会とすることが決められた。もっとも、津軽石川の入会漁場で漁を行ったのは赤前、金浜、津軽石村だった。高浜村は、漁のあがりの分配を受けた。そのほか、洪水があった際には、漁場の境をそのたびにきちんと赤前、金浜、津軽石の三村のあいだで決め直すこと、現在、村のなかで漁業に参加できていない名子や水呑にも漁場を開くことなどが定められた。入会の内容は、サケの漁期に入ってから漁期を五日ごとに区切り、三日を津軽石村の、あと二日を赤前村と金浜村のサケ漁の日とした。日にちが異なるのは、運上金の負担額の違いである。これらの入会の運営と取り決めは、浦廻り四ヶ浦の合議で決めることになった。無年限地付き、すなわち浦廻り四ヶ浦による地付き支配が認められ、他領の商人資本や個人によってサケガワの権利が所有される心配は当座なくなった（『日記書留帳』六、岩本 一九六七b：五）。

さて、この一六九五-一七〇一年の漁場争い騒動について、「領主権力—漁場所持人—漁場請負人—漁師」（高橋 二〇〇二）という構図から離れて全体を見てみよう。

まず人の社会と技術の変化は、サケに漁獲圧と数の減少をもたらした。航路改修、サケ網の開発、商人資本の介入によるサケ生産量増大の欲求などが作用し合い、ムラに過剰漁獲の契機をもたらしていた。

また、川とサケの変化が社会に影響を与えた。津軽石川の河口は洪水などにより付き方を変え、それによりサケの群れもまた、定められていたムラ同士の資源利用と所有の境界を越えることになった。このようなサケのルートの変化は、資源減少という作用もあいまって、結果としてムラの争いを深刻化させた。サケがもつ社会への影響の大きさがそこに見える。

争いを深刻化させたもう一つの要因には、商人資本の影響の増大がある。漁場争いを調停した盛岡藩もまた、商品経済のなかで藩を切り盛りしなければならなかった。漁場請負制のもと、運上金を確保するためには、サケの生産量が少なくなることは回避したい。自身の懐具合を商品経済の傘のもとでできる限り潤わせるために、サケの資源管理を生産現場で行わせなければならなかった。

入会の成立はこれらの作用が絡み合って起こった。

さらに入会の設置自体も、他の人びとやモノに対して作用した。サケ漁を入会となった津軽石川の漁場のみで行うことは、各漁村の関心を沿岸から川での漁獲とその管理に向かわせた。そして、各ムラの利益調整と複数のムラによる合議制の資源管理が行われるようになった。その結果として、サケの漁獲圧の調整もなされた。少し詳しく述べておこう。

入会ができたといっても、あくまでも、入会という「共」の領域は、他者との競合とそれを調停する権威をもつ権力との、重なり合う統治の網のなかで保持されたことに留意しておく必要がある。ここでいう「共」とは、ある自然資源やその資源のある空間が、利益や目的のために、所有、利用、管理を共同で行う、ということが社会的に必要であることが理解され、そのように振る舞う、という意味の「共」である。

民俗学者の菅豊は、新潟県大川のサケ漁をめぐる「共」の空間が、やはり藩と流域の複数の集落同士の駆け引きのなかでつくりあげられていたことを描いている。そして「共」的性格が、近世と近代を通じて揺れながら再編成され、駆け引きの結果として、「共」的資源としての川が維持されてきたことを議論している[10]（菅　二〇〇六）。津軽石川の入会も、競合と権力とのあいだ、さらに津軽石川の河口の付け口の変化や、サケの資源減少と不漁といった環境の変化と出来事、四つのムラのあいだの緊張関係とともに保持されたものだと考えられる。

そしてそのような「共」のもと、ムラのあいだの利益調整を行う仕組みが、漁獲調整による資源保全につながっていた。盛合家の文書から岩本由輝は、津軽石川のみをサケ漁の漁場としたことは、資源保全の意味もあったであろうと指摘している（岩本　一九七九：五二）。確かに、過剰漁獲だったハマでの地曳網をやめることは、川にのぼるサケの数を増やすことにつながる。それは津軽石村が赤前と金浜の地曳網による過剰漁獲に対して訴えていたことである。川だけを漁の場所として囲い込むようにするということは、それだけ自然繁殖の機会を増やしているといえよう。ただし、この時点では、「産んだ後のサケを獲るようにする」といった記述はムラ側には見られない。この結果は、ムラが自ら取り組んだ積極的な資源保全策ではない。漁獲過剰についてムラが互いに牽制することが、消極的な資源保全につながった事例であろう。

最後に岩本由輝の指摘を参照しつつ、サケ漁に関する取り決めが、階層構造の変動に影響した可能性について確認しておこう。すでに述べた通り、盛岡藩は一七〇一（元禄一四）年の入会による地付き支配を認めた裁定の際に、従来漁業に参加できなかったムラの者たちにも、特に、土地をもたず小作として働いていた名子・小脇・水呑らにも入会漁場を開くことを求めている。津軽石川だけではなく、閉伊漁場全体への適用が求められた。たとえば津軽石村では、その分配は、新しく設定された津軽石川内の一一丁の留のうち、そのうちの一丁を名子・小脇・水呑らで分けるというもので、従来から漁を認められてきた層と比べると、決して平等な分配ではなかった。しかし、この再分配が、名子たちを使って独占的にサケ漁を行っていた瀬主の権限を弱める結果を招き、新たな有力漁民であり商人でもある、次の瀬主層の台頭を招いた。さらには商品経済の浸透が進むと、他領からの商人資本と争いも増えた。結果として、瀬主だった山崎家は瀬主を降り、そして地域内での地位も弱体化していった（岩本　一九七九：五一―五八）。

こうして、河口域から津軽石川まで、サケが繁殖のために利用してきた空間は入会というかたちで囲い込まれることになった。また、浦廻り四ヶ浦による地付き支配が認められ、無限年期付きで入会としてサケの繁殖場所である河川が囲い込まれたことも、サケ資源の維持に大きな意味をもったと考えられる。なぜならば、そのような囲い込みがなければ有力な領外商人によって短期的に漁場が荒らされる可能性があってもおかしくなかったからだ。

その後、津軽石川は、在地の商人資本である盛合家が瀬主となる。それによって、他領の商人資本による土地と漁場の買い付けや、藩による介入が防がれながら、漁場が管理されていくことになる。同時に、さらに人びとのあいだでサケの生活史の把握と、繁殖保護に関する積極的な措置がとられていくことになった。

2・2　境界線を引き直す――サケの生活史の把握と繁殖保護

繁殖保護の始まり

この節では、近世中期から明治草創期にかけて、サケ漁の漁場を維持し、サケの漁獲を得るためにどのような繁殖保護の取り組みがなされてきたかを見てみよう。まずはその前に、津軽石村において、盛合家が瀬主としてサケ漁とムラの中心にいたことが、この時代に何を意味していたかを簡単に述べておきたい。

一七一五（正徳五）年から、津軽石村の盛合家には土地と漁場が集積していった。その背景には、サケの不漁が関係している。金穀を借りたムラの人びとが、不漁によって分配を得られず、その結果貸し付けを返せなくなってしまったのだ。貸し付けを返せなくなった人びとの担保として土地と漁場が盛合家に集まり、人びとは盛合家のもとで働く小作（名子、水呑、小脇）となった。岩本由輝は、サケの運上金の減免の史料から盛合家への土地と漁場集積の相関性を明らかにしている。活況だった元禄年間（一六八八—一七〇四年）とは異なり、享保年間（一七一六—一七三五年）は不漁が続いていた。その後も活況は続かず、瀬主たちが毎年運上金の半額減免を願い出ることになり、一七六二（宝暦一二）年と一七六四（明和元）年には、半額減免が認められなければ漁場を返上するという申し立てをしている。それに比例して、盛合家の土地と漁場の集積が進み、一七八〇（安永九）年まで続く。しかもその田畑や漁場は津軽石村のみならず、浦廻り四ヶ浦全体に及んだ。

ここでいう漁場の集積とは、面積の集積そのものを意味しない。サケ漁は網漁で、共同作業になるから、場所で分け前を分けることはできない。そのため、たとえば一七〇一（元禄一四）年に一一丁の漁場に分割された津軽石川の入会のうち、「一丁の半分の六分の一」という形で示されているのは、その漁でのサケのあがりを割るための割合である。漁場の集積とは、このようにして盛合家が実質的にその漁場の漁のあがりも、瀬主として漁全体も支配していたことを意味する（岩本　一九七七：九七—一一一）。

一七七四（安永三）年には盛合家が在郷給人化した。簡単にいえば、武士階級に昇進した。岩本はこの昇進を、主に財政難の盛岡藩から求められる御用金対策であったと分析している。加えて、土地と漁場の集積については、しばしば首長であり在郷商人であったイエに見られたように、飢饉や不漁の折のムラびとの救援策だったとも考えられるという。岩本は結果として、この時期の盛合家による浦廻り四ヶ浦の土地と漁場の集積が、飢饉や不漁を契機とする他領商人資本の介入からサケ漁の場を防衛する役割を果たしたのではないかと指摘している（岩本 一九七九：七四）。いずれにせよこの時期は、名目のうえでも、実質的にも、盛合家によってサケの繁殖空間が囲い込まれていった時期だった。現存している稲荷神社の神輿の屋根には、一七六三（宝暦一三）年、盛合孫之助が神輿を奉納したと記されている。孫之助は一七七四（安永三）年に盛合家が在郷給人になったときの当主である。旧瀬主だった山崎家と盛合家の権勢交代の図がそこには見られる。

さてこの頃、興味深い口上書が浦廻り四ヶ浦の瀬主たちから藩に奉じられた。そこには、サケの生態に関する知識と、独自の繁殖保護の取り組みを正当性の根拠として、他のムラからの漁場への干渉を退けようとする浦廻り四ヶ浦の瀬主たちの姿が見られる。また、宮古湾とその沖合に行き来するサケを、自分たちの権限の及ぶ範囲にある「わたしたちのもの」であると、河川よりもより広い範囲を「わたしたちのもの」の空間として主張する様子が見られる。そして、浦廻り四ヶ浦の範囲を超えて、繁殖保護のために必要な境界が引き直された。次に詳しく述べよう。

湾内の建網建設に反対する口上書

発端は一七四八（寛延元）年のことだった。宮古浦四ヶ浦（宮古村、黒田村、磯鶏村、鍬ヶ崎村）の瀬主たちは、もともと津軽石川よりもサケの生産量の少ない閉伊川でサケ漁を行っていた。騒動の原因は、この宮古浦四ヶ浦の瀬主たちが、サケの漁獲を増やすために沖合でのサケの建網建設を藩に申請したことだった。宮古湾は壺型になっている湾であり、その最奥にあるのが津軽石川である。宮古浦四ヶ浦の瀬主たちが沖合に建網を出すということは、湾の中央からちょうど南に下って津軽石川に向かうサケの群れの通り道に建網をたてるということであり、津軽石川に向かう群れを捕獲するということだ。

これに対して津軽石川の浦廻り四ヶ浦の瀬主たちは藩に請願を出した。宮古浦四ヶ浦が建網の上納金として出す金額を、浦廻り四ヶ浦で負担するので、宮古浦の建網の沖出しを認めないでほしいと訴えたのだ。その請願では、沖出しを認めないよう願い出る理由を、サケの資源保全のためだと理由づけた。サケは海ではなく、川で産卵するので、宮古浦による建網の沖出しは、後々資源不足を引き起こすというのだ。『宮古、黒田、鍬ヶ崎、磯鶏四ヶ浦瀬主沖合江鮭漁立網相立、漁支度願出、依之指支有無之御尋被下置、難在奉在候、乍恐右御請申上候事』には次のようにある。なお、立網は建網と同じである。

「沖合ニ而鮭取上ケ申候面ハ、第一宮古河、津軽石川江登り申鮭不足可仕候。殊ニ鮭子ハ元来海ニ而出生不仕、川ニ而斗出生仕候故、末々子種茂不足可仕と奉存候」（岩本 一九六七c：五）

さらに一七四九（寛延二）年には、問題に決着がつかないことから、津軽石の漁民たちは再び、詳細な口上書を藩に提出している。その口上書では、サケの資源管理を行ってきたこと、そのことを根拠に、資源を減らすような宮古浦の建網の沖出しを拒むのは正当であると訴えている。『宮古、黒田瀬主共 鮭立網願出候ニ付、指支有無之御尋被成下難在奉存、乍恐御請申上候事』を詳しく見てみよう（岩本 一九六七c：五、岩本 一九七九：六二一—六六八）。

口上書では第一に、浦廻り四ヶ浦が一定の運上金を納めつつ、津軽石川と河口域および宮古湾の湾奥の周囲の漁場を地付き支配してきたことを述べたうえで、四ヶ浦が漁獲制限を行ってきたことを述べている。漁獲制限の内容は、禁漁時間の設定である。昼の九つ時から夜中まで（正午から夜中まで）は禁漁時間とし、サケを川に遡上させて産卵させる。次の朝の五つ時から四つ時（午前八時から正午まで）に漁をする。なぜこのような時間帯で漁を行うかというと、産卵した後のサケを獲るためであるという。川に入ってきたサケをそのまま獲って売った方が、しばらく川に滞留していたサケを売るよりも、サケの身が傷んでおらず商品価値は高い。しかしそのようにすると、川で産卵することができないためにサケがやがて川に戻ってこなくなる。そのため、サケが産卵する時間を禁漁時間にし、産卵後のサケを漁獲するように工夫しているというのである。

また、漁獲制限の他に稚魚の保護を行っていることも述べられている。二月の半ばから稚魚を小川の堰に移植して、子どもや鳥にとられないように保護しているというのである。これは、稚魚が外敵にあたることを避けることで、サケの繁殖を促すということだ。現代的にいえば、生まれたばかりのサケの稚魚についている卵嚢が消えて泳ぐようになり、浮上してきた稚魚を保護して、海へ戻っていく率を高めるということである。

そして、このような漁獲制限と繁殖保護を根拠として、宮古湾内および湾外の沖合のサケについて、浦廻り四ヶ浦には権利があるのだと主張している。さらには、最近は漁獲もよいので、運上金を五〇両増額してもよいという申し出もしている。

第二に、宮古湾のサケの生態が明確に把握されている。つまり、サケは宮古湾に入ってから、しばらく湾のなかを行き来して、卵と精子が成熟するまで過ごすというのである。前述の一枚文書には以下のようにある。

「惣而鮭浦入仕候而者、岸ニ付淀々江入、子ふとらせ、川入仕候ものニ御座候間」（岩本 一九六七c：六）

ゆえに、宮古浦が建網を沖に出せば、このように成熟を待つサケも獲ってしまうことになる。それが宮古浦の漁場のなかに設置されるというのであろうとも、やはり反対せざるをえない、と主張している。

第三に、津軽石川にのぼってくるサケについては、サケの通り道である湾内や沖合にいても浦廻り四ヶ浦に権利があることを主張している。口上書の第二でも主張していたことを、別の事例を用いて再び強調している。事例というのは、田老から宮古湾までサケの通り道の刺網漁は認められていないにもかかわらず、モグリで刺網漁をしていた者がいた。それをこれまでにも摘発して詫証文をとってきたというのだ。

もう一つあげられた例は少し微妙である。なんでも、二〇〇年前にやはり湾内で建網が行われ、津軽石川にサケがのぼらなくなったことがあった。そのときにサケの子を育てるのに一年間禁漁になった。そのときの津軽石川の管理は浦廻り四ヶ浦に任されたのだという。その後に宮古町の八左衛門と磯鶏村の甚之助が建網建設を願い出たときも、宮古浦と浦廻りがともに異議申し立てをして不許可になったこともある。これらを勘案して、今回も同様に許可をしないでほしいというのである。岩本も指摘しているように（岩本 一九七九：六四）、そのまま考えると時代が徳川時代以前の話になり、また、浦廻り四ヶ浦が成立するのは、一六九八（元禄一一）年、前述した入会が設定されたときと同じ時期のことだ[11]。そのため、この記述にはずれがある。ひょっとしたら建網建設を退けた経緯が別にあったかもしれないが、今のところは確認できない。

四番目に述べられているのは、漁場境界を越えて、なぜ浦廻り四ヶ浦が宮古浦四ヶ浦にものを申すのか、その理由である。一七二六（享保一一）年に田老の田代山笹平鉄山の認可に反対した経緯を引いて前例として述べているのだ。つまり、鉄山の悪水が田老の港に流れ出ると、サケやイワシが沿岸に寄りつかなくなって漁に差し支えるから反対したというのである。悪水の影響についても、網主・漁師たちは経験的に知っていたことがわかる。

最後に、浦廻りの瀬主は、藩が宮古浦の建網の建設が認可されてしまうというならば、せめて津軽石の漁が行われる一〇月終わりから二月までは禁漁にしてほしい、それ以外は建網建設を認めると述べられている。そのように時期を区切る根拠に、津軽石川のサケがもっとも遅く遡上してくるサケの群れであることがあげられ、その時期を除いてほしいといっている。しかし、津軽石川の系群を獲るために建網の沖出しをしたい宮古浦にとって、これを認めれば建網建設はほぼ意味のないものになってしまう。つまり、そういって浦廻りの瀬主はやはり建網を退けている。

ここで目をひくのは、宮古浦の主張に反論するくだりである。宮古浦は、建網が沖に新しく敷設されたあかつきには、宮古浦と浦廻り合わせて八つのムラの入会にして漁業をしたいと申し出ている。しかし、宮古浦よりもはるかに多いサケの漁獲がある浦廻りにとってはまるでうまみもなく、単に利を手放すだけになる。そのため、浦廻りの瀬主は、津軽石川の漁場の地付きが昔から実質的に与えられていること、小高百姓や水呑にまで細分化された利用権をもつ、きわめて公益性の高い漁場であることを主張して、現在の入会を捨ててその入会に参加することはないと述べている。この文書を分析した岩本由輝は、同時期にはすでに盛合家に田畑や漁場が集積していたことを考えると、この「小高百姓や水呑にまで権利が与えられた公益性の高い漁場」であるというのは、単なる口実にすぎないだろうと指摘している（岩本　一九七九：六六）。

本書では、口実であっても、その言説が繰り出されたこと、公益性と結びつけた論理を地元の人びとが立てていたことに着目して次項で分析してみよう。

□上書のなかに見る資源管理と繁殖保護

本書の目的に即して、サケの資源管理を行うために浦廻り四ヶ浦の瀬主たちがなしてきたと主張する内容、特に繁殖保護も含むその内容に着目しよう。

漁期に禁漁時間を設けるという漁獲制限、稚魚の保全、湾内の禁漁箇所の必要性を論じられるだけのサケの回遊路に関する知識。鉱山廃水による水質汚染のイワシ・サケ漁への影響を知ったうえでの鉱山廃水制限の要求。津軽石川の系統群の特徴の熟知（もっとも遡上が遅い）。ざっとあげただけでも、自分の川に帰ってくるサケに関する知識を豊富にもち合わせ、それをもとに漁獲制限や禁漁箇所の設置という資源管理と、稚魚の保護という繁殖保全と、鉱山の悪水に反対するという生態空間の質の維持がなされていたことがわかる。

後に明治期に再発見されて、「近世の繁殖保護」の手法として着目されるのは、新潟県三面川が行っていた種川制度だ。明治創成期に北海道にも移植された三面川の種川制度は、越後国村上藩士の青砥武平次によって始められたとされている。高橋美貴は、種川制度の中身と成立過程について、サケガワのサケ漁構造から掘り起こして明らかにしている（高橋　二〇一三：一六六－二〇九）。それによると、種川制度が整備されていくのは、村上藩が他の特産品とともにサケの殖産政策を進めていた一七八〇（安永九）－一七九〇（寛政二）年頃であるという。天明期のこの時期は、全国で飢饉が相次ぎ、資源管理にいっそう各藩が力を注いでいた頃だった。

村上藩におけるサケ漁は、村上町が村上藩から請け負って運上金を納める形で行われていた。サケガワは二〇ヵ所ほどのサケ漁場に分けられ、村上町は毎年入札によって漁場ごとの請負人を決める。請負人は納屋と呼ばれて、原則として村上町内の川方八町や瀬波町の者に限られ、その多くは商人資本であり、雇われ漁師を使って漁を行っていた。

こうして三面川では、村上藩が権力と積極性をもって繁殖保護の制度を整えた。高橋美貴によると、一七八四(天明四)年の稚魚捕獲の禁止、一七八七(天明七)年には鮭卵も含み稚魚捕獲の禁止が再び出され、後者では子どもの仕業であっても親の責任を問うと厳しく禁じている。さらに、一七八六(天明六)年には夜のサケ漁の禁止の記録も残る。それに加えて、青砥武平次による御留川、すなわち、サケの産卵しやすい川瀬を毎年見立てて、産卵しやすい環境と、番人を置いて外敵を防ぎ鮭卵と稚魚を守る区画をつくる。後にこの御留川が種川と呼ばれ、三面川の試みが種川制度といわれるようになる。空間を囲い込み、再生産過程を人間の目の見えるところに確保してサケの繁殖保護を行っていた。

高橋によると、このような種川制度の整備と並行して、村上藩では、密漁、および密漁による売買の取り締まりなど、藩による積極的な繁殖保護政策が行われた。また、商人資本の他領からの侵入を、制度上、防いでいることも大きな特徴の一つであろう。そしてこの種川制度は、仙台藩や山形藩にも広がっていく。

また、高橋は、津軽石川と閉伊川の研究を通じて、津軽石川では夜間漁の禁止と稚魚保護の「瀬川仕法」が、そして閉伊川では川にあがったサケが再び落ち葉とともに産卵場に下ってくるまで獲らない、という「落葉払い」という二つの繁殖保護の仕組みが漁民のあいだにあったことを指摘している(高橋 一九九五a、b、二〇〇七)。高橋は、三面川と津軽石川・閉伊川の事例から、東北地方のこの在来のサケの資源管理・繁殖保護の仕組みが、「種川制度」として、明治で再発見されていくことを指摘した。

ここで着目しておきたいのは、「瀬川仕法」と高橋がまとめたよりも、実際には津軽石川の資源管理と繁殖保護はもう少し空間的に広い射程をもっていたということだ。浦廻り四ヶ浦の口上書から見えてくるのは、サケの生態空間全体を視野に入れた、経験により培われてきた瀬主たちの資源管理に関する意識である。そして、繁殖保護に必要な空間を、「わたしたちの」の空間として、藩の権威を借りながら囲い込もうとする意思である。河川に現れて後の再生産過程ではなく、親魚が湾に入ってくるところから管理をしようとするのは、経験的な知識をもって、より広いサケの生態空間を囲い込もうとしているからだ。

さて、こののち盛合家は集積した土地と漁場をもって、有力な瀬主として実質的な一角支配を行った。同時に、廻船問屋、酒屋、質屋を営む商人としての側面を強めていった。それとともに、浦廻り四ヶ浦の四村のあいだの関係も変化した。かつては「共」としての入会は四村の合議制であった。しかし盛合家が力を強めてからは、「盛合家（瀬主）—網主—網子」という権力構造になった。他のムラへの盛合家の影響力も大きくなった。他方で、浦廻り四ヶ浦を統治する権力をもったのが盛合家という在郷商人資本だったことは、資源保全という観点から見ると別の機能も果たしていた。つまり、長く津軽石川のサケガワとハマを、地付きとして保つという大きな作用を与えた。結果として盛合家に土地と漁場が集積することで、他の商人資本や個人が瀬主として入り込むことを退け、また、盛合家が瀬主としてそのような外部からの介入を抑え続けたのである。

幕末・明治創成期の漁場の混乱

さて、一八世紀後半、サケそのものは不漁が続いていたが、一九世紀に入ると少しもち直し、それからまた不漁になるということを繰り返した。一九世紀初頭からは、盛合家を中心とする瀬主たちによる地付き支配には変容が見られた。この時期、盛合家は経済的にも力を失いつつあった。というのも、新しいマグロの建網などを別の商人資本と組んで行う漁民の新興勢力層や、馬方や五十集（いさば）といった新しい物流を担って力をつけ、在郷商人層となった小間居たちが台頭していたからである。小間居とは、かつて名子制度のなかで、名子・小脇・水呑だった村人たちで、名子解放後、枝村と呼ばれる、津軽石川中流よりも上に住んでいた者たちのことである。すでに前節で明らかにしたように、一七〇一（元禄一四）年に形成された入会では、藩により入会のなかで漁に参加する機会を得ていた。しかし盛岡藩が租税者を増やすという目的のもと、一七七四（安永三）年に名子解放を行ってから、再び小間居たちは漁への参加から閉め出されていた（岩本　一九七七：一五九）。

このような状況のもと、再び、漁場を取り巻く状況が大きく変わるのは、飢饉が連続的に続いた天明期を経た一八一八（文政元）年のことである。「無年限地付き」だった津軽石川とその周辺漁場、すなわち浦廻り四ヶ浦の地付き支配だった漁場が、「年期請負」に変わった。

岩本由輝はこのことを、「地付漁業権を外来の商人資本から守るために相応の為増金をだし、請負支配を続けてきた有力瀬主が、今や完全に商人資本化し、直接生産漁民の対立者としての性格を露呈する」（岩本　一九七七：一七四）証しとしてあげている。階層分化が新しく始まり、それへの反発と新しい階層の台頭が始まったというのである。ここでいう有力瀬主とは盛合家のことであり、他のムラの瀬主を請け負っていた肝入りたちのことである。岩本によれば、以降、瀬主と実際に漁を行っていた漁民たちの対立が激しくなった。一八四七（弘化四）年と一八五三（嘉永六）年の閉伊の百姓一揆を経て、一八六五（元治二）年から始まった津軽石村の村方騒動へと続く。[12]この村方騒動とは、従来、漁から排除されてきた小間居層が漁への参加を求めて、津軽石川の網主たちおよび浦廻り四ヶ浦の瀬主たちと争った騒動を指す。村方騒動の影響と混乱が続いたまま、浦廻り四ヶ浦は幕末を迎えていった（岩本　一九七九：一一〇-一一九）。

本書では、岩本の指摘する階層分化とその対立という観点とは異なる視角でこの事実を考えてみよう。漁場の管理ということを考えたとき、地付き支配が年期請負になったことは、確かに重要な転換点である。なぜならば、資源利用に長期的見通しが必要かどうかは資源管理の動機に大きな違いをもたらすと予想されるからだ。重要なのは、長期的見通しがない状況で資源の乱獲をよしとし、短期的に利益を得て投げ捨てる、という状況にあったのかどうかだ。たとえ年期請負だったとしても、少なくとも同じ瀬主が同じ漁場から利益を得続けることが重要だと考えるならば、資源管理は行われるだろう。サケ資源がなくなることこそが問題だからだ。盛合家が率いてきた浦廻り四ヶ浦のサケ漁場についても、着目すべきは、資源管理を行う動機が漁場の権利をもつ、あるいはもちたい主体にあったかどうか、である。

一八二一（文政四）年二月付けの『乍恐書付ヲ以御答申上候事』によると、一八一八（文政元）年に始まった一五ヵ年の年期請負は一八二一（文政四）年に再び無年限の地付に戻った（岩本 一九六八d：一四-一五、岩本 一九七九：九五）。しかし時期を同じくして盛岡藩が、瀬主と網主のあいだの争いによる他の零細漁民の貧窮を解決するためだという理由で、津軽石川を御手川（藩の直接支配）にしようとした。一八二一（文政四）年一二月付けの『乍恐書付ヲ以御答申上候事』によると、これに瀬主たちは、零細漁民がいることを認めつつ、貧窮については否定した。そして零細漁民たちにも相応の収入ができるようにしていると釈明しながら、変わらず地付き支配を求めている（岩本 一九六八d：一五）。一八二二（文政五）年二月付けの『乍恐書付ヲ以御答申上候事』によると、結果として、浦廻り四ヶ浦は、形式上ではあるが、地付き支配を保ったことがわかる（岩本 一九六八d：一五-一六）。

だが、それからあまり間を置かず、一八二八（文政一一）年以降、再びサケの不漁が続く。さらには、一八五〇年代後半には、津軽石川の川筋の漁場を除いて、赤前村と金浜村が浦廻り四ヶ浦から独立する。地曳網の網を引く場所をめぐる津軽石村との対立が原因である。この幕末期には、調停を行ったり、最終的な裁定に権限を発揮したりする藩の権力が及ばなくなっていた。すでに盛合家の力も弱まっていたこともあって、いよいよ、それまでは保たれていた浦廻り四ヶ浦が崩れた体である（岩本　一九七九：一一一－一一二）。

一八六五（慶応元）年から始まった小間居層と浦廻り四ヶ浦の瀬主たちとのあいだの村方騒動では、興味深い言い争いがなされている。瀬主たちは瀬川仕法（夜間禁漁や稚魚保護、漁獲統制を含む漁と資源管理の手法）と漁場の統制の必要性を訴え、そこに漁場支配の正当性を求めようとした。小間居層は、慶応二年一〇月付けの『乍恐願書を以奉願上候事』において、先に述べた御手川騒動を、まったく違う観点で解釈して自分たちの主張の根拠にしている。曰く、古くは村人なら誰でも見つけ次第サケを獲ってよかったのにもかかわらず、漁獲が増えてきたので、藩直轄地の御手川になるところだった。直営漁場とはいえ、その意味は村人の誰もがサケを獲ってもよいということだったので、小間居たちは喜んでいた。しかしながら、瀬主や瀬主から漁場を借りた網主たちのように少数の者が独占するようになって、小間居の自分たちは追いやられてきた。近頃は農業も不振で困窮も甚だしく、サケ漁の権利を小間居たちにも認めてもらいたいと、自分たちの漁の参入を正当化している。（岩本　一九六八e：二一、岩本　一九七九：一一三）。

一八六六（慶応二）年の暮れに、瀬主たちと小間居層が一年おきに漁を行うべし、という裁定が藩からなされた。瀬主たちもそれを受け入れたが、実際には騒動は続いた。小間居側から漁場を取り戻そうとする瀬主たちの訴えは、口上書のときの正当性の根拠と変わってはいない。瀬主たちは小間居たちが取り決めにかかわらずサケを獲ろうとする現実から、資源を保全するための瀬川仕法の維持が困難であることを藩に訴えた。小間居側についた肝入所、宮古代官所を経由しての藩への訴えだった。ただし、この時期すでに藩の権力は及ばず、藩からの返答もなく、結論は出ずに、混乱のみが続いた（岩本　一九六八e：二三-四、岩本　一九七九：一二六-一二九）。

浦廻り四ヶ浦の瀬主層が主張していたのは、慣習による漁場空間の囲い込みと瀬川仕法という資源管理を続けてきたという歴史的事実を根拠とした、統治の正当性である。統治の正当性を得るためにも資源管理は必要だった。動機づけはここにあった。しかしながら、そもそも浦廻り四ヶ浦の成立過程からして、慣習による漁場空間の囲い込みと入会統治の論理は、他のムラや領外の商人資本と争いながら、藩権力を背景にその正当性を得たものだった。ゆえに幕末の権力構造の揺らぎのなかで藩権力が弱体化したとき、慣習による漁業統治の論理の正当性も揺らぐことになった。もともと慣習による入会統治の論理の外にあった小間居たちの訴える論理に対抗するものとしても、小間居たちを新たに取り入れ、慣習内の構成員として再編する論理としても、もはやとうてい働きえなかった。漁獲制限は、入会利用を認められた人びと以外を排除し、その数と漁獲の機会・漁法を統制することではじめて機能する。小間居層による御手川騒動の解釈にも見られるように、利用者の緊張関係のなかで保持されてきた瀬川仕法と漁獲制限は、小間居層から見れば、むしろ小間居層を資源利用から疎外する仕組みに映っていた。

しかし、幾度となく浦廻り四ヶ浦の瀬主たちが正当性の根拠として主張した、浦廻り四ヶ浦による自主的な繁殖保護の取り組みは、明治になって「旧慣」として小間居層も含んだ津軽石村の人びとによって再編・利用されることになる。そのことについては次章で述べよう。

2・3　サケを「わたしたちのもの」に

さて、空間の占有を通じてサケの生を囲い込んできた人びとが、サケの生態をよく把握し、サケに働きかけ、サケの漁獲を行い続けるための瀬川仕法などの資源管理手法を生み出してきた様子を見てきた。また人びとは、湾内でサケの往来する道筋、湾から出た田老沖の悪水の懸念など、サケの行き来する生態空間を、自分たちの漁場領域を越えて把握していた。そして、自分たちの漁場境界を越えたサケの回遊路についても、干渉する正当性があることも主張してきた。藩や他の地域の漁民、江戸や盛岡から入ってくる商人資本との緊張関係のなかで、繁殖保護のためのサケに関する生態知識をもちえていたこと、それを説得的に主張できることが、自らの資源利用と空間の囲い込みを正当化する重要な核心になっていた。

本章で着目しておきたいのは、占有した漁場に現れるサケのみならず、漁場を離れた回遊路のサケ、繁殖を経て将来自分たちの獲物になるだろういまだ見ぬサケを、時空間を超えて「わたしたちのもの」と捉えるまなざしであり、感覚である。

回遊魚を「わたしたちのもの」だと見なし、漁場境界を越えて回遊路にまで空間を囲い込み、所有しようとした例は他にも見られる。歴史地理学者の橋村修は、移動する魚種を追いかける、あるいは魚種が自分たちの漁場に回遊する、という線の所有が、面の所有へと変容していくことに着目している。橋村によれば、近世一八世紀後半の西九州福江島のマグロの大敷網では、マグロの回遊路にあたる海域を地先権の延長として排他的占有を進められたという。さらに、天草の富岡浦において、回遊する魚類の回遊経路である「魚道」であることを理由に、その魚道を前海として地先権を主張しようとしたムラに否を主張した例を分析している。橋村が描写しているのは、本書の視角から捉え直せば、移動する魚種を「わたしたちのもの」とする感覚が、漁場という空間の所有という手段に結びついて広がっていく過程であり、その後、制度のなかで空間の所有そのものが目的に転じていく様子である（橋村　二〇〇九）。

浦廻り四ヶ浦の場合、時空間を超えてサケという存在そのものを「わたしたちのもの」と捉えるまなざしと感覚は、自主的な繁殖保護という営みに由来していた。繰り返し表明されていたのは、昔から繁殖保護を行ってきたのだという歴史性だ。そして、その歴史性を引き継ぎながら、自らの身体と能力をもって自然に働きかけ、繁殖保護を行ってきたし、そうして毎年サケを得てきたという事実である。サケは漁獲圧による影響を受ける。複数の集団の資源をめぐる緊張関係と重層的な権力構造のもとで、サケがカワに現れ続けるように漁獲圧を調整し、産卵と稚魚の過程を保護して手をかける。そのような働きかけとかかわりの継続が、目の前のサケと現れるはずの未来のサケを含めて、サケを「わたしたちのもの」だと根拠づけ、その継続のために空間を占有し続ける正当性を人びとに与えてきた。

ただし、「わたしたちのもの」とはいえ、人びとによってサケの生が所有されているわけではない。繁殖過程は保護されていても、生殖過程が人の統制下にある状態ではない。サケは自ら繁殖し、育ち、戻ってくる。サケ自身がその生態を支えるために能動的に周囲に働きかけ、生を紡ぐ。人びとは持続的かつ安定的にサケが獲れるよう、その空間を占有する。そして、人びとの集団間で互いを牽制し漁獲量を調整しながら、どうにか資源を手に入れるうえでの不確実性を飼い慣らそうとしている。サケと人の生のかかわりは平衡的であり、サケの生は、人が居なくなれば自分たちで繁殖し、世代をつないでいけるという意味で自律的だ。

本書が間（あわい）と呼ぶのは、こうした「わたしたちのもの」化、生きものを領有しようとする働きかけのなかで生み出される、生きものとの交渉から生まれる領域だ。そこは人間の領域でもあるが、同時にサケの領域でもある。サケは、わたしたちの存在よりも先行してわたしたちのまわりにある、生きものの自己創出的な生の作用の体系のなかに埋め込まれ、またその体系を利用しながら生み出す一部として存在している。サケの生の作用の体系のなかに人間もいる。サケは、他の生きもの・モノとともにわたしたちに働きかける。わたしたちは漁獲や繁殖保護を通じてサケに働きかけ、人間の生の作用の体系にサケを埋め込む。ゆえに、わたしたちが居るのも、サケが居るのも、実は互いにとっての間（あわい）である。わたしたちもサケも、互いに自律的に、能動的に周囲の生きものやモノを「わたしたちのもの」化しながら、自律的な存在として生きている。そうして互いに生を分有している。

しかし同時に、わたしたちは常に、どちらかの極に揺り戻そう、純粋化させようと絶え間なく試みるし、このような運動は、どちらかの極に寄った生きもの・モノとして、人間の存在すらも編み直してしまう（ラトゥール 一九九一＝二〇〇八：一一〇-一一一）。明治以降、サケは、互いの領域の間（あわい）に生きる存在としてではなく、非自律的かつ受動的で、人間の欲望のままに支配可能であるように対象化された「モノ」となっていく。

次章からは、増殖という概念が新たにこの運動を大きく揺さぶり、サケとわたしたちが生きる間（あわい）ごと、そして「モノ」化を通じてその存在ごと変えていく様子に着目しよう。

（1）　マルクス主義人類学者のモーリス・ゴドリエは、「自然の領有（appropriation）」を、人間が自然とやりとりしながら資源を引き出し、利用することとそのものを広く意味する言葉――領域の領有と、自然資源および人間が変えてきた資源の領有――として用いている（Godelier 1978）。所有という形態はその一例でしかない。ゴドリエは、①自然の領有について定義して方向づけ、かつある程度統制する形態のありようと、②ある自然環境に働きかけたり、その環境の生態過程を統制したりして生存のための物質的手段に変え、特定の文化や社会的諸関係のもとで再生産されるようにする、社会の知的および物質的な潜在能力の二つに着目する。そしてこれらが多様であることを念頭に置きつつ、両者のあいだの密接な関係性に着目し、自然と人間のあいだの関係性を論じようとした。社会人類学者のティム・インゴルドは、放し飼いされ狩猟されるという形態ながら、所有物と見なされるトナカイの遊牧についてゴドリエの着眼点を踏襲しながら、「自然の領有（appropriation）」として捉え、分析している（Ingold 1987）。

（2）　所有はある社会の合意のもとに成立しており、その合意は強制力を伴って社会の成員に遵守を求める。合意のあり方もその強制力の現れも、それらの形態は複数で多様である。もっとも現在、たいていの人びとは、所有とその権利を示す所有権（proper-

せ）と聞けば、モノや囲い込まれた空間に対して、一対一の排他的な持ち手であること、その権利を表すものだと考えるだろう。そう考えるのには、現代社会における社会的合意を体現する法制度の中心に、個人と、個人と同様に法的適格をもつと見なされている法人による私的所有（権）があるからだ。このような所有と所有権の考え方は、近代国家の法的枠組みと、それがよってたつ根拠を哲学的に基礎づけた、イギリスの哲学者ジョン・ロックの思想に強く依拠している。すなわち、人間個人の身体とその存在は自己充足的で他者より独立したものであり、本人により所有されるものである。その身体の労働によって得られたものはすべからく、その個人に所有されるべきものであり、個人はその意味で労働を投下したものに排他的な所有権をもつ（ロック　一六八九＝二〇一〇）。それは個に由来し、個に帰属する概念であり権利である。

本章で後ほど重要な文脈となるのは、私的所有（権）が、社会学者のエミール・デュルケムが指摘するように、使用、収益、処分の権利を有し、同時に共同の領分からも独立しているという性格をもつものとみなされてきたことだ。「所有権とは、ある特定の主体がある特定の事物に関して他の個人的・集合的主体の使用を排除する権利であって」「所有された事物とは、共同の領域から分離されたところの事物にほかならない」（デュルケム　一九七四：一八二―一八三）。そして、デュルケムは続けて、所有されるようになった事物の特徴が聖なる事物の特徴と重なっていること、私的所有の起源が宗教信仰の本質にあると指摘する。つまり、私的所有は、誰も犯さざるべきものとして位置づけられた。

問題は所有という行為・状態の「対象」となることが、対象の自己決定権や自律性をないものと見なす「モノ化」を伴うことだ。

（3）　環境社会学者の鳥越皓之は、登記上は私有地であっても、同時にその土地が集団で生活資源を得てきた地域社会（ムラ）の土地であるという総有的所有の意識がともに在り、網掛けのようになっていると指摘している。背後には、集団なくしてはその土地の生活資源を得られなかったし生きられなかったという素朴な認識があろう。鳥越はこのような重層的にある総有的所有の意識について、「共同占有権」と明確に社会で位置づけ、ある程度、法的根拠をもつものであることを積極的に肯定する。共同占有（possession）とは、ある集団が生きぬくために、身体を文字通り置いているところの環境の使用価値的利用を保持することを意味する。この場合、身を置いて保持しているものや空間は使用するためなのであり、具体的な紐帯が人とモノや空間、モノや空間を介した人と人のあいだに結ばれている。それは誰かに譲渡されにくい、譲渡不可能性を帯びた所有のあり方である。個人はモノや空間を利用するが、自らの裁量で処分はできない。あくまでも集団として環境に働きかけて資源を享受する際に、誰が何をしてよいか、してはならないかが定められている状態が共同占有である。メンバーシップに加わることさえできれば資源は享受できる。それは持ち分が複数の個人に細分化され、それぞれが分割された所有権をもつ共同所有とは異なり、あくまで集団が権利の保持、行使、使用、処分、収益などに関する意志決定と振る舞いを行う主体である。コモンズ論が国際的にも着目されてきたように、現代社会においても共同占有権が環境問題に関してもつ意味は大きい（池田　一九九五：二二四）。

（4）　鳥越以上に、共同占有権の現代的な意義を強く主張して議論しているのが、環境経済、環境政策、環境法などに造詣が深く、漁業権に関して積極的な再定義をしてきた工学研究者の熊本一規である。熊本は、「総有」を「地域資源とかかわりながら生活している地域住民が、地域に居住し続ける限りにおいて地域資源に対して有する共同所有」（熊本　一九九五：一九五）と定義し、「総有」の権利とは「地域資源とかかわって生活する地域住民が、地域資源に対してもつ、共同して収益をする権利」（同上）として、持続可能な社会をつくるための開発を支える所有の形とその権利として位置づけている。熊本のこの所有の形と権利の構想は、戦後の新漁業法のなかで漁業権がもっている要素の積極的再評価に基づく。熊本の主張は鳥越よりもさらに強く、日常生活上に身体をおき、その場とかかわって責任を担うことが所有・所有権の根拠であると捉えるものである。その主張は同時に、登記上だけの所有権となっていて、共同して収益をあげられる可能性のある地域資源を損なわせるような活動をする主体には、その環境を所有する正当性はない、ということも主張するものである。

（5）　ブリの定置網において、百姓株の所有者が平等に占有利用権を分有する場合と、百姓株の石高に比例して分有の大きさが異なる場合、二つの漁場の共有の仕組みについて明らかにした。

（6）　磯付き・根付き資源とは、沿岸の磯（岩礁の周囲に海藻が根づいたところ）を好む魚類、貝類、藻類のことを指す。

（7）　宮古市には教育委員会に市史編さん室があり、宮古市の歴史資料が非常にていねいに収集され、整理されている。宮古港開港四〇〇周年を記念して発行された、『宮古港開港四〇〇周年記念事業　宮古港歴史展・復興展　宮古港開港から四〇〇年のあゆみと震災から復興への記録』のなかにまとめられた歴史編は、近世からの宮古のハマと漁業の歴史を端的に把握するのに適切な資料である（宮古市・宮古港開港四〇〇周年記念事業実行委員会　二〇一五：七-九）。

（8）　『邦内郷村志』は、全八巻が岩手県立図書館において電子データ化されておりウェブで閲覧できる。

（9）　文政年間（一八一八-一八二九年）、山田町の田代角左衛門が、鬼形でマグロの建網漁業を行っている。

（10）　菅の議論の主眼は、むろん、「共」的資源としての川を描くことで、現代的な川の統治のあり方に一石を投じ、いわゆる行政的な「公共」や私的所有の意味を改めて問いかけることにある。

（11）　入会設置のきっかけにもなった、津軽石川の河口の洪水による移動が発端である。河口の付け替え工事を津軽石村が赤前村と金浜村にもちかけたが、赤前村に断られた。その争いを裁定した盛岡藩によって、これに高浜村を加えた浦廻り四ヶ浦が成立した。

（12）　この年は浦賀にペリーが黒船でやってきた年である。

3 増やす——近代日本と資源増殖

本章からは、互いの領域の重なる間（あわい）に生きていた人間とサケが、間（あわい）をそれぞれ退出していく様子を描こう。人工ふ化放流技術の導入を軸として増殖レジームが形成され、人がサケから離れ、サケが人から離れていく。そして、間（あわい）で生きてきたカワザケという生きもの——人とのあいだに、周囲のモノや出来事とのあいだに厚い歴史的な関係をもってきた生きもの——の姿も変わっていく。もはや現代のわたしたちは、人工ふ化放流がなければ現在の資源量のサケを維持できない。そのような状況がなぜ生まれ、人工ふ化放流がサケとわたしたちの交渉の中心をなすようになったのか、その経緯を本章からしばらく追いかけていこう。

幕末の混乱期から明治の草創期にかけて、漁場とその資源管理は、明治政府の設計する新しい制度の到来とともに大きく揺れ動きながら再編されていった。この章では、特に人工ふ化放流技術の展開に軸を置きながら、資源増殖という新しい概念が柱の一つとなり、レジームとして全体を牽引していくことを捉えよう。いよいよ、科学と技術という新しい道具、世界観をも変えてしまう強く大きな道具が、かつてない規模でサケと人のかかわりを揺さぶっていく。

その過程を読み解くために、本章以降ではサケと人の交渉において、人からの働きかけが「モノ化」の様相を帯びていくことに着目しよう。前章で述べたように、わたしたちは、周囲の環境と資源を利用しながら生きものとして生きるうえで、生きものを資源として利用できるよう、その生きものそれ自体や環境を変えようと働きかけてきた。その過程は、対象となる生きもののもつ、能動的に他の生きもの・モノとかかわりを生み出しながら適応する力を利用することで行われてきた。こうして、人びとは生きものを含む人間の領域（文化）を生み出し、生きもの・モノをその領域に属するもの、「わたしたちのもの」として見なしてきた。サケもまた、生きるうえで生きもの・モノに能動的に働きかけ、自らの生の作用の体系をつくりながら生きるための領域、生態空間を生み出してきた。二つの領域が入り交じる、野生でも家魚でもない間（あわい）にサケも人も生きてきた。

本章から第10章まで通底して描かれるのは、人工ふ化放流事業と増殖レジームの展開とともに「わたしたちのもの」化が「モノ化」[1]していく過程である。「モノ化」とは、サケの生ごと、人間による一方的な支配とコントロールが可能な、非自律的で受動的な存在と見なし、実際にそのようなものへとサケの存在を変えていくことだ。具体的には、人間の干渉が自然淘汰よりも強く働いて、形態や遺伝子に関する可塑性が高まる。この段階では自然と文化が、あたかも最初から水と油のごとく交わらない独立した領域であったかのように見なされる。本書では、このモノ化された「わたしたちのもの」化を「わたしたちのモノ」化として区別する。

答えを先取りすると、本章から現代に至るまで見えてくるのは、モノ化した「わたしたちのモノ」化の進展だ。

近世の取り組みから取り出されて概念化された繁殖保護と、新しい科学と技術とともに概念化される増殖が、この「わたしたちのモノ」化を進める歯車となる。また、乱獲、密漁、開発による河川の汚染と変容を資源減少の原因と懸念材料と見なし、近代国家による中央集権型の資源管理形成が行われる。

漁業史を専門とする高橋美貴は、これまでの漁業権制度を柱とする近世・近代の漁業史研究をふまえつつ、日本で開催された一八八三（明治一六）年の第一回水産博覧会前後の史料から、近世と近代の境を明らかにしようとした。高橋によれば、一九世紀末の日本の漁政を方向づけ、近世と近代のあいだに線を引いた重要な概念は、水産「繁殖」というスローガンであり、理念だった（高橋　二〇〇七）。

確かに、明治期の漁場・水産資源管理は、中央集権型の新たな制度設計を試みた明治政府の初期の失策を省みて、近世の旧慣を再編成し取り入れた。さらに同時並行で、欧米の水産開発・研究を参考に、移入した科学技術を繁殖保護の概念と接合させ、水産政策の柱に据えた。

しかし、明治創成期の繁殖概念には、後の漁場・水産資源管理を方向づける、もう一つの新たな力点の発生が見られる。種苗放流や漁場造成によって積極的な自然資源の増産を目指すという力点だ。後に増殖という言葉でまとめられる概念である。

高橋は、歴史史料で用いられている繁殖の言葉に重きを置いて、人工ふ化放流技術をその範疇に収めている。しかし本書では、増殖を繁殖とは異なる理念を示すものとして定義し、人工ふ化放流技術を増殖の技術として定位しよう。繁殖過程に積極的に手を入れ、稚魚が自然淘汰のなかで死ぬ割合、いわゆる減耗率の高い時期は人間が飼育し、ある程度大きくなった稚魚を放流する。この思想と実践は、近世における空間の囲い込みや、漁獲圧の減少、産卵場所や稚魚生息場所の保護を中心にした自然繁殖への干渉とは一線を画する。この増殖という概念こそ、科学技術がサケの生に積極的に介入し、サケという生きものの生ごと「わたしたちのもの」化して、さらにモノ化を促すシナリオとなり、後にレジームを形成する概念である。

本章ではサケの人工ふ化放流技術の導入とその進展を追いかけながら、増殖がどのように資源繁殖と「一線を画す」概念であるのか、具体的に見てみよう。

その前に、本章から戦後の人工ふ化放流事業を語るにあたり、留意しておくことがある。本章からしばらく、人工ふ化放流事業は、北海道を中心として語られる。なぜなら、明治以降、事業が始まったときから、国の事業の対象だったのは北海道のみであった。本州についてはすべて内水面および河口域にサケ漁の権利をもつ漁業組合による民間経営だった。この体制は戦後もしばらく続く。北海道については、戦後、北海道型人工ふ化放流事業を北海道が経営していたことがあったが、それは一時的で、すぐに国営事業を中心とする体制に戻った。他方、一九五五（昭和三〇）年まで、本州の事業は国庫補助を受けることはなく、民間事業として続けられた。このズレがもたらす影響については第7章以降に語られるが、北海道と本州の事業の進められ方の違いについて留意しながら議論を展開しよう。

北海道において繁殖保護と人工ふ化放流事業が進んでいく過程は、アイヌ民族がもちえていたサケとの間（あわい）、近世商人資本・生産に携わる漁民たちが植民地主義的な資源支配のなかで保持してきた資源管理という名のサケとの間（あわい）、さらに両者を北海道におけるサケの歴史から不可視化し、サケと人の間（あわい）の文脈を単純化する過程でもある。

3・1　資源増殖という新しい柱

繁殖から増殖へ

まずは、増殖概念が、明治期初期には繁殖、養殖に含まれながらも、すでにその概念の原型を水産政策のなかにもっていたことを探ってみたい。増殖概念が繁殖、養殖との理論的な緊張関係のなかで括られ、形づくられていく過程は、増殖に置かれる力点が非常に大きくなっていく過程と並行して進んでいく。

そのために、先に答えをのぞき見するようなことになるが、後の水産学を参照しながら、どのように増殖、養殖、繁殖が定義分けされているかを見てみよう。本書でいうところの力点の違いの所在が明確になるだろう。

増殖と養殖の違いについて、水産増養殖学の泰斗、大島泰雄[2]は、一九九四（平成六）年に、「漁業資源の培養、漁場造成、漁場環境の改善などの技法がほぼ出そろった現在では両者を概念上区別する考え方がほぼ定着したように思われる」（大島編　一九九四：二一）として、『我が国における水産増殖及び養殖の将来に関する調査報告　科学技術庁資源調査会報告一九七四　第六八号』（以下『科技庁資源調査会報告』と略）に掲載されている用語規定に準じて、狭義に以下のように定義している。

増殖は漁業生産の副次的あるいは漁業の生産基盤をつくるための資源培養を中心とする手段であり、主として公共的性格を持つ事業として実施される（大島編　一九九四：二二）。

もともと『科技庁資源調査会報告』では以下のように定義されていた。

公共水面において生産生物資源の生活及び環境を直接または間接的に管理し、水域の生産力を利用しつつ、それらの繁殖、成育を助長、促進させ、漁業生産を維持し、増大しようとする方法である（科学技術庁資源調査会　一九七四：二二）。

この定義は、現在でも増養殖を論じる際にもち出される基本的な定義といってよい。増殖は、自然の生産力に、人間が力添えしてその生産力の減退を抑えて増加させ、天然の水産資源を増やすことを目指す。そのような天然の水産資源は、誰のものにもなっていないから、無主物として取り扱われる。よって、事業そのものも公益性の高い、公共事業として県や国によって行われる。

他方、養殖はどのように定義されるかというと、次のようになる。

区画された水域を専用して水産生物を所有し、それらの生活および環境を積極的に管理して、最終生産物の段階まで育成する生産方法であり、養殖業は漁業とは性格を異にする別の企業である（科学技術庁資源調査会 一九七四：二二）。

養殖の場合、つくられた生産物はつくった人が所有し、利益を得る。そのために資源はつくる空間も含めて厳密に囲い込まれ、生物はそのなかで管理される。もう一つ、増殖を進めた人びとが念頭に置いていた違いがあった。養殖は自然界から独立しているように見えるが、実際には市場の値が高いタイ、ハマチ、マグロは肉食魚であり、その餌となってきたのは自然界で漁獲されたアミ、イワシ類、サバ類、サンマ、アジだった。そのため、養殖はせっかく漁獲できるタンパク質を別の魚のタンパク質に転換するものだが[(3)]、増殖は、もともとの自然資源のもつ生産力と涵養力を高めるという違いだ（「つくる漁業」編集委員会編 一九六九）。

資源培養を図るための手段として、増殖では、資源減耗率の高い再生産過程に積極的に介入する。また、漁業の生産基盤として単種の生きものに注目するわけではない。前述した大島は、生きものの環境を整えること、藻場の整備や水質の維持なども含むのが増殖だと捉えている（大島編　一九九四）。この考え方は、人工ふ化放流事業に並ぶ増殖のもう一つの柱、栽培漁業に特に強く結実していくが、それは日本の沿岸と人びとが開発による公害と物理的環境のかつてない変容に直面して後の話になる（水産庁監修・資源協会編　一九七六）。

それでは、増殖の特徴が浮かびあがったところで、そもそも、資源をつくる営みはどのように始まったのか、簡単に歴史的に振り返っておこう。

増殖概念の歴史的使われ方

水産資源をつくる努力の始まりにあたるのは移植である。移植は、従来あるところにいなかった生きものを別のところから移動させて根づかせる。文字通り生きものを「配置し直す」という営みである。また築磯[4]のように、有用な魚が好む環境をつくり出すべく、岩や海藻、潮などのモノ、それらのまとまりである系を配置し直すことも行われてきた。そして中国から伝わった金魚やコイや、少なくとも平安時代から日本では確認されているカキのように、養殖や、育種・品種改良も行われてきた。

もっとも、養殖、育種・品種改良という概念にこれらの営みが分類されたのは、明治期に入ってからのことである。本節では、このような歴史的な営みが、行政および水産学の基礎が確立されていくなかで、養殖、繁殖、増殖という概念にそれぞれ腑分けされ、まとめられて、再編されていくところを見ていこう。

まず先に使われていたのは「養殖」「蕃殖（繁殖）」という言葉である。この段階では繁殖ではなく、蕃殖という漢字があてられているが、当時も繁殖と変わらない意味で使われていることから、本書のなかではもともとの文章

表1 増殖、養殖、栽培漁業の特徴

	養魚／養殖	繁殖保護	増殖（繁殖保護＋繁殖助長）	栽培漁業（1960〜）
生産物の所有	区画所有者、あるいは資本投下を行う事業主	近世は重層的（「領主権力—漁場所持人—漁場請負人—漁師」、明治以降は繁殖保護の担い手）	無主物（公共の資源）	無主物（公共の資源）
対象空間	区画・限定された空間	対象生物の生態空間（限定的）	対象生物の生態空間	対象生物の生態空間
受益者／事業の公益性	区画所有者、あるいは資本投下を行う事業主が受益者／公益性なし	実質的受益者は資源利用者（繁殖保護の担い手）／公益性あり（藩・地域社会にとって）	資源を利用する人びと・国家／事業自体が公益のためのもの	沿岸魚介類利用者／公益性あり（ただし受益者負担と同等の重さ）
生活史への干渉	天然稚魚採捕型と人工ふ化の種苗育成型。最終生産物になるまでの生活史全般に人為的に干渉（ふ化、飼育）	再生産過程、初期の育成過程の消極的保護（環境保全・漁獲圧縮減など）	再生産過程および初期の育成過程の消極的・積極的保護（ふ化、飼育、放流、環境保全、漁獲圧縮減など）。移植による生活史の変化	天然稚魚採捕型と人工ふ化による種苗育成型。再生産過程、初期の育成過程を経て種苗放流（ふ化、飼育、放流）、適正な環境造成
生態系の資源集団・その生産原理への干渉	天然稚魚採捕による干渉はなされるが、生産原理そのものに影響を与えることは禁止	再生産・稚魚育成過程の環境条件の整備・保全による弱い干渉	母集団である資源集団の資源増加のため、生産原理にも干渉。移植による生態系改変	沿岸における資源集団の構成の維持および組み替え。生産原理に強く干渉
環境への干渉	区画づくり、対象魚種に良好な環境（水質、水温、栄養など）の再生・創出	繁殖のための環境条件の整備、保全	産卵場所の造成、築礒などの良好な環境の再生・創出	産卵場所の造成、築礒などの良好な環境の再生・創出
法律	海洋水産資源開発促進法・沿岸漁場整備開発法	県の漁業規則など	水産資源保護法（サケマス）・海洋水産資源開発促進法	沿岸漁場整備促進法

に蓄殖が使われていたものを引用する際には蓄殖を、そうでない限りは繁殖で統一しよう。明治初年には養殖という言葉が使われており、一八八二（明治一五）年三月刊行の『大日本水産會報告』第一号のなかでは、調査項目のなかに蓄殖（繁殖）科が使用された。その翌年の第一回水産博覧会では、出品部門に養殖の部があった。一八九七（明治三〇）年の水産講習所では、漁撈、製造、養殖の三つの科が設置されていた。初期の頃は、移植と育成を中心とする養殖、繁殖保護の蕃殖が先に使われていた（田村　一九五六）。

明治・大正期に、農林省水産試験場技師で養殖主任も務めた中野宗治によると、増殖という言葉そのものがはじめて使われたのは、確認されている限りでは、一九二〇（大正九）年に開催された第七回有明海水産研究会が最初だという。同年の農商務省水産局主催の漁業組合中央講習会において、「蕃殖保護」と並べて「水産増殖」が使われた。その後水産局によって積極的に使われ始めた。一九二六（大正一五）年には「水産増殖奨励費」として予算が設定され、同じ年の四月には「水産増殖奨励規則」が公布された（中野　一九五三）。

比べて、繁殖は、「おのずから繁る」という意味が含まれているとして、消極的な手段として述べられている。この定義が明確に表されているのは、戦前から水産局漁政課にいて、長く増殖事業に携わった徳久三種の図である。一九三四（昭和九）年に明治漁業法が改正された翌年の一九三五（昭和一〇）年、徳久は、大日本水産會と農林省水産局が開催した「漁村指導者養成講習會」において、「水産増殖」の講義を行っている（徳久　一九三五）。以降、図と徳久の講義から、初期の増殖概念がどのようなものであったかを探ってみよう。

徳久の図では、繁殖保護と繁殖助長を合わせたものが増殖だとされている。徳久によれば、繁殖保護の力点は、自然資本、すなわち自然の元来の再生産を基礎に、それをできるだけ妨げないことにある。具体的になされる施策は、資源の減少を招く汚染や有害鳥獣などを除去する、禁漁期や禁漁区を設ける、漁法や漁具のコントロールによる漁獲圧調整を行う、一定の体長以下の魚は獲らない、ダムに魚道を設ける、などである。「繁殖助長」は、繁殖に人工的に手を入れる方法論である。移植、築磯など人為的に環境をつくって魚介類を増やす、篊建（ひびたて）を用いたカキ養殖などの養殖、人工ふ化、などがあげられている。この時点では広義の増殖が、養殖を含み込んだ概念であることがわかる。繁殖過程に介入しようとする繁殖助長は、家魚化を進展させる概念であったといってよいだろう。

徳久は、産業の発展による汚染や沿岸開発によって生産力の低下した水域については、従来の繁殖保護では生産力の低下を補うことができないと指摘する。徳久はこの時点で、「前世紀に比すると回復すべからざる悲惨の状態」の生産力の低下が見られると指摘している（徳久　一九三五：三）。

だからこそ、繁殖助長を進めることが必要であると主張し、次のように述べる。

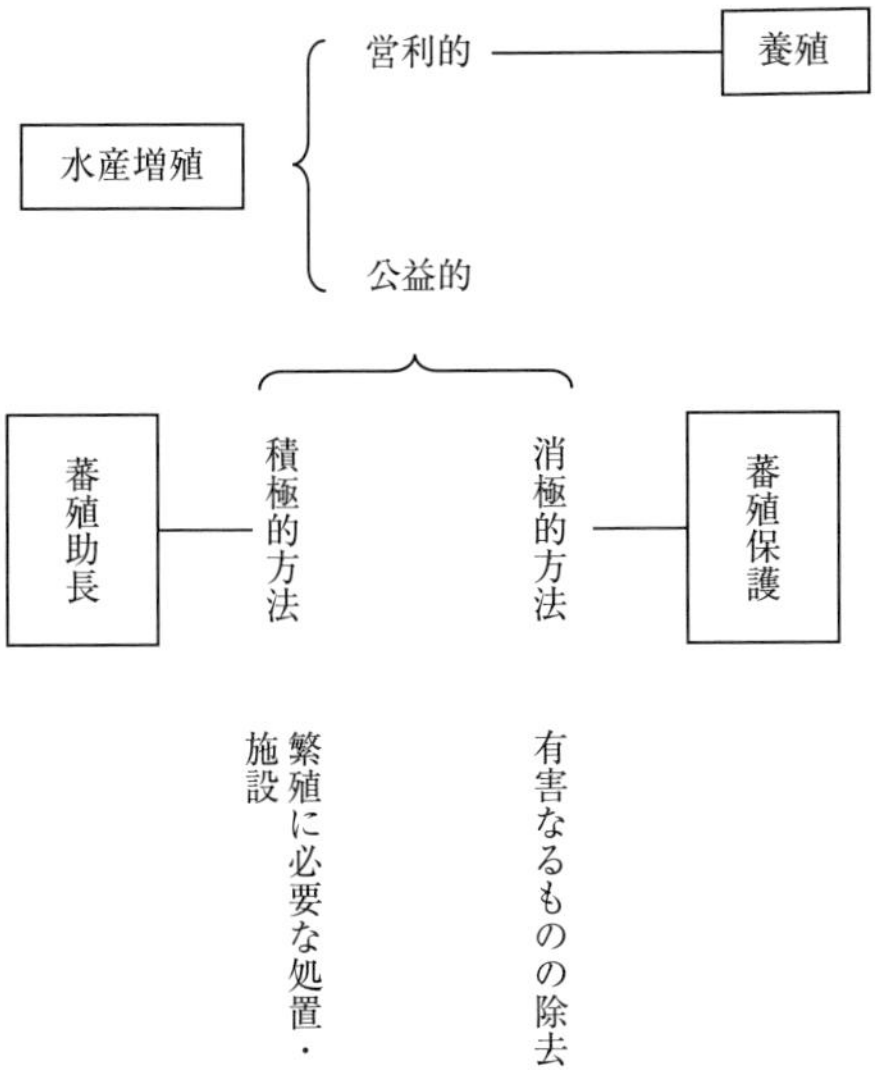

> 増殖は沿岸に於ける有用な魚類介類藻類等の数及び量を人工を以て増加させる事をいふのであって陸上での農業に相當するものである。即ち種苗を採集し、これを蒔付け、地盤を耕し、肥料を投じて餌を與へ、人工採卵、人工ふ化を行ひ、稚仔を保育し或は新種の移植をする等農業の技術と少しも變りがない（徳久　一九三五：二〇）。

さらに、漁村の若者たちが繁殖助長という産業に参画し

図3　増殖概念図（徳久　1935: 4）

その担い手になることが、繁殖保護の密漁対策を行うよりも将来の産業として見込みがある、とも主張している。これらの記述から、家魚化を進めることは、当時の増殖の二つの柱のうちの一つであったこと、増殖に水産業の将来性が見いだされていたことがわかる。

もう一つ、増殖の概念設計において注目すべきは、戦前の徳久の定義においても、戦後の大島の定義においても、増殖については公益性が高い事業だと主張されていることだ。さらには、養殖の場合を除き、その成果物としての魚介類は無主物とされている。国家の取り組みとして、繁殖過程について人為的に手を加えて、自然の生産力自体の増産を図ることが明確に目的化されている[5]（大島編　一九九四）。

先取りすると、戦後の増殖事業もまた、公益性の高い事業として国家により積極的に担われることとなった。増殖という概念と資源を増やす手段としての水産高校、大学校、大学にも広がり、水産界全体に強い影響を与えた。ただし、戦後の経済成長とともに変わりゆく沿岸環境を経験した増殖事業は、砂浜、干潟、適度な水質と栄養塩を含む河川水などの環境、プランクトン、魚介類の集団など自然資源を生み出す総合的な力を、人工ふ化放流事業に置き換えることに力が注がれる。増殖概念は、減った分をまかなうというよりも、資源量を自然状態で得られるより増大させる、という考え方を重視するものとしてつくり替えられていった。繁殖助長の側面だけが強調された狭義の定義へと変わっていったのである。大島泰雄は一九八三（昭和五三）年に、増殖概念のなかで、繁殖保護という概念の存在が薄くなってしまったことについて違和感を述べている。資源生産の維持と増大のためには、魚介類の生態環境を整備し、自然の生産力を涵養できる条件を整える繁殖保護と、積極的な繁殖助長の両者が必要であることを指摘している（大島　一九八三）。また、適正な環境整備も含めて、繁殖助長だと再定義している。しかし、増殖概念自体は人工ふ化放流事業を主要目的とするものへ転じ、展開していった。一九六〇年代後半からは、栽培漁業という、増殖概念を体現する新たな資源培養のための取り組みも始まる。こうした新しい取り組みも生み出しながら、制度、概念、人びとの情念、そういったものを含み込んで、水産行政を動かす「増殖レジーム」は、水産界を動かす大きな歯車になっていく。

なお、一九九八（平成一〇）年になると増殖という言葉は徐々に水産の教育制度のなかから消えていく。そして、教育制度のなかでは増殖を意味する言葉は、「つくりそだてる漁業」という養殖も増殖も含んだ概念へ引き継がれていく。

さて、これまでの議論をふまえて、本書での増殖の意味するところを定めておこう。本書では、漁獲制限や、自然界での繁殖過程において稚魚や卵の保護を行ったり、そのために生態空間を整えたりすることを「繁殖保護」と位置づけよう。より積極的に繁殖過程に人工的に介入し、人工ふ化放流技術由来の稚魚で自然繁殖由来の稚魚を置き換え有用性の高い生きもので構成されるよう、沿岸の生態系を整えたり組み替えたりしながら自然の生産力を増やす試みを増殖と呼ぼう。養殖は、区切られた区間で家魚化を完遂させることを目的とする技術と方法論として、増殖とは分けて考えよう。

ここまで増殖という言葉が生まれた経緯から戦後の発展にかけてたどってきた。増殖という言葉は大正にならないと使われないが、繁殖過程を人工に置き換えたり人為を加えたりすること、公益性の高さ、という二点を増殖の内容にあたると考えると、実はこの考え方も実践も、明治政府のなかで水産行政が独立した部署として立ちあがる当初から、重視され、柱となってきた考え方である。増殖という言葉はなくとも、それと同等の営みは明治に入ってから制度化されていた。その点について見てみよう。

3・2　水産行政と人工ふ化放流技術

明治期水産行政の夜明けと米国の人工ふ化放流技術

そもそも明治期の水産行政が萌芽するきっかけとなったのは、後の増殖概念として括られる考え方であった。言葉としては出現していなくとも、その思想は水産行政の萌芽とともに在った。

一八七六（明治九）年、元加賀藩士の関沢明清が内務省勧業寮に水産掛をつくるよう大久保利通に提言した。実際に水産局が新設されるのは、日本国内で水産業の推進のための第一回水産博覧会が開催された翌々年、一八八五（明治一八）年のことだった。一八八八（明治二一）年には、関沢は水産伝習所（今の東京海洋大学の前身）の初代所長となっている。

関沢は、一八七三（明治六）年に一等事務官としてウィーン万国博覧会に参加した折、人工ふ化放流技術に出会い、一八七六（明治九）年にフィラデルフィア万国博覧会のために渡米した折には、米国の人工ふ化放流技術開発の第一人者、リビングストン・ストーンを実際に訪ね、直接人工ふ化放流技術を教わっている。

このときの米国は、激減していた遡河性魚類の資源回復を手探りしていた。サケ・マスの人工ふ化放流技術自体は、ヨーロッパのマスの人工ふ化の試みから始まったといわれている。一五世紀半ばのフランスの僧ドン・パンシヨンがマスの養殖を行ったという伝聞があるが、きちんと技術として確立したのは、一七五七（宝暦七）年にドイツのステファン・ルドビヒ・ヤコビーだ。ヤコビーはアメマスの人工ふ化実験と養殖に成功し、一七六三（宝暦一三）年に記録を残した（松下・高山　一九四二、藤村編　一八九四）。この技術はヤコビー法、湿導法と呼ばれる、水中で卵と精子を受精させる方法だった。

米国における人工ふ化放流技術開発は、一八五三（嘉永六）年にニューイングランドで始まる。そして一八六〇、七〇年代には民間のふ化場が増えた。そのようななか、一八七一（明治四）年には、チャールズ・G・アトキンスによって、乾導法と呼ばれる現在でも行われる人工授精の手法が確立された。アトキンスは後のアトキンス式ふ化箱の開発でも知られている。

人工ふ化放流技術開発の政治的後押しをしたのは、外交官で言語学者のジョージ・パーキンス・マーシュである。彼は後に『人間と自然――人間が変えた自然についての自然地理学』（一八六四）という著作で、後世の環境思想に国際的な影響を与えた。

マーシュは一八四三（天保一四）年から一八四九（嘉永二）年まで、バーモント州選出の下院議員を務めていた。その後、一八五六（安政三）年と一八五七（安政四）年に、バーモント州から水産資源問題と増養殖に関する研究を委託された。マーシュは、サケのように海から川にのぼり、産卵をする遡河性魚類について、その減少の要因が、ダムの建設、農業開発、水質汚染などの人間活動による生態学的変化にあると総合的に把握していた。そのうえで、すでに起こってしまった環境の変化を再生できればそれが一番のぞましいが、政治的には実践できないことだと指摘した（Marsh　1857：15-6）。その代替案が、人工ふ化放流技術開発などの技術による解決である。当時の東部の州は次々と遡河性魚類に関する調査を行った。その結果として民間の人工ふ化場が生まれた。しかし、法的な枠組みの整備や、流域全体での取り組みが必要なこともあって、一つの州では取り組みが難しく、連邦の取り組みが期待されていた（Taylor　1999）。

州からの要望を受けた連邦は、一八七一（明治四）年に、水産資源問題全体について強い権限と決定権をもつ水産委員を設置した。この委員は議会によって指名される。指名されたのは動物学者のスペンサー・ベアードだった。ベアードは水産委員として、人工ふ化放流技術開発とその普及が進むよう、水産政策に大きな影響を与えた。その後、米国の人工ふ化放流技術開発は、この時期の科学的なお墨付きを得て、資源減少の万能薬として期待され、大きく進展することになった。

フィラデルフィア万博のため訪米していた関沢明清が人工ふ化放流技術を学んだのは、ちょうど米国でこの技術開発が制度化され、全米に広がっていった時期だった。関沢が学んだのは人工ふ化放流技術だけではない。日本の漁業の発展のために必要だと彼が考えた、缶詰加工技術、近代的捕鯨技術、網などの漁具や漁法についても学んだ。そして、前述した内務省勧農局水産掛ができる以前にも、各地に出かけて人工ふ化放流技術を伝授し、広めようとしていた。

一八七六（明治九）年、関沢は内務省勧農局水産掛の設置を、当時内務卿だった大久保利通にかけ合った。後に一八八五（明治一八）年に農商務省に入り、水産課長、水産講習所所長を務めた下啓助によると、関沢は、「君に水産に対する事業の録すべきは三あり。人工ふ化、洋中捕鯨、巾着網の新法是なり」と大久保に建議したという（下　一九三二）。勧農局に水産掛ができたのは翌年一八七七（明治一〇）年のことだった。勧農局の『農事月報』一〇号によると、その際には、動植物の試験については新宿試験場で行うこと、新宿の試験を経て実益有効になるものは各府県に繁殖させることが確認されている（内務省勧農局　一八七八）。

関沢自身は、すでに一八七六（明治九）年に茨城県の那珂川にてサケ人工ふ化を行い、荒川上流の埼玉県大里郡押切村（現熊谷市）と東京都府下新宿試験場で一・七万粒をふ化させ、荒川と多摩川に放流していた。那珂川では弟子の菊地親が人工ふ化を行って那珂川に放流を行った。また、ふ化した稚魚はほかに、多摩川、荒川、木曽川に放流された。勧農局の取り決め通り、新宿の試験を経て、全国に広めようとしたわけだ。この際の実験は、米国で行われていた淡水マス類の移植放流に着想を得たため、移植の側面が強い。

その後すぐに、関沢は『養魚法一覧』（關澤・金田・溝口　一八七八）を著している。このときにはまだ、実際には養殖と増殖の区別は定かにされていない。しかし、この当時の養殖の主力が、米国から移植したニジマスの養殖と放流であることを考えると、両方とも積極的に資源をつくり出す、という増殖の概念を明確に含んでいたといえよう。

北海道開拓使庁は、一八七七（明治一一）年から札幌の偕楽園に偕楽園孵化所、翌年に七重勧業試験場、さらにその翌年には民営茂辺地孵化場でふ化放流実験を始めた。米国から招聘され石狩に滞在した缶詰技師ユーファム・ストワーズ・トリート[6]（書物ではウェスリート、雄恵須理以登という筆名）の助言を請いつつ、人工ふ化放流技術開発を行った。トリートが黒田清隆に手紙を送ったことに契機を得て実現した孵化所は、成績が振るわず、四年で終わってしまった（秋庭　一九八八、小林　二〇〇九、日本鮭鱒資源保護協会編　一九六九：四）。

人工ふ化放流技術が技術として、施設として確立されるには、北海道庁初代水産課課長を務め、北水協会[7]初代会頭として北海道の水産界全体を牽引した能吏、伊藤一隆を待たなければならなかった。

国家による中央集権型の漁場・水産資源管理の試みと失敗

人工ふ化放流技術開発は、明治草創期の大きな水産行政の枠組みのなかで、どのような位置づけにあったのだろうか。そのことを探るには、まず、明治草創期に、明治政府がどのような水産行政を打ち立てようとしていたのか、その全体を見なければならない。

関沢が水産掛の必要性を大久保利通に訴える二年前、近世の水産に関する政と管理制度を断ち切る新しい制度が明治政府によって打ち出された。一八七五（明治八）年に出された、雑税廃止（太政官布告二三号）、海面公有制（太政官布告一九五号）、海面借区制（太政官第二一五号達）の三つは、漁場と資源管理に大きな変化をもたらすものだった（青塚　二〇〇〇）。それぞれ見てみよう。

流網免許、鮭簗免許、網や生簀などの漁具のそれぞれ、魚商、魚荷など、細かく設定されていた雑税は、封建制度のもとで漁場支配権の制度的な裏付けとなっていた。雑税の廃止はすなわち、制度的裏付けをもつ旧慣をすべて廃止するということである。

海面公有制は、既存の旧慣に裏付けられた支配権や正当性がまっさらになった後に、すべての水面を国の所有にするというものである。もちろん漁場も含まれる。

海面借区制は、水面、たとえば漁場を利用したければ、借料を払ったうえで天皇から免許をもらうように、という制度である。

水産経済学者の牧野光琢は、明治政府の新制度設立の目的について、端的に以下のように指摘している。すなわち、漁業者が自分たちの経営合理化を追求する一方で、政府が免許による参入規制をすることで上意下達の制度をつくろうとしたというのである（牧野　二〇一三）。平たくいえば、明治政府は、漁民同士の自由競争を促し、それを政府が中央集権型に管理する仕組みをつくろうとした。

しかし明治政府のこの目論見は失敗する。旧慣が廃止されたことによって、地付き支配の地付き所持人・藩による参入や漁場利用規制を通じて漁業者間の漁獲圧を統制したり、繁殖保護のための取り組みを行ったりするようなことが期待できなくなった。その結果、またたくまに資源生産量は増え、漁場は新たな参入を求める多くの人びとで一気に混み合った。布告前に比べて、布告後は漁獲量が実質三倍増えたという研究結果もある（秋山　一九六〇）。雑税が漁場支配の正当性を担保する構造だった近世でも、漁業の利益をめぐっては、常に参入と独占をめぐって多数の競合と駆け引き、それゆえの紛争があった。津軽石でも見てきたように、基本的に、入会のような「共」もまた、藩やいくつものムラ、商人資本の作用のあいだで競合を統制し、資源を維持する仕組みとして働きえたのである。

微妙な緊張関係のあいだで曲がりなりにも動いてきた旧慣をなくしてしまえばどうなるか。たとえば津軽石の小間居層のように、旧慣から排除されてきた人びとだけでなく、そこに利益を見た人は新しく参入を試みるだろう。あるいは、もともと漁場支配に組み込まれていた人びとも、もっと獲る方法を探すかもしれない。個人の利益を追求する合理的な人びとの行為をとどめることはできない。ゆえに、しごく簡単に予想されるように、漁場はすぐに荒れた（菅　二〇〇六：一〇四）。

資源乱用と枯渇の危機を目の当たりにした明治政府は、一八七六（明治九）年七月、海面借区制を太政官達七四号によって、「詮議ノ次第有之」と取り消した。そして、各地方において、府県税を課し、営業取り締まりについても、旧慣になるべく従って行うことを通達した。つまり、新しい自由経済を取り入れ、中央集権型漁業をつくろうとした明治政府の試みは、ここに放棄されることになった。

また、一八八六（明治一九）年には漁業組合準則を制定した。漁業組合準則は、地域ごとに組合をつくらせるものである。その目的は、組合にこれまでの地付き支配のなかで行われていたような、自主的な漁場管理や参入資本・人の管理、結果としての漁獲圧の調整と資源管理の役割を果たすことを期待するものだった。

表2　明治漁業権（牧野　2013: 49より改変）

漁業権の内訳名称	権利の内容
地先水面専用漁業権	近世の慣習から、一つのムラの専用漁場を認め、主として漁場の定着性資源（貝類、藻類等）の採捕を行う権利
定置漁業権	ムラで行う大型定置網、個人の大型定置網、小型定置網を設置して漁業を行う権利
区画漁業権	網仕切りをして個人に漁場を貸し出し、そこで個人がノリ養殖や大型魚類の養殖を行うことを認める権利
特別漁業権	漁場を独占排他的に空間利用する特殊な漁業を行う権利。地引網、飼い付け漁業*、築磯漁業など
入漁権	慣習を根拠に、他のムラの専用漁業権漁場内に入会、漁業を行う権利

*飼い付け漁業：撒き餌をして魚類を寄せて魚を獲る漁業。

慣行の権利化と明治漁業法

さて、もう一つ重要な変化は、一九〇一（明治三四）年には、旧慣の機能の再編と、産業としての発達の両者を目的とした「明治漁業法」が制定されたことである。明治漁業法の特徴は、魚種、漁法などによって、権利がきちんと分かれて設定され、それぞれが財産権としての権利となったことだ。また、漁業者による複雑な資源利用と重層的空間利用を可能にするよう、慣行が法制度のなかに再定位されたことだ。その後、一九一〇（明治四三）年、一九三三（昭和八）年の二度の改正を経て、明治漁業法は、漁業権を完全な物権として定めた。そして漁業権のもつ独占排他権を強めた。さらには、組合が漁業以外の経済事業を行えるようにして、市場での活動を促進するようになった。ちなみに現在、明治漁業法として意味されるのは、一九一〇（明治四三）年の漁業権の物権化を定めた改正版であり、それ以前の一九〇一（明治三四）年のものは旧漁業法と呼ばれることが多い。

明治漁業法のもとでの漁業権の内実を先行研究によりながら簡単にまとめると、表2のようになる。

旧漁業法、明治漁業法は、旧慣を新たな法制度に組み込み、多種多様な生物種とその利用、自然資源の維持管理を可能にした。

さて、このような旧慣に戻る国の動きとは別に、県レベルでは中央政府の混乱を前に旧藩政の知見を再編成する試みが独自に行われていた。漁場・資源管理と繁殖保護の取り組みをどう維持するか、その試行錯誤が自主的になされていたのである。

3・3 繁殖保護から増殖へ

実践理念としての「繁殖保護」の再構成

明治草創期において、漁場と水産資源管理を統治する法制度をめぐって混乱が続いてきたことは、これまで述べた通りである。これと並行して、この時期には、新しい漁場や漁法、漁具の発明、海外あるいは国内での種の移植、養殖による新しい資源をつくり出す試行錯誤が進められていった。そのようななかで、既存の資源管理と繁殖保護についても二度、明治政府は通達を出したり、旧慣を他の地域へ広めたりするなど行っている。

一八七九（明治一二）年には、新潟県、山形県の視察の後、三面川の種川制度を北海道の遊楽部川に導入した。この事例は効果があった成功事例とされ、千歳中央孵化場ができるまで、およそ四〇河川に種川制度は導入された。種川制度の導入が広がる一方で、それより先んじて一八七七（明治一一）年に始まった北海道開拓庁の人工ふ化放流事業は四年後の一八八二（明治一五）年に事業を中止している。この頃は、繁殖保護の手法として近世後期から再設計された種川制度の方が、実験途上で効果も見込めない人工ふ化放流技術よりも効果的だと判断されていたと思われる。

また、一八八一（明治一四）年には、内務省示達乙第二号において、「漁業保護水産養殖ヲ謀ル件」として、「水産ノ盛殖ヲ謀ルハ国家経済ノ要務ニ候処、置県以降往々旧慣ヲ変更シテ捕魚其宜シキヲ失シ、之ガ為メ水族ノ蕃殖ヲ妨ゲ、巨多ノ障碍ヲ生ジ候少カラザル哉ニ相聞キ候ニ付、篤ト実地取調ノ上一層漁業ヲ保護シ、水産ノ盛殖ニ注意致スベシ」（内閣官報局[8] 一八八七：二七七）とある。ここには、改めて旧慣の廃止による漁場の荒廃が言及されている。そして、再度旧慣を再編し、資源管理のうえで繁殖保護を行うことが求められているほか、各地の実地検分を行うよう、求めている[9]。

これらから見えてくるのは、沖合・遠洋漁業開発など新規の水産資源開発の傍らで、従来の水産資源減少が深刻になり、その対策に旧慣をどうにか利用しようとしている政府の姿である。実際にこの時期の養殖にしろ、ふ化放流技術にしろ、水産資源の全体を底上げしていくような技術水準ではなかった。増殖は求められていたし、そのような技術開発や政策は練られていたけれども、現場感覚で実際に頼りになると判断されたのは、すでにある程度実績がある旧慣の、資源利用者の抑制（漁場参入者の限定）、漁獲圧調整（漁期・漁法、参入者の抑制）、自然繁殖を促すための漁場管理を備えた「繁殖保護」の仕組みだったのである。

明治を繁殖保護の時代と読み解いた歴史学者の高橋美貴は、一八八三（明治一六）年の第一回水産博覧会の審査報告書から、当時の水産行政の方向性や特徴を見いだしている。高橋によると、水産博覧会は、一八七三（明治六）年のウィーン万国博覧会、一八七六（明治九）年のフィラデルフィア万国博覧会、そして一八八〇（明治一三）年のベルリン漁業博覧会へ参加した結果、水産振興を重要な国家課題として見いだした明治政府によって、開催されたという（高橋 二〇一三）。

では、この当時の審査報告書にどのような水産行政のあるべき方向が見いだされていたかというと、そこでも柱は二つ見いだされている。一つは「繁殖保護」、もう一つは「人工蕃殖」である。後者の概念については、同時代の米国やヨーロッパなどの動向から見いだされてきたものであることは、本書でもすでに述べた通りだ。水産博覧会に出品された審査報告によれば、第一回水産博覧会の展示では、第一区第一類の漁具、第一区第二類の河漁装置部、海漁装置部、漁場、網干場、漁舎に続いて、第一区第三類に養殖の展示が設けられ、人工ふ化設備やサケの生活史の紹介なども出品された。時代の空気として、人工ふ化放流技術に大きな期待があったことがわかる（農商務省農務局　一八八四a、b、一八八五）。

いずれにしろ、しばらくはこの二つの柱が、実利と将来を見据えた日本の資源管理の極をつくる。すなわち、繁殖保護と増殖が資源管理の要になったのだ。

千歳中央孵化場と人工ふ化放流事業システムの誕生

明治政府に水産掛をつくるよう働きかけた関沢明清が、人工ふ化放流技術の導入に熱心だったこと、実際に全国で実験と放流を行っていたことはすでに述べた。しかし、北海道開拓庁で始められた放流事業は暗礁に乗りあげ、一八八二（明治一五）年で中止された。その後、改めて人工ふ化放流技術開発が本格的に始まるのは、伊藤一隆が北米の視察後につくった千歳中央孵化場の設置であった。この設置が北海道を中心とした、本格的な技術開発と事業を進める重要な契機だった（秋庭　一九七六、小林　二〇〇九）。

人工ふ化放流事業の創始期に人工ふ化放流事業が進まなかった理由は、人工ふ化放流自体の成績が振るわなかったからだ。戦前から戦後まで、北海道にてふ化場の技術開発に長くかかわった小林哲夫は、その理由を科学技術者の目線から精査している。小林によると事業打ち切りの理由は二つあった。一つは関沢らが、湖沼河川に利用価値の高い淡水性マス類の移植をしていた米国の例にならって移植を中心にしたことだ。荒川や相模川、箱根湖などの関東から、中部、近畿、中国・四国と、サケ・マスの生息地域ではない場所で、淡水型のマスではなく降海性のサケを放流した。移植に必要なサケ・マスの生態をよく知らないままに米国のやり方を踏襲する事業が先行してしまった(小林　二〇〇九：四五-四六)。一八七八(明治一一)年には北海道ではじめて、札幌の偕楽園と函館近郊の七重勧業試験場で試験が始まった。小林はこの二つを後の千歳中央孵化場に引き継がれる技術的試みだったと評価しつつ、当時の中央の水産行政は、移植と養魚に重点があったと指摘している。結果として人工ふ化事業は、人工ふ化には至るものの、養魚とすることができなかったから、事業としてはベニザケの移植の方が有望であると結論づけられて打ち切りに至った(小林　二〇〇九：六七-六八)。代わりに、一八七九(明治一二)年に新潟と山形の種川制視察の後、一八八〇(明治一三)年に遊楽部川に種川制度が導入され、また監視も制度的に行われ始めた。種川制度は一九〇〇(明治三三)年、千歳中央孵化場が設立されて急速に普及した人工ふ化事業の方が効率的であるとされて廃止されるまで続いた。他方で、種川制度の導入と人工ふ化放流事業の試行錯誤の過程で、サケ漁を行ってきたアイヌ民族の漁場や漁業権形成過程からの締め出しが進み、サケ漁とサケ資源管理における当事者性の剝奪が進んだ(山田　二〇一一)。この点については次節で述べよう。

人工ふ化事業の再開は、札幌農学校(後の北海道大学農学部)の第一期生で、北海道庁の初代水産課長だった伊藤一隆が、一八八六(明治一九)年に米国を来訪したことに端を発する。伊藤は米国において、水産資源の摩耗を防ぐために、人工ふ化放流技術開発が水産開発の中心に選ばれ、まさに開発が連邦主導で行われていた状況を見聞きした。そして、日本にも資源減少に至らないための方策が必要であると考えた(北水協会編　一九八四)。関沢明清が米国を訪れてサケの人工ふ化放流事業を見聞きしてから一〇年後のことである。

当時の米国の連邦政府が、大規模な予算と人手を使い、きわめて体系づけられた人工ふ化放流事業を行っていたことは伊藤にとって大きな衝撃だった。これまで日本では、技術の指導はするが、事業を事業たらしめる経済的側面や、民間ふ化場までも体系化した事業の総合的運営については検討がされていなかった。いわば、人工ふ化放流事業のシステム自体について、伊藤は米国で視察してきたのである。

この後一九二〇年代になると、米国、カナダでは科学者から人工ふ化放流の効果について疑問があがり始め、人工ふ化放流事業偏重の政治的風潮から、生態環境の改善や漁獲規制への政策転換が起こる（Taylor 1999）。しかしその方針転換が日本に改めて示されるのは、第二次世界大戦後のＧＨＱによる報告という形だった。

さて伊藤一隆は、米国滞在中、水産会社を訪ねて水産加工、流通、商品化の現場を見たり、水産委員のスペンサー・ベアードに会ったりしている。すでに本書でも言及したとおり、ベアードは水産委員として議会から指名されていた動物学者で、米国の水産行政のための調査設計、調査、提言を一任されていた。彼自身は鳥類・爬虫類の分類を専門としていた。また伊藤はベアードにチャールズ・Ｇ・アトキンスを紹介されて会ってもいる。アトキンスは、アトキンス式と呼ばれる、現在でも使われている乾導法の人工授精方法[10]とアトキンス式ふ化箱を開発した人物である。伊藤がアトキンスを訪ねたのは米国のメイン州バックスポートふ化場だった。バックスポートふ化場は、連邦政府水産委員と、各州の水産委員の共同運営がなされており、伊藤はそこで体系化された米国のふ化放流事業体制を目にした（伊藤　一八九二）。

一八八八（明治二一）年に日本に戻ってきた伊藤は、北水協会中央月次会で、千歳中央孵化場を建設すべきであることを訴える演説を行った（伊藤　一八八八）。その演説では、米国コロンビア川の視察をもとに、連邦を中心とした中央集権型の人工ふ化放流技術開発とふ化場経営の様子が報告された。そのうえで、(1)公益性の高い事業であることから、連邦が取り組むべき課題として取り組んでいる米国の現状をふまえ、日本においてもそのように行うべきこと。(2)全道の河川に独立したふ化場を設けるのは、多くの費用と熟練した技術者がそれだけ必要という点からも不可能である。そのために、最新の設備を備えて技術開発を行える、中心となるふ化場を一つつくり、そこから輸送に耐えられる発眼期まで鮭卵を育て、そして他のふ化場に分配していく方法がのぞましいこと。(3)ふ化場経営は、最少費用でできるよう工夫できること。(4)具体的には、河口で漁に従事する漁民の組合にふ化場を維持させること、そのような民営の組合によるふ化場を増やすこと。(5)各ふ化場から集めたお金で、千歳中央孵化場の予算もまかなうこと、が主張されている。

ここに、人工ふ化放流事業の総合経営への言及が見られ、伊藤の頭のなかには、単なる技術開発拠点の作成ではなく、人工ふ化放流事業を国の事業として制度化することがあったことがわかる。伊藤が感銘を受けた米国の制度の、日本版が構想されているのである。

もう一つ、伊藤が渡米中に北水会に寄稿した「人工ふ化法ノ利」(伊藤 一八八七)のなかで、なぜ人工ふ化が必要か、という理由を述べていることに着目しておきたい。それによると、「本道河海ノ鮭魚ハ未減耗ノ兆候ヲ見ザルモ」と述べながら、密漁者が増大しうることを具体的な例としてあげ、北海道の資源も将来は減少する可能性があることを指摘している。そして、米国のように減ってから取り組むのではなく、今、人工ふ化放流事業に取り組むことに益があるのだと主張した。最後には、人工ふ化放流事業に取り組むか、魚がすべて全滅してしまうか、将来はそのどちらかだといい切っている。

実は一八八八(明治二一)年の演説のなかでも伊藤は、密漁を将来の資源減少の原因としてあげている。その際に、米国のような開明国においても密漁による資源減少が起こったことを指摘し、さらにこう述べる。「本道鮭種川近傍に住むのは概して無識の旧土人」であって、将来を考えたりなぜ禁漁が必要か理解したりもしないので、取り締まるために看守を置いて取り締まる法律をつくることが重要である（伊藤 一八八八）。旧土人とはアイヌ民族のことである。アイヌ民族を無識と貶めることは、和人が近世からアイヌ民族の知識、技術、労力を利用し、搾取してサケを得ていた歴史と、アイヌ民族のもっていた知の体系を、無価値と退けることだ。伊藤の言葉からは、アイヌ民族の漁業の営みが密漁へと転じられ、違法とされ、取り締まりの対象になっていることもわかる。

密漁による資源減少という因果関係は、人工ふ化放流事業を求めた伊藤一隆の主要な論理を構成していた。同時にこの論理は、アイヌ民族をサケ漁とサケを含む流域の資源利用からも、資源管理システムからも疎外する最後の一押しになった。そのことについて少し次でまとめておきたい。

アイヌ民族と北海道型人工ふ化放流システム

北海道型人工ふ化放流システムの形成は、近世から進んできた、アイヌ民族への植民地化を推し進めた。同時に、サケ漁から空間的にも漁労それ自体からもアイヌ民族を締め出す要因となった。筆者の力量不足から、本書でアイヌ民族がいかに植民地化され、近世の場所請負制を通じてサケ漁から追いやられたか、その歴史的過程について全体を扱うことはできない。しかし少なくとも、当時、北海道の人工ふ化放流システムがアイヌ民族をサケ漁から締め出した経緯について、既存の研究とふ化場および北水会の資料から部分的にだがたどっておこう。

松前藩時代に始まった場所請負制は、松前藩が知行地として家臣に与えた「場所」を、近江商人など商業資本が場所請負人となって、一定の運上金を知行地の保有者に支払い、交易などを行うことを意味した（北海道・東北史

研究会 一九九八）。寛文年間に起こった松前藩に対する蜂起は、寛文九（一六六九）年のシャクシャインの戦いにおいて、和議の場で和人によりシャクシャインが謀殺され敗北に終わった。その後は、アイヌ民族はシカなどの狩猟、サケなどの漁いずれにおいても、わずかな対価で狩猟や漁を行うことになった。

天明四（一七八四）年に江戸の戯作者平秩東作は、松前藩に滞在して当時の蝦夷について見聞きし、「東遊記」を記した。蝦夷地ではサケ、ニシン、コンブが生産されるが、とりわけサケの産地について下記のように記している。

イシカリの外にも、ヲタベ・イシザキ・上の国・熊石・ヲ、タ・セタナイ・シマコマキ・アンヌル（ロ）・イハナイ・トマ（ナ）マイ・ヲカムイ・ホロモイ・イ（メ）ッシャム・ユウベツ・アッケシ・シヤウヤ・三ッ石・サル・カナダ、此の川にいずれも鮭漁多し（平秩〔高倉校訂〕 一七八四＝一九六九）。

平秩が見聞きした後、寛政一一（一七九九）年から東蝦夷地が幕府直轄地になった。その頃からアイヌ民族同士の漁場争いが表面化した。直轄地となっても場所請負制は変わらず続けられた。アイヌ民族は場所請負制のなかで、漁労を直接担った。他方で、それまで血縁関係を通じて、あるいは河川交通利用に伴って、複数の系統のアイヌ民族が利用していた河川を、定められた場所ごとに権益と資源所有が明確化されたなかで漁獲しなくてはならなくなった。漁場争いはそのようななかで増加した。

平秩が名をあげたサケガワには、なかでも大きな争いになった三つの漁場が含まれている。一つは、石狩十三ヶ所と呼ばれ、サケガワとして有名だった石狩川水系のなかの千歳川支流の漁川上流部（イサリ・ムイサリ川）、島松川（シママップ川）のウライ（サケ漁のための梁）をめぐる争いである。もともと血縁関係を中心に、漁場については沙流系の千歳アイヌと石狩アイヌが行き来しながら使っていたのを、場所ごとに権益と資源所有の範囲を明確にしようとした和人側の意図から、二二年間にもわたって漁場争いが続くことになった。その過程で、漁川のウライを失ったアイヌ民族の集落が、数百人いた人口をたった七軒に減らす事態も発生した。また、根室、厚岸を行き来する交通路だった風連川（フウレン川）、別当賀川（ヘトカ川）でも、サケの不漁を機に、厚岸アイヌと根室アイヌのあいだで漁場争いが起こった。釧路川の支流西別川も交通路であり、斜里アイヌ、根室アイヌ、釧路アイヌ、厚岸アイヌが交通利用と同時にサケ漁を行っていた。しかし、やはり不漁をきっかけに釧路アイヌが西別川の所有を訴え、釧路アイヌと根室アイヌとの争いが三〇年近く続くことになった（高倉　一九三六、北海道さけ・ますふ化放流事業百年史編さん委員会　一九八八、山田　二〇一一）。

このようなアイヌ民族同士の漁場争いは、場所請負制のもとで自らの資源利用以上に資源生産をすることを求められたことに要因があった。また、場所支配が定めた資源利用の境界線のなかで漁を行うよう、生活と生業の空間を固定化されたことも要因となった。和人とのかかわりによって、アイヌ民族の生活・生業を営む空間の再編が民族内の関係性に変化を与えたと見るのがよいだろう。

場所請負制は一八六九（明治二）年に廃止されたが、商人である請負人たちの反対に遭い、同年に漁場持として制度が存続した。一八七六（明治九）年まで漁場持は続いた。一八七六（明治九）年八月に開拓使乙第九号によってテス漁と夜漁は禁止され、事実上、アイヌ民族のサケ漁の権利は失われ、アイヌ民族によるサケ漁という行為自体は違法化された（山田　二〇一一：一七一）。他方その翌月には、一八七六（明治九）年、開拓使乙第一〇号布達によって、漁場持が廃止され、移住してきた和人たちは自由に漁場を開き、漁を行うことができるようになった。

一八七八（明治一一）年に出された開拓使乙第三〇号布達では千歳川とその支流でサケ漁が禁止された。資源保護に見えるが、実際にはカワを漁場としてきたアイヌ民族を漁場から追い出し、逆に新規参入者による沿岸部や河口域での乱獲を招くものだった。文化人類学者の山田伸一は、一八九九（明治三二）年の「北海道旧土人保護法」制定に至るまでと、制定後のアイヌ民族の生活や資源利用変容について明らかにしている。その主眼は、狩猟と漁労の規制と、狩猟漁労民から農家への転換を促すための土地下付が与えた影響の解明にある（山田　二〇一一）。この研究を行う過程で、山田は、三面川の種川方式が試験事業で行われた遊楽部川、種川方式が採用された千歳川、開拓者による種川方式のアイヌ民族への影響の記述が残る十勝川流域をそれぞれ取り上げ、アイヌ民族に対するサケ漁の禁止と漁場、漁業権そのものからの締め出しがいかに進んだかを明らかにした（山田　二〇〇四、二〇〇八、二〇〇九）。

北海道人工ふ化放流システム形成の牽引力だった伊藤一隆は、聖公会の宣教師だったジョン・バチェラーによるアイヌ民族救済の試みに寄与したことでも知られている。しかしその伊藤一隆を含め、実態としてアイヌ民族の苦境をよく見聞きし、その将来を考えていた開拓使らであっても、開発民であっても、段階的に文明発展が進めば、狩猟漁労民としてのアイヌ民族は、近代的な農林水産業の再編や新産業の展開とともに同化されていくのがのぞましいと考えていた[11]（北海道毎日新聞　一八九一年七月三一日）。段階的文明発展論をまさに身をもって実感し、ナショナリズムを包含する発展を導こうとしていた当時の伊藤らだからこそ、新しい近代的な資源管理と人工ふ化放流システムの設立が優先され、アイヌ民族を前近代的な狩猟漁労から近代的な農業や労働に組み込むことはアイヌ民族にとってもよいことだと考えていたのかもしれない。

もう少し、山田の研究や、人工ふ化場の事業報告書などを参考にしながら、人工ふ化放流事業の先鞭となった種川方式において、アイヌ民族のサケ漁が明確に周縁化され、サケ漁そのものから追いやられていったかについて記述しておきたい。明治期以降の変化は、生活・生業空間の再編が激しくなったことももちろんだが、生活のための漁労や狩猟が明確に密漁という違法な行為へと位置づけられ、資源管理や資源生産の制度や空間からアイヌ民族が急速に疎外されたことに特徴がある。

すでに述べた通り、一八七九（明治一二）年には、三面川の種川制度が北海道の遊楽部川に導入された。この事例を成功事例として、種川制度が他の地域にも広がっていく。また、札幌県では明治一八八二（明治一五）年から、管内支流の河川でのサケ漁を禁じ、密漁を取り締まる看守人を派遣し始めた[12]。これにより、アイヌ民族は生活のためのサケ漁ができなくなり、従来の通りに漁をしようとすれば密漁と見なされるようになった。

山田によると、千歳川および十勝川では、一八七一（明治四）年から開拓使制度のもとで、アイヌ民族によるテス網漁と夜漁が禁止された。テス網漁は、川にサケの遡上を妨げるよう木の柵をつくり、サケを追い込んで網で捕獲する漁である。一八七八（明治一一）年には、開拓使によって曳網以外が禁止され、夜漁については曳網も含めてすべてが禁止された。なおかつ、支流ではすべてのサケ漁が禁止された。これにより、千歳川流域はすべてサケ漁が禁じられた（山田　二〇〇四）。

アイヌ民族に対する、開拓使制度のもとでのサケ漁および資源保護政策への批判は、一八八二（明治一五）年一一月に勧業課農務係漁猟科御用掛として千歳川をめぐった内村鑑三の手によっても行われている。周知の通り、後に内村は、無教会主義を柱にキリスト教思想家として社会に影響を与えたが、北海道農学校の卒業生であり、卒業後は開拓使として勤務していた。内村鑑三は、『大日本水産会報告』に書かれた「千歳川鮭魚減少の源因」（一八八二）、「石狩川鮭魚減少の源因」（一八八四）の二つの文章と、札幌県令宛てに提出した復命書とその別紙（一八八八二）のなかでサケ漁およびアイヌ民族について書いている。

一八八二（明治一五）年三月に『大日本水産会報告』一号に雑報として寄せられた「千歳川鮭魚減少の源因」は、一八七八（明治一一）年に出された開拓使乙第三〇号布達による、種苗保護のための千歳川とその支流におけるサケ漁の全面禁止を批判するものだ。老漁師の話として、網を恐れて寄ってこなかったウグイがかえって産卵されたサケの卵を食らい減少させていると、現場を見ない政策決定を批判している（内村　一八八二）。

一八八四（明治一七）年に『大日本水産会報告』二六号に掲載された「石狩川鮭魚減少の源因」では、種川制度がまるで機能していないこと、近世には二家の場所請負商人が三一運営していた漁場が、石狩川本流で六六に増加し、乱獲が進んでいることが指摘された。そして、漁具の改良や、アイヌ民族がサケの遊息所だと伝え、これまで地元の漁師たちも漁場にしてこなかったモウライ、シップ境、ムエン岬に建網ができて湾に入ってくるサケが少なくなったことが指摘されている。さらに、近世には決まっていた漁期がもはや無制限になった。また、湾口と同じくサケの遊息所となってきた河口にも地元の漁師が反対したにもかかわらず、網主により建網が設置された。そして、幌内石炭が開山した。内村はこうした乱獲やサケにとっての環境悪化が進む状態では、英国のテムズ川、米国のコロンビア川のようにサケが「絶滅」してしまうと指摘する。そして、「人工孵化ノ苟息法」を代わりに据える向きがあるが、オーストリアのダニューブ川、ドイツのライン川など他国も乱獲を禁じる「漁業律」で資源管理をしている。「漁業律」（漁獲制限規制）を早く設けて、サケの豊かな川にしよう、と結んでいる。

この二つの文章を読むだけでも、内村鑑三の見識の広さ、造詣の深さ、現場を見るまなざしの確かさには舌を巻く。サケの生態について地元の漁業者やアイヌ民族の歴史的言い伝え、現場で見た彼らの生活様式と訴えなどから、サケ減少の理由をきわめて論理的に説得力のある形で指摘している。

日本近代政治史の井上勝生は、内村の視察時期と文書の書かれた時期を考察しながら、実際には「石狩川鮭魚減少の源因」「千歳川鮭魚減少の源因」、そして復命書の順に文章案ができたのではないかと論じる（井上 二〇一七）。確かに、復命書は二つの文章の後に練られたと考えられる内容をもっている。なお、この復命書は札幌在住の郷土史家、伊藤繁によって見いだされ、二〇〇三年に私家版で出版されたもので、内村鑑三の全集などには収められていない（伊藤 二〇〇三）。

復命書では、視察した時期が産卵期ではなかったことから、直接的に禁漁を解除するかどうか、サケ漁の再開が可能かどうかは判断を保留にすることが書いてある。しかしながら、密漁を厳しく取り締まれば、アイヌ民族が飢餓に陥ることから、看守は派遣しなくてもよいだろうと述べている。別紙では、千歳川のサケの生態や河川の状態、サケ漁の歴史、サケ漁を再開するにあたっての内村の構想が書かれている。内村は、サケ漁の歴史のなかで、近世後期、サケ漁を請け負っていた山田文右衛門が千歳川の上流を繁殖保護のための産卵保護場に定めていたことに触れ、サケ漁再開の折には、サケ漁から繁殖保護までを担える漁業会社をつくることを構想している。密漁していたのはもちろんアイヌ民族だけではなく、当時、生計を立てるのにサケ漁が重要な位置を占めていた、開拓の和人たちも密漁をしていた。内村はその事実から、漁業会社は地元の民で構成されるべきだと主張する。内村のいう地元の民にはアイヌ民族もそのなかに含まれる。内村は、河川漁業に依拠して生計を立てざるをえない千歳川流域では、古くからサケ漁で生きてきたアイヌ民族に漁労を禁じても、法を犯すか（密漁をするか）、飢餓に陥るかであるとすれば、サケ漁を許して、生計を立てさせるのが一番よい、と述べている（山田 二〇〇四）。アイヌ民族と地元の漁師たちで協同組合をつくり、サケ漁から繁殖保護まで一貫して行う仕組みを構想したのだ。

山田は、内村の提言通り、禁漁の効果について確かめるために再び勧業課が十河定道を派遣していること、勧業課が内村の構想を実現しようとした事実などから、内村の復命書の影響が大きかったことを指摘している（山田　二〇〇四）。しかし内村の構想とは裏腹に、県は全面禁漁の方針を継続した。結果として生計のために密漁を続ける人びとは多く、密漁の取り締まりは困難を極めた。山田が指摘するように、生計のための漁を「密漁化」したことに問題があったのである。

その後千歳中央孵化場の設立とともに、伊藤一隆のもとで北海道型人工ふ化放流システムが形成されていった。千歳中央孵化場では、アイヌ民族は親魚捕獲のための漁労に参加し、老魚が賃金の代わりに渡された（藤村　一八九〇）。山田によると、千歳中央孵化場の作業も労働者として担っていたが、生計を立てるのは難しい賃金収入だった（山田　二〇〇四）。

こうして、資源保護政策と人工ふ化放流事業の形成が、アイヌ民族を漁労や漁労のための河川空間から疎外し、アイヌ民族の日常的な漁労は「密漁」になり、サケとのかかわりから締め出されていった。

もう一つの事例を見てみよう。十勝川の蕃殖場（繁殖場）の事例である。蕃殖場とは札幌県において、種川制度においてサケの産卵場として保護されている区域のことをいう。十勝川も千歳川と同じ一八八三（明治一六）年に種川制度を導入した。ちょうどその数年前から入植していた晩成社の幹部社員、渡邊勝とカネの日記には、翌年にこう述べられている。昨冬、役人からサケを捕まえることが禁じられた。そのため、アイヌ民族は食べるものがなくなり、飢饉が目の前に迫っていて、ただ死ぬのを待つかのようだった（渡邊・渡邊、小林〔編註〕一九六一－一九六二）。歴史学者の内田祐一は、個人史のなかからアイヌ民族の地域史を描く方法を提案し、晩成社の開拓者の日記からアイヌ民族に関する描写を引き出している。内田によると、晩成社は開拓当時、アイヌ民族との交流を通じて住み着く術と生き抜くための資源を得ていた。そのような経緯もあって、晩成社は、種川制度が導入され、サケ漁が禁漁になって、アイヌ民族が苦境に陥っていることを知ると、さらに事情を把握しようとした。日記の主の渡邊勝と、同様に晩成社の幹部社員だった鈴木銃太郎を十勝に派遣し、その後は米の提供などを行った（内田 二〇〇三）。前述した山田も、アイヌ民族による密漁が黙認されていた状況から、一八八三（明治一六）年に十勝に監守が派遣されるようになって一気に状況が変わり、密漁の取り締まりが厳しくなったことを描写している（山田 二〇〇九）。

種川制度を導入した後の状況について、一八八七（明治二〇）年の十勝川のふ化場の記録には以下のようにある。アイヌの人びとがサケとシカ肉を常食としていたにもかかわらず、シカが獲れなかったので、冬には食糧が足りなくなり、ほとんど飢餓に陥る状況であった。そのため、監守については廃止した（武田 一八八七）。十勝の監守制度はなくなったが、一八八六（明治一九）年には漁業組合準則によって、漁業集団が組合化された。すでに見てきたように、旧漁業法も明治漁業法も、組合を中心に漁業権の再構成を進めていくが、アイヌ民族はそのどちらからも周縁化され、サケの漁場からも漁労からも、人工ふ化放流事業からも締め出されていく。こうして、北海道型人工ふ化放流システムの形成過程において、アイヌ民族はサケとのかかわりから、その培ってきた歴史ごと締め出されていったのである。そして、この歴史は同時に、アイヌ民族たちの知識が語り、植民地化されながらも、近世の漁場管理のなかでは行われてきた生態空間の保全の歴史を上書きするものでもあった。自由な漁場開拓と乱獲、それを埋め合わせるための人工ふ化放流事業という図式は、すでにこのときから形成されていたのである。

北海道型人工ふ化放流システムの完成

さて、一八八七（明治二〇）年一〇月に伊藤一隆は米国より帰国し、一八八八（明治二一）年には、その年の三月にできた北海道庁水産課の第二部水産課長事務取扱に就任した。同年一〇月には官営千歳中央孵化場の建設が始まり、年内に完成した。前節の議論と重ねると、内村鑑三が復命書を出したおよそ六年後のことである。伊藤一隆がつくった千歳中央孵化場でも技術の研鑽が積まれた。一八九一（明治二四）年には、初代場長の藤村信吉が編んだ『鮭鱒人工孵化法』（藤村編纂、北海道庁第二部水産課編　一八九一）がまとめられた。ここで見ておきたいのは、千歳中央孵化場を中心に、伊藤一隆が傾倒した米国流ふ化放流システムよりも、もっと中央集権的で、なおかつ体系的なシステムが北海道にできあがっていく過程である。

北海道さけ・ますふ化放流事業百年史編さん委員会（北海道さけ・ますふ化放流百年史編さん委員会　一九八八）によると、千歳中央孵化場は、一九〇一（明治三四）年から一九二七（昭和二）年まで、北海道の水産試験場下に置かれた。もっとも、予算については一九一〇（明治四三）年には国費事業となっている。

一九二七（昭和二）年に北海道の水産試験場から切り離され、千歳中央孵化場は千歳鮭鱒孵化場として、西別鮭鱒孵化場と留別鮭鱒孵化場とともに官営となった。一八九四（明治二七）年以降、著しい減少の一途をサケ資源がたどっていたこと、低迷していた民営ふ化場の事業改善などを目的に、大幅な組織改革がなされた。この組織改革の意味は大きい。官営ふ化場による民営ふ化場の組織的な技術教育・指導体制が整ったからである。官営ふ化場に民営ふ化場の職員を実習生として招き技術者養成を行ったのだ。実習生たちは一二月から五月のあいだ、官営ふ化場で生物学の基礎や人工ふ化放流技術の座学と実践、経営などを学んだ（秋庭編　一九八〇、小林　二〇〇九）。

この組織改革とちょうど同じ頃、人工ふ化放流技術の基礎も整えられている。その証左となるのが、一九二八（昭和三）年に作成された『人工孵化事業要綱』である。親魚の捕獲と卵や精子が成熟するまでの蓄養から放流まで、技術的基礎がほぼそこには記されていた（小林　二〇〇九：一三二）。また、何よりの特徴は、人工ふ化放流事業を「公益」の目的に資するものと位置づけていることである。一九三三（昭和八）年には、北海道鮭鱒孵化場の初代場長、半田芳男の『鮭鱒人工蕃殖論』が出版され、北海道における人工ふ化放流技術開発の粋がそこには見られる（半田　一九三三）。

一九三四（昭和九）年になると、再び国営となり、さらに人工ふ化放流システムは国家による統治のもとで整えられることになった。具体的には、千歳鮭鱒孵化場は北海道鮭鱒孵化場と改称され、留別から改称した択捉孵化場、虹別孵化場、新設された国後と北見支所に加え、三八ヵ所の民営ふ化場を付属させたのである。

民営ふ化場の収入は、河川の捕獲親魚の売却代金に頼っていた。ゆえに、定置網漁業での漁獲が増え、河川での捕獲親魚が少なくなると、すぐに経営不振に陥っていた。それでは安定したふ化放流事業もできないため、三八の民営をすべて官営にすることが行われたのである。そこでも再び、「公益性」が官営の理由としてあげられている。当時の北海道庁によれば、道内の開発進展がサケ・マスの生育環境の荒廃を招いていることはわかっていた。ゆえに増殖ふ化事業は喫緊の課題である。なおかつ、ふ化放流によって回帰するサケ・マスは、何も北洋や沖合だけで捕獲されているわけではなく、沿岸での定置網漁業で捕獲されるわけだから、全道に利益をもたらす「公益的性質」をもつ、というのである（北海道鮭鱒孵化事業協会　一九六七：二一〇-二一一）。

これにより、北海道では、北海道鮭鱒孵化場を中心とする、「公益」のために資する国営の孵化場システムが道全体で完成した。密漁と開発による資源減少対策を目的に、中央集権型の資源管理システムが形成されたのである。

3・4　中央と地方――人工ふ化放流技術の公益性

水産諮問会と増殖の公益性

さて、伊藤が北海道において、人工ふ化放流システムをつくりあげようと腐心し始めた頃、他の諸地方において人工ふ化放流はどのように受け止められていたのだろうか。帝国政府と北海道庁によって、北海道型人工ふ化放流システムが成立していくなかで、本州の他のサケ生産地ではこの技術はどう受け止められ、システムはどのように受け止められていたのか。

一八九八（明治三一）年、第二回水産博覧会[13]が神戸市にて開かれた。その際に、大日本水産会と大日本塩業協会が共催して、水産諮問会も開かれた。水産諮問会とは、主に学識経験者、水産事業の経験者たちの意見を、水産行政や政策そのもの、方針に反映させることを目的としている。その話し合いについて少し見てみたい。他の地域の経験者たちの「実感」がある。以下、一八九八（明治三一）年に出版された『水産諮問会紀事』から、その議論を取り出してみよう（大日本水産會・大日本鹽業協會　一八九八）。

水産諮問会の議題は、漁業、製造、養殖、経済の教育の四つにわたっており、サケ・マスの人工ふ化放流については、「鮭鱒人工養殖ノ効力ヲ普及セシムル方法」について話し合われた。水産諮問会が開かれたのは、一八九七（明治三〇）年一一月一四日であり、千歳中央孵化場が北海道で始動し始めた頃である。

諮問会では、従来の繁殖保護に比べて、初期費用のみならず、毎年の費用も多くかかる人工ふ化放流への懸念や、疑念が率直に述べられている。そこに出席していた経験者たちの共通認識は以下の通りである。(1)維新後の旧慣投げ捨てによる乱獲と密漁の増加、それに対する種川制度など旧慣の有効性、(2)漁獲を完全に禁止する区域、あるいは川の設置の提案、(3)移植への積極性（たとえば、琵琶湖にもサケを移植するべき、など）、(4)国家が国家事業として人工ふ化事業は行うべき、(5)生態環境の河川自体の環境の劣悪さについても国家は何かするべきである（他の産業との競合による水量の減少や水質汚濁）、(6)天然（産卵）保護の必要性。

出席者は、移植や人工ふ化放流事業が必要であることは認めているが、それが「万能薬」とはほど遠いことも強く認識している。たとえば、新潟県からは三面川の長谷川萬壽彌が出席しており、やはり人工ふ化放流は国家事業とするべきだと主張し、三面川では、資源の減少は水量の減少（森林伐採）と漁獲圧の高さによる親魚の減少にあると述べる。そして人工ふ化放流技術の頼りなさが指摘された。いわく、人工ふ化は天然の繁殖保護の補完技術であるべきである。しかも、天然の稚魚よりも人工の稚魚は軟弱で、ふ化放流の効果自体もおぼつかない、というのだ。三面川でもこの時期、周囲の生態空間の変容が、サケの資源量減少と因果関係をもつことが経験的な知識から述べられていることに留意をしておこう。そして人工ふ化放流技術よりも繁殖保護に重きが置かれていたことも明らかである。

岩手県からは、気仙沼郡の山之内春之助が、やはり、「公益と云うことになりますので」と、サケの人工ふ化放流を国の事業としてするべきであると意見を述べている。同時に、人工ふ化放流で生まれた稚魚が天然よりも形態が小さくて柔弱であるために、よい結果を得ることは難しいのではないか、という懸念を示している。そして、国の権限をもって、海岸近くの不適切なサケ留漁場や密漁の制裁、川ごと禁漁にするなどを、国の事業とした方がよい、と述べている。岩手県でも、人工ふ化放流に公益性があることが主張されていること、ゆえに国が行う事業と見なされていることに着目しておきたい。

いずれにせよ、各地方が共通してもっている主張は、人工ふ化放流事業は国家事業であるべきだということだ。それほど増殖が公益性の高い事業だと思われていたから、というよりは、人工ふ化放流事業は、効果が確実ではないのに、数多くの新しい道具や知識、人材、環境（ふ化場の建設など）を整えるための巨大な予算が必要とされた、ということが大きいだろう。それほどのお金を民間や県が拠出することは難しい。諮問会の記録でも、そのような率直な意見もぶつけられている。

地方の意見では、その効果に対して否定的な意見も多かった人工ふ化放流技術だが、技術としては、その後、北海道の千歳中央孵化場を中心に発展していった。

科学技術の導入と実学としての水産学の形成

人工ふ化放流技術の導入と北海道型人工ふ化放流システムの形成とともに、水産学という学問が形成されていくことに留意しておきたい。一八九三（明治二六）年には、農商務省に設けられていた水産調査所（後の水産調査会）が、水産振興策の総合的な検討や、そのための調査や試験の委託を行い始めた。これが水産科学を形成し始めた契機といってよいだろう。一八九七（明治三〇）年には、この組織は水産局の水産調査課となった。同様に、水産伝習所は水産講習所となり、農商務省管轄となって、数々の実験研究、今でいうところの社会実装も行うようになった。この頃の水産講習所は、漁労、製造、養殖という三つの分野に分かれていた。

当時の日本にとって、漁労の発展は、漁船の開発とともに、国際的に国力を示すと同時に、輸出による外貨獲得を支える重要な産業発展だった。

さらに一八九九（明治三二）年以降には、府県の水産試験場が相次いで設置され、いわゆる実践的な研究を、水産学として研究開発する中央と地方の組織がそろった。

一九〇七（明治四〇）年には北海道大学農学部の前身の農科大学に水産学科ができ、東京帝国大学農科大学にも同様に水産学科ができた。以降、それぞれの学内学会誌をもって、水産学がアカデミックにも形成されるようになった。この頃、相次いで水産学の教科書が書かれた。

水産学は、科学と技術開発を両輪に、実学色の濃い学問であることが特徴である。学問の設立目的は水産行政と水産業界を支えることにあった。

さて、水産諮問会の議論では、人工ふ化放流技術が民間によって積極的に摂取されている事例は見えてこなかった。しかしながら、逆に、この新しい技術を、しかも公益性の高い技術を、自分たちの手元に引き寄せることで、漁業権を得る正当性とした人びとがいる。

幕末および明治初期において、漁場から締め出されていた津軽石村の人びとである。次章では、津軽石川について見てみよう。

（1）モノ化の議論については、米国の哲学者マーサ・ヌスバウムによる議論を参照している（Nussbaum 1995）。ヌスバウムは性的モノ化（objectification）について、人間がモノ（object）として扱われるということは何を意味するか、モノ化の特徴を七点あげた。そして、モノ化自体が問題なのではなく、モノ（a thing）ではないものをモノとなさしめ、モノとして扱うことが問題なのだと指摘する。七点の特徴も含めて、詳しくは第11章で論じる。

（2）藻場など浅海の環境と沿岸水産資源についての研究が多く、東京大学農学部で長く教鞭をとった、戦前・戦後を代表する増養殖の研究者。実弟に作家武田泰淳がいる。

（3）現在では大豆などの油かすや小麦粉、魚粉、魚油などを原料とするペレットが主要に用いられており、魚粉、魚油自体の入手の困難が将来的に予測されるなかで、植物由来のタンパク質のみを原料とするペレットの開発も進んでいる。(独)水産総合研究センター 中央水産研究所 水産物応用開発研究センター 応用技術開発グループ「魚粉を使わない無魚粉エクストルーディッドペレット飼料の低コスト化試験」https://agriknowledge.affrc.go.jp/RN/3010027667、二〇一九年三月一五日最終確認。

(4) 築磯は投石と人工魚礁の二つがある。前者は近世の享保年間(一八世紀前半)のコンブの投石など、定着性生物資源を増やす目的で行われたものである。後者はさらに古く、土佐藩の野中兼山による浦戸湾口の築磯造成(一七世紀中頃)が知られている(大島編 一九九四:二四-二六)。

(5) なお、養殖についての定義は、「限られた水域の区画内で水産物を所有し、生活と環境を積極的に管理して最終生産物の段階まで育成する方法」である(大島編 一九九四)。

(6) ユーファム・ストワーズ・トリート(Upham Stowers Treat, 1808-1883)は、メイン州イーストポートで缶詰工場を興し、全米でも有数の缶詰工場の運営者だった。米国メイン州イーストポートの歴史資料によると、日本に招聘され、一八七七(明治一〇)年から数年、日本の缶詰工場と業界の設立に尽力したことが記されている(Porter, 1888-1889: 175)。

(7) 設立当時は北水會と称していた。伊藤一隆が一八八四(明治一七)年に水産業関連の諸団体をまとめてつくったのが始まりである。北海道の水産技術・学術の発展と指導者の育成を目指し、北海道庁を支援することを目的としている。現在の小樽水産高校も北水会によって設立された(北水協会 一九五九)。

(8) 明治期の法令については、一八八六(明治一九)年の公文式(勅令第一号)以降に法体系、形式、公布方法などが決定された。それ以前の法令については、各年の法令を種別・法令番号順に収録した法令集『法令全書』にまとめられている。『法令全書』については国立国会図書館のデジタルコレクションで見ることができる。

(9) 実際に、一八八六(明治一九)年五月には、津軽石他八村も、東閉伊郡津軽石村外八ヶ村戸長役場から答えるという形で、かつて浦廻り四ヶ浦の漁獲の取り決め、繁殖保護の工夫などについて岩手県に答えている(宮古市教育委員会 一九九一:三八六-三八七)。しかしこのときは、津軽石村が事実上漁場から閉め出されていたことから、そのような旧慣が守られていないことも併記されており、旧慣が守られる必要性が述べられている。この点については、改めて第4章の津軽石川の事例に戻ったときに述べよう。

(10) サケの親魚から卵を取り出し、受精させる方法には、湿導法と乾導法とがある。湿導法は、あらかじめ卵を水中に放しておき、そこに精液を加える方法である。乾導法は、現在でも一般的に用いられているが、卵を乾いた容器のなかに移し、そこで卵と精子を攪拌し、その後で水を加えるという方法である。

(11) ジョン・バチェラーと伊藤一隆は、北海道禁酒会に尽力したことでも知られている。禁酒会のなかのアイヌ矯風部会の設立趣旨説明には、当時、アイヌ民族に対して人びとがもっていたイメージの片鱗が見てとれる。開拓使の設置以降、狩猟漁労ができなくなったアイヌ民族について、「抑も劣等人種が優等人種の前に消滅するのは自然の法則」という記述が見られる（北海道毎日新聞　一八九一年七月三一日）。そして、狩猟漁労から独立してアイヌ民族が生計を立てられるようにするには、「彼らを堕落せしめている」飲酒を禁ぜしむることが重要だと書いている。山田が指摘する、農業への転換と同化政策についての根拠のないように見える楽観的態度は、このような近代化と文明発展段階説（帝国日本はまさに梯子をのぼろうとしていたこともあって）への信仰とでもいえる感覚に裏付けられていたといえるだろう。アイヌ民族もいずれ近代化され、文明発展の段階をのぼるだろう、という見方は、本節で言及した十勝の開拓者たちにも共有されているものでもある。

もちろん、このような差別意識は、当時のどのような状況が考慮されようと許されるべきものではない。山田が論じるように、農業への転換と同化政策に対する楽観的な態度は、何よりもそのような差別意識を抱える人びと自体が、文明発展段階説自体を、「劣っている」段階からはいあがって「優れているものに並ぶ、追い越す」という経験をもつからこそ起こる態度であったろう。

(12)　一八八二（明治一五）年二月八日の開拓使廃止から、一八八六（明治一九）年一月二六日の北海道庁設置まで、北海道は函館県、札幌県、根室県の三県一局体制にあった。

(13)　水産博覧会自体は、この二回目をもって行われなくなる。

4 サケと漁場を取り戻す——人工ふ化放流技術の導入

本章では、宮古湾の津軽石川に戻り、津軽石村の人びとが再び漁場の権利を得ることにより、サケを取り戻す様子を描こう。明治初期、津軽石村を含む浦廻り四ヶ浦の人びとは、岩手県の進めた自由入札制度のもと、漁場に紐付けられたサケを漁場ごと失った。人びとは再びサケと漁場を「わたしたちのもの」として取り戻すため、漁場の権利を取り戻すことから始めなければならなかった。そのために、人びとはサケに関する生態知識を体得していたこと、その資源管理の歴史性を再び主張しつつ、明治政府が推進していた人工ふ化放流技術を自主的に導入した。

こうして、津軽石村の人びとによるサケの「わたしたちのもの」化は、人工ふ化放流技術の自主的な導入から新しい局面を迎える。近世までと異なるのは、一部の瀬主とそこで働く漁民によるサケ漁へのかかわりではなくなったことだ。サケ漁の権利は、明治期につくられた津軽石村漁業組合によって、当時の津軽石村（旧津軽石村と旧赤前村）の世帯がそれぞれ漁業権を所有するように再設計された。これ以降、身分によってサケ漁へのかかわり方が限定されていた近世とは異なり、組合に加わったムラの住民、ムラの人びとが等しく権利をもち、ムラと一体化した組合によってサケ漁が自営されるようになっていく。

この章で特に注目したいのは漁場を取り戻す過程において、人工ふ化放流技術事業が重要な役割を果たし、サケ漁と両輪で津軽石村がサケのムラであることを支えていくという過程だ。近世から連続して繰り出されてきた繁殖保護というシナリオが、漁場を取り戻すために、水産行政を動かす増殖レジームのもとで再形成されていく。サケ漁と人工ふ化放流事業の行われる空間を軸として、津軽石村の生活文化の再編へつながり、増殖レジームがサケのムラという文化的矜持とともに、心理的にも物理的にも漁場と資源管理の制度としても内面化されていく。サケ漁と人工ふ化放流事業は一体となって、在地性（土地に根づいていること）を育む仕掛けにもなっていった。本章ではそれを在地型人工ふ化放流システムと呼ぶ。

まずは、中央政府と岩手県とのかかわりにおける漁場統治と水産資源管理の法的整備について、背景として確認をしておこう。

4・1　旧慣と入札制

岩手県による漁業統治の形成

明治期に入り、漁民による積極的な自由経済活動を基礎に、経済市場の中央集権的な管理を行おうとした帝国政府の目論見は外れた。すでに述べたように、近世末期の漁場利用の混乱と新規参入による急激な生産量の増加は、あっというまに資源の乱用と減少を招いた。太政官達七四号の布達は、近世の旧慣の果たしていた資源管理の機能が再発見されたことを物語っている。もちろん、旧慣のもっていた機能がそのまま再生されたわけではない。

岩手県の場合は特に、全国的にも特異な進み方をした。漁業法史を知悉する青塚繁志は、この時期の明治漁業法に至る法の動きを丹念に追った論文を書いている。青塚によれば、七四号の布達が出て、明治漁業法が出るまでの期間は、「実質的な漁場統制機構（政府、府県、民間漁業者団体）の整備と、府県漁業取締規則および漁業組合準則による漁業法秩序」ができあがっていく過程だったという。青塚は、ここでできあがった地方の漁場法秩序を、さらに強い国家権力で中央集権秩序に編んだものが明治漁業法であるという見方をしている。そして、岩手県の漁業税則と漁業取締規則が、全国のなかでも一八七五（明治八）年と早くに分離されていることに着目している（青塚 一九六五）。漁場の占有権に対する徴税ではなく、魚の漁獲に対する徴税であるという方向転換がそこにはある。青塚の説明を参照しながら岩手県の場合を見てみよう。

岩手県は旧盛岡県だった一八七一（明治四）年に、無年季だった漁業権を年季付きにして、鑑札制のもとで漁業に関する権利を明確にした。一八七三（明治六）年には明確化した漁業権に基づき、新規および年季明けのサケ建網・地曳網、サケ留、マグロ建網、マス網などについては、入札制を行うことを決めた。その意図は、漁業税収の増大と確実性にあった（岩手県 一九八四：二一三）。

明治政府により海面公有制と海面借区制が定められたことから、一八七六（明治九）年にはいったん漁業入札制は廃止される。しかし、一八七六（明治九）年の七月に復活する。太政官達第七四号によって海面公有制と海面借区制が事実上取り消されると、同年一二月に漁業の基本方針として『河海漁業心得書』が定められた（岩手県 一九八四：二一五–二一六、岩手県水産部編 一九五四：三六二–三六四）。そこでは明確に、入札制への回帰が記され、漁業図面による許可、保護区域の設定、漁場免許の権利の明確化なども同時に定められていた。漁業入札制をもって漁場を近世の占有状況から解き放つとともに、海と川の境界を引いてサケ資源管理のための保護区域を定め、資源管理を県の取り決めのもとで行おうとしたのだ。

『農林水産省百年史』において、岩手県の明治期の漁業の生産停滞と漁場の荒廃、それを背景とした入札制の導入は、全国的にも非常に特異な事例だったことが指摘されている。そこにはこう書いてある。岩手県では、漁民の漁場占有利用に関する権利が弱く、藩領主の権力が非常に強く、この制度が県からの上意下達の規則として成立しやすかった。村中入会漁場も結果として押しつぶされてしまった。その代わり、士族・商人・地主など、資本力が強い者が漁場を占有するという自由入札制が文字通り成立した。全国でも岩手県と秋田県のみがこの制度を導入し、運用した（『農林水産省百年史』編纂委員会編　一九七九：四八二-四八三）。結果として、岩手県の漁業税は、この入札制により引き上げられ、他府県に比べてずいぶん高かった。

一八七七（明治一一）年に大久保利通により[1]府県の規則と地方税に関する建議が進められ、同年七月には、三新法として「郡区長村編制法」「府県会規則」「地方税規則」が公布された。それに伴い、漁業税が正式に地方税に組み入れられたことから、岩手県でも、一八七九（明治一二）年に「漁業税採藻税規則」（制定は一八七九（明治一二）年一二月、施行は一八八〇（明治一三）年）が出された。漁業入札制はこのなかでも明確に位置づけられた。第一類、第二類、第三類に漁業の税は大別三種に分けられた。サケに関していうと、第一類に分類された川漁業の小引網以外は、第二類に分類された川での建網、巻持網[2]、第三類に分類された海での建網、地曳網、川での大引網、サケ留などはすべて入札制になった。第二類、第三類は県に入札出願をせねばならず、しかも第三類に関しては、入札税額の二倍の資産がなければ入札に参加できなかった（岩手県　一九八四：二一七-二一八）。

このような入札制度設計のもとで、資本力のある者のもとに漁場は集中し、同時に季節ごと（第二類）、五年ごと（第三類）の年期がついていたことから、短期的な利益生産が行われるようになった。

もちろん漁業入札制度を導入した岩手県自身も、外部の商人資本たちによる入札参加の問題点を認識していた。

岩手内陸部からの、あるいは岩手県外からの参入によって、資源の乱獲と漁場の荒廃はもちろんのこと、漁民の生活の不安定さと脆弱性の増加についても懸念されていた。そして、いくつか水産資源、特にサケの保護に係る通達を出している。

一八七七（明治一〇）年には、坤一二五号達により、サケ繁殖の過程と特徴を説明したうえで、川筋、支流、沢いずれにおいても、鮭卵と稚魚を採ってはならず保護を行うことを通達している。また、一八八一（明治一四）年には、甲第一八三号達において、川であっても海であっても、旧慣の通り、夜間に漁をすることを禁じている（岩手県 一九八四：年表一二八-一二九）[3]。

さらに、一八八〇（明治一三）年には、「漁業税採藻税規則」が改正され、同年一一月には改めて「漁業税採藻税規則」（県甲第二六〇号）が公布されて、ムラが漁場を管理しながら漁を行う主体となるよう、いわゆる村請漁場育成への方針転換がなされた。この取り決めでは、海苔・採藻が第三類へと分類され直され、第三類の漁および採藻については地元のムラに漁業権があり、そのムラに漁業慣例があるときには、その慣例が重視されることとした。しかも、第三類についてはムラからの請願が優先され、ムラは七年漁場を使うことができた。一般の入札はムラの季明けに、五年の年期に制限されて行われることとなった。

また、これまでとは違い、第二・第三類ともに直接県庁に出願されるのではなく、地元の郡・村役所を経由することになった。すなわち、ムラの意思が優先されるような仕組みになったのである。

増税収入を目的に、入札制を明治初期から維持してきた岩手県は、ここにきて大きな方向転換をすることになった。しかし、入札制が維持されていたことは変わりがない。よって、資源管理や繁殖保護政策が明確に位置づけられるのは、もう少し先になる。

県の漁業統治の形成と津軽石

では、このような県の漁業統治の形成と漁業入札制が具体的に地域にもたらした問題は何だったか。その答えは、津軽石川に再び戻り、状況を見るとよくわかる。津軽石川では盛合家が経済力を相対的に失い、幕末の村方騒動を引きずっていた。また、もともとが有力な漁場であることから、かなり熾烈な入札が行われることになった。もっとも、津軽石川周辺は一八七三（明治六）年に廃止されるまで江刺県の下にあり、その後、岩手県に治められるようになった。

江刺県の下では、当初は盛合家を含む従来の瀬主七人に新しい瀬主七人を加えて無限年期付きで漁場が与えられていたが、その後、五年の年期付きとなった（岩本　一九七九：一三一－一三二）。津軽石村の瀬主と村方が岩手県に出した一八七三（明治八）年一月の「津軽石川鮭漁稼瀬主並村方願之議」によると、幕末には、浦廻り四ヶ浦による入会管理が崩れて赤前村と金浜村は入会維持を拒み、赤前村と金浜村は無株状態になっていた。そのため二村の住民で漁をする者は、漁獲高の三分の一を津軽石村の瀬主に差し出さなければならなかった。

浦廻り四ヶ浦の共同入会経営から抜けた赤前と金浜両村が、のべつまくなしに昼夜問わず地曳網を引くので、津軽石川にサケがのぼってこなくなった。そこで、津軽石川村の瀬主（盛合家含む一四名）と他の三村のあいだで争議になり、結局、河口の境で、年中を通して日割りで立ち、交代で漁をすることになった。

一八七四（明治七）年に江刺県下で得ていた五年間の鑑札の年季が切れ、津軽石村の瀬主たちが改めて浦廻り四ヶ浦でひとまとまりの共同請負漁場として申請をしようとしたところ、赤前と金浜村はこれを拒み、それぞれの村方一人で鑑札を一つずつ出願した。津軽石村の瀬主らは、それではサケ資源の管理がきちんとできず、「鮭子育も自然と薄く相成る」ので、いずれ四村とも困るから、変わらず浦廻り四ヶ浦でひとまとまりの漁場として認めてほしいと県に訴えた（岩手県水産部編　一九五四：九六-九七）。

ちょうどこの時期は岩手県が入札制度を始めたばかりだったから、一八七五（明治八）年、浦廻り四ヶ浦の漁場は一五の漁場に細分化され、それぞれが入札にかけられることとなった。この入札は、盛岡の士族なども加わり熾烈を極めた。結果として、明治維新後、給人としての士族から複合的産業を行う農家に戻った盛合家の盛合たみら、津軽石村の旧瀬主らが、非常に多額の金を投じて九つの漁場を得た。納税はおよそ二〇倍の値段になった。ちなみに他の落札者は、上太田村（現和歌山県）、仙北町村（現秋田県）、加賀野村（現岐阜県）の人びとである。漁場を見ると、津軽石川と大須賀（河口近くの砂浜）の主要なサケ漁の場は盛合家が押さえている。そしておそらく、その主要なサケ漁場を押さえるために、他の漁場が四〇円から七〇円で競り落とされているのに対し、盛合家は一一三円から五五五円の高値をつけて競り落とした（岩手県水産部編　一九五四：一四一-一四三）。

これを、いまだに経済的な豊かさをもっていた盛合家ら瀬主が、地域内からの自由な参入を妨げて漁場を独占したと見るか、盛合家ら瀬主の意図はどうあれ（記録がないのでその点についてはわからない）、結果的に他領の商人や個人から漁場を保持できたと見るかは、解釈によって分かれるだろう。そのどちらを支持するかについての資料を筆者はもたない。しかし、他の入札参加者が領域外の個人だったこと、幕末からの新規参入者による漁場の荒廃が続いていたことを併せて考えてみよう。結果的には、盛合家が多くのお金を投じて漁場の維持を試みたことによって、地域資源であるサケとその重要な漁場が、地元資本と漁師のもとに囲われ、この時点での乱獲をある程度防げたと考えることは可能だろう。

もう一つ、津軽石村がサケ漁場を保持し続けるために、資源管理と繁殖保護の歴史的な経験をその正当性を担保する理屈として繰り返し使っていたことにも着目しておこう。赤前村と金浜村が入札の鑑札を津軽石村とは別に出したときの、旧瀬主らが県に訴えた、「浦廻り四ヶ浦がひとまとまりでなければサケ資源管理ができない」という理屈は、県に漁場の権利の正当性を主張するにはよい理屈だった。というのも、前項で述べたように、岩手県は入札制度を始めた一方で、乱獲への懸念から資源管理とサケ資源確保にも関心をもっていたからだ。

そのことは、以下のことからも明らかである。一八七五（明治八）年に一五に分けられた入札制度になると決まったとき、それぞれが自由に漁をすれば資源がなくなるという懸念から、岩手県の通達に従う形で「進達定約」（川原田編　一九七七：一二一、岩本　一九七九：一三五）が結ばれた。津軽石川のサケ漁場である丸長鮭留漁場（五場、下、中、一、長泥、留）については、従来通り、サケ漁の期間中は朝六時から正午までを操業時間とし、それ以降は禁漁とすること。河口に近い漁場の網張の時間の設定（午前三時）、地曳網については夜漁を禁じること、が内容となっている。瀬川仕法以来続いてきた内容が再びここで新しい資源管理の取り決めとして結び直されているのがわかる。

しかしながら、入札制度において、盛合家の瀬主らが漁場を維持できたのは最初の五年間だけで、一八八〇（明治一三）年から後は点々と瀬主が代わることになった。そして、津軽石村の人びとは結果として漁から締め出されていくことになる。この後、津軽石村は人工ふ化放流事業を行い、漁場を取り戻す正当性を自らつくり出していく。そしてそのうえで、ムラの漁民を同等な権利者として漁場を共有する村請漁場が形成されていった。

4・2　空間の再所有を目指して

明治初期の漁場入札制度と宮古湾の漁場・資源管理

一八七五（明治八）年から一八七九（明治一二）年までは盛合たみら、津軽石村の旧瀬主らが漁場を得ていたが、一八八〇（明治一三）年からは、落札した瀬主がくるくると代わっていた。津軽石川と周辺の漁場と資源管理はどうなっていたのだろうか。

宮古湾内には、網主や漁師同士間の他の漁場への配慮というならわしがあった。その機能が宮古湾内の網の乱立を防ぎ、多少なりとも資源乱用に歯止めをかけていた可能性がある。

新漁場や新しく参入する網主や漁業者が多く生まれた明治草創期には、他の漁場への配慮というならわしに関して、数多くの申し立てがなされた。宮古湾全体では、漁業者同士のあいだで諒解を取り合うというならわしがあった。建網などの大規模な網は、大きな空間を独占するので、他の漁師たちの漁労を妨げる。よって、新規に網をたてるとき、あるいは位置を変えるときには、周辺の小舌網、地曳網、あるいは鍬ヶ崎沖の沖漁船の船頭らから諒解をとりつけることがならわしだった。宮古湾周辺の八村（宮古村、鍬ヶ崎村、磯鶏村、高浜村、金浜村、津軽石村、赤前村、重茂村）のあいだで、このようなならわしが機能していた証左が当時の申し立てに見られる。

たとえば、一八七五（明治八）年九月一三日に宮古村の川上武兵ヱが次のような異議申し立てをしている。[4]川上が重茂村の青磯漁場でサケの建網漁を行おうとしたところ、このならわしにより不免許となった。川上は、津軽石村の漁に影響が出るというが、青磯は津軽石村から十分に遠いので問題ない、と異議申し立てをした。川上の異議申し立てに対して津軽石村は、昔から同様に配慮されてきた経緯もあって、「青磯に建て網が新しくたつと一丁目漁場他にも影響がある」と再び差し止めを主張している。川上の異議申し立ては、県によって他の優良な稼ぎのある漁場を妨げるとして一〇月に却下され、津軽石村側の主張が認められた（川原田編　一九七七：六二-六三）。この出来事は津軽石村の瀬主たちが津軽石川の漁を行っていた頃のことだ。

また、新しく結ばれた村同士の資源利用と管理に関する取り決めが各ムラのあいだで機能していたという証左を、一八八四（明治一七）年、津軽石村が宮古警察署に出した告訴状取消願に見ることができる。その取り決めとは、一八七五（明治八）年に津軽石川とその周辺漁場が入札制度の対象となったとき、漁場が荒れることを見越して結ばれた「進達定約」である。その内容は前節で見た通りで、丸長鮭留漁場（五場、下、中、一、長泥、留）については、従来通り、サケ漁の期間中は朝六時から正午までを操業時間とし、それ以降は禁漁とするものだった（川原田編　一九七七：一二二）。

もともと、告訴の内容は、赤前字砂賀で堀内亀蔵が漁の時間を守らなかったことに対するものである。堀内に説いた結果、「然ル上ハ向来津軽川漁業時間之義ハ、明ケ六時ヨリ昼十二時限リ、赤前村字大砂賀漁業時間ハ明六時ヨリ暮六時ヲ限リ従来ヨリノ慣例ヲ守リ、決シテ不都合ノ所為無之、……」と、従来の旧慣を守るということで、告訴状を取り下げたというのである（宮古市教育委員会　一九九九：三三三-三三四）。

近世から紆余曲折しながらも継続されてきた津軽石川のサケ漁場と資源管理について評価する次のような文書もある。おそらく一八八五（明治一八）年のものと思しき、鍬ヶ崎の斉藤源五郎による宮古港漁業に関してまとめられた文書だ[5]。その文書では、閉伊川と津軽石川のサケ漁と資源管理について比較した箇所がある。それによると、津軽石川では水量がなくとも川底がきれいだが、閉伊川では新晴橋のあたりでは川底が汚く、産卵に向かなくなっていることが指摘されている。そして、そのような津軽石のようなきれいな川底であれば、夜中にのぼっていたサケを漁場にとどめておけば産卵するだろうと述べられている。閉伊川で三日間は、サケ留を開放してサケをのぼらせ、サケの繁殖を促しているが、本当は五日間ほど開放しないと繁殖を助長できない。しかし五日間は漁師からの抵抗が大きい。よって、閉伊川でも千徳の付近で、津軽石川がしているように、夜中にサケを留の区画にのぼらせておき、産卵するのを待って、次の日の朝から獲るのであれば、五日も留を開放しなくてもよいのではないか、と提案している。ここで言及されているのは、この時期にも津軽石川では漁場と漁獲管理が続けられていたことである（宮古市教育委員会　一九九九：三三四）。

他方でたとえ津軽石村などの瀬主たちが漁場を保っていても、年限付きの入札制のなかでは、この旧慣を守ることが容易でなかったことが訴えられている。一八八六（明治一九）年、岩手県から漁場、海藻など採取場、漁村の慣例、漁具、魚介の種類などを調べるよう各地方に通達があった。五月二九日に津軽石村ほか八ヶ村がこの通達に答えているなかに、そのことが察せられる記述がある。ときの津軽石村の村長は旧瀬主の盛合家の当主、盛合仁之助である。返答では、浦廻り四ヶ浦が漁場をひとまとまりで管理していた頃は、明文化された規則ではなかったが、次のように漁場管理をしていたという。

「其ノ期ヲ失ハズ、其約ニ背カズ確乎タル規定アルガ如ク、其意想挙ツテ将来ノ維持ヲ主義トシ、鮭魚ノ期節ニ至レバ夜網ヲ入レズ、登川ノ鮭魚ハ卵子ノ腹中ニ在ルヲ捕フルコトナシ、春期発生ノ鮭ノ子群聚スルモ、之レヲ殺傷スルヲ禁ジ且ツ四ヶ村申合ワセテ害禽ヲ駆除スルノ人夫ヲ募リシコトアリ」（宮古市教育委員会

一九九九：三八七）

つまり、明文化された規則ではなくても、そのようなものがあるようにきちんと守ってきたのは、将来の資源を維持することを主義としてきたからである。サケの戻ってくる季節になれば、夜は網をかけずに産卵を促し、産卵後のサケだけを獲るようにしてきた。春に稚魚が群れていても、それを殺すことは禁じて、なおかつ、稚魚を食べるような鳥を追い払うための人を雇っていたこともある、と主張している。

そして、現在は「法令ニ至リテハ一口ニ播殖主義ヲ唱フルモ」、年限付きの入札制度による漁場運営では、「将来ヲ顧慮セズ」、逆に、卵をもつサケの値段がよいので、それを獲って売ろうとする。ハマ側の地曳網については、川など他の漁場の漁獲を妨げることになるにもかかわらず、「昼夜トモニ其権理己レニアルヲ口実トシ」、夜も網を入れているという現状がある、と報告している。そして、このような弊害を除くには、「慣例ニ復帰スルニ如カザルガ如シ」と締めくくっている（宮古市教育委員会　一九九九）。

明治政府による旧慣尊重方針もあったが、これまで見てきたように岩手県でも旧慣による資源管理の必要性は認識されてきた。一八八〇（明治一三）年一一月に改正された漁業税採藻税規則では、「期名ニ至リ地元村方（一村又ハ数村公共）ニ於テ、従来之慣例ニ拠リ、前年期中ノ税額ヲ以テ稼方ヲ請願スルトキハ之ヲ許可シ」（県甲第二六〇号）として、村方の場合は七年の年期を認めた。すなわち、入札をムラに優位にすることによって、漁場の村営化を促し、旧慣が守られて資源管理が行われることを期待した。それは県の漁場入札制がもたらした弊害から回復するための施策だった。

宮古湾漁業の発展と津軽石村民の漁場からの締め出し

それでは、岩手県の漁業税採藻税規則によって、ようやく津軽石村の人びとは漁場を取り戻したのだろうか。結論からいえば、津軽石村の人びとが漁場を取り戻すのは、一九一〇（明治四三）年まで待たねばならなかった。なぜか。

そこには、地元と協同組合をめぐる緊張関係、特に、鍬ヶ崎町（旧浦鍬ヶ崎村、一八八九（明治二二）年改称）と宮古町で大きくなった実業家たちの存在と他のムラとの緊張関係があった。一八八〇（明治一三）年に岩手県が村請による漁場経営へと方向転換を図ってから、一八八二（明治一五）年に宮古村外七ヶ村共同漁業組合がつくられ、重茂の追切二丁目の秋マグロ建網の共同経営を始めた。この組合は、三丁目、四丁目のマグロ建網、サケ・イワシの地曳網、サケ留漁場まで経営を拡大していこうとした。八ヶ村は、重茂村、宮古村、浦鍬ヶ崎村、磯鶏村、高浜村、金浜村、津軽石村、赤前村の宮古湾に面したほぼすべての村が参加した協同組合である。『宮古村外七ヶ村住民共同漁業組合記録』によると、各村はそれぞれ競合相手として一度張り合ったのだが、一八八〇（明治一三）年に県に共同で出願し、一八八二（明治一五）年四月に、村に所属する人すべての村民に権利のある組合として組合を形成した（川原田編　一九七七：二八-二九）。そのことから、一見、複数のムラによるコモンズの形成に見えるが、実際には中身は異なっていた。

この時点では、共同経営のムラは漁場に入札がかなわなかったため、漁場のある村が自前で漁を経営することができなかった。結局、他の協同組合か、資本力のある個人が入札を通じて漁場を占有するという矛盾した事態が起こっていたのである。

津軽石川と周辺の漁場は、一八八七（明治二〇）年から篠民三という、鍬ヶ崎出身の力のある実業家が個人で請け負っていた。

篠民三は、一八七七（明治一一）年に製氷会社で一山あて、その後、一八八〇（明治一三）年から二年かけて、鍬ヶ崎から市内の光岸地に抜ける切り通しをつくった。同時に現在の光岸地、築地周辺の閉伊川河口の北側を埋め立てて、船が着ける港湾を造成した、明治期の宮古において屈指の立志伝中の人物である。新規漁場の開拓にも熱心で、次々に事業を拡大した。そして、町村や郡の議員を経て、県議会議員として二度当選し、一九〇一（明治三四）年には衆議院議員となった（岩手県　一九八四：九三六-九三八）。

一八八七（明治二〇）年当時、篠は宮古村外七ヶ村共同漁業組合の代表だった。その後、年期明けの一八九二（明治二五）年にも再び、今度は篠民三が代表を務める宮古町他一町三ヶ村組合漁業共同事務所（宮古村外七ヶ村共同漁業組合の名前が、市町村の合併や名称変更に伴い変わったもの。以下、協同組合）が入札で請け負っている。

同時期、鍬ヶ崎町には、一八八八（明治二一）年に関沢明清の書いた『農商工公報』の記事を読み、米国式巾着網をいち早く全国に先駆けて導入し、イワシ巾着網を試行錯誤の末成功させた、大越作右衛門もいた。大越は巾着網組合をつくり、その網は全国的に有名になり、視察が多く訪れている（岩手県　一九八四：九二三、釜ヶ澤　二〇一五）。

一八九五（明治二八）年には、後の岩手県立水産高等学校となる、鍬ヶ崎町組合立水産補習学校が岩手県で初めて開校されている。そのことを考えても、当時の鍬ヶ崎町が、宮古湾周辺の水産開発の中心だったことは見てとれる。

また、一九〇九（明治四二）年以降、漁船の動力化を進めて沿岸漁業が沖合漁業へ展開していく一助となった山

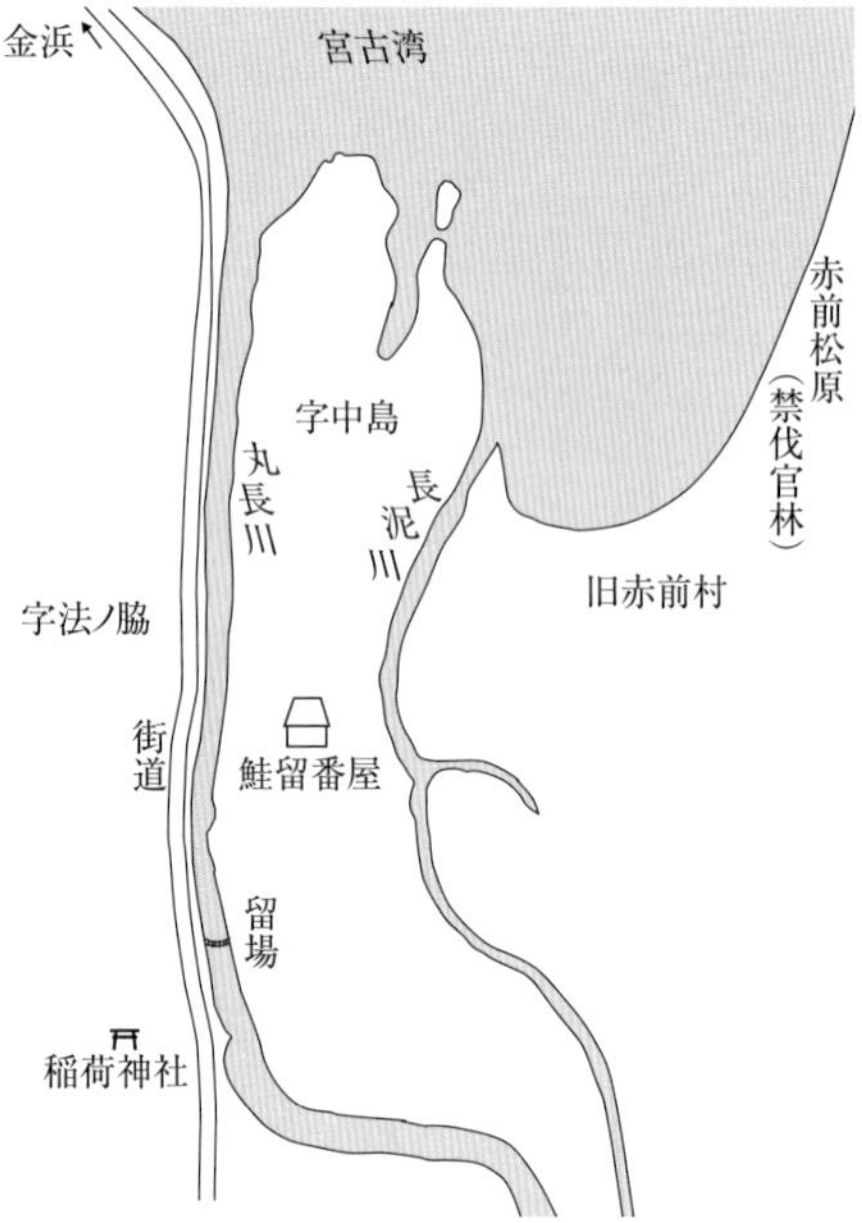

図4　1892（明治25）年頃の津軽石川漁場（『鍬ヶ崎神林家文書』市史編纂室所蔵の複写を参照・作図）

根三郎もまた、鍬ヶ崎町の人である。それより早く、宮古町の菊池長右衛門は、日東丸など、北洋船三隻を建造し、北洋でラッコ、オットセイ漁に活躍した。一九〇五（明治三八）年頃のことである（沢内ほか編　一九六二：一八六）。巾着網、動力開発と沖合漁業への展開、北洋を目指す遠洋漁業の始まりへと続く道筋である。鍬ヶ崎、宮古町は、いち早く漁船や漁の規模の拡大、保存・流通技術や交通ネットワークの拡大に取り組んだ事業主が多かった。

さて、宮古村外七ヶ村共同漁業組合が重茂のマグロの建網以外の入札を行い、イワシ地曳網、サケ漁場へと請け負う漁場を広げたのは、篠民三の意向によるものだった。津軽石川のサケ漁場もその一つだった。当時、津軽石川の河口が二つに分かれており、サケ留のある川は丸長川と呼ばれていた。そのことから、津軽石川の漁場は丸長鮭留漁場と呼ばれていた。

もちろん、先般に述べた通り、協同組合には津軽石村も入っていたが、一八九二（明治二五）年前後には、協同組合は篠のもとで鍬ヶ崎村の者たちで占められるようになっていた。それを不満に思った津軽石村の村民たちは、一八九二（明治二五）年に、津軽石川の漁場の年期が明けたとき、協同組合に張り合って漁場をめぐって入札で競願した。しかし、結果として協同組合が入札に勝ち、さらに津軽石村は漁場から排除されるようになったのである。

形式上は協同組合に津軽石村も入っている。それゆえに、岩手県の「漁業税採藻税規則」が狙った、村請による漁場管理は、形式上整っている。だが実際には、津軽石村からは漁場は遠ざかっていたのである。

当時のことは、明治漁業法が一九〇二（明治三五）年五月に公布、七月に施行された後、同年一〇月一五日につくられた津軽石村漁業組合の成り立ちを説明する『津軽石村漁業組合事蹟』（以下、『事蹟』）に、次のように書かれている。(6)

「本組合ノ主要ナル漁場タル津軽石川鮭留地曳網漁場ハ種々ノ関係復（複）雑ナルモノアリテ、本組合設立以来久シク個人経営ニ属シ、或ハ官ノ入札法ニ依リ高札者ヲ以テ経営ヲセシムルノ次第故、他村民ノ経営スル所トナリ、当組合住民一般ハ之ガ為メ此ノ天与ノ漁場ヲ目前ニ控ヘナガラニシテ、少シモ恩恵ニ与ラザリシハ甚ダ遺憾ノ極ニテ、経済上多大ノ損失ヲ蒙ムルノミ、害アリテ益ナシ、大洪水毎ニ河川近海ノ田畑ヲ荒シ収穫ヲ絶滅スルノミ、工事ノ費用ナキコト、ナリ、多大ノ不利ヲ蒙リタルコト屢々ニシテ住民ノ困窮ノ域ニ到達シ」（津軽石村漁業組合　一九二二）

つまり、津軽石川のサケ留と地曳網の漁場（浦廻り四ヶ浦がひとまとまりにしていた漁場）は、複雑な経緯があって、津軽石村漁業組合ができても、しばらくは個人経営だったり、入札で高く請け負った他の村民によって経営されたりしていた。津軽石村漁業組合に所属する人びとは、天から与えられた漁場を目の前にしながら、少しもその恩恵にあずかることなく、とても残念な気持ちでいた。経済的にも大きな損失であるうえに、かえって害があって益がない状態である。なぜならば、大洪水で河川や海近くの田畑も荒れて収穫できないうえに、工事の費用もかさむので、住民はしばしば困窮に陥ってきた。そのように書かれている。漁業を行うための番屋（サケを見張ったり漁仕事を行ったりするための小屋）や、留をつくる際に杭を打つ場所は津軽石村の土地である。津軽石村の村民たちは、たとえ漁場を落札しても、その場所にそういったものをつくったり打ったりすることはまかりならないと妨害したり、川のサケを盗んだり、密漁を取り締まる巡査のいる小屋をつくらせないように土地を貸さなかったり、さまざまな形で妨害を行った。

このことについて、協同組合側では以下のように記録している。

「津軽石川字丸長鮭留漁場ニ於テハ従前ノ営業中ハ紛擾アルヲ聞カスト雖モ入札法施行後ニ於テハ或ハ営業者ト地主等トノ間ニ故障ヲ醸シ地主等団結反抗シ、延テ其筋ノ手数ヲ煩ワセシコトアリ」（川原田編　一九七七：二九）

地主たちが団結して妨害するので煩わしい、と書いたこの後に、組合は、漁場に必要な土地については、北海道のように漁場と一緒に使用できるようになっているべきだと述べている。

さらに、津軽石村の漁場再獲得のための運動は、結果として県議会を巻き込む贈収賄事件も生むことになった。津軽石村の村長の佐々木順が、県議会の篠民三と対立する県議会議員への贈収賄を行ったとして篠民三に告発されるという事態が起こった。ここに見られるのは、篠および他の村や協同組合の入札者たちと、津軽石村の対立である。

もちろん、津軽石村は、手をこまねいて妨害ばかりをしていたわけではない。

一九〇二（明治三五）年七月に漁業法が施行されると、相次いで宮古湾でも漁業組合が成立した。同年、宮古町が一〇月、鍬ヶ崎村が一一月、磯鶏村が一二月にそれぞれ設立している。津軽石村が漁業組合をつくったのは、宮古町と同じ一〇月である。ここでいう津軽石村は、一八八九（明治二二）年に赤前村と合併後の津軽石村を指す。また、これまで浦廻り四ヶ浦として津軽石、赤前両村と一緒に動いていた高浜、金浜村は、この時点で磯鶏村と合併している。磯鶏村は、磯鶏、小山田、金浜、高浜、八木沢の五つのムラが合併した、宮古湾西岸一帯を大きく占めるムラとなった。

では今度こそ、組合を設立した津軽石村は、漁場の権利を獲得できただろうか。またしてもそうはならなかった。今度は、津軽石村漁業組合の初代組合長中島七兵衛が、組合のできた年に、懇意にしていた宮古町の坂下栄助に定置漁業の免許を与えてしまい、宮古町の漁師を中心に、中島がそこに加わる形で操業することにしてしまったのである。この背景には、明治政府の定めた漁業法のなかで、組合自営の漁業が当初は否定されていたことがある（明治漁業法第一九条）。そのため、組合もまた入札のもとで管理を行うことしかできなかった。その構造がこのような歪みを生んだのである。

津軽石村漁業組合はすぐに同年の一一月に中島七兵衛を解任し、中島仲助を新たな組合長に選んでいる。中島仲助のもとで、津軽石村漁業組合はこの免許の無効を訴えるが（岡本　一九六四：六一）、すでに与えた免許であることを理由に退けられ、結局、坂下は一九一〇（明治四三）年まで鮭留漁場で操業を続ける。

一九〇三（明治三六）年、津軽石村漁業組合は、村の地先でもあった旧赤前村の大須賀、堀内、小田の浜の地曳網の漁場を二〇年の年期で確保し、ようやく、鮭留漁場以外のサケガワの漁業権を取り戻す一歩を得たのである（津軽石村漁業組合　一九二二）。

サケガワを取り戻す

再び津軽石川本体の鮭留漁場の免許が切れた一九一〇（明治四三）年、津軽石村漁業協同組合は、ようやくその免許を得た。免許を更新した坂下とのあいだで折衝が続き、坂下に組合が一万三〇〇〇円を払うことで話がついた。そして、免許を付与する県からは、一つの条件が示された。『事蹟』にいわく、以下の通りである。

「漸ク明治四十二年ニ至リ定置漁業免許願書提出ノ処、明治四十三年度ヨリ明治六十二年度ニ至ル二十ヶ年間ノ免許期間並ニ条件トシテ、鮭人工ヲ以テ百五十万粒孵化放流スル下ニ許可ヲ得、此処ニ初メテ津軽石川ノ漁業権ハ本組合ニ於テ享有スルコト、ナリタリ」（津軽石村漁業組合　一九一二）。

ちょうど一九〇九（明治四二）年、岩手県の漁業取締規則が公布され、同じ年の八月二七日に行われた改正では、第二四条の但し書きに、「河川の鮭留地曳網漁業は、人工ふ化放流を条件として免許することあるべし」とある（岩手県　一九六四：年表五五）。県はこれを念頭に、津軽石村に一五〇万粒の人工ふ化放流を行うという条件を出したのである。この背景には、ちょうど同年の一一月一五日に、農商務省訓令第四一号として、国から水産資源繁殖保護についての取締方針が出たことがあった（片山　一九三七：三七四）。

実はこれは津軽石村漁業組合には造作もないこと、あるいは予想されていたことだった。なぜならば、すでに津軽石では、旧赤前村の佐々木清助が、赤前村の辰沢川、地名では御蔵にふ化放流場をつくり、運営していたからである。

この点について、少し前の津軽石村の動きから振り返ってみよう。そこには、津軽石川とその周辺漁場の権利を取り戻すため、近世と同じように、津軽石村が繁殖保護の論理を用いながら、同時に新しい別の道、すなわち人工ふ化を行いながら手立てを探っている様子が見えてくる。特に、一八九八（明治三一）年、津軽石村の盛合家など旧瀬主層が代表として名を連ねている申立書「夜間禁止ノ縣令ニ付上申」にそれがよく表れているので、詳しく見ておこう（宮古市教育委員会　一九九九：一二二―一二四）。

申立書は、県が出した夜間漁禁止令に対し、津軽石村が「それではまだ繁殖保護としては十分といえない」と意見するものである。この時期は、先に述べた通り、津軽石村の面々が、篠ら協同組合の漁業活動に対して、作業小屋を建てるのに土地を提供しなかったり、夜に密漁を行ったりしながら妨害工作を行っていた頃である。そのため、申立書について下閉伊郡長の太田時敏は、申立人である津軽石村の人びとが、漁場を獲得したいという理由があって、「扇動ニヨリ多数之調印ヲ求メ差出タル哉ノ説モ有」ので、そのあたりも加味して判断しほしいと県の内務部長に述べている。つまりこの申し立ては、津軽石村が漁場を取り戻すための運動の一環であると位置づけているのである。

これが漁場を取り戻すための津軽石村の戦略の一環だとすると、では、津軽石村はどのような資源管理を取り巻く状況把握を行ったうえで、このような申し立てを行ったのだろうか。津軽石村が批判の対象としたのは、漁業採藻業取締規則（県令第九号、改正後第一一号）である。岩手県では、一八八六（明治一九）年の明治政府の漁業組合準則を受けて、漁業組合準則（甲第四四号）が一八九二（明治二五）年に発布されている。岩手県は、一度、内務省達乙二号で政府が最初に繁殖保護の方針を打ち出した折、繁殖保護のための水産組合をつくる試みを行ったが、うまくいかなかった経緯がある（岩手県　一九八四：二二二―二二四）。この準則で決められた漁業組合を主な主体として、漁獲、漁法、漁具の規則を決めて管理を行うように定めたのが漁業採藻業取締規則である。

津軽石村ではこの準則後、一八九三（明治二六）年に津軽石村漁業組合をつくっている。狙いとしてはおそらく、漁業組合をつくることで、法令に定められた繁殖保護のための規則を遵守させる権限を手に入れ、篠ら協同組合に対抗しようとしたのだと思われる。このときは特にそれ以外の動きの記録がない。だが、津軽石村が県令や北海道での人工ふ化放流事業方針について熟知し、そこから自分たちの漁場を取り戻すための方策を捉えようとしていることがわかる。

一八九八（明治三一）年の申立書「夜間禁止ノ縣令ニ付上申」では、漁業採藻業取締規則の部分的改正に伴う夜間漁禁止令を批判し、繁殖保護は不十分だということを述べている。この申し立てで着目すべきは次の三点である。一つは、公益という観点で繁殖保護を語っていること。二つめは、夜間漁禁止令よりももっと進んだ繁殖保護のための取り組みを提言していること。三つめは、人工ふ化の取り組みを津軽石村がすでに行っていることを明らかにしながら、繁殖保護の現時点での重要性を説いていることである。

まず、現在の岩手県のサケ漁に関する漁場区画の設定や漁獲法の制限は、漁業者の自己利益追求を念頭につくったものであり、「公益テフ蕃殖上ニハ毫モ視線ヲ射ラス」、すなわち、繁殖保護という「公益」についてはまるで視野に入っていない、と批判する。近年の漁獲が減っているのは、まさにこの繁殖保護が徹底されていないからであるという。

続いて、「明治一五年甲第四十四号[7]布達ヲ以テ留拂ノ制定メラレ、現今明治廿八年縣令第十五号漁業採藻業取締規則第二十条ニ依リ」、ましになったが、不十分である。繁殖保護のためには、サケ漁の期間中は、海のサケ・マス漁業を一切禁止すること、その時期は産卵・遊泳場として従来決められた漁場よりも拡張した領域を漁場として認めること、川の上流にもその拡張を行って、稚魚や卵を食べる水鳥についても駆除するよう決めることが必要である、と論じている。

そしてこう続ける。聞くところによると、二月に県令第一一号の夜間漁禁止令が出ると、日の出日の入り後の漁業を禁止されると困るという苦情が、宮古地方の大日本水産会員から出ており、この禁止令撤回の請願が出されているという。しかし、禁止令撤回の請願を出すこと自体が水産業の発達進歩を妨げるような振る舞いで、大日本水産会員であるという責任を誤っている、と指摘するのである。

責任を誤っている、その理由を説明する次のくだりからが、もっとも興味深い。いわく、「何トナレハ鮭・鱒ハ他ノ海魚ト異ナリ、一年ニ壱回以上必然遡川シテ、潮汐ノ浸流セザル純粋ナル淡水ノ流レニ産卵シテ、始メテ健全ナル孵化ノ効ヲ奏スベシ」と、サケ・マスの生態から、繁殖保護にとって川と海を行き来することこそが重要であると指摘している。

そのうえで、「近来各所ニテ人工孵化法ヲ以テ天然孵化法ニ代ヘント試ムルアルモ」、すなわち、人工ふ化によって自然繁殖を置き換えようとする試みがされているけれども、結果は芳しくないと指摘する。北海道石狩川では、自然繁殖ではなく人工ふ化場を設置して以来、自然繁殖の取り締まりをおろそかにした結果、北海道全体のサケ漁獲が思わしくないとも聞いている、と、ふ化場の情報をきちんと集めていることがうかがえる記述が続く。

さらに、「亦本村盛合蔵六氏ノ如キハ昨猟技手ヲ聘シテ津軽石川鮭ヨリ採卵シ、人工孵化法ヲ試ミタルモ、温度昇降ノ激変ナルタメニ過半ノ卵粒腐敗斃死セルヲ聞由之観ニ、将来鮭・鱒ノ繁殖ヲ謀ラント欲セハ、主トシテ天然的孵化法ニ働力ヲ藉ザルヲ得ズ」と述べている。すなわち、すでに津軽石村の盛合蔵六が技師を招いて、人工ふ化を津軽石川の鮭卵を用いて試みてみたが、温度の変化が激しかったため、多数の卵が途中で死んでしまった。それを見ると、サケの繁殖は自然繁殖法を主にするべきである、というのである。

そして、だからこそ、もっと繁殖保護を推し進めるべきであり、夜間漁禁止の令を取り下げさせようとすることなど、とんでもないことであると批判して「公衆ノ為メニ眞正ノ幸福ヲ増進セラレン事」を求める、と締めくくっている。

この申し立てに見えるのは、「公益」、すなわち、個人的利益のためではなく、資源繁殖保護というものが公益に位置づけられるものであることを示したうえで、繁殖保護の取り組みがなされているかどうかが、漁場を得る正当性の根拠として重要であると論理づけている様子である。そして、自分たちが人工ふ化も含め、さまざまな手段を試しながら、繁殖保護を行ってきた、その正当性をもつ集団であることを示そうとしている。当時の明治政府や県の意向を敏感に読み取っていたことも明確である。

ここから考えられることがもう一つある。盛合蔵六の人工ふ化の試みは失敗したとあるが、同じところの記述に技師を招いたとある。申し立てでの主張の文脈上、この失敗は自然繁殖保護の必要性を際立たせるために比較例として書かれているが、裏返せば、技師までを雇って人工ふ化をムラ、あるいは盛合蔵六という個人が試みていたということである。盛合蔵六は、かつて浦廻り四ヶ浦のもっとも有力な瀬主だった盛合家の直系当主である。当時、津軽石村から選出されて、閉伊郡の郡会議員を務めていた。蔵六は、近世最後に庄屋として、明治初期に村長を務めた盛合孫六を父にもち、自らは郡会議員を辞めてから、一九〇〇（明治三三）年から郵便局長を務めた。盛合蔵六のムラでの立ち位置を考えたとき、ほかならぬ彼が人工ふ化の技師を招いたということに、ムラを牽引してきた瀬主としての意識を見いだすのは過ぎたことだろうか。

いずれにしろ、一九一〇（明治四三）年に津軽石村がようやく漁場の権利を獲得したとき、すでに人工ふ化場は一五〇万粒の規模でムラにあった。これらの事実からは、妨害工作や数々の県への申し立てと並行して、人工ふ化の取り組みをムラ、あるいは少なくとも有志で、明治政府や国の意向をくみつつ、漁場を取り戻すための正当性の根拠とするために行っていたのではないかという推測が立つ。

4・3 在地型人工ふ化放流システムの形成

津軽石村漁業組合と人工ふ化場の設立

では実際に、人工ふ化場はどのような経緯で建設されたのだろうか。盛合蔵六による試験が一八九八（明治三一）年以前であることはわかるが、そこから先は、津軽石村に人工ふ化放流のためのふ化場が建設された一九〇五（明治三八）年まで記録などもなく、わからない。

一九〇五（明治三八）年、旧赤前村の佐々木清助により、赤前区御蔵に辰沢川の支流を利用して人工ふ化場が建てられる。このふ化場はムラ経営ではなく、清助個人経営のふ化場であり、岩手県で最初の人工ふ化場だった。

佐々木清助は、旧赤前村の、「ササキサマ」という屋号で呼ばれる旧家の出身である。奇しくも、前節で述べた申し立てのなされた同じ年の八月二〇日、申立人に名前が並ぶ一人で、郡会議員を辞した盛合蔵六（技師を招いて人工ふ化を試みた人物）の後に、津軽石村選出の郡会議員となっている。このように考えると、ふ化場は、清助個人というよりも、津軽石村選出の郡会議員やその候補となりうる、ムラの幹部が相談して役割分担し、建設したものではないか、と思える。

この御蔵の人工ふ化場の初代の技師は、宮古町の北山一五郎だった。採卵収容能力は一〇〇万粒だが、記録によれば、その年の親魚の捕獲数は一万二七八〇尾、採卵数は六九万二八〇〇粒、放流尾数は五三万四〇〇尾となっている。ちょうど日露戦争のポーツマス条約が締結された年ということもあり、ふ化場は、「日露戦争戦勝記念津軽石村鮭人工ふ化場」と名付けられた。

その後、一九〇九(明治四二)年の皇太子行幸に合わせて、津軽石村漁業組合は、佐々木のつくったふ化場をその記念の公共事業として組合経営のふ化場とし、旧津軽石村の岡田に移した。その際には、採卵収容能力を一五〇万粒に増やした。また、技師には盛合直五郎を雇用した。

津軽石川鮭留と地曳網漁場の請負年限が更新時期となり、坂下栄助と競願したのは一九一〇(明治四三)年である。このとき、一五〇万粒規模の人工ふ化場運営を条件に県に認められているが、すでにこの時点で津軽石村は一五〇万粒規模のふ化場をもっていた。念願の鮭留と地曳網漁業の権利を入札で得た津軽石村は、組合員のなかで入札を行い、漁場を運営した。

しかし、新しくふ化場が置かれた岡田は、しばしば津軽石川の洪水に襲われたため、旧津軽石村馬越に移転を決め、新しく小田の沢の渓流の水を利用するふ化場をつくった。この際の採卵収容能力は二〇〇万粒に増加している。

宮古湾に注ぐもう一つの閉伊川でサケ漁の権利をもっていた宮古町漁業組合でも、一九一一(明治四一)年、閉伊川のサケ資源保護のためのふ化場が閉伊川の支流の一つ、山口川の流れる山口に設けられた。赤前御蔵の日露戦争戦勝記念ふ化場の設備を譲り受けたとあることから[8](宮古町漁業組合　一九二五)、当初は一〇〇万粒の採卵収容能力だったと思われる。

宮古町漁業組合にてふ化場で技師を務めた三浦等の写真から、一九〇七（明治四〇）年春の津軽石川でのサケの曳網漁の様子と、最初に赤前に設けられたふ化場の様子がわかる[9]（写真1、2）。

ムラが漁場の権利を取り戻すことを目的に、佐々木清助の個人経営で始まったふ化場が、組合のもとで規模を拡大した。この過程を経て、一五〇万粒規模のふ化場をつくりえていたことが、津軽石村が鮭留と地曳網の漁場を取り戻す契機となったのである。

サケ漁の組合自営化

一九一〇（明治四三）年から津軽石川の鮭留漁場を得た津軽石村は、人工ふ化放流事業を行いながら、組合として、組合内で漁場の入札を仕切り始めた。一九〇九（明治四二）年四月に出された岩手県漁業取締規則が一九一六（大正五）年に撤廃され、同年に新しく岩手県漁業取締規則の公布、翌年からの施行により、津軽石川は「鮭魚養殖保護ノ為九月一日ヨリ翌年二月末日迄」、すなわちサケの戻ってくる期間中ずっと禁漁対象となった（第一九条）。『事蹟』には、「本漁場ヲシテ全川禁漁区トナリタルヲ以テ」、貸付者に中途解約をしてもらった、という説明がある。

そして第一五条が定める「養殖学術研究其他ノ特別ノ理由」から許可を得て、組合自営の採捕を行うようになった。この点について、『事蹟』には、日露戦勝記念の由緒あるふ化場であるから、ふ化場を三〇〇万粒規模に拡大したうえで、組合の自営でサケ漁を行うように、という命があった、と記されている。つまり、サケ漁は単なる漁ではなく、ふ化放流を行うための「採捕」の権利だった。それは地先水面専用漁業権や定置網漁業権とはまったく性質の異なる「漁業をする権利」である。採捕後、卵や精子を採取した後の親魚、サケガラ（鮭殼、種子殼ともい

写真 1　津軽石川曳網漁（1907）

写真 2　赤前のサケ人工ふ化場（岩手県立水産科学館所蔵、文字は寄贈した三浦等氏による）

う）を売ることにより、組合は利益を得た。

他に津軽石村がもっていた具体的な漁業権としては、ハマ側の第五六号（大須賀）、第五三号（小田ノ浜）、第五四号（堀内）では、特別漁業鮭鰮（サケ・イワシ）地曳網の漁業権を、第一四三号の専用漁業権として、アサリ、ホッキ、アカガイを採っていることが『事蹟』に記載されている。この専用漁業権とは、地先水面専用漁業権のことだと見てよい（津軽石村漁業組合　一九二二）。

『事蹟』には、一九二一（大正一〇）年頃の組合員数が四五四人であることも記されている。組合員は、およそ津軽石村の一戸につき一人で四五四人（一九一八（大正七）年の時点）である。つまり、津軽石村漁業組合は、ムラとまるまる重なっていた。かつては閉め出されていた枝村の人びとも、分家であるマキも一律に入れられている。総代は全部で三〇人、年に二回の総会がなされたという（同上）。

宮古町、鍬ヶ崎の漁業組合と人数、積立金、事業規模で横並びであり、有数の組合だった（川原田　一九七七：一七三）。

さて、このような漁業権の状態とともにきちんと目配りしておかねばならないのは、津軽石村において、このようなサケ漁がどのような位置づけにあったのか、ということである。大正期の津軽石村は、近世もそうであったように農業が主産業の町だった。組合員はほとんどが農業を行っていて、大多数の組合員にとって、サケ漁は副業だった。『事蹟』の書かれた直近三ヵ年の生産高では（おそらく一九一九、二〇、二一（大正八、九、一〇）年）、牧畜、養蚕、造林、養鶏が畑作の他の主な農業としてあげられている。そして、なかでも養蚕は「昨年」、おそらく一九二一（大正一〇）年に、三万七五三三円をムラ全体で稼いだと記述されている。他方、組合では、同じ年の一万三九一円の収入に対し、八四一七円の支出があった。ふ化場がある分、大きな経費がかかるとはいえ、それでも十分に漁業関係の収入が大きいことがわかる。

産業については、各集落の色合いももちろん強い。旧赤前村だった赤前は漁村の色合いが濃く、荷竹・払川・根井沢・藤畑・新町は農村だった。しかし、どれか一つを主産業で食べていけるものでもなく、閉伊郡内外への出稼ぎもなされていた(10)。

ちなみに、『事蹟』に掲載されている当時の地区内職業別戸数は表3の通りである。

表3　地区内職業別戸数

職業別	戸数	人口
農作業	306	1,350
漁　業	104	104
工　業	21	40
商　業	16	101
その他	27	289

農作業を本業としていても、組合員である限り分配がなされる。そのことを考えると、サケ漁が、経済的に非常に重要な「生業」だったことは想像に難くない。

以上から見えてくるのは、ムラ、組合、サケ漁などの自営漁業、人工ふ化放流事業が一体のものとして再構成された、という事実である。

在地型人工ふ化放流システムの形成

さて、もう一つ忘れてはならない、津軽石村の人工ふ化放流事業の重要な特徴がある。それは、近世の旧慣からずっと行われてきた自然繁殖保護も、人工ふ化放流事業と並行して、むしろ実際の資源保護という意味では主要な方法として続けられていたことである。

この自然繁殖保護との併用は、かなり後まで行われている。というのも、一九六四（昭和三九）年に日本水産資源保護協会の委託研究『水産資源保護に関する研究(1)』には、各月はじめは必ず一週間サケを川にのぼらせて自然繁殖を促すという自然繁殖保護の記述があるからだ。『事蹟』によると、自然繁殖については、津軽石川のサケの遡上はもともと遅く、一〇月から二月まで、最盛期は一二月から一月である。このうち、毎月一日から一週間は留を放ち、サケを遡上させる。そのうえで、川の最上流に二重留をつくり、月ごとに産卵に適当な場所を選んで繁殖場をつくり、完全な保護のもとに置いて、自然繁殖を促すということも行っていることが書かれている。そして、人工ふ化と自然繁殖の両方を行っていることが重要との認識が示されている。ただし、『事蹟』では、思うようにいかない資源回復に対して、人工ふ化放流事業の技術的発展をのぞむという一言もある（津軽石村漁業組合　一九二二）。いずれにせよ、この時期は、人びとは、河口でとらえて再生産段階を人工ふ化で行うという過程と並行して、カワザケが産卵し、稚魚が自然に育っていく過程を目にできる状況にもあった。

ここで、二つ着目しておきたい点がある。

一つは、自然繁殖が併用されていた実利的な事情である。以前に水産諮問会（第3章4節）について述べた際に明らかにしたように、地方のサケ漁にかかわる人びとは、人工ふ化放流事業そのものの効果については自然繁殖保護よりも少ないと判断していた。この点については、一九〇八（明治四一）年からの親魚捕獲数について比べてみるとわかるだろう。最初に人工ふ化が行われて四年間は、放流されたサケは戻ってきていないと仮定しても、一九一二（明治四五）年頃から人工ふ化の効果が出ているとすると反映されている年だが、むしろ親魚は減少している。もちろん、河口域や沖合での漁による捕獲数、年による変動も大きい。また、この時点では技術的な未熟さ（特に放流時に関する技術の蓄積の薄さ）もある。しかし、人工ふ化放流の「効果」について、当時の人びとはこの河口に入ってくるサケの数で判断していただろうから、それを考えると、人工ふ化の効果ははっきりと見いだせない数である。人工ふ化については、技術的な大幅な飛躍が生まれるのは、戦後のことであり、それまでは全国的に人工ふ化の技術による画期的な効果はなかなか表れない。

もう一つは、『事蹟』にも書かれていることだが、「五、六月ノ頃最早海ニ下ルベク健魚トナリ、一時沿岸ヲ遊泳シテ漸次深海ニ入ラントスルニ」と、サケの生態空間、すなわち、川から河口域、宮古湾から太平洋に至る空間が明確に認識されていることである。ちなみにこの後、『事蹟』では、湾のなかでのシラス漁などによるサケの稚魚の混獲の可能性に触れ、その対策のためにも調査研究を求めるとしている（津軽石村漁業組合　一九二二）。

このように、自然繁殖と人工ふ化の両者を組み合わせるこの仕組みを、在地型人工ふ化放流システムと本書では名付けておこう。このシステムでは、繁殖と増殖が等価で重視されていることが特徴である。また、サケの行き来と生活史の一部がムラびとたちの生活のテリトリーにあり、川から湾まで一続きのサケの生態空間と再生産過程を「見える」形で把握できる状態にあった。繰り返し漁場を得るための論理として用いられてきた繁殖保護と、新たな正当性を得るために導入された人工ふ化のシステムが、同等に地元の人びとによって重んじられ、彼らの手によって経営管理されている。人工ふ化の技術は、技術者が雇われていることからもわかるように、津軽石のムラが自前で習得しもちうるものではなかった。その意味で、サケ人工ふ化の技術やそれに伴う専門的知識自体は、地域社会の外から手に入れるものだった。しかし、担い手の集団や形態は変わりながらも、その地にあってサケの生活史を同じ生活空間のなかにもち、その資源を利用しているという経験が集団のなかで「見える」形で所有されていた。そのことから、サケは土地のものであり、土地に住むわたしたちとともにあって、その社会文化を共有する。そのような「在地性」が見いだされていく。さらに、導入した技術と、歴史的な要素を集めながら、「在地性」はさらに他のアクターや要素を周囲にひきつけるシナリオになっていく。次章ではこの「在地性」の育まれる様子を見ていこう。

（1）　もっとも、大久保利通本人は、三月に地方税に関する案の建議を行い始めてからしばらくして、五月に暗殺されてしまった。

(2) 遡上する魚が急流を避けてよどみを通ろうとする習性を利用し、人工的に石積み、竹や木を使ってよどみを設置し、そこに網をかけて魚を獲る漁法。

(3) 年表としたのは、『岩手県漁業史』が、縦書きの本文と、横書きの「岩手県漁業年表史」を一緒に綴じており、後者についても別のページ数を記しているためである。

(4) 「明治八年九月廿三日岩手県庁決議川上武兵ヱ鮭建網稼ニ付地元差支御尋之議」(川原田編 一九七七:六二-六三)。

(5) 市史では一八八五(明治一八)年と推測されているが、明確にはわかっていない。

(6) なかに記述されている組合の予算決算のうち、大正一一年度に予算のみ載せられていることから、おそらく大正一一年度に記述されているものと判断される。一九二二(大正一一)年に書かれたものが一九三五(昭和一〇)年頃清書されているものと推測される。

(7) 四十五号の間違いだと思われる。

(8) 史料自体に発行年の記述はないが、なかに収められているサケのふ化放流数などのデータの最新年が一九二四(大正一三)年となっていることから、おそらく一九二五(大正一四)年のものと推測した。

(9) 三浦等氏の写真資料は現在、岩手県立水産科学館の資料庫に所蔵されている。

(10) 昭和に入ってもその点は変わらず、一九三九(昭和一四)年の人口動態調査票を見ると、年末にムラ人口の一四%が出稼ぎに出ており、出稼ぎ調査票を見ると、漁労がその半数以上を占めている。次いで鉱山が多い(宮古市教育委員会 一九九四a、b)。

5 在地である——サケのムラの誕生

本章では、在地性が在地型人工ふ化放流システムとともに育まれ、サケのムラというムラの個性が育まれていく過程を見ていこう。組合自営型のサケ漁、近世末に何度も用いられてきたムラによる歴史的な繁殖保護の取り組みとサケに関する知識、サケ人工ふ化放流事業などが在地性を生み出すメカニズムとして働く様子を捉えておきたい。このメカニズムのもとで、サケのムラというシナリオが周囲を動かしながら、戦後再編される増殖レジームと連動する素地をつくっていく様子を見ておこう。

ここで明らかになるのは、増殖レジームは、一方的に国家によって従うことを直接的に強制されたり、科学技術を用いる専門家によって押し付けられたりしたものではないということだ。むしろ、増殖レジームはムラがサケの漁場を再獲得するための正当性を支える道具として利用され、逆にムラは増殖レジームを支え、強化するアクターとして参与していく。

この過程のなかで、「わたしたちのもの」化もまた、新たな展開を迎える。人工ふ化放流事業の導入によって、漁場の所有による「わたしたちのもの」化とともに、サケの生が増殖用に細分化され始める。空間の所有、家魚化の両者が絡み合って進展しながら、「わたしたちのもの」化がモノ化を伴った「わたしたちのモノ」化へと転じ始める。

さらに、サケのムラであることがムラの個性としてムラ自身により位置づけられ、サケのムラとして祭事、文化がムラのなかと周囲に配置され直されていく。増殖レジームはこうして、サケのムラであるという文化表象とともにムラのなかで内面化されていくことになる。

以上の様子を捉えるため、まず、大正から昭和初期にかけて変容していった漁業の産業構造変化から確認していこう。

5・1 増殖重点化の始まり（大正・昭和初期）

大正・昭和初期の漁業の構造変化

大正・昭和初期の日本は、日露戦争の勝利を足がかりに第一次世界大戦へ参戦し、ベルサイユ体制・ワシントン体制のもと、国際協調の道を歩んでいた。国内では、政党政治が確立する大正デモクラシーの時代を迎えた。しかし、一九三一（昭和六）年の満州事変をきっかけにその道を外れ、日中戦争へ向けて、軍国主義と植民地主義を推し進めていくことになった。経済的には、資本主義のもと、産業化の拡大とその合理化が進んだが、第一次世界大戦後の戦後恐慌に端を発する長い恐慌は、たとえば米価や生糸など、深刻な農山村の生産物の値崩れを引き起こし、都会の労働者のあいだには失業が蔓延した。その結果、小作・労働争議が多発しながら、財閥による経済的支配が進んでいくことになった。

このような大きな時代のうねりは、もちろん、漁業の構造変化と無関係ではない。経済史家の山口和雄は、明治期以降の漁業の変容を三期に分けている。一期は、一八九七（明治三〇）年まで、近世以来の沿岸漁業がもっとも発展した時期である。第二期は、一八九七（明治三〇）年から一九二一（大正一〇）年まで、動力船の導入により沖合漁業が一気に進展して沿岸漁業にとって代わり、定置網漁業技術が質的発達を遂げる時期である。第三期の一九二一（大正一〇）年以降は、大幅な技術や船の改善により、漁業における産業革命が行われ、遠洋漁業が本格的に発展した時期である（山口 一九五七：三八）。特に北洋に出る船は母船団式と呼ばれる、加工まで船上で行われるもので、その当時の船上での漁業の過酷さは、小林多喜二の『蟹工船』（一九二九）にもうかがい知れる。

一九三一（昭和六）年の満州事変以降は、戦時体制へと産業界全体を再編するいわゆる「新体制運動」とともに、水産業界の統制も進んだ。特に遠洋漁業が発展した時期にこの統制が意味していたのは、帝国にとっての権益保護、海の国境争いの強化であり、戦時体制への組み込みだった。北洋、南洋ともに、帝国の境界を漁船がなぞり、同時に軍の体制に組み込まれていくことになった(1)。南氷洋捕鯨のため、ノルウェーから中古船が買われて図南丸となるのは一九三四（昭和九）年のことである。

岩手県では、明治の中期から進んだ動力船の導入が、大正期に一気に進んだ。併せて沖合漁業が隆盛を迎え、沿岸の定置網漁業の形態も動力船を用いた形態へと変わった。三陸沿岸の動力船発展の口火を切ったのは、宮古湾の鍬ヶ崎村の山根三郎だった。山根は、すでに本書でも幾度となく登場した、実業家として有名な篠民三とともに、鍬ヶ崎村漁業組合の設立時に名を連ねている。山根は、鍬ヶ崎村漁業組合の理事を辞職した一九一二（明治四五）年に、石油電気着火式の「稲荷丸」（全長一六・六メートル、組合員二五人）を建造した。動力でたどり着ける沖合での漁は、山根に他の無動力和船の四-五倍の漁獲をもたらした。そのため、「稲荷丸」の建造は、当時不漁にあえいでいた無動力の他のカツオ漁船に対し、無動力ではたどり着けない沖合での漁の魅力を、身をもって教えることなった。以降、三陸沿岸の動力船導入が増加したという（岩手県 一九八四：九四八）。

一九三六（昭和一一）年までの動力船の主流は焼玉エンジンであり、その特徴的な音から、ポンポン船と呼ばれた船だった。一九三六（昭和一一）年から漁船協会が発行してきた雑誌『漁船』一一四号にまとめられているところによると（一九六一：七〇-七八）、日本全国でディーゼル化の研究は一九三六（昭和一一）年から一九三八（昭和一三）年のあいだに大きく進んだ。しかし、機関士の不足や一〇〇馬力程度のコストパフォーマンスに見合うディーゼル機関の不足から、大型官公庁船、カツオ・マグロ船、トロール船のディーゼル化が行われたのみだった。鋼船も少なく、トロール船、底曳網船の大型船は鋼船だったが、多くは木造船だった。

宮古湾においても、漁船漁業の発展が一気に進められていった。この時期、津軽石村の盛合家ら瀬主集団とサケ漁場をめぐり争っていた篠民三についてはすでに前章にて言及した。篠は宮古湾の鍬ヶ崎町一帯を、動船が直接桟橋に着けられる漁港に整え、製氷で財をなした。また、篠とともに宮古水産高校の設立に尽力した菊池長右衛門は、明治後期に大型北洋船を購入し、いち早く遠洋漁業の足がかりをつかんだ人物だった。

岩手県は、明治政府の遠洋漁業奨励法（一九一〇（明治四三）年）のもとで、遠洋漁業を奨励する仕組みをつくり、その後、水産業奨励規則（県令第一七号）を一九二六（大正一五・昭和元）年に定め、遠洋漁業を含めた水産業全体を振興する体制を整えていた。

その水産業奨励規則のもとで、宮古においても「水産業」が一気に花開いていった。一九三九（昭和一四）年までには、宮古湾は、サンマやイカ漁のために沖合に出ていく漁船の一大拠点となっていた。北洋への出稼ぎ、沖合の定置網漁業に加えて、機船底曳網漁業が増加したのも大正になってからである。

港湾が整えられ、漁船も多く着くようになると、水産加工が盛んになった。中小から大規模なものまで、鍬ヶ崎と藤原の閉伊川河口沿いに加工場がずらりと並ぶようになった。扱うものも油粕加工をしていたイワシから、県が特に力を入れたカツオ節生産まで、さまざまだった。

また、鍬ヶ崎一帯でいち早く進んだ漁港の整備は他の産業も呼び入れ、宮古湾では、岩手罐詰の宮古工場、田老鉱山の銅精錬や過硫酸製造などを行う化学工場のラサ工業、日本電工、輸入した木材を加工するベニヤ工場やボード工場など、戦後につながる工場が軒並みそろい始めた。同時に、水質や大気の汚染が河川と沿岸の問題として顕在化し始めた。

明治漁業法については、旧漁業法（一九〇一（明治三四）年）の制定、漁業権の物権化を定めた一九一〇（明治四三）年の明治漁業法を経て、一九三三（昭和八）年に再び改正がなされた。この改正では、漁業組合の目的のなかに、組合が経済活動を行うための共同施設をつくれるようになった。また、経済活動の場合は出資制度をとれるようにして、これを漁業協同組合として漁業組合と区別することとなったほか、漁業組合が自営で漁業を行えるようにした。最後に、母船式および機船底曳網漁業が大臣許可制になった。すなわち、経済活動を担える組織としての下地が整えられ、同時に、漁業組合を通じて、技術・船舶数を介した漁獲の統制が行われるようになったのである。

増殖の重点化の始まりと津軽石のサケ漁

漁業が大きく進展したこの時期は、従来の繁殖保護では資源減少をとどめるのは難しいという認識が広がり、増殖への積極的な転換が図られた。

明治中期から、汽船トロールや、機船底曳網漁業の発展などによって、沿岸資源の乱獲は進み、目に見えて資源量は減っていった。一方で、漁獲や漁場の管理では再生産がまに合わない資源について、資源の積極的な増殖、さらには効率的に生産を伸ばせる養殖が求められていくようになったのである。

増殖という言葉が積極的に使われ始めるのは、すでに第3章で確認してきたように大正に入ってから、一九二三（大正一二）年以降のことである。昭和に入ってからは、政策立案者たち、水産学の研究者たち、ほかならぬ漁師たちによって積極的に用いられるようになった。

具体的に、漁獲規制と増殖という二つの柱が法制度という形で表れるのは、明治政府と県の両者で進められた漁業取締法整備と、先に述べた一九二六（大正一五）年に公布された岩手県の水産業奨励規則（県令第一七号）である。明治漁業法の制定後は、汽船トロール、クジラ漁、資源減少の著しかった瀬戸内海漁業を対象に相次いで規制が設けられた。同時に、増殖の助長も進められた。

サケについては遠洋漁業の展開とともに、北洋での漁獲が増えていく一方で、沖合漁業の隆盛とともに減少したサケの漁獲高はなかなか回復しなかった。そのため、北海道において、昭和に切り替わる一九二七（昭和元）年頃から、人工ふ化放流事業に関する抜本的な変革が主に組織運営の観点から行われた。すなわち、官営の配下に民営ふ化場が置かれ、北海道型人工ふ化放流システムとして形成されていった。北海道型人工ふ化放流システムは、人工ふ化放流事業の研究を効率的に進め、かつ社会実装することを目的につくられた。

このような状況を背景に、津軽石川のサケ資源管理に関しても、大正から昭和にかけて、大きな方向転換が起こった。少し前章で述べたこととかぶるが、改めて確認しておこう。

まず一九〇九（明治四二）年、岩手県の漁業取締規則が公布された。同じ年の八月二七日に行われた改正では、第二四条の但し書きに、「河川の鮭留地曳網漁業は、人工ふ化放流を条件として免許することあるべし」とつけられた。これが、津軽石村にとっては、漁場獲得のための正当性を与える重要な案件となったことは先に述べた通りである（岩手県　一九八四：年表五五）。

さて、この漁業取締規則は一九一六（大正五）年に破棄され、新しく制定され直される（県令第二号）。ここに大きな変化が含まれている。すなわち、規則の第二九条によって、河川のサケ漁が「鮭魚養殖保護ノ為メ九月一日ヨリ翌年二月末日迄」禁止されることになった。そして、「養殖学術研究其他ノ特別ノ理由」によって（第一五条）、採捕が認められた場合にのみサケ漁が可能になったのである。人工ふ化放流の施設は、このとき、三〇〇万粒規模に拡大された。「特別ノ理由」には、増殖のための人工ふ化放流があてはまる。ゆえに、津軽石村漁業組合では、増殖のためということで、採捕の許可を県からもらい、明治漁業法で認められた組合による自営漁業を始めた。

もっとも日本水産資源保護協会の委託研究報告、『水産資源保護に関する研究(1)』（一九六四）によると、組合自営は一九二四（大正一三）年までで、一九二五（大正一四）年から第二次世界大戦が終わる一九四五（昭和二〇）年までは、組合のもとで、採捕のためのサケ漁の個人入札制になった。内訳を見ると、一九三八（昭和一三）年から一九四二（昭和一七）年までは宮古町の漁業経営者（定置網）や釜石の商人によって落札されているが、それ以外は津軽石村の組合員によって落札されている（岡本　一九六四）。

いずれにせよ、河川では、サケ漁のための増殖ではなく、増殖のためのサケ漁が始まった。それ以外許されなくなったというのが正しい。サケ漁は明確に増殖事業に紐付けられた。その増殖事業を行っているからこそ、津軽石村漁業組合はサケ留を経営することが認められ、空間を所有できた。実際の操業は個人入札であっても、組合のもとでの入札だったから、組合が空間を所有していることには変わりはない。

人工ふ化放流事業の県営化

岩手県は、一九二六（大正一五）年の水産業奨励規則のなかで、県自らがサケ人工ふ化事業を行うことを定めた。そして、その目標を一年あたり六〇〇万粒のふ化放流とする事業を開始した。さらに、国の水産増殖奨励規則が公布されたことをきっかけに、一九二七（昭和二）年、津軽石村漁業組合のもっていたふ化場は、岩手県によって、大槌、釜石とともに県営として岩手県水産試験場の配下に組み込まれ、岩手県水産試験場津軽石鮭鱒孵化場と改称した。同時に、採卵収容能力が三五〇万粒に拡大された(2)。

水産試験場の配下になった津軽石鮭鱒孵化場には、津軽石村から毎年二〇〇〇円の寄付が事業費としてなされている。県営のふ化場については、国庫補助金と地元町村の寄付により成り立っていた。寄付の金額は大槌町、釜石町、津軽石村漁業組合ともに同じである。

一九二八（昭和三）年、大槌町議会が条件として議決した内容は以下の通りだった。(1)ふ化場建物・設備・その他設備品一切を無償にて（県に）寄付する。(2)敷地はふ化場の存続する期間無料にて使用に供する。(3)サケ特別採捕の許可を条件として本町よりふ化事業費として毎年金二〇〇〇円宛を県に寄付する。(4)町は従来通り毎年特別採捕の許可を受け、その採捕したる鮭卵および採精の費用は県負担とする。(5)特別採捕に関する一切の費用および収入は従来の通り町にて支出および取得する。(6)サケ人工ふ化事業経営の余力を以て、アユ、ワカサギ、マス、コイなどの魚族の繁殖に尽力する。(7)将来ふ化場の県営を廃せられる場合は従来の縁故により、建物その他一切を町に返還すること（岩手県水産試験場　一九九一：三三−三五）。

大槌町が交わした条件を津軽石村漁業組合が県水産試験場と交わした条件と同一視することはできないが、津軽石村漁業組合も同じ寄付金額と類似の条件で、県にふ化場経営を渡したのではないかと推測できる。津軽石においては、採捕については津軽石村漁業組合が個人入札制度を仕切っており、採捕に関する費用と収入も津軽石村漁業組合が支出・取得し、漁場の空間の所有についても組合が変わらず所有していた。

その後、一九三三（昭和八）年にいったんふ化場は大字津軽石第四地割に移転し、盛合川の支流を利用するようになった。このとき、名称に増殖が初めて入り、水産試験場鮭鱒増殖場と改称された。収容能力も五〇〇万粒に拡大された。再び一九三七（昭和一二）年には、大字津軽石第八地割久保田に移転した[3]。

そのまま現在に至るまでふ化場の位置は変わっていない。

大正期、津軽石川のサケの漁獲は落ち込んでいるが、一九二七（昭和二）年に県営になると回復に転じた。ところが、一九四六（昭和二一）年までは水産試験場から技術者が派遣されていたものの、予算上の都合から派遣されなくなり、孵化場の経営とその荒廃、地元による自助努力が続いていた。一九五〇（昭和二五）年には県に対して返還要求が改めて大槌町、釜石市、津軽石村漁業組合から行われ、返還されている（岩手県水産試験場　一九九一：四三）。

この時期、ふ化場が県営となったことに対し、津軽石村がどのような認識をもっていたかは資料がなく、たどることができない。しかし、変わらず空間の所有とサケ漁の実質的な担い手であることは変わりがなかった。

ふ化場をめぐる揺れと呼応するように、ちょうど組合が自営をやめた大正末期に、津軽石村がサケを獲り、繁殖保護を通じてサケ資源をつくろうとしてきたムラであることが、逆に強調されていく出来事が起こる。すなわち、「サケをめぐる在地性」が、ほかのさまざまな歴史的な逸話、祭り、地理的な配置換えとともに強化され、再生産される仕組みができあがったのである。そのことについて次に見てみよう。

5・2 サケのムラの誕生——生活文化の再編成

祭りの再編

大正末期、ふ化場は県営となり、ムラは事業費として二〇〇〇円の寄付を毎年行いながら、サケ漁を人工ふ化のための「採捕」として請け負った。サケの漁場の空間の所有は変わらないとはいえ、漁場を所有するためにつくりあげたふ化放流場の施設は一切合切県に寄付することとなった。

空間の所有の一角が崩れた形だが、それを補うかのように、サケ漁の集落内での存在感や、サケ漁にまつわるものの目に見える形での再配置がムラのなかで行われていく。サケ漁自体は維持されたから、サケのあがりがムラの社会経済基盤を支え続けたことに変わりはない。特に、サケのあがりはムラの消防施設、簡易水道、学校関連行事、その他の社会教育などに寄付され、ムラの各団体からの寄付要請も絶えなかった。そのような社会経済基盤をサケ漁が支えていることが、ムラの人びとに意識される状況にあったといえる。

そのような社会経済基盤とのつながりに加えて、サケ漁にまつわる文化的なものの再配置のなかで、もっとも誰の目にもわかりやすいのは、祭事の再配置とそこにあるサケの表象の新たな表れである。

津軽石村には、稲荷神社（馬越）とオソウデサマと呼ばれる駒形神社（藤畑）がある。(4)

前者は大謀（網場での長、現在でいう漁労長）たち漁業者が中心となる祭事を行う神社であり、後者はその名の通り農耕馬、ひいては農業全般にかかわる祭事を行う神社であり、両者は昔から半農半漁の津軽石村の生業のあり

表4　津軽石地区の神社・神事日時一覧（宮古市教育委員会　1994b より）

神社名	祭日	所在地
稲荷神社（アンバサマ）	4.9, 8.16	馬越
法の脇御前堂	旧 10.1	法の脇
御武神社（オミダキサマ）	旧 5.16	沼里
大権現様（オシンザン）		沼里
八幡宮	旧 8.14	払川
大宮大権現	旧 9.29	荷竹
米山神社（御薬師様）	旧 4.8	荷竹
神明宮	旧 9.19	荷竹
駒形神社（オソウデサマ）	旧 4.2	藤畑
加倉明神		藤畑
三ヶ月神社	5.3	岡田
恵比須堂（エビス様）	8.6	岡田
諏訪神社（オスワサマ）	旧 7.27	岡田
観音堂	旧 7.27	岡田
観音堂	旧 3.17	久保田
熊野神社	旧 3.1	赤前久保田山
赤前八幡宮	旧 8.15	赤前上組
稲荷神社（アンバサマ）		赤前上組
神明神社		赤前下組
赤前御前堂	6.12	運動公園

方を象徴する神社である。その他、オシラカミ様と呼ばれる養蚕のための神事から家神・先祖神的要素をもつ神事なども数多いが、ここでは、稲荷神社がアンバサマと呼ばれ、その周辺に集落の祭事が再編成されていくことを指摘しておきたい。

もともと稲荷神社は、中世土豪の系譜を引き、近世初期に藩の徴税請負人として大きな勢力を誇った山崎家の祀る神社であり、山崎家だけの氏神だった。神社は馬越の、津軽石の漁場を見下ろす稲荷山に位置している。

稲荷神社の祭りは旧暦四月九日で、山崎家の豊漁を願い、託宣などの神事が行われたほか、神輿巡業があった。現存する稲荷神社の神輿には、一七七四（安永三）年、盛合家が在郷給人化した年に、神輿を当時の盛合家当主盛合孫之助が奉納したとある。権勢の移り変わりを象徴してもいるが、当時から稲荷神社は山崎家が瀬主を務めてきた津軽石村のサケ漁にかかわる神社としての広がりをもち始めていたと考えることができるだろう。

大正期に稲荷神社は、サケ漁、人工ふ化放流事業、津軽石村というムラのかかわりのなかに改めて位置づけ直された。まず稲荷神社の神輿巡業が、大正末期からは旧暦の七月一六日、現在の八月一六日（送り盆）にも行われるようになった。旧暦七月一六日（八月一六日）はダイボウ（大謀）による網場（アンバ）の豊漁と安全とを願う祭りである。集落のなかで八月一六日の祭りに神輿がないのはさみしいとか、豊年踊りをしたいとかいう希望があったとも聞くが(宮古市教育委員会 一九九四b、久保田 二〇〇五：一二七)、実際のところは定かではない。しかし、現在では稲荷神社そのものがアンバサマといいならわされている。同時期、稲荷神社は津軽石村の鎮守ともなったことも考え合わせると稲荷神社の位置づけが変容したことは確かだ。

さらに、八月一六日の祭りには、山崎家のある馬越集落の他に、周辺の集落、新町、根井沢、藤畑、荷竹、法の脇らも集まり、それぞれの集落から民俗芸能が披露されるようになった。瀬主や網主のもっとも古参の集落から旧小間居層の枝村まで含まれているのは、幕末からのサケ漁への参入をめぐって繰り広げられた長い紛争を思えば、とても印象的だ。ムラはここに至って明確に旧小間居層も含めて再編されている。祭りの日には、神社から町を通って岡田の恵比須堂まで練り歩く。恵比須堂には、津軽石の名の由来となった汗石が安置されている。恵比須堂はちょうど、昔からの津軽石川のサケの漁場、丸長川の脇にある。汗石は、津軽から一戸行政(一六世紀初期に宮古一帯を治めていた豪族)がもち帰ってお堂に祀ったところ、サケがのぼるようになったという言い伝えがある石である。以降、津軽石川と称したという、地名の由来とされる物語である。

加えて新町の大神楽、藤畑の虎舞、新町、本町のさんさ踊り[5]は、いずれも大正期に始まったものである。そのほか根井沢の剣舞は文化文政期(一八〇四-一八三〇年)頃から、法の脇の鹿子舞は慶応年間(一八六五-一八六七年)に閉伊川中流域の集落・茂市から伝えられたとされている(宮古市教育委員会 一九九四b)。集落の民俗芸能はそれぞれ異なる経緯をたどって津軽石にもたらされているが、この時期に集落の芸能としてアンバサマの夏の祭りに集うように再編されたことに着目しよう。

アンバサマはサケ漁の網の頭を張る大謀を中心とした祭りであるという側面をもっていた。ムラの祭事の再編が、組合・ムラ・人工ふ化放流事業・サケ漁の一体化された周辺になされたのだ。そして、サケとかかわりのある場所、いわれ、そのようなものもまた、再配置された。

この再配置は、津軽石村に伝わるサケの物語の再編という形でも表れた。

物語の再編と祭事

もともと津軽石は、サケに関する伝承にも事欠かない。

アンバサマの夏の祭りで神輿が立ち寄る岡田の恵比須堂に祀られている汗石の物語もその一つである。一七七七(安永六)年に盛合家が編纂した『日記書留帳』の汗石の物語のなかでは、弘法大師説が出てくる。弘法大師は由来づけによく用いられるので、津軽石に伝わる話もその一つだろう。実際に弘法大師が訪れたわけではないと思われる。弘法大師説では、弘法大師が身分を隠して宿を頼んだところ、夫婦が快く宿を貸してくれた。そのお礼にと紙包みの石を置いていった。夫婦が石を川に投げたところ、サケがのぼるようになった。夫婦が稲荷山で湯釜託宣をしたところ、弘法大師が現れて、津軽では不親切にされたが、ここでは親切にされたので、津軽からもってきた石をくれたのだといい、津軽ではサケがのぼらなくなっただろう、といった。そのことから、この村は津軽石村というようになった、というのである(岩本　一九八九:二三九、宮古市教育委員会　一九九一:六三)。

また、津軽石村には、サケがのぼり始める一一月に、現在も行われている神事がある。又兵衛祭といい、後藤又兵衛という浪人を祀り、サケの豊漁を願う神事である。又兵衛はムラが飢饉のとき、藩による掟を破って、サケ漁のために川を仕切っている留を開け、村人にサケをもたらして飢饉から救った。しかしその後、掟を破った罪で処刑され、河原で逆さづりにされたという物語である。又兵衛の物語も『日記書留帳』にまとめられているが、その後、祭事も伝承も現在に至るまで形を変えて続けられてきた。

奇祭と呼ばれることもある又兵衛祭りは、戦後民俗学者や郷土史家らの興味の対象であり続けてきた。民俗学者の岩本由輝と鈴木正崇は、ムラおよびサケ資源の統治やサケ漁をめぐる政治的力学と物語と祭事の再編・変化の相関関係について論じている（岩本　一九七九、鈴木　二〇〇四）。岩本によれば藩政期の又兵衛祭りの日には、宮古代官所から代官が、ムラからは瀬主、肝入り、老名など役人のほか、網主や網子が集まった。当時、又兵衛祭りは、等身大の藁人形を用いた川岸での処刑の様子が再現される祭事だった。川岸の水が湧くあたりに穴を掘り、二人で足を一本ずつつかんで藁人形を腹ばいにして頭を穴のなかに突っ込み、竹槍で体を突いてから、穴のなかに人形を蹴り入れ、埋めるというものだったという（岩本　一九七九：二〇五）。

現在の又兵衛祭りは処刑の再現は含んでいない。ここで、現在の又兵衛祭りについて簡単に述べておこう[6]。又兵衛祭りは、一一月中旬にその日に獲れたオスとメスのサケをもって、漁を仕切る大謀、網人、ほか数人が、重茂半島にある月山神社と黒崎神社という二つの神社を回り、腹子と精子をそれぞれ備える。精子は手につけたものを柱や神社になすりつける。かつては実際に漁を行っていた網子の子孫たちが、豊漁を祈ってそれぞれの神社にサケを捧げたという（鈴木　二〇〇四：一九四）。月山へのお参りの後、荷竹の米山神社（御薬師様）、本町の稲荷神社、藤畑の駒形神社など、流域に関連する神社を回る。

一一月三〇日が祭りの日であるが、その前日に人形づくりが行われる。今でもサケ漁の漁労長でもある大謀が中心になって行われる。人形は、Y字の形をして人間が逆さにはりつけになった下半身を模す形をしている。丸太の周囲を稲藁でくるみ、その上から縄をぐるぐる巻きにして人形をつくる。

同じ川岸につくられた祭壇に、その日獲れた雌雄の一番大きなサケを腹合わせにしたものを供える。また、又兵衛が最後に津軽石川の水を飲みたいといったという伝承から、津軽石川の水も祭壇には供えられる[7]。神主が祝詞を述べて皆が拝んだ後、御神酒が参加者の代表者たち（組合長、ふ化場長ら）によって川、又兵衛人形両方に捧げられる。そして、藁でできた人型の人形を、足が上にくるようにY字形のまま留の近くに立てる。さらに、その人形の前でも祝詞を述べ、皆が拝む。

逆さにはりつけにされた藁人形の印象がとても強い神事である。この人形は漁期が終わるまで川岸に立てられ続け、川留から少し下流で行われる、サケ採捕のための建網を見守り続けることになる。

又兵衛の神事は、津軽石村にとってサケ漁の幕開けを告げる重要な祭事である。たとえ人工ふ化放流事業に伴う採捕としてサケ漁が位置づけし直され、なおかつ人工ふ化放流事業が県に接収されても、サケ漁を津軽石村の「もの」、すなわち「わたしたちのもの」であるということを内外に示す行事として、その意味を強めながら戦後もずっと継続されていく。

先取りすると、又兵衛の神事が「わたしたちのもの」と他のもの、という境界を示す重要な役割を戦後果たしていくことになる。その再編の土台はこの時期につくられたといってもよい。稲荷神社の夏祭りでは、サケ漁の豊漁を願うものとして、サケにまつわるいわれ、出来事の空間的かつ時間的な再配置がなされた。又兵衛の神事と物語は、津軽石のムラとサケ漁を強固なものとして結びつけられるように再配置され、過去からの連続性を変わらず保ち、それを正当づけるために「行われ続け」てきた。

これらのことは同時に、サケのムラという外側からのまなざし、すなわちサケ漁を見にくる観光客をひきつけ、さらに津軽石村はサケのムラという内外の評価を再編する材料となっていった。そのことについて触れておきたい。

観光のまなざし

昭和に入ると、もう一つ別のまなざしがサケのムラとしての津軽石村を規定していくことになる。一九三五（昭和一〇）年、国鉄山田線が開通して、駅が津軽石村にでき、宮古町を経由して盛岡から人が訪れるようになった。もともと宮古町や周辺の市町村からは、明治の初めには見物人がたびたびやってきていた。大正期にふ化場の場長を務めていた三浦等の遺した写真には、一九〇七（明治四〇）年の津軽石のサケ漁の様子が映されている（写真1）。だが、国鉄山田線の開通は、もっとたくさんの人びとを津軽石に寄せるようになった。というのも、盛岡からサケ列車が運行されたからである。現代でも山田線によってサケ列車が運行されている。

このような外からのまなざしのなかで、津軽石村は三陸有数のサケのムラとして見いだされていった。

盛合家の当主で、津軽石村漁業組合長や郵便局長、村長などを務めた盛合光蔵は、一九三四（昭和九）年に自ら津軽石音頭をつくっている。その歌詞の一番は以下のようになっていて、サケを中心にムラを位置づけようとしている。

一　鮭で名高い津軽石川は
　　宮古浦の片ほとり
　　一月八日の川開き
　　一度に拾万・二拾万
　　サッテモソウカイナ

二番では盛合家の家業である酒屋の酒が唄われている。光蔵がつくった津軽石音頭にはもう一つあり、そちらはもっとサケが中心となっている。

一　きかぬ気性は津軽石
　川の護りは又兵衛よ
　ハアー　護りし大漁村の富
　サテ大漁だ　ドッコイナ
　ハアー　川の帳場の賑わいよ

二　鮭は踊るよ淵に瀬に
　エッサエッサの掛け声で
　ハアー　拍子揃えて唄い込む
　サテ大漁だ　ドッコイナ
　ハアー　川の帳場の賑わいよ　　（久保田　二〇〇五：二四四）

これら音頭の歌詞が、サケを中心に書かれたこと、サケをムラの中心と表象化するものであることに着目したい。又兵衛祭りとその逸話も歌詞のなかにあり、サケが津軽石村の特徴を表す核として位置づけられている。盛合光蔵がこの唄をつくったということに大きな意味があろう。なぜならば、近世からの歴史的なサケの瀬主としての文脈を色濃くもつイエの当主によって、サケと津軽石村の密なかかわり、むしろサケが津軽石村のまんなかにあることが改めて位置づけられているからである。別の言い方をすれば、サケをムラの真ん中に位置づけようという試みが、ここでなされているのである。

さて、改めて時系列で振り返ると、以下のようにいえるだろう。日露戦争前から、在地型人工ふ化放流システムが津軽石村によって形成され、サケ漁の権利がムラにより獲得されると同時に、明治期から注目を集めていたサケのムラ仕様に村落内部は再構成されていった。ただし、すでにサケ漁は人工ふ化放流事業のための採捕のためのサケ漁という位置づけであった。

その後、一九二七（昭和二）年以降、ふ化場が県営となった後も、津軽石村は県営ふ化場に毎年二〇〇〇円の寄付をしながら、経済的に、社会的にふ化場とつながり続けた。川漁はすでに増殖のための川漁となり、生計を立てる漁に、沿岸の地曳網、イワシ巾着網や大正期に始められたカキ、ノリの養殖が加わっていく。その変容を抱えながらも、人工ふ化のためと法的には位置づけられたサケ漁と人工ふ化放流事業を中心に、津軽石村の祭事、伝説、社会基盤整備など、文化と社会を構成しているさまざまな要素が再配置されていく。さらに、一九三五（昭和一〇）年の山田線開通後、観光のまなざしが、サケのムラとしての村落内の行事や言い伝えなどの内部の資源と合わさりつつ、そのつながりを補強する。そして、サケのムラとして、ムラの内部からもサケを中心に捉えて表象する（音頭をつくる）動きが生まれた。

サケ漁のためではなく、人工ふ化のためのサケ漁、という制度のもとで、サケを中心にムラがまとめられていき、表象もサケのムラとして生まれていく、という動きが、津軽石村の内外で進んでいったのである。

5・3 「繁殖保護＝増殖」とサケのムラ

これまで、津軽石村の人びとが、明治初期から繁殖保護を行ってきたのは自分たちだった、という歴史的事実と連続性を主張し、津軽石川とその周辺漁場をムラの地付き支配の頃の形でムラの漁場として取り戻そうとする一連の動きを見てきた。津軽石の人びとは、いち早く人工ふ化放流を津軽石村が自前で行ってきたことが岩手県に認められ、漁場の管理と漁の権利を獲得してきた。

津軽石村の人びとは、漁と漁場をめぐる権力構造を自らよく把握し、その重層的な構造のなかでもっとも正当性を勝ち取りうる論理として、繁殖保護という論理を選んできた。そして、さらにそれを増強するための手段として、明治政府や県の求める資源管理の方法や増殖への欲求を把握したうえで、資源管理として明治政府や県が想定していた組合を、管理する資源がない状態からつくり、さらに人工ふ化場をムラの試みとして設けていた。

そこにはしたたかな戦略があり、その結果としての「在地型人工ふ化放流システム」の創出があった。津軽石村の個性としてのサケのムラ形成は、国家・県の政策、資本の動き、産業や地域経済の展開に合わせて、新しい生活組織が再編され、そこで自分たちが選べる選択肢を増やし、選択を自らなしていくことで生まれていった。

社会学者の柿崎京一は、千葉県君津の人見・大和田集落のノリ養殖に関する研究のなかで、近代資本の論理により再編を迫られたムラが、次の展開を決定しようとする「生活意識」のもつ創造性に着目している。柿崎は、そのような創造性が「村の個性」の源泉であると位置づけている（柿崎　一九七八）。この根底には、社会学者の有賀喜左衛門のいう「庶民生活に於ける創造性」（有賀　一九三八）があることは想像に難くない。そのことを念頭に置いてもう少し補強をすれば、柿崎が捉えようとしていたのは、以下であろう。すなわち、平生から人びとは、身体的・精神的再生産を継続するための基盤を生み出すために、人びとが周囲のモノや事柄に働きかけて次の展開を決定している（「生活意識」）。生活を支える社会的・経済的基盤が揺さぶられるとき、「生活意識」は、それまでの文脈や経験とは異なる発想や行為が生まれるような、創造性を発揮する。そのような創造性が発揮できること、その創造性にムラの個性があるというのである。

津軽石のサケのムラという個性もまた、柿崎のいう「生活意識」の創造性を源泉とするものではないか。同時にサケのムラは、生活を支える社会的・経済的基盤を確保し、その場に生きるために次の展開を促す「ための」シナリオ、つまり、創造性を発揮させ、具体的に働きかけるための、特定の方向性をもった道具立てである。

その意味で、サケのムラというシナリオは、繁殖保護というシナリオと互いに支え合いながら、津軽石村のムラの生活基盤を整えるとともに、繁殖保護とサケのムラを進めるための仕様へと、ムラの組織、制度、人びとの心性、サケの生活史や生態空間に働きかけて変えてきた。

明治政府樹立後の社会において、新しい生活戦略を立てるため、国、県にもっとも効果的に、自分たちのサケの漁場という空間所有の正当性を訴えやすいものとして、人工ふ化放流事業をすると発想して実践に移した。それから、サケの売り上げからムラを支える消防や教育などに支出をする制度を整え、音頭のような心性に働きかける仕組みが内発的に生み出された。サケのムラというシナリオは人びとのあいだで個性として認識されながら、人びとやモノ、事柄を動かすシナリオとして働いたのである。

このサケのムラというシナリオは、増殖レジームと地域社会のやりとりのなかで育まれてきた。国の増殖レジームは、サケの再生産、保護水面の設定といった、人工ふ化放流事業による資源管理を推進するための政策と、その実装のための法制度および行政、国家、地域社会、人びとの自身の生活向上と発展への期待とそれらに積極的に寄与する矜持、水産博覧会、内国勧業博覧会や水産省による評価、観光のまなざしなど、人びとを動機づけ動員する心性を支える仕組みが一体となったものだ。その水産行政界隈の新たな増殖レジームを受容し、増殖レジームの一部を形成していたのが、津軽石の漁場を監督する立場の岩手県であった。正確にいえば、岩手県は、明治維新前後から、自由競争に基づく経済的発展に沿岸の生産空間を組み込む政策をとりながら、生産性を維持するための近世のサケガワの仕組みを繁殖保護に紐付けし、概念化した。そのうえで、沿岸の生産性維持のための資源管理を行う主体として、漁業組合を機能集団として組成する政策を打ち出していた。岩手県は、資源管理のための法制度、漁場管理の実際を監督・指導する行政として、繁殖保護と増殖レジームを切れ目なくつなぎ、増殖レジームへ転換していく役割を果たした。

津軽石村は、岩手県のそのような動きを見つつ、国のサケ・マス政策についても情報を早いうちから手に入れて、増殖レジームの要である人工ふ化放流事業に着手した。津軽石村には繁殖保護というシナリオを近世に繰り出してきたという歴史的な事実があった。しかもそれは、近世末期から瀬主衆によって、サケの漁場を得るために絶えまなくもち出され、正当性を理由づける根拠として繰り出されていた。繁殖保護は、津軽石村の少なくとも瀬主衆のなかには、歴史的な連続性をもつシナリオとして息づいていたと考えられる。

ゆえに、津軽石村にとって、国や県など水産行政界隈を動かす増殖レジームに応じる形で、歴史的な連続性をもつ自分たちの繁殖保護シナリオを、繁殖保護＝増殖シナリオとして再形成することもまた、歴史的連続性を保つ行為であり、不自然なことではなかったと考えられる。

漁場を直接的に監督する岩手県から見れば、津軽石村は繁殖保護と増殖レジームを受容し、増殖に寄与する資源自分たちのサケの漁場を得るために用いることのできる、要求を相手と交渉できる土台に載せるための翻訳ツールだった。

こうして、繁殖保護＝増殖とサケのムラという二つのシナリオが、相互に連動しながら、津軽石村の生活戦略を生み出す創造性の方向に大きく影響を与えることになった。

繁殖保護＝増殖とサケのムラという二つのシナリオのもと、サケガワと在地型人工ふ化放流システムの周囲に、村落の信仰、物語、経済的関係性が配置され直された。あたかも旧来から続く村落構造を引き継いだかのように見える、サケのムラの構造は、実際には、これらのシナリオのもとで、明治期に他のムラや県との交渉の結果、構築された正当性のうえに積み重ねられたものだった。

同時にこの過程は、津軽石村という地域社会が、近世からいったん途切れた実質的なサケの生の「わたしたちのもの」化を行う過程だった。再構成した歴史的事実をもとに、新たな技術を移入した人工ふ化放流と、近世からの自然繁殖を抱き合わせた「在地型人工ふ化放流システム」がつくられていく過程は、旧小間居層も含む津軽石村の人びとがサケを「わたしたちのもの」と認識し、再び「わたしたちのもの」化する過程でもあったのである。近世末期から取り出された繁殖保護言説は、歴史性の引き継ぎ、繁殖保護のための労力の投下、担い手として十分な生態知識の体得をもとに、サケのあがる漁場という空間所有の正当性を訴えるものだった。増殖レジームのもと、人工ふ化放流事業に取り組みながら、歴史性の引き継ぎ、増殖のための労力の投下、担い手として人工ふ化放流事業を自己負担で始めたことを正当性の根拠に、人びとは再度サケを「わたしたちのもの」化し始めた。

それでは、これらのシナリオのもとで、実際に「わたしたちのもの」化しようとする津軽石の人びととサケとの交渉はどう進められたのだろうか。サケから見れば、産卵する空間と方法は、人工ふ化放流と自然繁殖と、二つに分かたれたことになる。そして、サケ留からそのまま上流で自然繁殖が行われる、毎月一日から八日までにのぼったサケと、それ以外の日にのぼったサケとが、そのまま人工ふ化由来と自然繁殖由来の集団に分かれて再生産に向かうこととなった。さらに、明治漁業法と県の漁業取締法のもとで政策的な大転換が行われ、漁のための増殖ではなく、増殖のための漁のみが河川で許されることになった。それに伴い、サケの生活史における、河川空間とそこで過ごす親魚および稚魚の時期が変わった。人工ふ化用に、親魚の幾分かは産卵する手前で捕獲され、ふ化して卵嚢がほぼなくなって水面に浮上するまで隔離されて育ち、放流されるようになった。

人間社会側においては、「カワザケ」の位置づけが、増殖目的の採捕のための捕獲へと変わっていったが、サケ側から見れば、河川における生態空間が変容したために、それに適応することになった。

さて、在地型人工ふ化放流システムとともに新たな形を得たサケの「わたしたちのもの」化は、再び戦後転機を迎えることになる。そしていよいよ、「わたしたちのもの」化は、増殖レジームの戦後の著しい展開を経て、「わたしたちのモノ」化へと転じていく。

（1）陸軍、海軍、農林省がそれぞれ漁船を徴用したのは、一九三七（昭和一二）年前後からのことである。

（2）この時期、県立水産試験場は、一九一〇（明治四三）年の開設以来、県立宮古水産高校と併設されていた。県立宮古水産高校は、一八九五（明治二八）年に設立された宮古・鍬ヶ崎町組合立水産補習校が、下閉伊郡立簡易水産学校となり（一八九八（明治三一）年）、その後、一九〇一（明治三二）年に県立水産高校となったものである。

（3）『岩手県水産試験場　創立80年のあゆみ』には、一九三九（昭和一四）年に津軽石漁業組合の組合長から要請があって、旧ふ化場を返還したという記述がある（岩手県水産試験場　一九九一：三四）。

（4）宮古地方には、黒森神楽という修験山伏の伝えた神楽があり、広く宮古地方を巡業している。しかしながら、津軽石に関しては、赤前の米沢家が神職を務めていた駒形神社が、黒森神社とは別系統の神楽として霞場（勢力範囲）にしており、しばしば黒森神楽衆と対立している。

（5）さんさ踊りは、五十集衆と呼ばれる、牛馬で内陸との行き来を行っていた者たちが内陸から伝えたのが始まりとされるが、津軽石のさんさ踊りが本格的になったのは大正からだという。

（6）この又兵衛祭りの記述は、二〇一六（平成二八）年一一月三〇日に行われた祭り当日の観察、関係者への取材による。また、その前に先立つ神事については、修験とのかかわりが示唆されるのだが、元来女人禁制だった（鈴木　二〇〇四）。

（7）藁人形自体をサケの化身として読み解く説もあり（神野　一九八四）、二本の足はサケの尾びれだと解釈されてもいる。また、神野の説をふまえながら、岩本や鈴木は、「津軽石川の水を飲む」ということが口承において現在につなげられ、祭壇にも津軽石川の水が捧げられていることもふまえて、サケが母川に回帰してくることを象徴している、と読み説いている（岩本　一九七九：鈴木　二〇〇四）。

6 獲る——沿岸から遠洋へ

戦後、沖合・遠洋漁業を中心としたサケを獲る漁業の発展は、増殖レジームを再形成させ、その影響力を増す大きな要因となった。そして、人とサケの存在のあり方と間(あわい)が大きく変わっていく。

第二次世界大戦によって漁業は大きな打撃を受けた。というのも、沖合・遠洋漁業に出かけられる大型船やトロール船のみならず、沿岸用の中型・小型船も軍により徴用されたからだ。それらの船を操船する船員も同様に徴用された。多くの船は輸送船や洋上の監視船に用いられたほか、軍の食糧確保のための漁業を行った。その結果、沿岸のムラから多くの船や船員が戦禍で失われた(神奈川新聞 二〇一四年八月七日)。

本章では、戦後の漁船漁業、すなわち獲る漁業の再建について見ていきたい。日本の戦後の水産行政は、遠洋で獲ることを中心とした漁業の再建を急いだ。そのことが、つくること、すなわち増殖レジームが水産行政のなかで重みを増す要因になっていく。遠洋漁業の発展が急がれ、動力船の普及や網の改良など技術革新が進んで資源の増産と乱獲が増えた。結果として資源を増やすための増殖レジームの形成が一気に進み、水産行政において重みを増すようになったのだ。この構図は、富国強兵、殖産興業を錦の御旗として、帝国の国境を広げながら水産資源の獲得を他国と競り合い、中央集権型の資源管理体制をつくろうとした戦前の構図と似通っている。遠洋漁業の再建と連合軍総司令部(以下、GHQ)占領下の漁区拡大を目指すために、資源をつくること、すなわち増殖が他国との水産資源をめぐる政治的交渉の道具として必要となり、戦後水産行政のなかで増殖レジームが力を増すのだ。遠洋で獲るために資源をつくる、そのような図式が現れていく過程を知るためには、まずは獲る漁業の発展過程を見る必要がある。

明治維新以降、資源繁殖＝増殖という概念が、欧米列強に並ぶ日本の科学、技術、政策的先駆性を示す新たな柱として水産行政のなかに根づき、増殖レジームへ展開したことは、すでに述べた通りである。先取りをすると、戦後、この概念は、より強固な増殖レジームを再構成し、獲る漁業、獲ることをめぐる国際的な駆け引き、二〇〇海里経済水域の設定、産業発展による沿岸域の開発と公害とのかかわりのなかで、水産行政政策の中核に据えられていくことになった。

6・1　獲る漁業の再生と資源をつくる増殖の重点化

獲る漁業の再生

戦時中、一九三八（昭和一三）年五月一日に国家総動員法、翌年には価格等統制令が出された。さらに一九四〇（昭和一五）年には鮮魚介類公定価格の設定、翌年には生鮮水産物配給統制および価格統制が実施されると、漁獲高は壊滅的なまでに減少した。その背景にはもちろん、国家による船舶や資材統制があった。また、燃料統制と漁船燃料不足、漁船や船員の戦争への徴用と徴兵、あるいは漁船の戦禍による沈没、加えて船舶の新造が不可能だったことも主要な原因としてあげられる。漁船の数は、第二次世界大戦直後、全国を通じて「小型の沿岸漁船が残るだけ」といわれるほど減少していた。同時に、明治、大正、昭和初期と形成してきた水産業の設備や施設も大きく損なわれた。漁船数についていうと、日本全体でも一九三九（昭和一四）年の全体の五二％まで落ち込んでいる（岩崎　一九九七）。岩手県についていえば、漁船隻数は、一九四五（昭和二〇）年の動力船の数はほぼ明治初期と同数に戻ってしまった（岩手県　一九八四：八三）。

しかし、戦後の食糧難において、もっとも手っ取り早く動物性タンパク質をとれる資源は魚だった。畜産と違って育てる時間も必要ない。さらに沿岸では皮肉なことに、戦争による漁船徴用とそれによる沈没、漁業生産労働力の徴兵や徴用、燃油や漁網の不足、漁場の戦場化などにより、漁業生産量は減少して漁獲圧が下がっていた。結果として、近世末期以来長らく続いていた沿岸の資源乱用の状態を脱し、あちこちで濃い魚影を見ることができるようになっていた。沿岸の住民や漁師たちは、資源が海のなかにあることをわかっていた。戦前生まれで、一九四五（昭和二〇）年の終戦後から一九四九（昭和二四）年頃までをよく知る漁師経験者やハマ近くに住んでいた人びとは、「魚が湧いて出てくる」「魚の洪水」がそこにはあったとよく語る。日本近海は、はからずも資源保護が実現された魚が湧く海だったのである。

しかしながら、この魚湧く海は、またたくまに獲り尽くされてしまった。

戦後の食糧難を補うため、そして復員して職を求める人びとが新たな生業を得るため、競って漁船を海に出した。その結果、沿岸部では深刻な資源乱獲を引き起こすことになった。前述したような設備や漁船などの生産手段が失われていたこと、特に大型船などは容易に確保できなかったことから、大戦直後の漁業生産額それ自体は二二八万トン、戦前のおよそ半分にまで落ち込んでいた(1)。一九四五（昭和二〇）年一一月に、戦前から続いていた食糧に関する統制は解除されたが、生産量の不足から水産物は非常に高騰した。そのため、漁業生産額が増えて市場が落ち着く一九五〇（昭和二五）年四月までは、再び鮮魚介および水産加工品については統制が続く状態だった。

それでもすぐに中小経営の漁家・組合は経営を再開し、一九四五（昭和二〇）年一〇月には占領軍下に農林省漁船課が設けられた。一九四五（昭和二〇）年一二月に漁船増産が閣議決定されると大型船の建造・修理が急ピッチで進んだ。三〇トンクラスの漁船増産が閣議決定されると、日本全国において一九四七（昭和二二）年から一九五〇（昭和二五）年まで、大幅に木造船・鋼船の数は増大した（『漁船』一九六二：七八）。戦前進んだ動力化の主力機関は焼玉エンジンであり、次点が電気着火式だった。戦前の一九三六（昭和一一）年は、ディーゼルエンジンの開発が飛躍的に進んだものの、エンジンを動かす技術士の不足やエンジン自体のコスト高などもあって民間への普及はなかなか進まなかった。しかし、漁船造修計画後は、ディーゼルエンジンへの転換を促した政策の成果もあって、一九六〇（昭和三五）年一二月には、ディーゼルが他の焼玉や電気着火式を押さえるほどに数が増加していった。

一九四六（昭和二一）年九月二六日のマッカーサーライン[2]設定までは、一二海里内でしか漁が認められていなかったため、主に沿岸部での操業に集中した。ＧＨＱによるインフレ対策と食糧増産政策のもと、一二海里のなかに、新たに造船された船がしのぎを削って漁獲を続ける状態が続いた。マッカーサーライン設定後は、段階的に東と南の海域に漁区が広げられながら、魚類と鯨類の捕獲地域が限定され、管理された。

わずか一年でまたたくまに増加した漁船数を資源保全のためコントロールするために、一九四七（昭和二二）年からは漁船登録が義務づけられた。一九五〇（昭和二五）年には漁船法が施行されて建造許可、依頼検査、登録などが求められ、漁船数と漁船の質の管理の制度化が進んだ。

新しい漁業法と漁業権

このように技術や生産手段の整備が進められるなかで、一九四六（昭和二一）年からは漁業制度に関する改革案が民間からも、農林省水産局においても進められていくこととなった（牧野 二〇一三）。大きく分けて、漁業の担い手の明確化（水産業協同組合法）、漁場の現実に即した漁業権の整備の二方向からの改革が進んだ。もちろん、両者は相互にかみ合うようにつくられている。法制度の設置時期は水産業協同組合法が早かったが、その実、漁業権の整備をにらんで漁業の担い手が先に明確化されたというのが正しい。

一九四八（昭和二三）年には、水産高等学校の制度や水産業協同組合法が公布された。水産業協同組合法（一二月一五日公布、翌年二月一五日施行）では、生産者漁民が主体となって、協同組合の運営を協同事業として強化し、戦前よりも民主的に（設立、組合員の脱退や加入の自由、組合員総意のもとでの運営）、かつ自立的に発展できる組織としての協同組合の姿が目指された。目的はそのような協同組合の発展を通じて、漁民の社会経済的地位が向上し、水産業の生産力を増進すること、国民経済の発展を期することである。

さらに、戦後の新漁業法が一九四九（昭和二四）年一二月一五日に制定、翌年の三月一四日に施行された。この法律の特徴は、水面の総合的利用にある。それは、「魚種・漁法・漁場を限った制限主義に基づく漁業権・漁業許可により、同一海域に多種多様の漁業を包摂し、立体的・重複的に利用すること」を意味する（牧野 二〇一三）。漁業は漁業権漁業、許可漁業、その他漁業の三種類に分けられる。

許可漁業は、資源保護や漁業者の利害関係者間の調整の必要性、公益上の目的などから、一般には操業を禁止していて、許可を得た者だけができる漁業である。魚種や漁法などにより多種多様だが、都道府県知事許可、農林水産大臣が各都道府県知事間の調整を行う法定知事許可漁業（生態空間が都道府県よりも広い魚種、公益上の理由など）がある。また、国際法上や国家間の調整、公海上での取り決めなどから、国が一括して制限と管理を行う必要があるものは、指定漁業（大臣許可漁業）と呼ばれる。以西底曳網漁業、遠洋や近海のカツオ・マグロ漁業、北太平洋サンマ漁業などが含まれる。北洋サケ・マス漁業もこのなかに含まれていた。

漁業権は定置漁業権、区画漁業権、共同漁業権に分けられる。定置漁業権は身網の深さが二七メートル以上の大型定置網漁業を営む権利である。区画漁業権はある区画のなかで養殖業を営む権利であり、その材料と方法によって、第一種（カキ、ノリなど）、第二種（エビなど）、第三種（貝類地巻式など、第一と第二にあてはまらないもの）に分けられた。地元の漁協や漁民たちがつくった法人に与えられるのは、特定区画漁業権である。共同漁業権は、漁協の組合員たちがある一定の水面を共同に利用して小規模漁業を営むものであり、この権利は漁協にのみ付与されるものである[3]。

これらの漁業権については、戦前に農林省（当時）に入り、戦後はずっと水産庁に勤め、当時の制度を形成した久宗高[4]が、NHKのラジオ番組『漁村のみなさんへ』[5]で興味深いインタビューに答えている。それによると、漁業は農業とは異なり、封建的漁村のボス支配があった反面、階層分化の進展による有力個人の漁場独占という問題も深刻だった。そのため、漁業組合に漁業権を集中させて過度な個人の漁場独占を防ごうとする動きもあった。一九四七（昭和二二）年一月に出された水産局第一次案は、戦前の漁業会すなわち戦後の漁業協同組合に漁業権を集中させ、組合内部で調整を行うものに固めた。しかしこれを日本占領管理機関の対日理事会に提出したところ、ソ連のクズマ・ニコラエヴィチ・デレビヤンコが「これはなかなかよくできている」とほめたせいで、「司令部は飛び上がっておどろき、わたしたち（当時久宗が所属していた水産局）は呼びつけられた」のだという。当時を振り返って、久宗は第一次案がコルホーズ（ソ連の半官半民の集団農場）のように見えたのだろう、と述懐している。

そこで新たに案をつくることになった久宗らは、農業とは異なり、階層分化が進み、賃労働者化がすでに進んでいながらも、封建的な側面も強くもつ、という漁業の状況について詳しく調べようと、沿岸漁業の経済的基礎調査を行った。当時は、民俗学に造詣が深く、自らもその分野の中心的人物でもあった渋沢敬三が大蔵大臣をした後だった。そのため、「民俗学とか第一次産業の基礎的な問題についての調査には、非常に理解があった」（NHK産業科学部　一九八五：四七）。

その調査結果と、明治の旧漁業法がもっていた、複数の主体が利用する資源・漁法ごとに、沿岸の漁業実態に合わせて漁場の総合利用をうまく権利化した仕組みを引き継いだ。その際に、先に願書を出した方が漁業権をもらえるという先願主義と、更新すればその免許が引き継げるという明治期の仕組みが、かえって漁場の総合的利用を妨げていたこと、特定の個人のもとに権限と権力、富が集中する封建的な枠組みを強めていたことが省みられたのだという。その反省をふまえ、組合のなかで調整をそれぞれがしたうえで、一定の海区ごとに漁民が集まり、自ら漁場調整と計画を立てる、という方式に変更した。

そしてすでに農業改革を進めていたGHQのもと、旧来の漁業権者には補償を支払い、いったん旧漁業権をすべて廃止し、免許を一新することになった。この当時の補償は漁業協同組合の新たな資本となり、漁業経営を各地域や協同組合が考える重要な機会になっただろう、と久宗は振り返っている（NHK産業科学部　一九八五：五七–五八）。

現在の漁業権の性質について、水産経済学者の牧野光琢は、戦後の漁業経済学会や新漁業法に関する研究を参照しつつ、「特許主義」と「制限主義」にその特徴があると読み解く。免許という行政による行為により、行政による監督のなかで法的効力が発生する「特許主義」と、魚種漁法によって権利・許可を与え、地域や魚種漁法によって大きく異なる漁業の実情に合わせて効率化を図る「制限主義」の二つが、漁場の総合的利用を後押しできる法律になっていると評価している（牧野　二〇一三：七八-八〇）。それは、重層的な利用がすでになされている沿岸の現実に即したものだった。

こうして漁業の基本的な法制度整備が進んでいった。

現在の漁業法[6]では、資源利用者が漁業調整と資源利用計画を自主的に行い資源を利用する仕組みになっている。地先として所有されてきた空間は、資源を利用してきた地元の漁協組合や漁民たちのつくった集団が特定区画漁業権として管理するようになった。また、定置漁業権や養殖を行う区画漁業権については、漁協組合において、あるいは区画利用をしたい法人・複数の漁協組合のあいだで調整が行われる。沿岸・河口域についても、これらの手続きを通し、実質的な空間の所有の感覚が構築されていった。また、明治漁業法とは異なり、物権化はされていないが、物権的請求権は付与された。すなわち、法律上の権利の保護を強化するために、民法上の物権に生ずるものと同様の法律効果をもつように設計された。

公害汚染や埋め立て・浚渫などの港湾開発が行われる際に、漁民はこの物権的請求権をもとに賠償請求や開発対価を求めることもできる。公害や開発をめぐる漁業補償や、漁協自らの港湾開発、水産施設の設置や運営は、実質的な物権化があってこそ可能になってきた。

獲る漁業の再生と資源の枯渇

一九五二（昭和二七）年の漁獲量は戦前の最大漁獲量にすでに並ぶほどだった。そして戦後まもなくして日本は資源枯渇の危機に直面することになった（『農林水産省百年史』編纂委員会　一九八一）。

水産庁に勤め、戦後の水産業の政策形成に携わってきた岩崎寿男は、この資源崩壊と、戦後長く課題となる都市域と漁村の収入・生活水準格差を形成する根が、戦後すぐに起こった沿岸での過剰就業にあると読み解いた（岩崎一九九七）。戦後、外地や軍隊からの復員、都市の壊滅、軍事産業の崩壊などにより、漁村に大量の人口が流入した。一九四六（昭和二一）年には漁業従事者世帯は戦前を上回ったが、一九五三（昭和二八）年のセンサスでは従事者が減少し始めている。この時期、全体の八四％が零細漁業層であり、その生産金額は二割にすぎない。他方、資本金一億円以上の大資本経営が七社存在しており、全体の生産金額の一割を占める。中小資本層が資本金額の全体の七割を占めており、大資本経営と中小資本層の二つの層と、農林漁業の自営を行いながら出稼ぎを行う兼業者も含む賃金労働者たちによって、北洋サケ・マス、南氷洋捕鯨、太平洋マグロなど遠洋漁業が展開された（井上一九五五、安藤　一九五六）。

過剰就労であっても、食糧不足のなかの一時的なヤミ価格の上昇によって戦後直後は利得が確保できた。それも一九四八（昭和二三）年一二月からのGHQデフレ政策までだった。消費の停滞、ヤミ価格の下落、金融の引き締めによる資金不足が漁業経営を圧迫した。そして、漁船の急速な再建と数の増加、沿岸漁業の過剰就労という状態は、沿岸と沖合の一部の漁場での乱獲と荒廃を招き、ますます経営を苦しくさせた（岩崎　一九九七）。

戦後の水産行政の改革に携わり、水産庁次長も務めた高橋泰彦は、前述したNHKのラジオ番組『漁村のみなさんへ』において、対談相手のNHK記者問目省吾と興味深いやりとりをしている。高橋は、マッカーサーラインが撤廃された後、一九五四（昭和二九）年に水産庁が出した漁業促進転換要綱について説明していた。問目はそれを受けて、「別の見方をしますと、沿岸に集中していた漁船を再配置したということでしょうか」と問いかけた。高橋はそれを肯定して、「結果としてそうなった」と振り返っている。

高橋によると、中型底曳船が北洋の独航船や北転船へ再配置されると同時に、沿岸での漁業紛争が減り、その深刻度も減ったという。そして高橋は沿岸の漁獲について、「ですから、これ〔漁業促進転換〕が行われるまでの間は、いかにわずかの資源をめぐって、魚のとり合いを〔ママ〕必死の思いだったかということのひとつの立証でありますね」と述べている（NHK産業科学部 一九八五：八一-八五）[7]。

獲る遠洋漁業の再開とつくる政策の重点化

沿岸の困窮は、人びとと行政の目を遠洋漁業に向けた。また、外貨獲得という点でも、戦前から遠洋漁業は重要な産業であった。ゆえに、沿岸の困窮と国家再建のための外貨獲得、両者の観点から遠洋漁業の再開がさらに強く求められるようになった。実際に前項で触れたように、一九五四（昭和二九）年に水産庁が出した漁業促進転換要綱は、沿岸漁民を北洋や南洋の遠洋漁業に振り分ける具体的な政策だった。

しかし公海上の資源は、各国の資源利用の欲望と、各国の力関係を示す政治的交渉のただなかにあった。そこで、遠洋漁業の発展には資源をつくる増殖政策の整備が重要な交渉のカードとなった。獲ることとつくること、その絡み合いを、遠洋漁業再開の条件が整えられていく様子から描いてみよう。

一九五一（昭和二六）年二月一二日、資源乱獲に至った沿岸の状況を分析したGHQは、日本政府に五ポイント計画の報告を行った。報告では、沿岸漁民が負債を抱え、経営危機へ陥っていることへの対処策が五つ述べられている。この報告はGHQ天然資源局ウィリアム・C・ヘリントン水産局長名で出され、「日本沿岸漁民が直面している経済危機とその解決策としての五ポイント計画」というタイトルがついている。五つのポイントとは以下の通りである。まず、乱獲漁業の拡張の停止と操業頻度の逓減。第二に資源保護規則の整備。第三に取り締まりのための部課の設立。第四に漁民の収益の増加。第五に健全な融資計画の樹立である（ヘリントン　一九五一）。

もちろんこの提言は突然なされたものではない。これ以前にGHQにマッカーサーラインから漁区の拡大を求めた交渉においても、漁区侵犯の取り締まり、GHQや日本政府の指令を漁民が遵守すること、資源管理を調査・取り締まりも含めて実行能力があると示すことなどが求められていた（牧野　二〇一三：六〇‐六一）。米国とカナダは、日本が戦前と同様に沖合・遠洋漁業の操業を行い、資源を乱獲することを警戒していた。特に戦前、一九三七（昭和一二）年から一九三八（昭和一三）年にかけての冬、アラスカのブリストル湾に日本の母船式船団が現れ、北米のサケ・マス資源を乱獲した記憶は水産関係者に強烈に焼きついていた（Scheiber　1989）。

吉田茂が対日講和特使ジョン・F・ダレスに宛てた一九五一（昭和二六）年二月七日の手紙には、公海上の漁業に関して、資源枯渇と国際紛争を防ぐための「自発的措置」について書かれている。各国がすでに行っている国際協定や法令の採択について理解していることを示したうえで、一九四〇（昭和一五）年に日本の漁場でなかったところでは漁業を行わないこと（新規漁場開拓の自主規制）、それが守られるように行政機関を整えることが言及されている（Dulles　1951）。

このような公海上での「自発的措置」に加えて、GHQの五ポイント計画でも指摘されていた資源保護について、日本は水産資源保護法を制定してこれに応えた。ほかにも、減船整理計画（小型機船底曳網）、取締船や取締専門部局の設置、水産業協同組合法を改正した漁民共済制度の設立、農林漁業金融公庫の設立による融資増加などを決めている。

漁業について日本は、マッカーサーラインの撤廃はもちろん、平和条約締結後の国際漁業への参加と遠洋漁場への進出を目指していた。しかし、米国の漁業者からの要望もあり、国際非難は根強く、日本の遠洋漁場への進出を制限するべきだという動きも強かったという（秋庭 一九八八）。

以上に見てとれるのは、北洋や南氷洋、南太平洋へと進出するための政治的な布石として「資源保護」が水産行政の核となったということだ。平和条約締結に並行して議論は進められ、水産資源保護法の制定（一九五一（昭和二六）年一二月一七日制定）、日米加三国間での日米加漁業条約（北太平洋公海漁業条約、一九五二（昭和二七）年五月九日署名）などの交渉が行われた。

さらに、中型底曳網漁業、小型底曳網漁業の年次計画的な減船やサンマ漁業の操業期間短縮などによる漁獲圧の逓減、漁業協同組合の刷新などが行われ、五ポイントの指摘に対応するような施策がとられた。

そして、サンフランシスコ講和条約を経て、一九五二（昭和二七）年四月二五日にマッカーサーラインが廃止されると、漁場制限から解放された日本の水産業は一気に獲る漁業として展開し始めた。「沿岸から沖合へ、沖合から遠洋へ」というスローガンのもと、農林漁業金融公庫法が整えられ、国庫からの融資が大規模資本から個人船主まで対象を広げて行われるようになった。また、一九五四（昭和二九）年には、前述してきた漁業転換促進要綱が発表され、五ヵ年計画に移された。これは沿岸漁業の増えすぎた操業を、人材とともに別の漁業種に配置転換する漁業転換政策であり、結果として遠洋漁業に多くの船と人びとが向かった。母船式北洋サケ・マス、同じく母船式カニ漁業が北洋を目指した。母船式底曳網漁業がそれに続き、日魯漁業（現・マルハニチロホールディングス）、大洋漁業（後のマルハ、現・マルハニチロホールディングス）、日本水産（現・株式会社ニッスイ）、極洋捕鯨（現・株式会社極洋）、宝幸水産（現・株式会社宝幸）など、大きな資本力をもつ大手水産会社がしのぎを削った。大手水産会社のもつ母船船団のもとに、漁協や個人企業など中小規模の漁業資本が付属の独航船として従い、母船式漁業は行われていた。一九五五（昭和三〇）年から一九六〇年代にかけては、まさに母船式の遠洋漁業が花開いた時期だった。

一九六〇年代になると、南方トロール漁業に加えて、大手水産会社が経営するスケソウダラを狙う北方トロール漁船も増えた。さらに、日本の沖合漁業からベーリング海などに漁場を変えた底曳船は、スケソウダラやタラ、カレイなどを狙い、通称「北転船」と呼ばれた。また、ギンダラやキチジ、メヌケを狙う延縄、底刺網などが数多く出漁した。

他方、北洋については、一九六一（昭和三六）年になると、日ソ漁業条約のもとでの日本の漁獲量割り当てが少なくなり、母船式漁業にまず陰りが見えてくる。そして第一次オイルショックによる影響、二〇〇海里の時代へと進んで、遠洋漁業は縮小をよぎなくされていった。

サケ・マス資源の母川国主義と縮小する漁場

以上のような遠洋漁業全体の動きのなかで、北洋のサケ・マス漁とサケ・マス資源保護に関する国際的な状況を確認しておこう。獲ることとつくること、その結びつきが日本の水産行政のなかで強くなっていくのには、この国際的な状況が大きく反映されている。

北洋での漁業は公海上での漁業だっただけに、複数の国の政治的思惑が大きく働き、マッカーサーライン撤廃前から漁業を行うための政治的戦略が必要とされた。他国との国際交渉をにらんで、サケ・マス漁業にかかわる関係者にとっては、つくることが獲ることと密接に絡む、そういう状況にあった。

簡単にサケ・マス資源に関する国際状況をさらっておこう。この時期、一九四五（昭和二〇）年九月二八日に、米国のハリー・S・トルーマン大統領によって、俗にいうトルーマン宣言、大陸棚の地下および海床の天然資源と、公海水域における沿岸漁業に関する米国の政策が宣言された。米国沿岸に接続する公海において、米国が一方的に、あるいは他国との協議のもとに水産資源の保存水域を設定することが宣言されたのだ。これは海洋法上大きな転換だった。はじめて自国沿岸の漁業管轄権が主張されたのである。トルーマン宣言に加えて、サケ・マス資源については、サケ・マスが産卵に戻る母川のある国に資源の管轄権がある、という考え方が政治的な交渉の場での基礎となっていった。母川国主義と呼ばれるこの考え方のもとに、北部太平洋のサケ・マスの漁獲量と漁場をめぐって、自国の川に戻るサケ・マス資源の所有を各母川国が主張するようになった。カナダの川に戻るサケは、公海上にいてもカナダのサケだというわけだ。

すでに前項で述べてきたように、戦後の漁船漁業の技術的発達と遠洋漁業への転船政策により、日本の日魯漁業や大洋漁業、日本水産などの大企業による母船式北洋サケ・マス漁業や、個人事業主の漁船による基地式流し網漁によるサケ・マスの沖取りが急激に増加した。母船式北洋サケ・マス漁業は、主にベニザケを漁獲するために、アラスカやベーリング海に出漁した。獲れたのは、ベニザケ、シロザケ、カラフトマス、ギンザケ、マスノスケである。このうち漁獲量が多いのはベニザケ、シロザケ、カラフトマスだった。一方、日本で浜値がよいのは、ベニザケ、ギンザケ、シロザケだったから、船団も船主も、アラスカ沖やベーリング海でその三種を優先して獲った。北洋漁業が漁獲対象としたサケ・マスは、翌年に産卵期に入る未成熟魚の群れであるため、資源の再生産に直結する。日本の漁船は、結果として日本産のシロザケ資源を沖取りせず、ソ連のベニマス・カラフトマス資源をはじめ、他国のサケ・マス資源を沖取りしたため、その資源を減少させることとなった。

しかもこの時期、科学的調査研究が進んで北太平洋のサケ・マス資源の生活史が明らかにされ始めた。水産庁で長く北洋の公海上の資源評価を担当していた佐野蘊によると、一九五〇年代以降、日本、米国、カナダのあいだで、そして日本とソ連（現ロシア）のあいだで、それぞれサケ・マス資源に関する科学的調査が進められた。その結果、それまで明らかではなかったサケ・マスの魚種ごとの海洋での分布、魚種の混交、回遊経路などについて解明された。同時に、母川国主義の影響力が強くなるなかで、太平洋沖で母川国以外のサケ・マスを獲る混獲の事実が明らかにされ、操業の仕方が批判されるようになった。少し先になるが、一九七〇（昭和四五）年頃からは、ロシア系のサケ・マスの資源状態の衰退も明らかとなった（佐野　一九九八：一五一―一三）。戦後すぐから、カナダ、米国、ソ連は、自らの領土の川を母川とするサケ・マス資源の減少につながると、日本の北洋漁業拡大に懸念と批判を盛んに行った。そして後に二〇〇海里経済水域の設定につながった。

一九五〇年代に入ると、日本とこれら各国のあいだで相次いで国際交渉がもたれた。一九五二（昭和二七）年の日本、米国、カナダの三国間の日米加漁業条約、一九五六（昭和三一）年の日ソ漁業条約が、日本のサケ・マス操業と人工ふ化技術の発展に直接影響を及ぼした国際協定だった。

日米加漁業条約では、北太平洋の公海における漁業の最大の持続的生産性を確保することが目的とされ、日本はこの条約によって、米国・カナダ沖のオヒョウ、ニシン、母川を両国にもつサケ・マスの漁獲を抑止することが必要となった。平たくいうと、北太平洋の半分から東へは漁に出かけられなくなった。

そのため、サケ・マスやカニの獲れる北方の漁場については、ソ連とのかかわりが大きくなった。特に日ソ漁業条約の影響は大きかった。一九五六（昭和三一）年二月に、まずブルガーニンラインが設定され、最初に漁区が限定された。さらに、日ソ漁業条約が締結されると、漁獲量も日ソ漁業交渉により二国間で協議され、上限が割り当てられることとなった。日ソ漁業交渉は、日本とソ連とのあいだで、一九五六（昭和三一）年から毎年行われてきた。

現在でも日本とロシアのあいだで続いており、北洋サケ・マスおよびカニなどの漁獲量について、毎年この話し合いで漁獲量の上限（割当量）が決まる。北洋サケ・マスでもっとも値がよいベニザケとギンザケは、どちらもそのほとんどが日本の母川ではなく、ソ連の沿岸を母川としていた。[8] したがって、ソ連から割当量を確保するにあたり、資源保護制度を整備し、日本を母川とする北洋のサケ・マス資源を増やす取り組みがあると示すことが、交渉のカードとなった。

そのため、北海道型人工ふ化放流システムの形成や人工ふ化放流技術の開発は、条約下での日本の北洋漁業の漁獲量の割り当てを決める日ソ漁業交渉に影響を受けた。交渉で優位にあるために人工ふ化放流技術開発と事業による資源保護が主張された。あるいは交渉の結果に基づいて人工ふ化放流技術開発と事業の方向性も左右された。

一九五六（昭和三一）年の日ソ漁業条約下の日ソ漁業交渉で与えられた割当量は、図5のように一九六〇（昭和三五）年にいったん当初の割当量の半分に落ち込んだ。その後は最初の割当量近くに戻ったものの、一九六七（昭和四二）年から再び七五％ほどに落ち込んでしまい、減少の一途をたどってきた。それに合わせて、遠洋漁業の減船政策も行われてきた（中井　一九七三）。さらに、一九七一（昭和四六）年には第一次オイルショックの影響もあって、高騰する原油価格は、スケソウダラなどの漁獲が低迷していた底曳トロール船漁業の経営を強く圧迫した。また、母船式北洋サケ・マス漁業をはじめとして、多くの北洋漁船が撤退した。最終的に、一九七六（昭和五一）年の二〇〇海里経済水域が制定されるとともに、北洋サケ・マス漁業は、産業規模、船数、および漁獲量についても一気に収縮することになった。

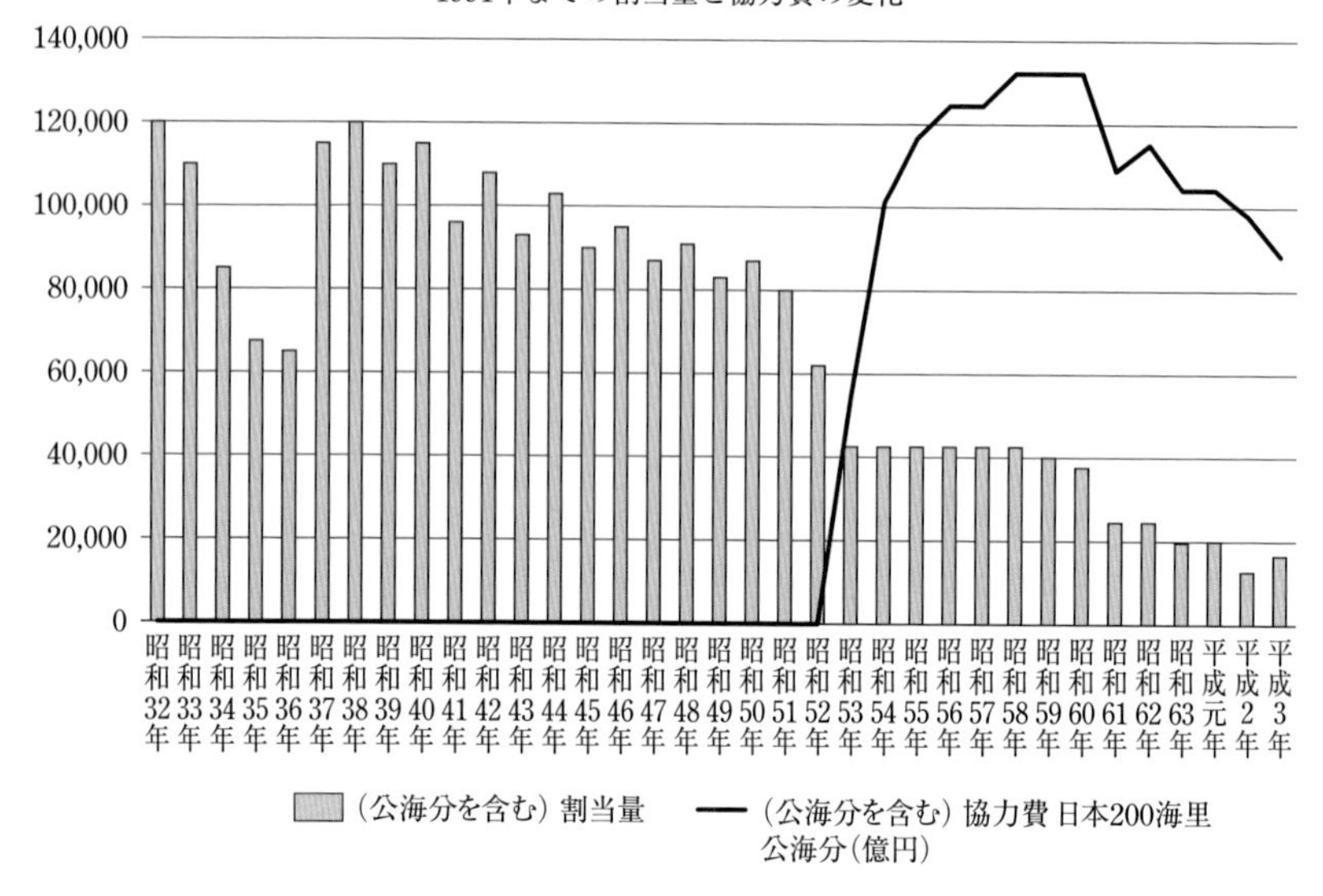

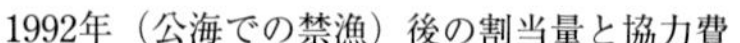

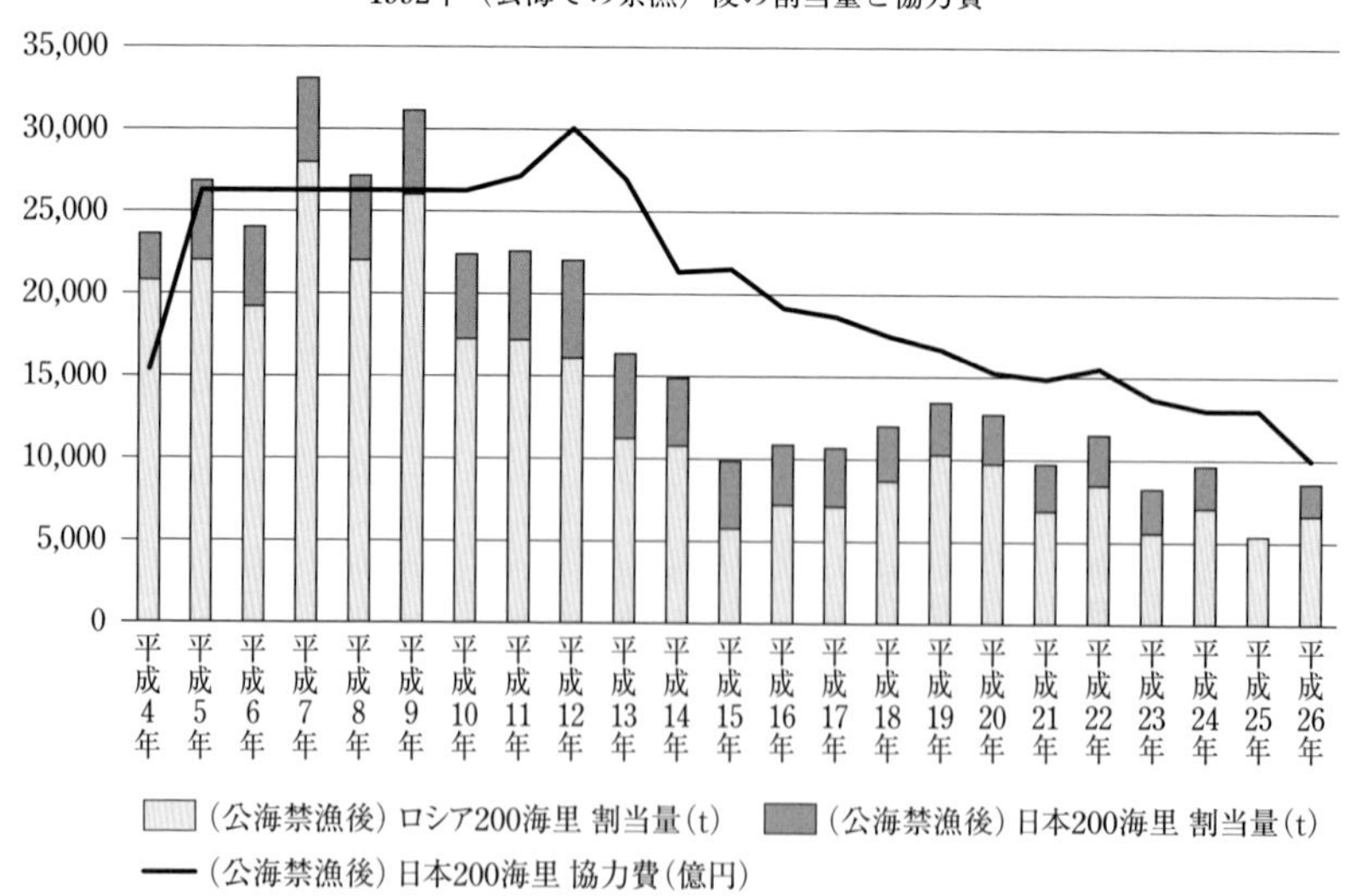

図5　日ソ・日ロサケ・マス漁業交渉における割当量と協力費（根室市『水産ねむろ』平成26年度版より）

6・2　獲る漁業と宮古湾

そのような遠洋漁業の発展は、宮古湾の漁船漁業にどのような変化をもたらしたのだろうか。宮古湾の戦後の漁船漁業の発展を見ておこう。

宮古湾では、大正から沖合・遠洋へ向かう漁船漁業の発展がすでにあった。スルメイカやサンマなどの豊富な三陸漁場に近かったことから、漁船漁業は戦後すぐに大きく花開くことになる。三陸沿岸の水産資源の豊富さは、まず沿岸から沖合の漁船漁業の発展を促した。宮古は特にサンマ棒受け網漁の一大拠点となり、数多くのサンマ船が港を賑わせていた。また、戦前にすでに芽吹いていた遠洋漁業も、北洋サケ・マス母船式漁業と南洋マグロ延縄漁業を中心に再び発展していくことになった。

戦前からどのように漁船漁業が遠洋へと向かっていったのか。その歴史について、ここでは家族経営で漁船漁業を経営してきた漁業者の視点を借りて、その発展を眺めてみたい。

宮古湾から沖合、遠洋へ

戦前の宮古湾では、製氷により財をなした篠民三、あるいは先駆けて遠洋漁業を行った菊池長右衛門らの実業家たちが、漁船漁業を通じて、沖合・遠洋漁業発展の足がかりをつくっていた。篠は中型船が停泊できる港を鍬ヶ崎に整え、菊池らとともに水産業の人材を育てるための学校（現在の宮古水産高校）をつくった。そして、そこでは戦前、戦後ともに多くの水産技術者、漁船漁業従事者、漁船技術者らが育った。人材育成も含めて、宮古湾沿岸においで遠洋漁業への足がかりは着実に整い、さらに事業者も増えて、一九二七（昭和二）年三月一〇日には宮古湾遠洋漁船協会ができた。

現在宮古市で遠洋マグロ延縄業を営む有限会社浜田漁業部の来し方は、戦前から現在に至るまでの、沖合から遠洋漁業へと広がっていった歴史を体現するものだ(9)。現在は三代目の濱田雄司さんが切り盛りをしている。浜田漁業部の歴史をたどりながら、戦後宮古の遠洋漁業の様子を捉えてみたい。

初代の濱田清吉さんは、一八八五(明治一八)年に富山県下新川郡入善町で生まれた。清吉さんが宮古湾をはじめて訪れたのは、日本帝国海軍に入隊した清吉さんが、軍艦で寄港したときだったという。当時、宮古湾はスルメイカが豊漁で、清吉さんにはそれが非常に印象深く記憶に残った。除隊後漁師となった清吉さんは、春から夏は宮古の番屋で過ごして船に乗り、秋から冬には北海道の釧路(10)へ行って船に乗り、正月には故郷の富山に戻る、という生活をしていた。清吉さんの出身地である富山は釧路と縁深く、数多くの富山出身の漁民や船主がニシンやサケを求め、海峡を渡って北海道に向かっていた。また釧路は当時、宮古や釜石に移住した富山出身者が、無動力ながら中型マグロ流し網船の漁の拠点として数多く立ち寄っていたところだった。富山出身の漁業者のなかには、イカ釣り船などに従事してある程度財をためた後、中型マグロ流し網船の船主として活躍する者が多かった。

宮古では富山出身の漁師や商業従事者らは「越中さん」「越中衆」と呼ばれた。富山出身者は命日に人を呼ぶ越中講をつくっていたが、後に越中講は一九三四(昭和九)年頃に県人会になった。一九八〇(昭和五五)年時点で、富山県人会には五五人が所属しており、うち二四人が漁業従事者だった(田中・小島編 二〇〇二:六七―六九)。

清吉さんは一九三五(昭和一〇)年に焼玉エンジンの動力船を建造した。しかし、この船は戦争に徴用されて中国の揚子江で用務に就く(11)こととなった。清吉さんもまた船員として徴用された。

戦後は二代目の濱田正男さんが、一九四八(昭和二三)年に清福丸を宮古の三井造船所で建造し、漁業を再開した。正男さんは戦前、一九四二（昭和一七）年に宮古水産高校を卒業し、通信士として濱田漁業を支えていた。しかしこの船は進水したその年に、宮古地方に大きな被害をもたらしたアイオン台風により流失、沈没してしまった。同じ年の暮れに、三重県から漁船を購入し、第五清福丸（木造、五三トン）として漁業を再開した。マグロ延縄船である。しかし船の機関の故障が続き、経営はうまくいかなかった。光明がさしたのは、一九四五（昭和二四）年に焼玉からディーゼルエンジンに替えてからだった。

浜田漁業部、北の海へ

一九五二（昭和二七）年、同年四月にサンフランシスコ講和条約の締結により、それまでにGHQが制限していた船の航行・操業はその制限から一息に解き放たれた。いわゆるマッカーサーラインの撤廃である。

浜田漁業部は、撤廃後すぐに西カムチャツカに出漁し、宮古湾ではじめて北洋へ出漁した船となった。釧路の北海シェル[12]初代社長の田中三朗に、「やる気があるならとにかく船と船員だけもってこい」と電話でいわれ、とにかく釧路に向かったのが始まりだそうである。田中は若い頃、初代の濱田清吉さんにマグロ延縄漁業で面倒を見てもらったことへの恩義を感じていた。濱田正男さんは本当に船だけもって釧路に向かい、田中が資材から漁網から油まで、すべての手配を行ってくれたのだという。そして清福丸は、西カムチャツカ沖で一九五三（昭和二八）年四月に中部流し網サケ・マス漁を行った。当時、清福丸が唯一宮古から中部流し網サケ・マス漁に出漁する船だった。翌一九五四（昭和二九）年も中部流し網サケ・マス漁に出漁した。

一九五二（昭和二七）年から一九五四（昭和二九）年の北洋漁業は、ソ連とまだ国際法上の交戦状態にあったことから、試験操業という体をなしていた。本格的に北洋漁業が始まったのは一九五四（昭和二九）年からだ。母船式北洋サケ・マス漁の本格的な操業もこの年から始まった。

本格的な操業となった一九五四（昭和二九）年以降、北洋サケ・マス漁は、大きく分けて三つのタイプに分かれた。一つは、北緯四六度以北で行う母船式サケ・マス漁業である。もう一つは、北緯四七度以南の中部、千島列島の付近で行われる基地型流し網漁業である。中部サケ・マス（ケーソン）流し網と呼ばれる。そしてサケ・マスのほかにオヒョウやメヌケを狙う延縄漁業である。太平洋のサケ・マス延縄船は一九七三（昭和四八）年から流し網船に切り替えられた。

母船式サケ・マス漁業について説明しておこう。独航船が流し網で漁獲をし、毎日それを母船にもち帰り、母船で加工をするというものである。戦前はカムチャツカ沖だったが（図6）、戦後はアリューシャン沖へ移動した。船団、という名前が付けられるだけあって、先んじてよい漁場を探す調査船、缶詰、塩蔵、冷凍の加工機能を備え、動く大きな工場であり司令塔となる母船、実際の漁業作業を行い、道県別に班を組んで動く独航船、運搬を担う仲積船からなる。独航船は九二から一四八キロ母船から離れたところで操業した。母船は農林大臣の許可を得てはじめて操業できるため、まずは母船が請願を行う。その後独航船の数が、許可を得た母船の要望する総数を加味して決定される。水産庁はその数を各県に割り当て、適格とされた独航船のなかから各母船団に参加する船が選ばれることになった。独航船として参加したい船は多数いたが、選ばれなければ参加できなかった。

清福丸は一九五五（昭和三〇）年に日魯漁業（現・マルハニチロホールディングス）の有する母船式サケ・マス漁業の独航船となった。それから一九七八（昭和五三）年までの二三年間独航船として出漁し続けた。当時、宮古から母船式サケ・マス漁業の独航船として出漁したのは清福丸を含めてわずか五隻だった（浜田漁業部、山根漁業部、日暮、蒋栄、金勘）。

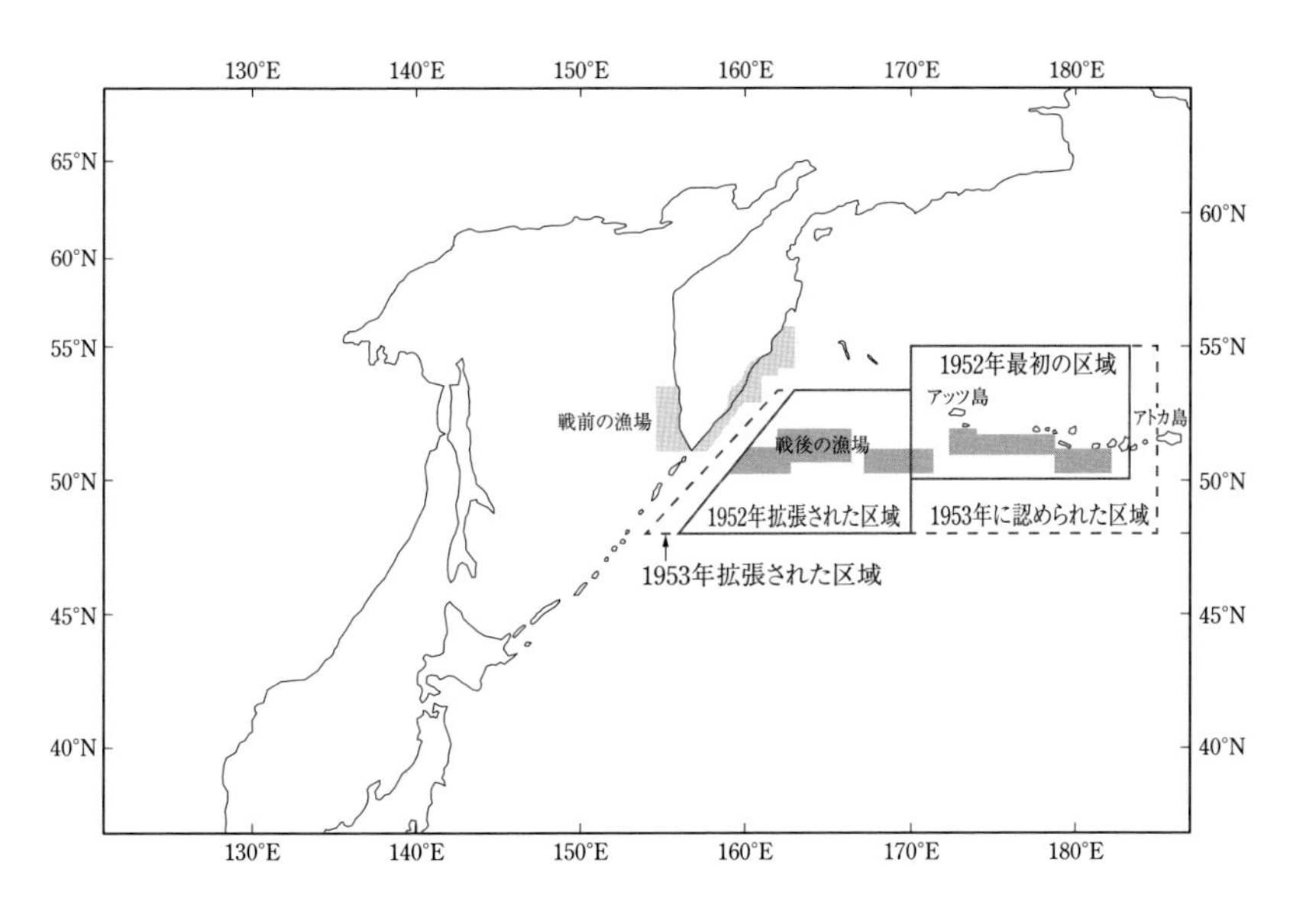

サケ･マス漁業操業区域図(1972年)

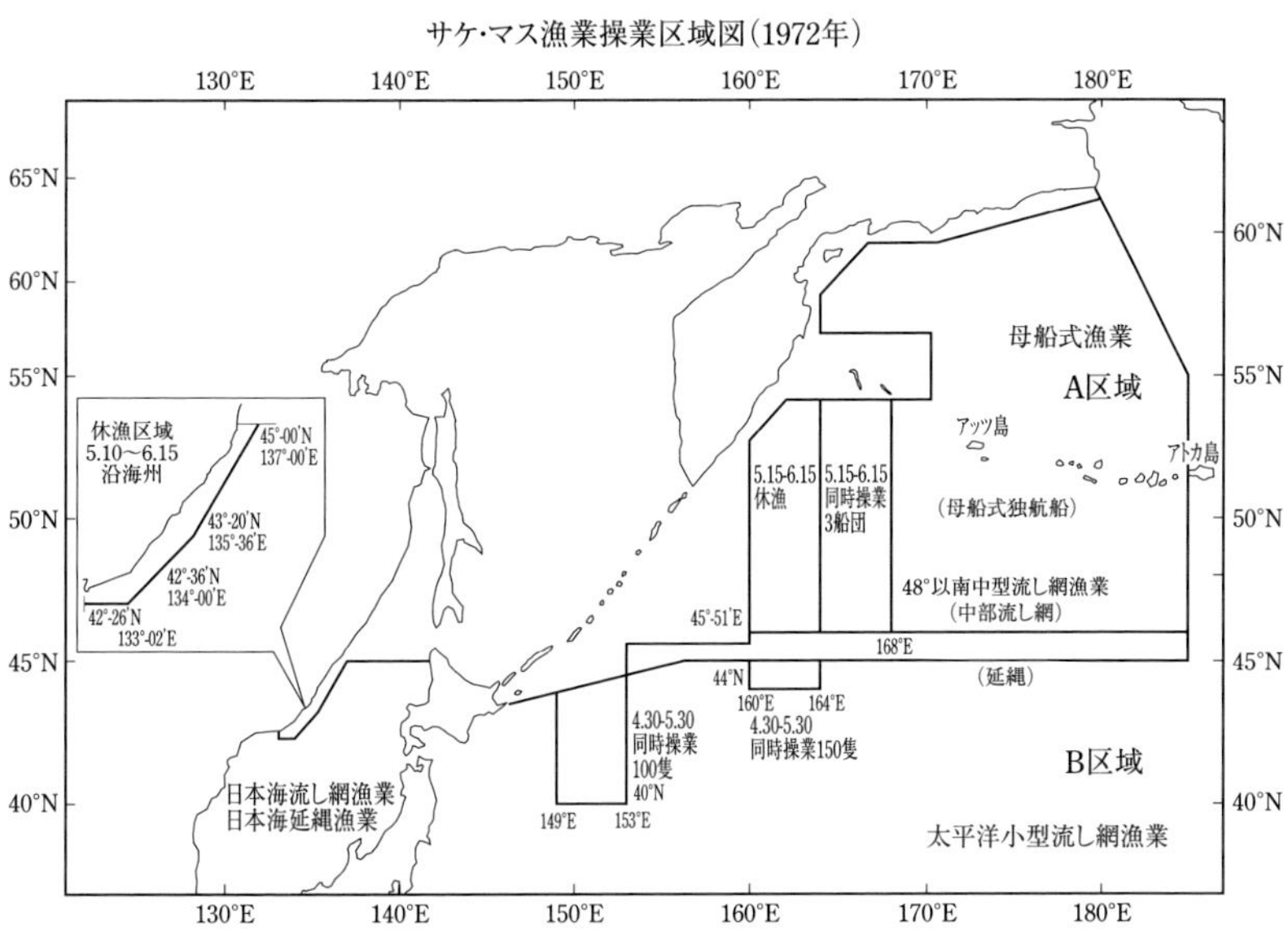

(13)

図 6　北洋サケ・マス沖取り漁業の操業区域変遷

北洋漁業は戦前から、日魯漁業、大洋漁業（かつてのマルハ、現在のマルハニチロホールディングス）、日本水産（現・ニッスイ）など、日本の水産界全体に大きな影響を与える大企業を育んだ漁業でもあった。戦前はその操業のきつさ、労働環境の劣悪さ、労使問題も多く、労働争議も数多く起こった。小林多喜二『蟹工船』のモデルとなった同じ北洋のカニ母船式漁業、南方マグロ漁業も同様である。戦後しばらくも、荷の積載を優先した船の生活環境は決してよいものではなかった。

しかしながら、戦後になると沿岸での物語は一変する。家業や土地家屋などの財産を長男のように引き継げない、地方の農家や漁家の次男以降の男性にとって、当時の遠洋漁業は身を立てるための重要な職だった。とりわけ母船式北洋サケ・マス漁業は、遠洋漁業の花形だった。船員のあいだでも圧倒的に人気が高く、あこがれられた漁業だった。もちろんそれには理由がある。宮古では、「ケーソン（北洋サケ・マス漁業のこと）は一年で土地が買え、二年で家が建つ」と呼ばれるぐらい、収入がよかった。

どのくらい収入がよかったのか、母船式北洋サケ・マス漁業の内実については、一九五四（昭和二九）年、北洋サケ・マス漁業が本格的に始まった頃、母船に乗って取材をした岡本信男の描写が詳しい。収入配分については、独航船が出てくる県ごとに収入の歩合が異なっていた。一九五四（昭和二九）年に福島県の船が一七〇〇万円の水揚げがあったときには、漁夫はかれこれ一七〜一八万円の収入があったという（岡本 一九五六：五九）。当時、めずらしかった大学卒の日魯漁業の初任給が一九五六（昭和三一）年当時で月額八六〇〇円であるから[14]、大学卒の一年の収入より多くの収入を一度の出漁で得ていたことになる。そのことを考えると、いかにこの船が「儲かる」船だったかわかるだろう。

母船式北洋サケ・マス漁業に次いで、中部サケ・マス流し網と呼ばれて隆盛を誇ったのが、北緯四七度以南の中部、千島列島の付近で行われる基地型流し網漁業である。一九五〇（昭和三〇）年からは北緯四八度まで拡張された。三〇トン以上の漁船で、農林大臣の許可を得たものは、中部千島サケ・マス、北緯四七度以南サケ・マスなどと呼ばれるが、もっとも一般的には中部サケ・マス流し網漁業と呼ばれる。中型のサケ・マス流し網船は、北海道の漁港を基地として北緯四七度ぎりぎりまで北上する基地型流し網船と、個別にもっと南の日本の沿岸太平洋沖で操業する流し網船とに分かれる。以降本書では、中部サケ・マス流し網船および漁業として前者を指す。宮古の中部サケ・マス流し網船は、三隻（沢田、大井、菅一）だった。

上記三つの北洋サケ・マスに加えて、湾岸サケ・マスと呼ばれる、小型漁船による流し網漁業がある。この漁業は特に道東北沿岸の沖合で行われた。

前半三つのタイプのサケ・マス船は、大きさもそうだが、船体の色を塗り分けていたため、どれが何の漁船かすぐに見分けがついた。母船式北洋サケ・マス漁業に参加する流し網漁船は独航船と呼ばれ、船体が白色で、花形としてあこがれられた船だった。

北緯四七度線（後に北緯四八度線）まで北上した基地型流し網漁業、中部サケ・マス流し網の船体は黄色である。かつて、中部サケ・マス流し網船が大量に寄港した釧路は、「釧路の春は黄色い」といわれる言葉を残したくらい、漁船で埋まっていたという。

そして最後の延縄船は船体が青だった。

当時の宮古湾は、トン数の大きな船が着けられる港湾の深さや岸壁がなかった。代わりに、沿岸に出るサンマ棒受け網の船がびっしりと鍬ヶ崎から光岸地、築地の岸に並んだ。浜田漁業部で大女将と皆から慕われる、濱田セツ子さん（二代目濱田正男さんのお連れ合い）によると、当時、富山の親戚がわざわざその光景を「すごいものだから見にいきたい」といって宮古に見にきたぐらい、壮観だったという。

他方、遠洋漁業の船員として乗る人たちも、近場では沿岸の田老町や田野畑村、内陸の諸村から、あるいは全国から宮古に集まってきた。雇用については乗りたい人が数多くいて困らなかった。田老町や田野畑村出身の船員はよく働くと評判だった。

浜田漁業部は、一九五四（昭和二九）年にも中部サケ・マス流し網漁に参加し、その翌年から一九八一（昭和五六）年まで、北洋サケ・マスの花形、母船式北洋サケ・マス漁業の許可を得て、日魯漁業の独航船として参加し続けた。その当時、浜田漁業部の操業スケジュールは、五月から八月は北洋でサケ・マス漁業へ、その後裏作として九月から四月まではマグロ延縄漁業に従事するものだった。当時は、北洋サケ・マスとマグロ延縄漁業は、機材を積み替えて同じ船、ほぼ同じ船員によって行われていた。マグロ延縄漁業は儲かる漁業ではなかった。北洋サケ・マスの黒字がマグロ延縄漁業の赤字を埋める状態だったという。それでも、育ててきた船員たちを含めて、北洋サケ・マス漁のために技術をもった船員たちを会社で確保するため、「遊ばせないで雇用し続ける」うえでマグロ延縄漁業は経営上重要だった。

こうして浜田漁業部は、花開く遠洋漁業を追いかけるように船を建造して事業を広げた。一九五五（昭和三〇）年にマグロ延縄船の第八清福丸（九九トン）、一九五六（昭和三一）年にはサケ・マス流し網漁船第十清福丸（六九トン）、一九六一（昭和三六）年には第十号の代船として鋼船の第十一清福丸（八五トン）をサケ・マス流し網漁船として建造した。さらにその翌年にも第八号の代船として第十二清福丸（九六トン）、一九六八（昭和四三）年には、コールドチェーン（低温流通体系）に対応する冷凍庫搭載の遠洋マグロ延縄漁船の第十五清福丸（一九四トン）を建造した。

浜田漁業部では、「とにかく先んじる」ことを二代目の正男さんから引き継ぎ、考えながら経営をしてきた。それは初代と二代目が母船式北洋サケ・マス漁業に参加したときからそうだった。二代目社長の正男さんは、東京を行き来しながら、他の遠洋マグロ漁船の船長や経営者から情報を集めていた。一九六二（昭和三七）年頃から北洋サケ・マス漁の陰りを感じ取り、南洋マグロ延縄漁業の経営を通年で行うことを考えていた。第十五清福丸は、その試みの第一弾であった。上坂昇さんという、大洋漁業で長く南洋マグロ漁の大型船の漁労長を務めた人物に、船の建造から漁具、実際の漁の様子まで助言をもらいながらつくった船だった。再びの乗船を渋る上坂さんを浜田漁業部の二代目と大女将のセツ子さんは説き伏せ、結局上坂さんはその後二〇年にわたって浜田漁業部の南方マグロ漁の船長として務めた。多くの船員が上坂さんの薫陶を受けて育った。大女将のセツ子さんはそれを「上坂大学」と呼ぶ。そして今でも、「上坂大学を出ている船員さんならば仕事を任せられる」と、上坂さんと上坂さんが育てた船員たちに信頼を寄せている。

浜田漁業部はマグロ延縄中心に経営を転換することを早くから考えていたが、全国的に見ると、母船式北洋サケ・マス漁業にはっきりとした転機が訪れたのは、やはり二〇〇海里経済水域が各国で設定された一九七六（昭和五一）年だった。浜田漁業部では、北洋サケ・マス漁業用の流し網漁船として建造した第二十五清福丸を、一九七七（昭和五二）年、水産庁による北洋サケ・マス船の減船政策が行われたときに、減船対象にすることに決めた。こうして、一九七八（昭和五三）年に第二十五清福丸を八戸の金山漁業に売却した。サケ・マスの減船をいち早く行って南洋マグロ延縄漁のための造船に役立てた。

同時期、水産庁による減船政策全体では、一〇船団に増えていた母船式北洋サケ・マス漁業の船団は六船団に減らされ、独航船の数も二六％減少して二四五隻になった。減船については、補償金が国から支払われたが、政府の交付金でまかなわれなくなった減船対象船への補償は、残った船がもつことになった（「とも補償」）。結果として生き残った船には、一隻につき一億円以上の借金が背負わされることになった。減船政策が行われると同時に早く撤退を決めた浜田漁業部では、「とも補償」を払うことなく、減船で得た資金を活用して一九八〇（昭和五五）年に南方マグロ船をつくり、北洋船経営から完全に撤退することを決めた。「とにかく先んじる」という浜田漁業部の社是がこのときも生かされた。

その社是は、二〇一一（平成二三）年三月の東日本大震災後も変わらず踏襲されている。浜田漁業部は、南洋マグロ延縄漁を専業として経営を続けている。震災前の二〇一〇（平成二二）年に水産庁の補助事業「儲かる漁業」を南洋マグロ延縄漁業者のなかで一番に申請し、最新のマグロ延縄船（第八十八清福丸）を建造するなど、「とにかく先んじる」戦略は続けられている。「儲かる漁業」への申請を行ったのは、四代目にあたる専務の濱田善之さんだった。現在では第六次産業として、獲ったマグロの直接販売を行うようにもなっている。

さて、浜田漁業部の建造の歴史には、宮古湾の遠洋漁業の変容がそのまま映し出されている。その宮古湾の当時の様子を、今度は船に乗って出かけた船員側のエピソードから見てみよう。

船頭・前田松雄が語る遠洋(15)

一九二九（昭和四）年生まれの前田松雄さんは、旧制中学卒業後、宮古湾北部の田老町の小港で定置網の船に乗っていた。当時の定置網は手漕ぎ和船、番屋に皆で泊まりながらの作業だった。太平洋戦争が始まるとまもなく、徴用されて宮古造船所で運搬船の機帆船をつくる作業にあたった。しかし、終戦間際、当時宮古にあった化学肥料工場のラサ工場が空爆に遭い、宮古造船所も被弾して燃えてしまった。それから戦後しばらくまで、前田さんは半農半漁だった家の手伝いをして、貝や海藻を採るハマ稼ぎをしていた。そして再び定置網の船に乗った。真崎海岸の小港に設置されていた秋サケの定置だった。親戚のつてをたどって船に乗り始めた前田さんは、サケの番小屋で寝泊まりをしながら冬を過ごした。

番屋は暗くて、まわりになんもない、そんなとこだったの。おれはあんまり、縄なったりなんだり、定置網に必要な手が器用な方でもねがったから、使いっ走りさ。ああ、こんなかなあと思ってね、おれん人生、こんなかなあと。

このまま下働きで終わるのかと思っていた折、ちょうど目を患った。このままでは船長になるぐらい定置網でのぼりつめるのは難しい。そう思った前田さんは、目の治療を受けた後、思い切って通信士の講習を受けて資格を取った。「こんなかなあ」という自分の人生をなんとかしたい、と思っていたことが大きいという。一九四六（昭和二一）年のことだった。宮古で講習を受けて資格を取った第一期生で、資格を取ると同時に船員手帳をもらった。当時、船員手帳を得ることは、すなわち沖合に出かけていく大きな船に乗る資格を得たということだった。

手帳をもらってすぐ、前田さんは釜石の三九（あるいは三七）トンの船に乗った。トロールとサンマ棒受け船だった。それからすぐに一年で戻ってきて、今度は宮古から中居漁業部のもつメヌケ延縄船海神丸に乗り、襟裳沖、択捉島周辺まで出かけるようになった。宮古は延縄船の指定港になっていたため、延縄船は非常に多く、鍬ヶ崎の港はいつも賑わっていた。船は毎年三月に、少し宮古湾や田老の沖で試運転をしてから、択捉に向けて出漁した。メヌケ、タラバ（「ガニ」という）、スケソウダラが獲れた。だが同じ海域にトロール船がくるととたんに獲れなくなった。

縄とトロールだとね、トロールに負けるんですよ。結局負債だけが残る。だから、北へ、北へ、と出ていくようになるんだね。北へ行けばいるから（魚が）。

そして一九五六（昭和三一）年までメヌケ延縄に乗っていた前田さんは、ケーソン（ここでは母船式北洋サケ・マス漁業と中部流し網漁業の両者を含む）はあこがれだった、と語る。

船員も、非常にできのいい人が乗れるんだ、ということ。船の色が違うから、それが憧れだった。独航船とか、チューブ流し（中部サケ・マス流し網）というのは、北海道行っているでしょ。おれも北海道に行ってたからね。漁場で会うわけだ。

メヌケ延縄で独航船や中部流し網船に出会うと、メヌケやカニとサケを、というようにお互いに獲ったもの、足りないものを交換し合ったこともあった。それほどまでに近い距離で、ケーソンの白と黄色の船体を見ていた前田さんは、自分もケーソンに乗りたいと強く思うようになった。

そして、メヌケ延縄からその思いだけで降りた。流し網に乗れる機会を探ったが、その年は結局釜石の岩間漁業部第二恵比寿丸でマグロ延縄漁業に従事した。一九五九（昭和三四）年の四月に菅一漁業部の中部サケ・マス流し網船で、裏作をマグロ延縄船として行う第二明治丸に通信士として雇用された。宮古では当時、沢田、大井、菅一の中部サケ・マス流し網船が活躍していた。そのうちの一つ、菅一の船に乗れたのだ。その船体は黄色である。ようやくここに、チューブ流しに乗る、という夢がかなったのである。もっとも、その翌年にはソ連船に拿捕されるという経験もついてきた。当時、ソ連船への拿捕など、何か遠洋で政治的な力が必要なときは、山田町出身の水産畑の政治家で、ソ連との交渉にも出ていた鈴木善幸を皆頼った。前田さんもソ連による拿捕から解放された後、幹部に連れられて東京に詣でに行ったという。

チューブ船に乗って二年後の一九六一（昭和三六）年五月から故郷の田老町漁業組合自営の第二共栄丸の漁労長として船を移った。漁協自営の船は大手に比べると小さかったし、経験したことのない漁労長としての先行きも少し不安だったが、前田さんは故郷の田老町に頼まれたのだから、精いっぱいやろうと移ることにした。船体は青の、サケ・マス延縄とマグロ延縄（裏作）の船だった。日ソ漁業交渉のなかで毎年漁獲量が決められていた。自分たちで決めたノルマ達成をしようとする二、三日前に、操業停止の連絡が入って宮古港に戻ることが多かった。

延縄船の水揚げ港が宮古に指定されていたため、主に太平洋側の他県の船が宮古港に集中し、びっしりと隻数一〇〇隻近くが、順番で待機しながら水揚げをしていた。連日水揚げが続き、それは賑やかな光景だったという。

宮古湾はサンマの水揚げも当時日本一であり、サンマの棒受け船もびっしりと閉伊川の河口沿いに一九五五（昭和三〇）年頃から九月頃には三〇〇隻ほど集まっていた。そのほかにもちろん、サケ・マスの裏作のマグロ船や、マグロを専門にする漁船も集まってきたから、当時の宮古は、三陸一と呼ばれる花街も鍬ヶ崎に抱えた、とても賑やかな漁港だった。ちょうどその頃、鍬ヶ崎では、「サンマ船だのなんだの漁船の明かりで夜は農作業をしたぐらい」(16)に明るかった。水揚げする船、その順番を待つ船で宮古港はいっぱいだった。

その漁船であふれ返る港に、前田さんのように、「ケーソンさ、乗りでえなあ」と船員が集まってくる、北洋漁業はそんな動きを宮古湾にもたらしていた。

その後、一九七八（昭和五三）年に二〇〇海里の影響下、減船の判断を田老町がしたことから、前田さんは田老町漁業協同組合の船を降りて辞職した。田老漁協はその後、減船で得た資金をもとに大型定置網を設置し、資源を増産するようになった増殖事業の恩恵を受けながら、組合自営の定置網漁で大きな収益をあげた。つくる恩恵が獲る恩恵を直接的に支える、増殖事業と定置網漁の抱き合わせの発展は、さらなる増殖レジームの強化へつながっていく。しかし、その定置網漁の収益を後に得られたのは、前田さんのように、組合自営の船に乗り、遠洋漁業で稼いで組合を支えた漁業者が蓄積した富があってこそだった。

その後、前田さん自身は北洋と南洋に出る生活に再び戻った。一九七九（昭和五四）年秋からは、宮古有数の網主であり企業家の山根三右衛門の山根漁業部の第三一龍丸に乗った。山根漁業部はもともと津軽石村の赤前出身で、戦前に大規模定置網で大きく身を立てた。龍丸は北洋サケ・マス独航船で（船体は白）、日魯漁業の喜山丸船団として漁を行った。そしてさらに一〇年ほど、割当量がどんどん少なくなる現実を味わいながら過ごしたが、一九八八（昭和六三）年に喜山丸船団もついに減船となった。前田さんは翌年大目流し網とマグロ延縄の船に乗ったものの、一九八九（平成元）年に船を降り、ついに船頭を引退した。

前田さんの人生を大きく占めた北洋漁業については、戦前からその最盛期が終わるまで、数多くの研究が他分野においてなされてきた。特に人類学や歴史学では、「北洋」という言葉が漁民や水産界、そして日本社会のなかで共有される物語がどのように創造されてきたかが議論されてきた（神長　二〇一五）。その物語は二つの極をもっている。一つは、操業の過酷さと労働環境の悪さ、なりふりかまわない乱獲、ソ連など他国からの非難など、批判的論調のなかでの「北洋という物語」である。もう一つは、船員、ハマで船や船員を迎えた町の人びと、関連する水産業界にいた人びとの語る、華やかで活気ある「北洋という物語」である。

浜田漁業部の語りや、前田船頭のインタビューから見えてくる「北洋」は、それらとは異なり、実現可能な「身を立て、稼ぐ」場所としての北洋漁業だった。そしてそのように稼げる生き方を可能にしてくれた「場」であり、そのときに蓄積された富、減船に伴う補償金が、次の「沿岸」をつくっていく大きな下支えになっていった。「北洋」は、地域社会にとってまさに時代をつくった出来事だった。

もちろん、集まってきた漁師が皆、前田さんのように「ケーソン、乗りでえなあ」という願望をかなえられたわけではない。また、北洋漁業それ自体は、船から落ちてしまえば数分も待たずに死ぬという過酷な世界でもあった。前田さんもその船乗り人生において、知り合いの船乗りを二人海難事故で亡くしている。それゆえの誇りという情念が、人びとを強固に今でも支えているのである。前田さんは船頭人生を振り返ってこう書き付ける。「船頭生活二八年間苦斗の連続をよく堪えたから幸運にも今があると思うし倖せを感ずる」[17]。

北洋漁業の減退と沿岸への回帰

さて、すでに二人の話のなかにも出てきているが、改めて北洋漁業の減退について言及しておこう。次の章で述べるように、戦後の増殖レジームの発展は、北洋漁業の再開を支え、各国特にソ連との交渉のなかで漁場と漁獲量の縮小を押さえ、そして明白になった北洋漁業の減退に対処する政治交渉の道具としての発展でもあった。

一九七三（昭和四八）年のオイルショックは漁業の操業にも痛手を与えたが、大型化による債務に苦しんでいた造船業界に構造不況という二重の苦痛をもたらした。

加えて、それでも少しでも多くの魚を獲ることを追い求めていた日本の漁業の姿勢が、特に一九七〇年代に入るとさらにいっそう各国から厳しく批判されるようになった。また、国内においても、乱獲を引き起こしてしまう政策方針や北洋漁業全体の構造的欠陥、制度運用の政治的不透明さに関する批判が起こるようになった（本多　一九七七）。

そのようななかで二〇〇海里時代を迎え、サケ・マス資源についてはこれまで以上に母川国主義が徹底される時代がやってきた。それにより北洋サケ・マス漁業は大きな転機を迎えることになった[18]。漁業専管水域が世界的な制度となり、漁業区域は大幅に狭まった。それに伴い、ソ連、米国とカナダそれぞれと漁業条約を改定することとなった。一九七八（昭和五三）年、ソ連とのあいだに締結された通称日ソ漁業協力協定では、毎年交渉のもとサケ・マス議定書が交わされ、漁獲割当量の決定と漁業協力費の賦課金が決定されることとなった。割当量の減少と賦課金の増加は、船団の経営全体を圧迫し、それぞれの独航船の経営も苦しくなった。一九七九（昭和五四）年の日米加漁業条約改定議定書では、自発的抑止の原則に代わり、北米地域起源の遡河性魚類の分布・回遊する域を禁漁区とし、操業規制をかける「資源保全」が前面に出るものとなった。

これらの条約は北洋サケ・マス漁業の減船をもたらし、漁業自体の縮小化が一気に始まった。もっとも、漁業条約の改定のみが北洋のサケ・マス漁業の縮小化をもたらしたわけではない。そこには複数の要因が積み重なっていた。一九七二（昭和四七）年のオイルショックによる原価高による減退、一九七八（昭和五三）年以降の二〇〇海里体制の発展、サケ・マス資源の乱獲や海生哺乳類の混獲をめぐる国際的非難と各国政策における資源保護の重点化、そして、サケ・マスの母川国重視政策の世界的な定着など、複数の要因が重なり、一九八八（昭和六三）年には、事実上、母船式漁船の漁業からの撤退を迎えた。重要な背景の一つには、もちろん、一九八〇年代にシロザケ以外のサケ資源が減少し、回復が得られなかったことがある。

一九九一（平成三）年には、母川国の日本、カナダ、米国、ソ連の四ヵ国が集い、公海におけるサケ・マス漁業を禁じる北太平洋サケ・マス新条約の成立を目指した。日本・米国・カナダの国際協定では、北米起源のサケ・マスが行き来する生態空間を禁漁区とする、というサケ・マス資源の保存条約が決められた。二〇〇海里水域内での母船式操業も禁止された。ソ連とのあいだの再協議においても、漁獲量の割り当ては減じられたこと、ソ連が一九九二（平成四）年以降は公海でのサケ・マス沖取りを停止すべき、と主張したことなどから、操業の範囲は非常に狭くなり、事実上、操業は困難になった。同年には北太平洋サケ・マス新条約が署名され、発効された。それにより北洋サケ・マス漁業の時代は終わりを迎えた。現在は、周辺水域内における沖合漁業、沿岸の定置網漁業などがサケ・マスの漁船漁業の中心である。

さて、北洋サケ・マス・遠洋マグロ漁業の戦後の発展と縮小は、その過程で増殖を政治的な一つの道具立てとして、実際に生産を支える技術政策の中心に位置づけることになった。同時に、沿岸から遠洋へと拡大されていった漁業の空間は、遠洋から沿岸へと編み直される。宮古湾周辺は養殖や定置網などの沿岸を使う漁業も盛んであった。北洋サケ・マス漁業がその華々しさを失っていくなかで、代わりに養殖やサケ・マスの定置網の存在感が財政的にも大きくなってくる。同時に、定置網に恩恵をもたらすサケ・マスの増殖事業の位置づけも変容してくる。

（1）William C. Neville による調査報告『日本の漁政』（一九五二、農林大臣官房渉外課訳農林大臣官房渉外課）において戦後の漁政報告がなされている。
（2）正式には、文書SCAPIN第一〇三三号「日本の漁業及び捕鯨業に認可された区域に関する覚書」のなかで示された、日本の漁船の活動範囲のことである。
（3）この漁業権の改革の経緯については、水産経済学の牧野光琢の研究に詳しい（牧野　二〇一三）。

(4) 後に一九六六(昭和四一)年から一九六八(昭和四三)年に水産庁長官を務めている。

(5) 一九四六(昭和二一)年に始まった番組に端を発し、その後、形を変えながら続いてきたラジオ番組である。一九八二(昭和五七)年から一九八四(昭和五九)年に放送されたなかから選ばれた話が『証言・日本漁業戦後史』として出版された(NHK産業科学部 一九八五)。

(6) 本章および以降の漁業権に関する記述は、二〇一八(平成三〇)年の漁業権法改正前の漁業法に基づく。

(7) 遠洋底曳網漁船として、スケソウダラ、カレイなどを狙いながら、北緯四八度以北、東経一五三度以東、西経一七〇度以西のオホーツク海、およびベーリング海を含む北太平洋海域で操業を行った。

(8) 戦前、ソ連は五ヵ年計画のもと、北洋サケ・マスなどの漁獲制限を行おうとしていたが、一九二五(大正一四)年の日ソ漁業共同交渉では、難航しながらも漁業権の行使に関する交渉が行われ、漁区の貸し下げ条件などが議論された(板橋 一九八三)。この頃から密漁やごまかしが組織的にも個人船主間でもあったが、戦後も、禁止区域での操業(密漁)、割り当て以上の漁獲を得る、値のよいベニザケとギンザケの群れを見つけたら、それまでに獲ったシロザケなどの資源を海中に捨て、ベニザケとギンザケを獲る(廃棄した分はもちろん割り当てに反映されず、結果として多くのサケ資源が無駄に捕獲されていることになる)、などの行為が数多く起こった。北洋漁業が「光と闇」をもつと強くいわれるのはこのためであり、二〇〇海里時代に入ってからも、密漁と無縁ではいられないところに「闇」がある。

(9) 以降の記述については、筆者によるインタビューと、浜田漁業部二代目社長の濱田正男さんのメモ、そのお連れ合いで、浜田漁業部の経理事務を一手に引き受け、船員たちからも大女将と慕われる濱田セツ子さんが書いたメモ、気仙沼発の遠洋漁業者たちのコミュニティ情報誌『みなと通信』(二〇一三年)の記事を参照している。インタビューは二〇一八(平成三〇)年八月三一日に浜田漁業部の事務所で行われた。三代目社長濱田雄司さん、正男氏の娘さんの濱田正美さん、専務の濱田善之さんとのグループインタビューとなった。

(10) 釧路は明治草創期には、ニシン、サケ、コンブの漁獲を主に行っていたが、その後、タラの延縄、手繰り網(底曳網の一種)が無動力船ながら始まった。一九〇六(明治三九)年にマグロの流し網漁が始まった。動力船が増大した一九二九(昭和四)年からは、マグロ流し網漁が最盛期を迎えることとなった。その後、マグロが一九三〇年代半ばに落ち込むと、マイワシ、マダラ・スケトウダラの漁獲が盛んになった。戦後はサンマ(流し網から棒受けに転換)、マサバ漁が盛んとなるが、一九五四(昭和二九)年に釧路が北洋サケ・マス独航船の、翌年には極洋捕鯨、北洋サケ・マス船団の基地に指定されると、一大北洋サケ・マス漁業の基地となり賑わった。

(11) 正男さんは一九二四(大正一三)年生まれ。

(12) 現在の北海シェル石油株式会社の前身である。
(13) 図については、佐野(一九九八:一九–二〇)をもとに聞き取り結果を反映させた。
(14) 朝日新聞二〇一五年七月三一日(北海道版)、加賀元「戦後70年北海道　サケマス『無尽蔵と思った』」の記述による。
(15) この項の記述は、前田松雄さんへのインタビューによる(二〇一七年一月二二日、前田さんのお宅にて)。前田さんは一九二九(昭和四)年田老町で生まれ、堤防の外で育った。
(16) 伊藤エミ子さん、二〇一七(平成二九)年四月一五日電話にてインタビュー。伊藤さんは鍬ヶ崎で生まれ育ち、現在も在住であり、鍬ヶ崎の戦中・戦後について聞き取りを集めている。この話は、鍬ヶ崎で銭湯七滝湯の女将だった袰野政子さんから伊藤さんが聞き取りをしたもの。鍬ヶ崎一帯で生活していた人は当時の「町の明るさ」をよく記憶している。二〇一七(平成二九)年一二月一七日に東京海洋大学佐々木剛研究室と共同で行われた鍬ヶ崎公民館におけるワークショップでも、「ああ、明るかった」と口々に光を灯した漁船が荷揚げを待っていた景観について話す場面があった。
(17) 前田松雄さんによる手書きノートより。二〇一八(平成三〇)年一月に筆者とのインタビューのために書きためていてくださったもの。
(18) ベーリング海でのズワイガニ漁、ニュージーランド沖のイカ漁も同様に漁区からの撤退を求められた。

7 獲るためにつくる——戦後のサケをつくる方法と制度

本章では、戦後の増殖事業の発展を捉えながら、つくる漁業が獲る漁業を支える道具立てとなり、獲る漁業を支えることがつくる漁業の目的となっていく様子を見ていこう。増殖事業のために、法律、組織、研究、教育、政府による研究資金提供などが制度として整えられる。そして、政治的・社会的に推進すべきミッションとして増殖事業が位置づけられ、そのもとで制度を能動的に動かす戦後の増殖レジームが形を表す。増殖レジームはサケの生をモノへ対象化し、「わたしたちのモノ」化をいっそう進めていくことになる。つくることが獲ることを支え、獲るためにつくることを生み出していく、そのようなつながりもまた明らかになろう。

そして増殖レジームのもと、カワザケという関係性の塊が徐々に、まずは科学技術開発から、増殖事業全体から外されていく。

サンフランシスコ講和条約直後から、資源保全は漁区拡大の交渉過程で政治的交渉の条件とされ、水産資源保護法などが整備されてきた。北洋漁業は常にソ連（ロシア）やカナダ、米国など太平洋で資源を取り合う国々との漁区と漁獲量の交渉を必要とした。その際に交渉のカードの一つとして増殖事業が用いられ、増殖レジームが形をなしていく。本章では戦後どのようにサケの人工ふ化放流事業が形成されてきたか見てみよう。

サケ人工ふ化放流事業は、一九七〇年代から、かつてない資源造成を成し遂げたと評価されてきた[1]（秋庭　一

九八八、小林　二〇〇九）。そのような増大に寄与したと評価される技術と制度設計が、戦後どのように再編されていったかに着目しよう。

人工ふ化放流事業の再編の力点となったのは、科学と数である。米国からの科学的批判を受けて、日本の人工ふ化放流事業は改めて「科学的に」再編されながら、サケを「つくる」制度設計を整えていく。そしてその試みは、政治的交渉の道具としての「つくる」増殖事業を、放流数を増やすという目的に駆り立てていく。人工ふ化放流事業の規模は、ふ化場が扱える卵の数で表現されるが、北海道鮭鱒増殖拡充計画（一九六二―一九六七年）を皮切りに、八億粒、一〇億粒という数が目指されていった。

科学と数を力点として再編された人工ふ化放流事業は、人間の技術をその生に加えたハイブリッドな生きものとしてのサケを生み出していく。そしてサケの存在を、サケの生をモノ化していく。前章で述べてきた、獲る漁業の発展と増殖レジームの発展が互いに連動し、絡み合って進んでいくことを見てみよう。

7・1　政策交渉の道具としての増殖

獲るためのつくる事業

明治時代以降、人工ふ化放流事業は、漁業のなかでも、河口近くまでやってきたシロザケを捕獲する沿岸および河口の定置網漁(2)や川でのサケ漁と密接に関連してきた。当時の人工ふ化放流事業の第一の目的は沿岸定置網や河川のサケ資源を確保することだった。戦後においても、沿岸漁業者にとってサケ資源の増産は重要であった。しかしながら、戦後のサケ・マス人工ふ化放流事業は、その当初から、遠洋漁業に関する国際交渉を有利に運ぶため、国家としての立場を補強する道具として求められ、そのようなものとして制度化されていく。戦前よりもはるかに、その政策的な道具としての役割が強く求められていたといってよい。

というのも、すでに述べてきたように、日本政府は、戦後食糧難からの脱却と復興・産業発展のための外貨獲得を目指し、戦中から外貨獲得の有力な産業となっていた北洋や南洋での漁業の再開に力を入れたからだ。政府の積極的な金融政策もあって、一九五二（昭和二七）年のマッカーサーライン撤廃に伴い、それまで限られた漁区に閉じ込められていた遠洋漁業操業希望者は、一気に外洋を目指した。それは宮古の浜田漁業部の歴史が、前田さんの個人史が、わたしたちに語る通りだった。

しかし、戦前から日本の水産業の漁獲と漁区の拡大を警戒していた周辺諸国は、自国の資源を守るためにすぐに対応をとった。一九五二（昭和二七）年に米国・カナダとのあいだで日米加漁業条約、韓国による李承晩ラインの宣言、一九五五（昭和三〇）年に中国と日中民間漁業協定、一九五六（昭和三一）年にはソ連と日ソ漁業条約と、日本の遠洋漁業は国際協定のなかに置かれることとなった。

それに先立ち、一九五〇（昭和二五）年一〇月一七日から三日間、札幌で「全国鮭鱒増殖協議会」が開催された。いまだマッカーサーラインのなかに日本の遠洋漁業が閉じ込められていた頃である。協議会は、北海道水産部、北海道大学、北海道区水産研究所、小樽水産高校、北海道鮭鱒保護協力会連合会、北海道鮭鱒漁業協同組合、北海道水産孵化場、本州北部一一県の水産関係部局、試験所、淡水区水産研究所などが参加しており、北海道のサケの人工ふ化放流事業にかかわる関係者がそろっていた（北海道さけ・ますふ化放流事業百年史編さん委員会　一九八八：五六二-五六四）。そこで確認されたのは増殖の二つの目的である。一つは、国内食糧の増産確保と輸出品としての一端を担うことであり、もう一つは、戦前の略奪漁業の汚名をそそぎ、国際的資源の維持増殖に寄与することだった。後者は、遠洋漁業の再開をにらんでの目的であることは明白である。

吉田茂と対日講和特使ジョン・F・ダレスのあいだで漁業交渉に関する書簡がやりとりされたのは一九五一（昭和二六）年二月七日である。一九五一（昭和二六）年二月一二日にはウィリアム・C・ヘリントンから五ポイント計画が示され、積極的な漁業管理と資源保護に関する要請が日本政府になされた。このような漁場再開や拡大をめぐる政治的交渉よりも前に、すでに日本の増殖事業者や関連行政、研究機関のあいだでは、増殖の目的を遠洋漁業の国際交渉における戦略的な切り札として貢献することに据えていたことがわかる。

こうして、マッカーサーライン撤廃後の遠洋漁業への参画をにらんだ対策として、つくる増殖事業に重みが置かれた。国内・国外双方に資源管理体制の確立を示すため制定された水産資源保護法とともに、獲る漁業を支えるための資源をつくる体制の整備が、戦後すぐの遠洋漁業枠拡大を求めるなかで進んでいった。

GHQによる批判と提言、新たな科学化

戦前につくられた北海道型人工ふ化放流事業は、戦後にGHQから批判を受けることから再出発することになった。この項ではどのような批判と提言を受けたのか、現場の対応はどうだったのか見ていこう。戦後の人工ふ化放流事業は、GHQの批判と提言を受けて、科学化されていく。しかしその科学化は、GHQの批判と提言で意味されていたことと違う方向で進んでいくことになる。

まず、GHQの批判と提言の内容を確認しよう。端的にいうと、GHQの批判と提言は、サケ・マス資源管理における人工ふ化放流事業への偏りを批判し、自然繁殖を促進する環境回復に重きを置くべきだという内容だった。

その中心には二人の米国研究者がいた。一人はスタンフォード大学教授で、戦前に米国連邦漁業局の研究主任を務めていたこともあるウィリス・H・リッチ博士、もう一人はGHQ顧問のリチャード・ヴァンクリーブ博士だ。

リッチは水産資源保護法が制定される以前、一九五〇（昭和二五）年の九月にGHQ顧問として北海道のふ化場を訪れた。その目的は、水産管理計画と水産資源保護計画に助言をするためだった。

この時期の米国では、カナダに続き、人工ふ化放流事業技術の科学的妥当性、天然の繁殖保護に比較した折の費用対効果などが研究者や政策立案者らの批判を浴び、人工ふ化放流事業はすでに国策の中心にはなかった（Taylor 1999）。そのような米国での学問的常識を背景に、リッチはサケ・マス漁業のみならず、日本の水産研究を支える制度、組織、研究者、内容、施設などの充足の必要性、正確な統計資料や長期計画の必要性など、水産学・技術研究と実践の全体像をふまえたうえでの評価を行った。

では、具体的にリッチの報告とはどのようなものだったのだろうか。以下、人工ふ化放流に関するところについて取り出してみよう。まず現状の分析から始まっている。

(1)調査研究が人工ふ化放流の技術に関連したものに限定的な調査研究になっており、標識調査なども不十分である。

(2)形態学的分野の研究に比重が置かれていて資源保護研究には不十分である。

(3)研究者・技術者が人工ふ化放流技術の効果を全面的に信じていて、その様子はまるで三〇年前の米国・カナダのようである。最近では、人工ふ化放流技術に懐疑的な態度をもつ者が出始めていて、それは心強い。

(4)サケの生態と合わせた研究が必要であるが、それが不十分である。

(5)人工ふ化は天然ふ化より効果的である、北海道では自然繁殖は社会的・物理的条件により難しい、統計上ふ化放流の採卵数と天然産卵数、四年の回帰率[3]には相関関係が見られる（よって人工ふ化は効果的）、という北海道側の三点の主張は根拠に乏しい。再生産数の正確かつ詳細な記録、標識放流などを利用した調査研究などを用いて、先入観（人工ふ化はサケ資源の再生産に役立っている）を捨てて研究するべきである（リッチ　一九五一）。

もう一人、GHQの顧問だったリチャード・ヴァンクリーブも、一九五一（昭和二六）年の四月初旬から五月の中旬まで、北海道から福岡まで一三ヵ所を視察して報告を別途まとめている。そちらは、淡水の漁業生産を増大あるいは維持するうえでの報告となっている。北海道の人工ふ化放流事業については、人工増殖によりサケ・マス資源保護を推進するという特異性の指摘、人工ふ化事業と行政の関係性のあり方、漁業者による河川下流部での商業捕獲の問題、採卵後の親魚を売却した収益をふ化場の収入予算に充てるということの不合理性、自然繁殖の無視、水質汚濁への無策の指摘などがなされた。

さらに報告に基づいて以下の六つを指摘している。

(1)治水や農業用水のために魚道のない堤堰を改善しないままにしたり、ダムなど河川工作物を親魚の捕獲に都合のよい構造物として使っていたりする。それらの河川工作物がサケ・マスに与える影響や、遡河性魚類の遡上・降下などの現状について研究するべきだが研究がなされていない。また、魚梯の設置、ダムの位置、発電や灌漑水路へ魚類が迷い込むことへの禁止、それらの調整や管理方法が研究に含まれるべきである。

(2)北海道における人工ふ化事業の効率化のためには、自然繁殖と人工ふ化放流事業の経済性、生産力などを比較し検討する必要性がある。ふ化場の収入予算は、商業捕獲の操業とともに禁止されるべきである。

(3)日本のもっとも重要な淡水魚について、生活史と生物学的研究を行うべきである。これはダムの設備と管理計画を決めるうえでも重要である。特に緊急を要するのは、琵琶湖のアユと東北、北海道のサケ・マスである。

(4)河川湖沼の産業排水汚染の現状とその処理方法の開発とその強化について研究を継続すること、汚染の処理と除去について統一基準を設けるべきであり、淡水区水産研究所のもとに計画を立てるべきである。

(5)淡水漁業の調整、河川湖沼の水利用に関する法律を、魚類の生息を効果的に保護し、適正な管理計画ができるものに変えることがそれぞれ必要である。権力をもって監督する組織をつくり、魚のためにダムを操作し、水を配分し、保護法のもと強制力をもって施行することが必要である。

(6)河川湖沼の開発計画とその運用を単純化して、同地域の魚類生産、発電、灌漑、洪水調節などを総合的に効率化する単一機関をつくるべきである（ヴァンクリーブ　一九五一）。

以上がヴァンクリーブによる提言の中身だった。

このように並べてみると、リッチとヴァンクリーブ、両者の提言には二つの共通点がある。

一つは、科学技術開発と研究を行ううえでのフレーミングの問題の指摘である。いわく、日本の人工ふ化放流技術は、対象種の数の増加のみを目的とする単目的的で、視野や発想、物事を考えるフレーミングが狭い。具体的には、サケの生物学的な研究の不十分さ、自然繁殖を考慮外において検証していないこと、さらには人工ふ化放流事業の社会的・科学的妥当性を「疑わない」態度が批判されている。

フレーミングの狭さは、サケ本体だけを研究対象に限定し、サケの生態環境である水質汚染、水域や水そのものの資源利用との競合、河川工作物については、変えられない初期条件と見なすという態度を生んできた。二人の博士が批判したのは、自然繁殖の可能性を増やすために悪化する環境条件を変えようとするのではなく、むしろ悪化した環境条件を初期条件として固定化しようとする態度である。科学的であること、技術開発を行うということは、サケの生物学的な見地から、増産のために生態環境の現状を改善する工夫を政策的に提案するものだ。リッチが「技術者としての怠慢」といい放ったのは、そのような科学者・技術者が果たすべき役割を果たさずにいることへの批判であろう。

もう一つは、近代国家のもとで制度化された科学が、統治の道具となる問題である。ヴァンクリーブは特に流域の総合的な統治機構と、それを根拠づけ支える法の必要性を主張し、縦割り行政について批判的言及をしていた。水質汚染や無秩序な河川工作物などを変えられない初期条件としてしまうのは、制度化された科学の問題でもある。行政上、縦割り化され、たこ壺化した「科学」研究と技術開発は単なる統治の道具として用いられる。統治の道具となった科学は、流域の総合的な統治ではなく、縦割り行政を強化するだけになってしまう。

ポリティカルエコロジー研究[4]の泰斗であるジェームス・C・スコットは、このような細分化された「科学」が統治のための道具と化す様子を、近代国家のシステムが湿潤していく東南アジアを事例に描写している。スコットいわく、国家は統治を行き渡らせ、たやすく資源を管理するために、見いだされた資源を取り巻く諸条件を物理的にも社会的にも単純化するよう働きかける[5](Scott 1995)。細分化された科学は統治のための道具として、対象を単純化し、腑分けし、対象が埋め込まれているはずの関係性を見えないものにしてしまう。そして、本来ならば初期条件だと固定化するべきではない、河川の汚染や無秩序な河川工作物などによるサケの生態環境の悪化を動かせない初期条件として固定化してしまう。このような縦割り行政と初期条件の固定化が連動することで、サケの生きものとしての「生き幅」が狭められていく。リッチとヴァンクリーブの批判は、主に自然繁殖の可能性と必要性に言及しながらこれらの点を指摘していた。

もっとも、二人からの提言には、かなりの反発が現場からあったようだ。

千歳中央孵化場を前身とする北海道水産孵化場は、技術開発とその運用を国家から役割づけされてきた。そのため、これらの統治と制度化全体にかかわるリッチとヴァンクリーブの提言や報告に対して、ふ化場単独でどうにかできるものでも、対処を積極的に行える状況でもなかった（小林 二〇〇九：一六七）。

しかも、北海道型人工ふ化放流システムは伊藤一隆によって構築された当初から、密漁や近代的な河川・港湾開発にもかかわらずサケの生産を確保するための布石を名目に開発されてきた。人工ふ化放流事業は、そもそもサケの生態に必要な環境とはこれこれこういうものだから、汚染や無秩序な開発はすべきではない、というような「そもそも論」のための事業ではなかった。むしろ技術者たちは、実際に開発によるサケの生態環境が悪化するにつれ、ふ化場と人工ふ化放流技術に期待されているのは、河川の汚染や開発が進んだなかでも資源量を確保するということだと、社会的使命と自負をもっていた。ゆえに技術者たちにとってGHQの二人の博士からの批判と提言は、ボタンのかけ違った的外れな助言もいいところだった。それどころか、現場の悪条件をふまえてそれでもなんとかサケの数を確保しようとしてきた技術者たちのこれまでの苦闘や歴史、培ってきた知識と技術、科学としてのあり方をまるごと否定するようなものに聞こえた。

北海道さけ・ますふ化場に長く勤め、戦前から戦後の人工ふ化放流事業の中心にいた人物の一人、秋庭鉄之[6]によると、リッチに同行した当時の場長、木村鎚郎がこういっていたという。

産業開発や人口の増加で河川は荒れ、水質は汚染し、ダムの建設で親魚がそ上できない。加えて密漁も多いということでわが国では天然産卵を期待することはできないと説明するのだが、彼（リッチ）はそうした悪条件を許しているのは技術者の怠慢だという。日本は三十年おくれていると強硬で意見は平行線になり、天然ふ化でやるべきだと報告するとまで言われた（秋庭　一九八八：一三七）。

木村自身、「場長時代の二三の思い出」としてこの対立のエピソードをあげているほか、サケ・マス人工ふ化放流事業の危機だったと語っている（木村　一九六九：二〇九-二一一）。一九五〇（昭和二五）年に北海道立水産孵化場に入り、後に場長を務め、戦後の人工ふ化放流事業の技術開発の牽引役であり続けてきた小林哲夫もまた、リッチの講演と質疑応答に現場が戸惑い、「疑念や不信」があったと述べている。(7)

親魚の捕獲数や産卵数の多寡に一喜一憂しながらも長い歴史ある事業への誇りを身につけているものにとっては、生きた魚や卵を手にしたことのないものに何がわかるか、と一時的に批判を強める向きもあった（小林　二〇〇九：一六三）。

後に小林は当時を振り返り、二人のＧＨＱ科学者の報告書を次のように評価している。いわく、当時の日本の人工ふ化放流事業は、無秩序な河川管理状態がサケ・マスの資源再生産に悪影響を与えると知りながら、そのままに放置してきた。そのうえ、ふ化効果の裏付けとなる科学的資料も提出が難しいというのだから、両博士にとってその有効性の判断の材料にしようがない。それでも、両博士は自然繁殖と人工ふ化放流の両輪を回すことを提言していて、人工ふ化を否定してはいなかった。よって、当時のふ化場では日本の人工ふ化放流が重要であるという事情もある程度くんでくれていたのではないか、というのだ。

淡水区水産研究所の初代所長だった黒沼勝造は、ちょうどリッチが提言したのと同じ年の一九五〇年一〇月に、米国の事情をふまえ、人工ふ化放流技術に疑念を呈する講演「最近におけるアメリカの養殖事情」を行っていた。その内容がリッチの言葉と重なったこともあって、リッチの提言は現場からの反発を受けながらもおおむね受け入れられた。小林自身は、「マンネリ化気味の事業運営の職場にとっては大きな刺激となった」と総括している。そして、ＧＨＱの提言を受けて、人工ふ化放流事業は調査研究の位置づけを高め、事業全体を組み立て直す契機になった（小林　二〇〇九：一六二–一六三）。

では具体的に、ＧＨＱの顧問科学者たちの提言を受け、人工ふ化放流事業の現場ではどのような方針転換と変化があったのだろうか。

北海道水産孵化場の『昭和二六年度事業報告』（北海道水産孵化場　一九五一）によると、リッチの訪れの次の春から、常呂川、石狩川、知内川など主要河川での稚魚の標識放流試験、岩尾別川、知内川、石狩川、常呂川、十勝川、西別川などの自然繁殖の効率解明の実験などが行われている。稚魚の標識放流試験は、サケの生態と生活史の精緻な解明のためである。自然繁殖効率解明の実験は、ＧＨＱの二人の博士が求めていた、自然繁殖保護の可能性を生物学的な知見をもって探ろうとするものであった。小林によると、このようにして、従来はふ化技術開発や改善にのみ向けられていた調査研究志向が改められた。そして、「効率的な資源培養のための生物学的知見の充実による科学的な孵化事業への脱皮へと踏み出した」（小林　二〇〇九：一六六）。

サケの生態と生活史の精緻な解明を生物学的知見から行うという科学的な人工ふ化放流事業をふ化場関係者が共有し、目指すシナリオが更新されたのである。それは新しく科学的なふ化放流事業を立ち上げるためのシナリオ更新だった。

ただし、この科学的なシナリオ更新は、ＧＨＱの求めたように自然繁殖を中心としたものにはならなかった。むしろ、人工ふ化放流技術の精緻化を進め、「健やかでつよく」放流に適するようにサケの生により強く交渉し、存在を変容させていく。この時点でその方向性に導いた要因を二つ見いだすことができる。一つは、戦前に経験したよりもますます工業化が進むことが予想され、技術者たちは自然繁殖には適さない生態空間の状況から、さらに悪化することを想定して始めるしかなかったこと。もう一つは、技術者たちが戦前から培ってきた、難事に立ち向かってこその技術者である、という矜持をもっていたことである。

小林が著書で「ぶざまな失敗」だったと振り返っている象徴的なエピソードがある。科学的なふ化放流事業を立ち上げるという方針転換後、一九五二(昭和二七)年にふ化場が国営化される前に、荒廃したふ化場の施設再建のため、農林大臣に陳情し、農林中金から特別融資を受けた。一億円という破格の融資で、道内の二一ヵ所のふ化場をつくることとなった。ふ化場施設の設置にあたっては「科学的」であろうとした。しかしながらこれらの施設再建は失敗することになった。地下水に含まれる鉄分の含有量の多さからふ化育成がうまくいかなかったのだ。地下水を使った施設設計を行ったにもかかわらず、地下水についての知識が施設の設計時には考慮されていなかった。

着目したいのは地下水の鉄分が問題であるとわかった後の、ふ化場の人びとの行動を裏支えしたある感覚と態度である。小林は、当時のふ化場の技術者たちには、地下水の鉄分の含有量の多さが判明した後も、「鉄分を含んだ水を改善し、利用してこそ近代社会に相応しい孵化技術であるといった感覚」(小林　二〇〇九：一六九)があったという。つまり技術者たちは、サケにとって環境の悪い状態でも、そのような悪条件を技術的に克服し、ふ化育成ができる環境を人工的につくり出すことが技術的挑戦だと考えていた。結局、この地下水利用について小林は、自然の奥深さに対する配慮や謙虚さの欠落が招いた「ぶざまな失敗」だったと振り返っている。

しかしながら、小林が「ぶざまな失敗」談の要因だったと指摘した、自然の奥深さに対する配慮や謙虚さの欠落と、科学技術の担い手は初期条件の悪さに立ち向かってこそ、という技術者の職能的感覚は、戦後日本のかつてない工業化による環境の悪化という現実のもとで、技術開発のために動員されていくことになる。

7・2 つくる制度――科学と数

北海道型人工ふ化放流システムの再編と科学化

それでは、GHQの批判的提言に基づき、新しい科学化の方向性を得た北海道人工ふ化放流システムがどのように再編されていったかを見ておこう。

まずは組織について確認しておこう。戦後、北海道のさけ・ますふ化場は、運営体制や所属をめぐってしばらく二転三転した。北海道の人工ふ化放流事業について戦前から振り返ると、北水会の伊藤一隆の尽力により人工ふ化放流事業が制度化されたときから、一八八八(明治二一)年に設立された千歳中央孵化場が事業の中心であった。千歳中央孵化場は、経営が官営と道営を揺れ動き、その名称も、一九〇一(明治三四)年には北海道水産試験場、一九二四(大正一三)年に北海道庁水産孵化場、一九三四(昭和九)年に北海道鮭鱒孵化場(官営)、一九四一(昭和一六)年には北海道水産孵化場、と変容してきた。しかしいずれの時期もいくつもの支場を司る本場として、研究と技術開発の中心であり続けてきた。また、一九三四(昭和九)年からは民営のふ化場も傘下に組み込まれた。

一九五一(昭和二六)年制定の水産資源保護法施行に伴い、北海道の人工ふ化放流事業は、農林省の管轄のもと事業費が国庫から支出されることとなり、事業は国営化された。そして、北海道鮭鱒孵化場は、一九五二(昭和二七）年に北海道さけ・ますふ化場と北海道立水産孵化場に分離設立された。北海道さけ・ますふ化放流事業とそれにかかわる調査試験を行い、北海道立水産孵化場は親魚捕獲事業委託と密漁の監視、淡水増殖事業調査試験を行うことになった。水産資源保護法上、人工ふ化放流のための採捕は都道府県知事免許のもと行われることになっていたし、密漁取り締まりは道警の管轄だったから[8]、それらを担う機能が北海道立水産孵化場に分化した形だ。一九六七（昭和四二）年に定置網漁業にふ化放流事業への協力が義務化されると、定置網漁業者らからなる社団法人北海道さけ・ます増殖事業協会が設けられ、親魚採捕を担い、卵を供出するようになった。

さてこうして、一九五二（昭和二七）年四月から北海道さけ・ますふ化場と名前を変え、六支場、四五事業場を傘下に置き、「事業と調査研究の一体」（北海道さけ・ますふ化放流事業百年史編さん委員会編　一九八八）を組織のあるべき姿を表す言葉に、事業が始まった。

「事業と調査研究の一体」という言葉には、ＧＨＱの提言と五ポイント計画への対応が強く意識されている。ＧＨＱの提言後、ふ化場では一九五一（昭和二六）年には標識放流をすぐに拡充して行い、さらに一九五二（昭和二七）年からは、親魚の生態調査を強化し始めた。親魚の生態調査とともに、常に記録をとり、それをもとに統計と資源解析を行うことも始められた。調査研究が事業のなかに埋もれていたことへの反省も込めて、調査研究を新たに拡充したのである。当時北海道さけ・ますふ化場にいた秋庭鉄之によると、一九五三（昭和二八）年の北海道さけ・ますふ化場の事業計画自体、「人工ふ化事業及び天然繁殖（注：自然繁殖と同義）の保護助長によって」と書かれ、この当時の調査研究はＧＨＱの提言にあったように、自然繁殖を促進することが重要課題の一つとされていた（秋庭　一九八四）。

調査研究がもっと本格的になるのは、第一次さけ・ます増殖計画[9]が五ヵ年計画で策定され、実施され始めてからである。この計画はGHQの提言内容を色濃く反映していた。第一次さけ・ます増殖計画においては、放流数の設定からして、それまでと異なる計画の立て方が行われた。それまでは定置網の経営安定が目的だったから、一ヶ統あたりのサケの漁獲が想定され、それに数をかけて目標となる放流数を算出していた。しかし、第一次さけ・ます増殖計画では、河川ごとの親魚捕獲数から再生産効率を勘案し、自然繁殖の状況を加味し、密漁対策も組み込んで、河川ごとの計画を策定した（秋庭　一九七六、一九八八）。それにより、受精卵の確保は順調にその数を伸ばしたが、回帰率はあがらず、一％を上限としてそれより下回ることが多々あった（小林　二〇〇九、秋庭　一九八八）。[10]

また、GHQの提言に沿う形で、サケ・マスの自然繁殖条件や環境調査を行う、サケ・マス資源の維持増殖についての調査試験総合計画が北海道さけ・ますふ化場で一九五四（昭和二九）年から始められた。この総合計画は、GHQの報告を受けてすぐに始まっていた親魚の生態観察が受け継がれた事業であった。一九五七（昭和三二）年には、自然繁殖に関する実証実験（十勝川など）が行われ、自然繁殖の実態に関する研究も行われている（小林　二〇〇九：一七六―一七八）。

戦前から人工ふ化放流事業に先達とともに尽力してきた秋庭鉄之のような技術者から見ると、自然繁殖を強調する方針には反発を感じざるをえなかったようだ。GHQの提言そのものに向けられた反発とその内容は同じである。そもそも自然繁殖が難しい工業開発や密漁などの条件のなかで人工ふ化放流事業を苦労しながら続けてきたこと、その先達を否定するものであるように思えたのだ。

秋庭は後に、一九五四（昭和二九）年当時、GHQの提言のもと再編された北海道さけ・ますふ化場の開庁式について、若かった秋庭が記した言葉を振り返っている。いわく、「七〇年の歴史が交々立って祝辞として語られている時、先輩諸氏の占めた位置は燦然として輝いた。それは今や確かな存在である。たとえ人工ふ化ということが否定されようと、その人達の存在は明らかなのである。犠牲のある世の中を美しいと思う」（秋庭　一九八四）。この言葉は、人工ふ化放流事業自体への政治的な風当たりの強さと、批判、それらに対する技術者たちの当時の反発の様子を描写している。

そのような反発を呑み込みつつ、ＧＨＱの提言を入れ込んで行われた、サケ・マスの生活実態、自然繁殖条件を明らかにする研究は、後に生理学・生態学的なサケ・マス研究を蓄積するうえで、重要な出発点となった（小林　二〇〇九）。先述した一九五四（昭和二九）年の調査試験総合計画の実施が、後の研究発展上、果たした役割は大きかった。前述した秋庭鉄之も、小林哲夫も、この調査研究が、戦後日本のふ化放流技術の柱となる「健苗を育成し、その上で適期時期に放流する」という稚魚育成手法の開発と確立につながっていったと振り返っている。二人はこれらの調査研究の進展には、ＧＨＱの報告以来、根強くあった「人工ふ化は役に立たない」という国内の批判に対し、調査研究の結果で応えることが重要であるとの認識が強い動機となったとも述べている。

結果として技術者たちは、ＧＨＱの提言を批判的に血肉にしつつ、人工ふ化放流事業の日本における必要性と妥当性を社会的に説明できるよう、「科学的な」人工ふ化放流技術のいっそうの進展に努めた。自然繁殖を重視するＧＨＱの方針への心情的反発が、人工ふ化放流技術の効果や重要性を証明するために、人工ふ化放流事業を「科学的に」再構成し、いっそうその進展に技術者たちが尽力する動機ともなった。

それまでの事業内容、結果、施設など設備の見直しも同時に行われた。これもＧＨＱの提言を意識して行われた。そこで明らかになったのは、各事業場の施設それ自体がサケ・マスの生理生態に無頓着なまま、容量や構造に力点が置かれていたこと、事業成績を統一して記述するための卵数の測定法（重量測定法、容量測定法）からしてばらばらだったことなどだった（小林　二〇〇九）。

こうして、国営化とともに、GHQの提言をもとに、人工ふ化放流事業の必要性と妥当性を明らかにしながら事業を進めるために、「科学的」であろうとする新たな方向で、人工ふ化放流事業の全体が制度と運用方法ごと再編されることになった。

他方で、北洋漁業者からの人工ふ化放流事業への期待と要請も高まっていた。一九六二（昭和三七）年から始まった八億粒計画（本州も含めた一〇億粒計画）では、計上した予算二二億六〇〇〇万円のうち、北洋漁業らサケ・マス漁事業者による民間協力金負担は、三分の一の六億円が期待されていた。実際には、国側の予算承認の延期とそれによる事業の遅延もあり、同年の民間協力金は一億強にとどまっている（日本鮭鱒資源保護協会編　一九六九：六八-七三）。いずれにせよ、人工ふ化放流事業は遠洋漁業の政治のコマとして、その事業による貢献を求められていた。

数を競う事業へ

一九五四（昭和二九）年の第一次さけ・ます増殖計画とほぼ同時期に、人工ふ化放流事業は、事業の規模拡大、特に「数」の増産を求める方向へ舵を切ってもいる。そして、全国的な人工ふ化放流事業の体制再編・強化が進んでいく。

このGHQの提言と相反するような動きは、ソ連との漁業交渉を有利に運びたい北洋漁業者たちやサケの不漁に悩んでいた沿岸の定置網業者からの強い要望に後押しされる形で始まった。すでに述べたように、一九五〇（昭和二五）年には吉田茂による漁区拡大の政治的交渉に先立ち、「全国鮭鱒増殖協議会」が開催されて、増殖の目的が遠洋漁業の漁区拡大と進展に寄与することであると確認されていた。

一九五八（昭和三三）年、第二次さけ・ます増殖計画が練られ、翌年から実施された。そして、この計画は後に一九六一（昭和三六）年、資源保護という側面を強く国内外に再び示す政治的必要性から、八億粒のふ化放流を目指す北海道鮭鱒増殖拡充計画（一九六二―一九六七）、通称八億粒計画に改められた。もともとの五ヵ年計画だったはずの第二次さけ・ます増殖計画を途中で八億粒計画に変更した背景には、日ソ漁業交渉における割当量の落ち込みがあった。

日本国内では、ちょうど一九六〇（昭和三五）年に、池田勇人首相による所得倍増計画が謳われ、いっそうの工業生産・工業開発がインフラ整備とともに一気に進み始めた時期だった。河川から河口域の環境が一気に変容するのもこの頃からである。自然繁殖を促進するための条件整備の可能性はますます小さくなるなか、「数」を中心とした増殖ふ化事業への転換がここに進んでいくことになった。

「数」を中心に据えた増殖シナリオの形成を強力に後押ししたのは、ソ連との北洋漁場と漁獲割り当て交渉を有利に進めたい北洋漁業関係者たちだった。日ソ漁業条約以降、縮小する漁場と減少する漁獲量割り当てをめぐり、北洋漁業にかかわる漁民が頻繁に「北洋漁業危機突破」を訴える漁民大会を開いて、国へ少しでも交渉を有利に進め、漁場と漁獲量を確保するよう要望を申し立てていた。一九五九（昭和三四）年三月には、北洋漁業関連の一〇団体の要望として、「積極的かつ一貫した方針によって保護増殖対策を行ってほしい」という陳情が国に対してなされた。陳情では、ソ連への要望や、密漁対策に加え、サケ・マスの遡上する河川の水質汚濁防止の施策などが求められた。注目すべきは、人工ふ化放流事業強化のための国費の増額も求められていること、短期間で放流数増大の達成を求めていることだ。陳情は三ヵ年計画をもって七億粒のふ化放流規模にすることを求め、そのための施設増設などの国庫補助も求めた。一九五九（昭和三四）年四月には、増殖のためのサケ・マスの採捕事業を行っている北海道鮭鱒保護協力会連合会から、やはり七億粒規模への拡大とそのための施設、事業研究費、管理のための予算の増額の陳情が農林大臣に対して行われた（中井　一九七三、日本鮭鱒資源保護協会編　一九六九：四六、北海道さけ・ますふ化放流事業百年史編さん委員会　一九八八：六二〇–六二一）。すなわち、遠洋・沖合と沿岸、それぞれのサケ・マス漁業者が、積極的な増殖政策かつ「数」の増大を求める政策の増強を求めたのである。

一九六一（昭和三六）年から始まった、通称八億粒計画、倍増計画と呼ばれた北海道鮭鱒増殖拡充計画は、このような陳情や要望を反映されたものだった。計画では最終放流計画は五・七億尾、八億粒採卵に目標が拡大された。第一次さけ・ます増殖計画は当初の目標以上の五・六億粒の採卵ができていたが、第二次さけ・ます増殖計画の当初の目標は四億粒の採卵だったから、ずいぶんな拡大である。もともと生産量の大きい標津、十勝、石狩などの水系におけるふ化放流事業を重点化し、ふ化施設の増設も計画に入っていた。工業用水との兼ね合いから、湧水の確保と水利用についても計画されていた。

八億粒計画の具体的な話は、一九六〇（昭和三五）年の九月七日に大日本水産会において検討され始めていた。人工ふ化放流事業の拡大を求めたのは北洋漁業者が強い発言力をもつ北海道水産会だった。その後、河川のサケ漁と沿岸のサケ定置網漁業者からなる北海道鮭鱒保護協力会連合会にて八億粒計画の懇談会が行われ、本州側の二億粒と合わせて、全部で一〇億粒のふ化事業拡大が行われることになった。本州のサケ・マス増殖に関しては一九五五（昭和三〇）年に国費補助が始まっていた。こうして北海道と本州は、国策のもとの人工ふ化放流事業として初めて足並みをそろえることになった。一九六三（昭和三八）年に始まった本州の第一次三ヵ年計画では、最終放流計画は一・四億尾（二億粒採卵）とされた。そのため、北海道の八億粒の採卵計画と合わせて、後にこれら二つの計画は一〇億粒計画と呼ばれた（日本鮭鱒資源保護協会編　一九六九：四六–四七）。

一九六一（昭和三六）年一〇月には大日本水産会内に鮭鱒資源増殖特別委員会が設けられた。折しも、八億粒計画が始まった同年には、ソ連が自国のふ化事業の目標卵数を一二億粒にすること、さらに積極的に人工ふ化政策をとることを発表した。いやがうえにも八億粒計画に北洋漁業者たちの関心は集まった。そのようななかで設けられた鮭鱒資源増殖特別委員会のメンバーは、北洋漁業に関係する団体に加え、北海道・本州のサケ・マス漁業者だった。メンバー構成からも、北洋漁業者たちがこの事業をソ連交渉への対策の道筋として重視していたことがわかる。特別委員会のメンバーたちはさけ・ます資源の維持増殖に関する特別立法の成立を目指したものの、立法成立はなしえなかった。

さて、この八億粒計画には後のふ化放流事業のいくつかの方向性が示されている。一つは、国の補助と業界の負担という、現在につながるふ化放流事業を支える費用の支え方が決まったということだ。もう一つは、上述の資金援助に関連するが、国庫からの援助が、稚魚買い取り制で行われる方法になったことから、放流数の拡大が予算を多くとるために重要な要素になった、ということである。放流数の拡大をもって、北洋でのサケ・マス漁区と漁獲量を確保すると同時に、沿岸の定置網のためのサケ資源を確保することが関係者の要望だった。より多くの資源を確保するための放流数の増大は当然の目的だった。結果的に、「数」を求め、成果の評価を「数」で測り、「数」により増殖事業者への国庫補助分配を行う、という、「数」を中心とした制度へ全体を再編することになった。

この体制が整備され始めたのは、八億粒計画よりも少し前のことである。国庫による資金増額を得たふ化事業は、北海道および全国で施設の刷新、拡充、新設を行いながら、物理的土台を整え始めていた。その経緯は、一九五八（昭和三三）年に設立された日本鮭鱒資源保護協会の設立に注目するとよく見えてくる。戦後、北海道と本州を含めた増殖体制の整備の必要性が謳われつつも、この時点でも、そしてこれからしばらく後も、国営、各都道府県や市町村による経営、漁協などの民営、それぞれの人工ふ化放流事業の運営の仕方、施設の大きさ、事業に従事する人びとの専門性や人数の違いなど、足並みはばらばらで、全国的に画一化された事業体制が進んだとはいい難い状態にあった。何よりも本州のふ化場は資金難にあえいでいた。日本鮭鱒資源保護協会は、運営も目的も異なれば、公的資金交付のうえでも立場が違う各人工ふ化放流事業者をまとめ、政治的な声をつくり、社会から人工ふ化放流事業の必要性の理解を求め、サケ・マスの増殖事業推進を図ることを目的とした。そして、ふ化事業自体が国営の北海道には、主に密漁取り締まり、水質保全調査などの経済的支援を、協力事業として北海道鮭鱒保護協力会連合会に対して行った。本州に対しては、加えて人工ふ化放流事業そのものに対しても、本州鮭鱒孵化放流振興会(後の本州鮭鱒増殖振興会)への協力事業として経済的支援を行った。

もともと水産資源保護法(一九五一年)には人工ふ化放流事業が国策とされ、国営であることが謳われていた。しかし実際には、当時は北海道の人工ふ化放流事業のみが国営で、本州は民間事業のままだった。そのため、本州の事業者からは国の政策実施に大きな不満があがっていた。水産資源保護法のもと、カワザケ漁を行う事業者にはふ化放流事業が義務化され、そのための採捕という形で漁が認められている状態にあったにもかかわらず、国庫からの補助はない。折しもカワザケの遡上は沿岸、河口域、河川の工業化や利水・治水、農地調整のための河川改修もあって全体的に減少しており、ふ化放流事業者のなかには私産を食いながら放流事業を行っていた事業者もいた(本州鮭鱒増殖振興会 一九七五、一九八七)。一九五一(昭和二六)年水産資源保護法が制定されると、同年には、全国的な人工ふ化放流事業のための組織をつくろうとする動きが始まった。全国内水面漁業協同組合連合会内でも、一九五四(昭和二九)年から本州の人工ふ化放流事業への国庫補助を求める運動が始まった。

こうした動きが実り、一九五五(昭和三〇)年には、本州でも東北五県に新潟を入れた六県のこれまでの実績が認められて、国庫からの補助がはじめて本州のサケ・マス増殖事業者に交付されることが決定された。同年には、後の本州鮭鱒増殖協会の前身である本州鮭鱒孵化放流振興会が設立された。本州鮭鱒孵化放流振興会は、本州の人工ふ化放流事業を国策のなかに謳われている通りに、国費による人工ふ化放流事業のなかに位置づけ、漁業者からの経費負担を本州にももたらすことを求めていた。

この最初の国庫からの補助を得るために奔走したのは、本州鮭鱒増殖振興会の専務理事を後に務め、全国内水面漁業協同組合連合会の設立にも尽力した、郡司留吉だった。郡司は栃木県那珂川北部の黒部町の出身で、那珂川水系のアユをはじめとする内水面水産資源の増殖に熱心に取り組んでいた。郡司は、一九五四（昭和二九）年一二月の衆議院水産委員会にて、岩手県山田町出身で水産族の衆院議員鈴木善幸[11]が、北洋サケ・マスの資源枯渇の可能性を根拠に、サケ・マス漁業の資源保護と増殖に国家予算を充てるべきだと提言したことを聞いた。鈴木の言葉を聞いた郡司は、すぐさま本州のサケ・マス人工ふ化放流事業に国庫補助を拡大するよう、その足で水産常任委員会に陳情しにいった。そこで戦前から当時に至るまで、特に内水面および海藻類に関する増養殖政策において多大な発言力をもっていた徳久三種から、鈴木の政治的尽力で獲得していたアユ増殖用の国庫補助を本州のサケ・マスに分配する案を認めてもらった。これが本州の人工ふ化放流事業が国庫補助を受けるようになった端緒だったという（本州鮭鱒増殖振興会　一九七五：九-一〇）。その後、すでに述べた通り、本州の民間事業者に資金援助と技術供与、情報共有を行うために本州鮭鱒増殖孵化放流振興会が設立された。

そして、全国規模での事業統一と運用を図るため、一九五八（昭和三三）年、日本鮭鱒資源保護協会が設立された。協会の参加者は、母船式北洋サケ・マス漁事業者、独航船事業者、増殖事業者らである。漁業従事者たちは資金を捻出し、増殖体制の強化を求めた。他方、増殖事業者側から見れば、国庫からの補助に加えて、受益者である業界団体からの資金援助を会費という形で得ることに力点があった。人工ふ化放流事業自体の体制は、北海道と本州、異なる二つの人工ふ化放流システム自体が運用されていることは設立後も特に変わっていない。北海道では国営のさけ・ますふ化場を中心として民間の増殖事業者もその指導下に組み入れた北海道型人工ふ化放流システムが運営されていた。本州では民間の漁協を中心とした増殖事業者がそれぞれ県単位での増殖部会や協会に参加しながら事業を行う、民間中心の人工ふ化放流システムが形成されていた（図7参照）。少しねじれた形ながら、結果として本州も北海道と同様に、「数」の増大を求める国の計画に位置づけられ、数の増産を第一目的とするシステムへと自らを変えていった。

その後、さけ・ます増殖事業推進整備計画（一九六八―一九七〇、最終放流計画六・三億尾）が続いた後は、さけ・ます資源増大再生産計画前期（一九七一―一九七五、最終放流計画北海道七・一八億尾、本州二・一五億尾）、さけ・ます資源増大再生産計画後期（一九七六―一九八〇、最終放流計画北海道九・七八億尾、本州五・九〇億尾）の一〇年にわたる二つの計画のもとで「数」を求める資源造成が行われていく。

最終的には、さけ・ます資源増大計画（一九七九―一九八三、最終放流計画北海道一三億尾、本州一〇億尾）では、当初の八億粒計画全体の倍以上の卵を捕獲する計画が進められ、数の増大は、一九八五（昭和六〇）年一月に水産庁の名前で『さけ・ます増殖事業の展開方向』が新しく決められるまで続く。北洋サケ・マス資源の動向が、数に重きを置く増殖事業へと舵を切らせ、急速に国家による投資が進められていったのである。

「数」を求めるつくるための増殖のシナリオは、北洋漁業の直面していた国際政治のなかでの操業エリアと漁獲許可量の大幅な減少という現実と、人工ふ化放流事業の全国的再編が進むなかで政策の中心的シナリオになった。そして、増殖レジームがそのシナリオのもとでさらに展開していくことになった。

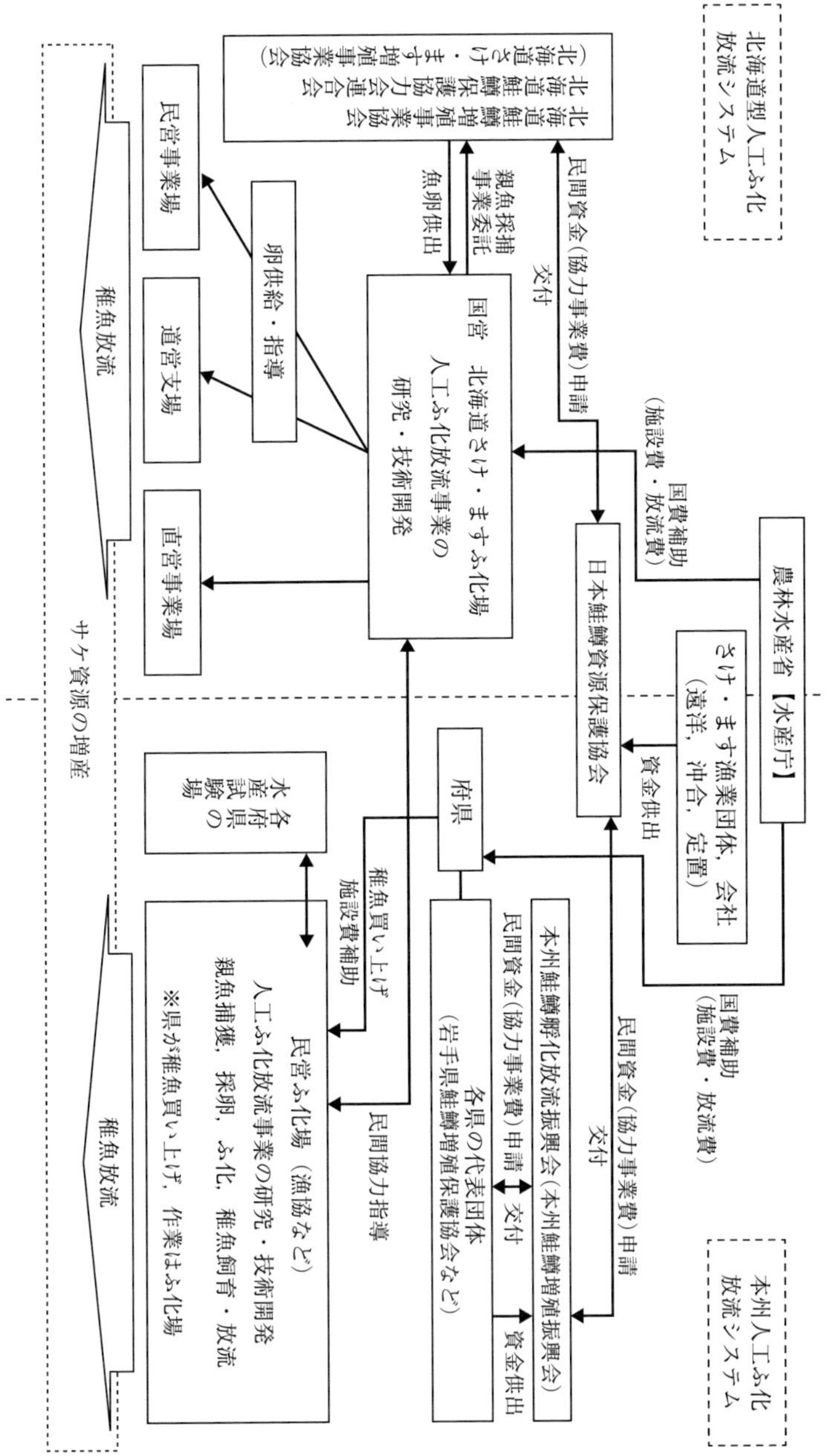

図 7　1978（昭和 53）年の増殖事業[12]（筆者作成）

7・3　数のためのサケをつくる――増殖技術の探求

さけ・ます増殖研究協議会

さて、科学と数を力点に再編された人工ふ化放流システムにおいて、サケはどのようにつくられ、どのような生きものになっていったのだろうか。そこにはどのような科学技術的な転換が起こったのだろうか。増殖技術に注目しながら、サケという生きものの変化を追いかけよう。

サケという生きものの生のありようを変える、人工ふ化放流技術の大きな変化は、一九六一（昭和三六）年の八億粒計画から表れていた。一九五〇年代に北海道さけ・ますふ化場では、自然繁殖をする親魚の調査と、河川空間と水の複数産業による重複利用とその統治という社会的課題が探求されていた。GHQによる報告をもとに始まった研究調査だった。

しかし八億粒計画からは、数の増大のための増殖技術開発が前面に出る。戦後復興のなかで経済・工業優先の政策をとってきた日本では、自然繁殖を可能にする自然条件の維持は難しかった。開発や経済活動を止めて、GHQの提言のように自然繁殖のための自然条件を再生することも難しかった。そのため、人工ふ化放流技術という、自然の再生産過程を人工的に補完する技術の開発に政策的な重きが置かれた。戦後一五年がたち、戦前よりもはるかに産業開発が進み、人工ふ化放流事業を行う河口域、沿岸の環境が悪化しつつあった。その状況は、技術者にとって、むしろこれまでの人工ふ化放流技術の必要性を訴えてきた正当性を戦前と「変わらずに」支えてくれるものだった。また、皮肉なことに、GHQの提言以降、進められたサケの生物学的研究は、このような技術開発を支えるに足る調査研究の素地をつくっていた。

さて、数の増大のための科学研究・技術開発の方針の転換と、政策的な重みづけの変容は、日本水産資源保護協会[13]が主宰した、「さけ・ます増殖研究協議会」の議題と議論に明確に見てとることができる。この協議会は、まさに八億粒計画が実施されていた時期、一九六三（昭和三八）年一一月に始まった。その後、計六回、一九七〇（昭和四五）年まで開催された。後に分析するが、一九六六（昭和四一）年二月に開催された第四回の協議会では、八億粒が達成されたことが報告されている。協議会が行われていたのは、まさに数を増やすことが政策の中心に移り変わっていった時期であり、調査研究、増殖事業実施体制、支援のための資金確保と運用が固められていく時期でもある。そのため、この協議会の議題と議論を追いかけていくと、科学と数を求めた増殖レジームの形成とその進展がよく見える。併せて、科学技術が増殖レジームと連動しながら展開してきたかもわかる。本節では、入手できた第一回から第五回までの議事録と議題を分析しよう。

なお、協議会の参加者は、水産庁の調査官以下振興課から海洋一課、淡水区水産研究所、北海道区水産研究所、東海区水産研究所など、遠洋、沖合、沿岸の各漁業、増養殖に関係する部署、北海道さけ・ますふ化場（場長三原健夫のほか、本書で言及してきた秋庭鉄之や小林哲夫の名前もある）、大学関係者、大日本水産会、日本鮭鱒資源保護協会、北海道鮭鱒保護協力会、本州鮭鱒孵化放流振興会などである。一九六六（昭和四一）年二月に開催された第四回にのみ、全国鮭鱒流網漁業組合連合会の参加が見られるが、基本的には人工ふ化放流事業の実施事業者および関連行政・研究機関が参加している。

議事録に書かれている協議会の目的は、国の補助ではまかないきれない調査研究の幅と資金協力を広げるために、関係者のあいだで問題を共有することだ。そのうえで特に、①海外・国内の調査研究の比較、②国内での調査研究の放流、移植、回帰等についての一定の共通見解の形成、③今後の研究の方向と研究費の使い方の検討、④日ソ増殖専門家会議開催の場合の準備、⑤研究調査の国への要望などについて明らかにすることだと説明されている。

まず、サケ・マスの増殖事業について、日本増殖資源保護協会からの資金（会費が主要な財源）、各企業からの寄付、水産庁からの予算委託などを通じて調査研究を進めていくことが確認されている。研究発表は北海道からのものがほとんどだが、本州では岩手県の大槌町が研究の一拠点となっていることが見てとれる。

河川の生産力と環境容量限度の認識

第一回さけ・ます増殖研究協議会は一九六三（昭和三八）年に開催された。その冒頭の議題は「人工ふ化放流と河川生産力との関連について」だった。当時はまだ、稚魚が河川から海へ出ていく過程と、海から親魚があがってくる過程のどちらにおいても、河川の生産力が重要であるという認識が共有されていた。議論では、日本での研究成果と現在の研究内容が紹介され、ソ連の事例を比較にあげながら、今後考慮すべき研究の論点が議論された。一つは、現在の人工ふ化放流数と降下稚魚数、その河川内減耗率の原因が何かを明らかにする必要性である。もう一つは、主要河川における自然繁殖のための遡上確保（escapement）の推定を行うとともに、河川の生産力と稚魚の放流数の上限、適正放流数の相関と適切な放流数の目標設定の決定方法が探られた（日本水産資源保護協会 一九六一：一四）。

とりわけ、河川の生産力が増殖の成否を左右する、という認識が参加者のあいだで改めて確認されていたことは興味深い。その一端は、東北大学の佐藤隆平の次の発言にもうかがえる。佐藤は、容易に結論も議論の収束点も見いだせる議題ではないだけに、議論が長く続きそうであることを見てとり、先に他の議題に移ってはどうかと、再び最後に生産力の問題に戻ることを提案している。そのときに佐藤は、「生産力の問題は増殖の結論になるのではないかと思うから」という表現をしている。何げない言葉の使用に、かえって当時の技術者たちの河川の生産力を重視する認識が垣間見られる。

他方で、そのような河川の生産力について語られながらも、肝心の河川環境の汚染や物理的変化については驚くほど言及が少ない。その理由は、技術者・研究者たちの河川汚染や環境変化への問題意識が垣間見られる「議題(8)その他」での議論に見てとれる。「サケ・マスの発育、生長、成熟、繁殖及び生き残りなどに影響する内的及び外的要因に関する基礎研究の促進」を北海道水産研究所の花村宣彦が提案したときのことである。サケの再生産や生態に関する総合的研究が必要であることが確認された後、北海道学芸大学の西田秀夫の「天然ふ化の場合、実験装置ができるところは少なくなってしまう」という発言から、議論はサケ・マスの保護水面へと移った。そこで佐藤がモデル河川を選ぶことを提案し、河川環境が普通の川だと悪くなるので、国立公園内の河川を指定するべきだと述べた。そしてそれを受けて、淡水区水産研究所の所長中村中六は次のように発言している。

日本の河川は上流に多目的ダム、河口に堰、海に流すのは河口を維持するに必要な水のみを流そうという考えが、国土計画の基本の様に思える。水産に対しては漁業権の補償のみを考えている。資源・海への影響は無視しているように思うので、早急に水産側の意向を社会問題として訴えていく必要がある（日本水産資源保護協会　一九六一：四八）。

こう見ると、参加者たちは河川の汚染や開発による変化の悪影響について視野に入れていないのではない。汚染や開発による河川の変化がかつてなく進んでいること、自然繁殖のままのサケが研究対象にできる河川は、すでに国立公園の小規模な河川にしかないことが認識されている。すなわち、人工ふ化放流事業を進めざるをえない、自然繁殖を進められない現状があることが共通認識になっている。

ちょうど同年の一九六三（昭和三八）年にさけ・ますふ化場に着任した若者が、当時の北海道の河川状況に驚いたことを記した手記がある。東京水産大学水産学部増殖学科を卒業し、水産庁に入庁してさけ・ますふ化場に着任した田中哲彦は、一五年間に及ぶふ化場経験の手記のなかで、初年度に常呂川を見たときの衝撃をつづっている。田中は長野出身で北海道ははじめてだった。常呂川は、北海道さけ・ますふ化場がＧＨＱの報告後、親魚の生態を調査する対象河川とした一つで、北見地方の北見事業場があるところである。

大自然の中を清澄な水をたたえ、とうとうと流れていると想像していたサケ・マスの母なる川、常呂川は茶褐色をして、泡と綿のようなものを浮かべながら流れていた。まるで、大都会や工場地帯の汚染された川の姿をそこに見た。北海道で汚染のひどい川は、早くから開発や都市化が進んだ石狩川ぐらいかと思っていたが意外だった（田中　二〇一二：一四-一五）。

常呂川には上流の鉱山廃液、戦前から北海道の各地の川の汚染原因だったデンプン工場からの排水、戦後はパルプ、精糖、ガスの工場排水、都市下水が流れ込んでいた。沿岸の根付き魚貝漁やサケのふ化放流事業にその汚染の影響は大きく、一九六四（昭和三九）年七月からは「常呂川汚水防止対策漁民大会」を皮切りに、漁民の抗議と補償を求める動きが活発になっていた。

田中に汚染のひどい川は石狩川ぐらいかと思っていた、と言及された石狩川は、明治期からダム開発と農地開発がいち早く進んだ。一九三七（昭和一二）年からは、パルプ工場排水を主な原因とする水質汚濁問題が深刻化していた。被害は上流域の田畑の汚染など農業被害から、河口域が「魚の棲めない川」と称される漁業被害まで、広く汚染が進んだ流域だった。ちょうど一九六二（昭和三七）年には、石狩、厚田、浜益、江別、札幌の漁業協同組合の代表で石狩川汚水被害対策本部が設置された。この組織をもとに、一九六三（昭和三八）年には全道水産用水汚濁防止対策連合会も設立されており、全道で水質汚染が広がっていたことがわかる。

水産資源保護法、一九五八（昭和三三）年の水質二法と呼ばれた公共用水域の水質の保全に関する法律（水質保全法）や工場排水等の規制に関する法律（工場排水規制法）、どちらの法的威力も弱かった。前者は、対象となる資源のための環境保全の必要性を謳っている。しかし、石狩川の汚染が改善されるのは、相次ぐ漁民たちによるデモや運動の後、一九七〇（昭和四五）年に公布、翌年施行された水質汚濁防止法と、同じ時期に廃坑となった石狩川左岸域の鉱山開発の終焉と、パルプ工場の排水改善を待たなければならなかった。

皮肉なことに、かつて人工ふ化放流事業の導入について伊藤一隆が、「いずれ人工ふ化放流事業が必要になる」といった通り、当時の北海道もまた、サケ・マスが自然繁殖できない生態空間を想定しなければならなくなっていた。

河川省略型技術開発

そのような共通認識があったなかで、議題(6)では、河川をサケの生態空間として使わない技術に展開する技術開発が議論されていることに着目したい。すなわち、海産親魚の利用および稚魚の海洋放流に関する議論である。定置網で河口域近くにいる親魚から採卵した卵の状態、採卵後の魚体の肉質と経済性の違いなどが議論されるなかで、日本水産資源保護協会の常務だった伊藤僴が次のように発言している。

海産親魚の利用は、もし河川上にのぼらせても工場廃水、密漁などでだめになるおそれあり、その対策として考えられないか（日本水産資源保護協会　一九六一：四四）。

伊藤の発言は、数年後に畜養や海中飼育の研究に続いていくのだが、この時点で着目したいのは、以下のような否定的な意見がその後続き、議題が終わることである。

三原は「海洋放流は回帰すべき母川がないので、今後続けるつもりはない」といい、佐藤は「海洋放流の問題はドナルドソン[14]のギンザケの報告によれば、放流場所よりもふ化した水に帰るという報告あり、もう少し研究した方がいい様に思う」と述べている。最後に逸見が「ふ化場が海に近いほど回帰が悪いように思うので、海洋放流には回帰について疑問がある」と述べ、海産親魚の利用についていったん否定された形になっている。

この時点では、河川利用はまだ人工ふ化技術開発の基礎とされていることがわかる。

しかし、三年後の一九六六（昭和四一）年に開催された第三回さけ・ます増殖研究協議会では、海産親魚の利用とそのための畜養の議論が議題のトップになった。逆に、親魚の河川への遡上促進という議題が第三回では姿を消す。一九六四（昭和三九）年の第二回さけ・ます増殖研究協議会では、まだ河川への遡上促進という議題があった。

なぜ海産親魚の利用と畜養が議題のトップに浮上し、河川への親魚の遡上促進という議題は消えたのか。第三回の冒頭、議長の伊藤僴が以下のように理由を説明している。伊藤は第一回のときにも海産親魚の利用と畜養に肯定的な発言をしていた。

> さけ・ます増殖事業の将来のあり方についても、この親魚の畜養事業をどこでやるかと言うことで、この事が議論の中心になっており、畜養が非常にむづ（ママ）かしいと言う事で、これが今、ふ化事業では一番の問題点ではなかろうか、かように考えております。
> それは、川が工場廃水その他相当汚染されてきていると言うこと、また、沿川で密漁が行われ、その取締がむずかしいと言う事から、最近親魚の捕獲場を河口附近に移しているのが多い訳です。
> その様な関係から捕獲場で取れた親魚が未熟のまま捕獲され、すぐそのまま採卵できないというので、これを畜養する。畜養するには、自然の川で、だんだんに成熟して来るのと違いまして相当無理がある訳で、そのため、死んだり、また、なかなか成熟しなかったりと言うことで、相当に問題があるように聞いておりますので、第一にこの問題を取り上げた次第です（日本水産資源保護協会　一九六六：七）。

河川の汚染や密漁によって、河川に長い期間親魚を滞留させて精子や卵の成熟を待つことができなくなった。ゆえに、河川に滞留させずに、未成熟の親魚を捕獲し、河川とは別のプールで畜養を行う。後に詳しく言及するが、サケの増殖技術には、受精と受精卵育成、稚魚飼育、適期放流（河川・河口域の生物生産量が多い時期に合わせて稚魚を放流する方法）、親魚の畜養の合わせて四つの技術的焦点がある。親魚の畜養は、河口域での親魚の一括採捕と、ギンケ生産のためのサケの群れの移植と選択が進むにつれ、人工ふ化放流技術のなかでもとりわけ重要さを増す。

この研究会の第一回から、稚魚飼育についても第五回まで議論が続けられている。親魚の畜養、稚魚飼育といった後の技術開発の支柱となる要素が、ちょうどこの時期に技術的な試行錯誤にあったことがわかる。

系統群の選抜

さて、第三回には、人工ふ化放流事業のもう一つの大事な技術的焦点の議論が表れる。系統群の選抜と移植に関する議論だ。「人工ふ化に都合のいい系統群に変える可能性とその方法について」という題で、日魯漁業株式会社の北洋部次長田口喜三郎がまず話題提供をしている。発想の源は、水質汚濁や密漁などで結果として河口域に捕獲場を設けざるをえないという現実にあった。河口域で成熟する系統群を選んで、漁業やふ化放流事業に適するサケをつくる、系統選抜の技術開発をしてはどうかという提案である。サケには、同じ河川のなかでも、沿岸に卵や精子が未熟なまま早く回帰する群れと、卵や精子の成熟が非常に高まった状態で遅く来遊する群れとがいるのは知られていた。他の研究者からは、選抜で系統群がつくれるのか、という疑問が呈されるとともに、実際にふ化場で一〇月群と一二月群のうち、一〇月群をふ化放流に用いていたら一二月群があまり見られなくなったという例などが話され、活発に議論が進んでいる。意図的に選抜して系統群を残すか、あるいは他系統群の移入を含めて、もっとも人工ふ化放流事業のサイクルと効率性に合うものをつくり出すか、という議論がなされている（日本水産資源保護協会　一九六六）。

一九七〇年代に入ると、北海道系群の本州への積極的な移入が進んでいく。その下準備がこの時期、すでに技術的に議論され始めていたということである。

さて、以上、「さけ・ます増殖研究協議会」で議論されてきた内容から、サケの増殖技術が数を増産するためのものへと変じ、自然繁殖に関する議論が消えていく様子を描いてきた。こうして戦後のサケの増殖技術開発は、河川汚濁や開発による河川の物理的変容、密漁といった現実を初期条件として、河川の生産力に関する議論を棚上げし、河川のいらない技術開発へと議論が集中していった。

それでは、実際にどのような技術開発が一九六〇年代から七〇年代にかけて起こったのか、次の節で明らかにしてみよう。川と海のあいだに新たな分断の境界線が、技術と生態空間の物理的変容によってひそかに引かれ始め、カワザケとギンケ、二つのサケの生のありようを分かつ境界線となっていく様子も明らかになるだろう。

7・4 サケをつくる技術とモノ化の進展

「健やかな魚を、よい時期に放す」

本節では、「さけ・ます増殖研究協議会」と並行して進んだ技術開発の具体的な中身について追いかけてみよう。

戦後、第一次さけ・ます増殖計画、八億粒計画（翌年の本州も合わせた一〇億粒計画）を通して進められた研究・技術開発の成果は、一九六三（昭和三八）年に『さけ・ます人工ふ化放流事業実施要領』（北海道さけ・ますふ化場 一九六三）としてまとめられ、各ふ化場の事業運営のための基本的な指南書になった。一九六三（昭和三八）年に出された実施要領が初版だが、その後、一九六九（昭和四四）、一九八五（昭和六〇）年と改訂された。

この実施要領からは、人工ふ化放流事業が親魚から卵をとってふ化させ、稚魚が泳げるようになったら放流する、という事業から、未成熟親魚の畜養、採卵、適切な時期になるまで稚魚を育成して放流する、という事業へ大きく変じようとしていることがよく見える。一九六〇年代は、さらにサケの生活史における人の干渉時期が長くなり、その干渉の幅も大きくなった。そして、その干渉を可能にする技術開発が進んだ。

以降、サケの生のありように干渉するために一九六〇年代に大きく発展し、現在のふ化放流技術を形成している四つの技術的焦点、稚魚ふ化、健苗育成、適期放流、親魚の畜養についてまとめよう。これらの技術開発をまとめあげていくのは、「健やかな魚を、よい時期に放す」というシンプルな方針である。しかし、人工的に行うには技術的困難を多々含んでいた。そしてこの方針こそ、サケの生のありようを、変容した生態空間にも放されても生き延びられるよう「健やかな」モノに変えることに導いた。サケは放流に適した生きものへとつくりかえられていったのである。減耗率を減じるために、どの条件下でどのサイズまで稚魚を育てて放つかも重要な課題だった。「よい時期に」どこに放すか、河川状況がサケの稚魚の生き残りを厳しくしてしまう場合、川ではなく海で育て、そこで放すのも可能ではないか。そのような技術もまた、一九六〇年代の技術開発の先に生まれていく。

これらの技術開発は、一九七〇年代に入ってからのサケの大幅な生産量増加につながったと評価されてきた。しかし、北海道さけ・ますふ化場のなかでも違う角度からの評価もある。北海道さけ・ますふ化場で調査研究課長を務めていた眞山紘は生態河川工学に造詣が深い。眞山は、主に一九六〇年代に一気に進んだふ化放流の研究と技術開発を「河川省略型の資源開発」であると評している。そしてそのような技術開発が進んだ理由を、密漁、砂防ダム、農業用水調整のための河川工作物による親魚遡上の困難と、親魚採捕のための管理のしにくさから、親魚の採捕を河口へ変容させてきたことに見いだす。採捕の河口への移動が、結果として河川省略型の技術を生み、サケの自然繁殖群の再生産に基づく技術開発が進まず、その点において欧米と比べて著しい成果の遅れを生んだと指摘している（眞山　一九九三、二〇〇四）。

一九六〇年代から人工ふ化放流技術の開発を牽引した北海道さけ・ますふ化場の小林哲夫もまた、実は、河口域近くへのふ化場や採捕場の移動について否定的な見解を述べている一人だ。小林は、戦後の動乱期を経てふ化場体制を拡充した折に、単に稚魚の放流量増加のために、サケの再生産過程の生態を無視してふ化場を河口域に建設したり、河口域への親魚の捕獲場の移動を行ったりするのは適切ではなかったと指摘する。その理由は、「捕獲場所の下流域への移行は必然的に十分成熟していない魚の捕獲量の増加をもたらした」からだ（小林　一九八八：二三八）。親魚用の畜養施設の必要性、捕獲経費の増大という経済的な理由からも、捕獲場の河口域への移動はのぞましくないというのである。しかし小林の指摘とは裏腹に、眞山が指摘したように全国的に河口域へと捕獲場は移動していき、後には河口域近くでの一括採捕が人工ふ化放流事業において一律に求められるようになっていく。そして、未熟な親魚の畜養はますます技術開発の大きな課題となった。

こうした技術開発の進展により、物理的なサケの生態空間と河川で過ごす時間の長さはずいぶん変わった。母川による違いはあるものの、サケ、すなわちシロザケはサクラマスなど他のサケ・マスに比べて、もともと河川の滞留時間が生活史のなかで短い。親魚の捕獲を河口域へ近づけ、親魚の畜養を行い、稚魚の飼育の期間を長くしたことにより、河川におけるサケの生態空間は狭まり、サケが河川で過ごす時間はさらに短くなった。カワザケが消えていった。

それではどのような研究や技術が戦後に行われ、実際の事業に反映されてきたかを、ふ化の段階から生活史に沿って捉えよう。「河川省略型」で再生産過程の長期にわたって干渉するようになった様子が見えるだろう。

ふ化にかかわる技術開発

ふ化にかかわる研究・技術開発の柱は主に三つである。一つは、サケのふ化率をあげるための生理学的研究に基づく湧水の利用、もう一つは、サケの死卵からの病気発生を防ぐ防疫措置、そして収容卵数を増やす新しいふ化箱の開発である（野川　二〇一〇）。

まず、一九五五（昭和三〇）年以降、ふ化の段階において重要な知見の発見と技術の適用が進む。一九五五（昭和三〇）年にサケの生理学研究において、サケが湧水のなかで産卵することが明らかにされた（佐野　一九五九、小林　一九六八）。北海道のさけ・ますふ化場にとって、ふ化場の水質に関する失敗は、本章の1節でも言及したように、明治期以降、サケの生理学的研究が抜け落ち、ふ化場の施設整備が結果としてサケの生態に配慮しないものとなっていたことを技術者たちに痛感させた失敗だった。湧水の研究は技術開発に取り入れられ、すぐに、湧水を使う施設へ転換され、常にふ化槽のなかを一定の温度を保つ工夫がなされるようになった。湧水をふ化に使うようになったことにより、当時問題になっていた河川汚濁による河川水の水質悪化は、ふ化には影響がなくなった。このことは大きな転換だった。しかし、放流過程においても河川水の水質悪化は問題だった。それゆえに、稚魚が川で過ごす時期を短くして、放流をできるだけ河口域でできるよう、サイズの大きな稚魚を育成するため、長期間にわたって稚魚育成を行うための技術開発につながっていった。

ふ化の際の重要なもう一つの点は、未受精卵を増やさないこと、受精した後の死卵を増やさないことである。死卵については、受精卵をふ化場や各事業場に運ぶ段階で発生するため、検卵と呼ばれる作業、すなわち死卵を発見し、手作業でその後除去する作業が欠かせない。それは、死卵に発生し生きている卵にも影響を与える水生菌、俗にいう水カビが発生するのを抑えたり、卵軟膜化症を防いだりするためだった。

一九五一（昭和二六）年に当時の研究課長だった佐野誠三の紹介により、水カビ対策として、米国で用いられていた塩基性有機色素であるマラカイトグリーンによる卵の消毒が紹介された。そして実験を経て、初期のホルマリン溶液やオキシドールなどによる消毒からマラカイトグリーンによる消毒に切り替えられた。一九五五（昭和三〇）年八月には北海道鮭鱒孵化場の広報誌『魚と卵』[15]において、マラカイトグリーン[16]の使用が本格的に始まったこと、それを各ふ化場に広げることが提案されている（本場第二事業課　一九五五）。

一九七五（昭和五〇）年には、伝染性造血器壊死症（ＩＨＮウィルス）[17]にも有効なヨード剤が使われるようになった。卵軟膜化症を防ぐには、マンガン酸カリウムが有効であるとされ使われてきた。二〇〇三（平成一五）年には、薬事法が改正されたことにより、現在では水カビ剤にはブロノポール製剤が、卵膜軟化症には緑茶抽出成分が使われている（野川　二〇一〇）。

最後に、ふ化場の卵の収容数自体の増加が目指された。アトキンスふ化箱の改良は、一九五六（昭和三一）年に、やはりふ化場研究課長の佐野誠三によって、米国の立体式ふ化器が紹介されたことにより（佐野　一九五六）、本格的に始まった。立体式ふ化器は、ステンレス製の引き出し式のケースを一〇ケース重ねて用いるもので、利点は上から順に水を流している状態となるので、少ない水の量ですむこと、用地が少なくすむことにある。一九六〇（昭和三五）年までに改良が日本で加えられて、全国に広がっていった。

健苗育成

稚魚飼育に関する技術開発の焦点は、主に健苗育成と適期放流にある。まずはふ化放流に適する稚魚を育てるための健苗育成について見てみよう。

サケの技術は長らく、「ふ化」に焦点があり、その後の稚魚を「飼育する」ことが行われるようになったのは、一九六二（昭和三七）年以降である。この年から、稚魚飼育の研究が本格化した。一九三〇（昭和五）年頃からそれまでは、サケの放流は、ふ化時に腹につけている卵黄嚢がある程度小さくなり、稚魚が泳げるようになると、河川の自然環境において生物生産量が増え、天然飼料が多い時期のうちに順次放流する、ということがなされていた[18]。戦前から戦後にかけてサケ・マスの人工ふ化放流技術の確立に尽力した半田芳男が一九三二（昭和七）年にまとめた『鮭鱒人工蕃殖論』、一九五〇（昭和二五）年の北海道水産孵化場による『鮭鱒人工孵化事業要綱』には、上述したように卵黄嚢が小さくなれば順次放流するということが書かれている。

もっとも、飼育について無関心だったわけではなく、稚魚をある程度飼育すれば減耗率を防げるだろうとは考えられていたものの、稚魚を長期に飼育する技術がまだ開発できていなかった、というのが正しい。実際に、上記にあげた要綱などでは、飼育技術の未確立が指摘されたり、飼育時の餌の問題を指摘されたりしている。

では、稚魚の飼育は、どのような理由で行われるようになったのだろうか。健苗育成と適期放流、両者の技術開発の要にいたのは、小林哲夫である。小林は、サケのふ化放流技術開発を丹念にまとめた自著において、稚魚飼育の技術開発の目的は、もっとも減耗率の高い稚魚の時期の、減耗率を減少させることが目的だったと述べている（小林　二〇〇九）。

他方、一九六一（昭和三六）年から北海道さけ・ますふ化場の場長だった三原健夫は、一九五五（昭和三〇）年頃から急速に進んだ河川汚濁や河川工作物の影響の稚魚への影響を考慮したうえでの稚魚飼育の開始だったと、「稚魚の飼育をはじめたときのあれこれ」という文章のなかで、以下のように述べている。いわく、最近の河川は汚濁によって天然餌料は少なくなっている。しかも、一時に多くの稚魚を放流することから、その付近の水域では天然餌料が少なくなるという研究結果が出た。この問題を解決するために稚魚の飼育を行うことにした(三原 一九六九:二二九―二三二)。

この時期、減耗率を縮小させ、生産性をあげるための対策としての人工種苗生産技術の開発が求められていたのは、サケだけではなかった。一九五八(昭和三三)年に、日本水産学会春期大会に合わせて開催された水産増殖談話会シンポジウム[19]「種苗の初期減耗」では、自然生産における初期減耗の大きいことが明らかにされ、人工種苗生産の重要性が指摘された。その背景には、サケ・マス北洋漁業の国際交渉において資源管理を示す重要性があったことはもちろんのこと、当時、水質汚濁や埋め立てで疲弊していた沿岸漁業への対策[20]として、人工種苗生産が着目されていたことがある。ちょうどこの時期、戦後一〇年あまりを経済復興優先で駆け抜けた日本社会は、戦前から引き続く労働環境の劣悪さ、環境への無配慮、開発優先の土地・資源利用など、あちこちに生まれた歪みが表面化していた。

そのようななかで、特に沿岸資源において、人工種苗生産は、減少する水産資源や水質汚濁に対応する減耗率を縮小して生産性をあげる新たな技術として水産界全体で大きく注目されていた(大島編 一九九四)。人工種苗生産技術開発において、いち早く事業化にたどり着き、養殖と自然界の資源集団の造成にたどり着いたのはノリ、ホタテガイだった。また、モジャコと呼ばれるブリの仔魚を自然界から捕獲し、稚魚の時期から飼育して養殖する技術も同時に大きく進展した。こうして、一九五八(昭和三三)年の水産増殖談話会シンポジウム「種苗の初期減耗」が行われた前後から、さまざまな魚種の人工種苗の研究が進んでいった。

サケの稚魚飼育研究が行われたのが、水産業界時全体の人工種苗生産の推進時期だったということを忘れてはならない。ちょうど一九六二（昭和三七）年には、第一次沿岸漁業構造改善対策が進み始め、その前の年には、人工種苗育成・放流を行い、資源培養を図る栽培漁業に関する技術開発のため、瀬戸内海をモデル地域として事業場がつくられている。稚魚飼育は、魚類にとっての生態環境の貧困化に対応するための研究と技術開発だったのである。特にサケの場合は、先に述べた通り、河川の水質汚濁や水量不足、河川工作物による稚魚にとっての環境の悪化が明白で、放流後の減耗率を減らすことが必要だった。そのための稚魚飼育期間の長期化であり、河川省略型技術への展開がいっそう顕著に行われたのだ。

さて、それではどのようにサケの稚魚飼育の研究が進められたのだろうか。

一九六二（昭和三七）年から稚魚飼育研究の試行錯誤が始められ、一九六三（昭和三八）年には大量飼育が始まり、飼育開始時の二倍、一グラム程度まで飼育する研究が進められるようになった。稚魚飼育研究は、後に北海道さけ・ますふ化場の場長になる小林哲夫が中心となって進めたものである。この後、一九七七（昭和五二）年には、サケの生理学的研究の成果の応用から、やはり小林が主導し、稚魚の適期放流が人工ふ化放流の基本的な技術として根づくことになった。そして、適期放流と、そのために長期化する稚魚飼育に関する研究に科学の知見の応用と技術開発が集中していくことになった。科学によるサケの生理に関する解明と、技術者による「育てるための技能」(21)の両者がここでは必要とされたことをいい添えておく。

稚魚飼育では、健苗育成、すなわち、放流に適した仔魚の個体の頑強さ、大きさを生み出す技術的工夫がなされていった。「健苗」づくりは、一九六二（昭和三七）年に稚魚の給餌飼育から開始された。一九六七（昭和四二）年には、乾燥配合飼料が導入され、放流に適合し、太平洋にて資源集団をうまくつくって河口にまで戻ってくる「強い」種苗個体をつくるための高タンパク飼料の開発とその給餌時期・期間の工夫がなされた。

もちろん、飼育期間が長くなるほど、細菌性鰓病などにかかる可能性も高くなる。飼育が始まったということは、飼育期間中に疾病発生の可能性が高まるということである。細菌性、寄生虫の鰓病への対策として、ニトロフラン系抗生物質、通称フラン剤（現在は毒性のため使用禁止）が用いられるようになった。そのほか、過密な稚魚飼育を避け、養魚池内における環境負荷を減らすことが試みられている（小林　二〇〇九）。

そのほかにも飼育状況はどのようなものがよいのか、そのための試行錯誤が続けられた。給餌の餌の内容、給餌方法、給餌率（稚魚の体重に対する給餌の量）、飼育池の物理的構造と飼育に伴う設備（飼育池、清掃装置、排泄物処理装置）、飼育用水（湧水利用）、飼育池のなかの環境（溶解酸素量、アンモニアの量、水流、水温、適正飼育量、適正稚魚密度など）、防疫、鳥類などの防除などの研究と技術開発が行われていったのである（北見事業場一九七八、安達　一九八四、長谷川　一九九四）。

また、稚魚飼育の目標、すなわち放流のための稚魚の適正サイズや放流時期などについても研究が行われた。一九七七（昭和五二）年からは、農林省（当時）の研究予算のなかでももっとも大きな金額の配分をもつ別枠研究に、遡河性さけ・ますの大量培養技術に関する総合研究（以下、さけ・ます別枠研究）が設けられ、そのなかで河川型放流技術を基盤とした稚魚減耗の抑制研究が進められて、放流した稚魚の追跡調査が石狩川を中心に行われたことから、放流の適正サイズや時期に関する研究が進展することになった。

施設や環境の改善も同時に進み、稚魚の健苗飼育と、効率性のよいふ化・稚魚飼育を（減耗率を縮小しながら種苗の大量生産を）行う技術開発も進んでいく。

適期放流と健苗

さて、健苗づくりと密接に支え合っていたのは、適期放流という放流に関する手法の開発である。適期放流が定着することによって、さらに飼育期間が延長され、飼育のための研究と技術開発が研磨されていくことになった。

適期放流という概念は、小林によると、一九六四（昭和三九）年一〇月一二日から一七日に開催された日ソ増殖会議の開催後に、日ソ増殖専門家会議が開催されたときにその発端がある。日本側から提起された「サケマス幼稚魚の降海までの間の生残率及びその改善策について」という課題のなかで、「飼料生物の豊富な時期に飼育稚魚の放流を行っている」と強調したことがきっかけになった（小林　二〇〇九：二〇一）。当時の議事録によると、沖取り漁業、すなわち北洋サケ・マス漁業の規制をめぐる駆け引きが行われる場でもあったこの会議において、ソ連側は、人工ふ化放流事業に加えて、自国で行っている自然繁殖の有効性を主張した。そして、自然繁殖を促すためには、沖取り漁業（漁獲圧）の規制が非常に有効であることを主張した。自然繁殖による資源保護を行うためにも、日本の漁獲量を制限したい、という論理をぶつけてきたわけである（大日本水産会・日本鮭鱒資源保護協会編　一九六四：六五―六六）。

それに困ったのが日本側だった。日本側の増殖事業は、あくまで人工ふ化放流による増殖を前面に出したもので、サケ・マスの自然界での繁殖保護という意味での資源培養を基軸にしていなかった。ゆえに、サケ・マスの自然界の生活をもとにした資源造成（すなわち、河川や沿岸域の環境保全を軸に自然繁殖を促す資源のつくり方）が話題の中心となったソ連との駆け引きにおいては不利だった。そのため、サケの人工ふ化放流が自然の条件にいかに合わせて開発されているか、をその場で主張するために、「孵化事業の現状説明」となっていた当初の議題を、「サケマス幼稚魚の降海までの間の生残率及びその改善策について」に変えた。そのうえで、自然的環境条件に適応しうる健康な稚魚の生産と、自然の餌量が高まる時期に放流する適期放流が目指されていると主張した（大日本水産会・日本鮭鱒資源保護協会編　一九六四：一四七）。それが、健苗育成と適期放流という大きな柱を、日本の人工ふ化放流事業に逆にもたらすこととなった。

健苗育成が稚魚飼育の目標となってしばらくたってから確立された適期放流は、もともとのサケの生活史に基づく環境条件の研究をもとに、稚魚放流を沿岸の生物生産が高まる時期、地先の表面水温が八度から一〇度になる頃に放流するという手法である。これにより、回帰率が高まることが実証され、標準的な技術となっていった。全国においてこの手法が根づいていくのは一九七九（昭和五四）年頃のことである（小林　二〇〇九、野川　二〇一〇）。現在では、前述した一九七七（昭和五二）年から五年間続いたさけ・ます別枠研究時に積み重ねられた知見により、稚魚が沿岸から沖合に移行する時期を基準として、必要な成長が前浜（河口域周辺の地先）で見込めるだろう放流サイズが得られるように、放流方法、適当な時期と適当なサイズをそろえるという形になっている。

ふ化と稚魚育成の科学研究と技術開発が進んでいくなかで、湧水を利用する設備と、卵と幼魚期の集約的・効率的な管理ができる設備を備えたふ化場が標準化され、大幅な施設拡張が行われた。一九七一（昭和四六）年の千歳ふ化場の建て替えが嚆矢となり、その後千歳ふ化場の施設にならって他の施設の設備が整えられていくことになる。そして、さけ・ます別枠研究を経て、ふ化放流技術は、大量の種苗生産を行えるようになっていった。

親魚の畜養技術

親魚の畜養技術の開発は二つの方向から行われてきた。一つは、一九五五（昭和三〇）年に研究が始まった、定置網で漁獲される未成熟な海産親魚を畜養し、ふ化放流に使うという技術の開発である。早期群として河口に入り、長く河口や河川で生活する群れもこの畜養技術適応の対象となった。もう一つは、捕獲場所が密漁や河川汚濁、河川工作物などによる遡上阻害の問題から、河口域近くに移動したことにより、結果的に河川で捕獲できる魚も未成熟魚の割合が高くなってしまったことへの対処である。

前者については、すでに述べてきた通り、一九六三（昭和三八）年の「第一回さけ・ます増殖研究協議会」においても議題としてあげられ、河川汚濁や河川開発の進むなかで、定置網で捕獲された海産親魚の利用が議論されていた。この事業が本格的に着手されたのは、一九七五（昭和五〇）年以降のことだが、母川国主義、すなわち系統保全への配慮に欠けること、海産親魚から得られる卵が劣弱であることから、「孵化場側からあまり歓迎されず、放流成績は（他の河川の放流成績とは）別扱いとされた」という（小林　二〇〇九：二四九）。

海産卵の提供は、河川遡上が思わしくない地域や、最寄りに増殖河川のない地域が中心となったものの、一九九一（平成三）年以降、あまり重きを置かれなくなった。海産魚利用についても、全国的にも積極的に利用されておらず、非常時対応用といった感が強い。たとえば岩手県水産技術センターは、東日本大震災の翌年、二〇一二（平成二四）年一一月二一日に、『さけ海産親魚畜養の手引き』を出しているが、その利用について以下のように但し書きをつけている。

河川そ上魚が少なく、県内で種卵調整してもなお採卵計画に不足が生じた場合は、海産親魚を使用せざるを得ない。しかしながら、海産親魚を畜養した場合、河川そ上魚の畜養以上にハンドリングによるストレスにより歩留が低下すること、定置網およびふ化場の作業量が大幅に増加するので、県下全体の種卵調整でまかなえない場合のみ実施するべきである（岩手県水産技術センター　二〇一二）。

ここからも、海産親魚利用によるふ化放流が技術的に困難であり、事業としての評価が低いことが読み取れる。あくまでも、非常時のための補完的手段として捉えられている。

他方、前節のさけ・ます増殖研究協議会でも課題にあがっていたように、河川に遡上してきた親魚を利用する場合、親魚の河川遡上それ自体はふ化放流事業の重大な課題であり続けてきた。もちろん、魚道の開発も行われてきたが、一九五〇年代後半から、密漁問題や河川開発による河口の別導水路への切り替えなど河川状況の変化を理由に、ふ化場の近くではなく河口近くで親魚を採捕するようになった。問題になるのは、早期群としてギンケのまま、まだ精子や卵が未成熟の段階で河口から河川に入り、湾内や河川内を長く行き来する群れである。河川の状態は、サケが長く滞留して十分に自然繁殖できる状態ではないため、未成熟のまま一括採捕をしなければならない。その際に未成熟魚である親魚をどうやって畜養し、成熟した卵と精子を確保するかは、北海道のふ化場が悩まされてきた問題だった。親魚をある程度畜養しても、斃死することが多く、その畜養の技術開発が非常に求められていた。海産親魚よりも河口採捕の方がまだ距離は短く、畜養の期間も短いとはいえ、共通する難しさを抱えていたのである。

しかも、ギンケの方がその商品価値は高い。各漁協ではギンケ生産の要望も高かった。早期群として未成熟な卵と精子を抱えてやってくるサケを増やしたい。

その要望に応えるための畜養技術の改善は、一九六九（昭和四四）年に導入された畜養池の注水方式の改善により前進した。岩尾別川のふ化場を新しくつくる際、従来の水平の注水ではなく、底からの垂直型注水にしたことによって、サケの行動が落ち着き、注水口に殺到して斃死するようなことも防がれ、産卵に向かうエネルギーの保持にも役立つということだった（野川　二〇一〇）。

しかし、それで問題が解決したかというと、結論からいえば、現在でも親魚の畜養は難しい課題であり続けている。二〇〇一（平成一三）年以降も、北海道のふ化放流の採卵数をもとにした減耗率は、一六―一九％であり、そのうちの約六〇％は、発眼卵期までに生じている。それゆえに、親魚の畜養および受精から発眼までのあいだの減耗率縮減はサケの人工ふ化放流全体の減耗率に大きくかかわる課題となっている（宮本ほか　二〇〇九）。

モノ化した生の総合的管理へ

これらそれぞれのパーツ化されたサケの生について、技術者の目線から、統合的にかつ長期的視野をもって管理する重要性が指摘されている。サケの生全体をより積極的に管理する重要性である。

秋庭鉄之は、人工ふ化放流事業にとって重要な思想を「再生産管理」という言葉に見いだしている。秋庭はこの言葉を、一九六七（昭和四二）年以降の、北海道さけ・ますふ化場における推進整備計画に見いだした。推進整備計画はいわゆる八億粒計画（北海道鮭鱒増殖拡充計画、一九六二―一九六七年）の後に始まった計画で、八億粒計画で明らかになった技術的課題とそのための施設整備を主な内容としていた。推進整備計画では、資源の維持安定には親魚捕獲から放流まで、全体の技術と過程を再検討したうえでの再生産管理が必要だと主張されている。もっとも、秋庭は、この再生産管理という語は特別な意味が込められた言葉ではないという。「単なるふ化放流という工場生産だけでは充分でなく親魚の接岸から稚魚の離岸までの再生産行程が人為的に処理し得るもの」といった程度の意味だろうという。しかし、この言葉は同時に、「未消化ではあるが一つの思想を示している」と指摘する。

その思想とは、「長期展望にたった計画立案と推進」だ（秋庭　一九七〇：三三五）。

秋庭の指摘は次の二つの点で重要だ。一つは、工場生産のような数の増産への批判がこの時点で明確に技術者からなされているということだ。もう一つは、親魚の接岸から離岸まで、サケの生全体を視野に入れた管理計画を必要だと考え、それを実現するものとして再生産管理を歓迎しているということだ。

秋庭が再生産管理という言葉に注目した理由は、当時、長らく公共性の高い事業として行われてきた人工ふ化放流事業において、前述した受益者負担による事業運営への転換がなされ、より「数」を求める漁業者の声が直接的に反映され始めたことが背景にある。「工場生産」という言葉で象徴的に語られているのは、放流数や河川・海での生残率、食餌や水質などの生態空間などを視野に入れて総合的に放流数を決めるのではなく、何よりもまず放流数の増大が先に政治的に目標として決められ、事業が運営されていくことへの批判である。

秋庭は同じ文章で、人工ふ化放流事業の全国的な統治体制の合理化についても、八億粒計画の次の計画では入れ込まれるべきだと指摘している。当時は、水産庁管轄のさけ・ますふ化場とは別に、道所管による漁協の民間ふ化放流事業が行われ始めた頃だった。すでに前述してきたように、本州でも民間事業者が国庫からの補助を得て増え始めていた。そして、道や県、民間での研究・技術開発も始まっていた。同時に、それらの事業者のあいだで、研究機関のあいだの技術レベルの相違や情報共有の難しさも浮き彫りになっていた。国の計画は国だけのものではなく、道や県も含めた総合的な計画となるべきであり、その意味で、もはやふ化放流事業の成否を決めるのは、「数字の問題ではなく、体制の問題」（秋庭　一九七〇：三三八）だと秋庭は指摘する。

サケの人工ふ化放流事業は、卵や放流魚の「数」だけではなく、親魚の接岸から稚魚の離岸まで、各生活史の段階まで総合的な管理として行われるべきである。この思想は、親魚の接岸から稚魚の離岸まで、区分けされたサケの生を、科学技術をもって人間が全体的に統治できるという科学技術への確信と期待のうえに成り立っていた。その意味で、この再生産管理は二つの異なる思考を含んでいた。

一つは再生産管理とは、増殖レジームのもとで、区分けされモノ化されたサケの生を、その時間も生きる空間も人間が統治・管理することを可能にする道具だと見なす思考だ。しかも秋庭のいう「長期的」は、その後彼が一〇年単位の計画を同じ文章で述べていることから、一代のみならず、複数世代にまたがった、種としてのサケの未来を含めた「長期」でもある。他方、このような長期的なサケの生の統合的管理は、工場生産のようにひたすら「数」を生み出すことを目的に、資源量の多い河川のサケ資源だけを重点的に増殖させた八億粒計画とは袂を分かつ。用いられている長期的な資源の安定生産という言葉には、「数」に重きを置かず、むしろ資源の持続性そのものを涵養しようとする、いわば現在のレジリエンスに近い思考の萌芽がある。ただし、思考はあくまでもサケという単種の生のありようとその生産にのみ向けられていることに留意しておこう。

いずれにせよ、サケの生に向き合う技術者が、「数」の増産だけをいびつに再生産しようとする政策を批判的に捉え、モノ化されたサケの生の総合的管理を求めていたことは重要である。

7・5　数をつくるシナリオの拡充――二〇〇海里時代の到来

二〇〇海里体制と制度の更新

さて、一九七〇年代、サケの人工ふ化放流事業は予算にも恵まれ、一九七一（昭和四六）年には全国のふ化放流のための施設を、卵収容数を増大させ、設備をこれまでの研究の知見と技術開発の成果に基づき全国的に整備し直す機会にも恵まれた。

背景には二つの理由があった。一つは、すでに述べてきた、一九六〇年代からの母川国主義とそれに基づく国際資源交渉である。もう一つは、二〇〇海里問題である。

母川国主義下の国際交渉で、公海上のサケ・マス資源の漁獲については、一九六〇年代から暗雲がたれこめていた。当時の様子や危機感は、大洋漁業（現・マルハニチロ）の三代目社長だった中部謙吉により、経団連の『経団連月報』に「北洋漁業の問題点を考える」（中部 一九六八：一六–一九）にもその懸念が露わになされている。[22] 北洋漁業界隈において、日ソ漁業交渉のソ連側の主張が母川国主義を強めていたことは明らかであり、公海上のサケ・マス資源の確保は交渉のごとに厳しさを増していった。

もっとも決定的になったのは、一九七三（昭和四八）年の第三次国連海洋法会議において、領海の一二海里拡張、沿岸国に資源管轄権と汚染防止管轄権を認める二〇〇海里経済水域の設定が、新海洋法の中身になることが決定したことである。この決定には、当時、自分たちの目と鼻の先の海で、漁業資源が獲られていくのを見ているほかなかった途上国からの働きかけも強くあった。その後、一九七七（昭和五二）年に、米国もソ連も、二〇〇海里体制に移行することを宣言し、自国領海の排他的経済水域内から日本の漁船を閉め出した。日本も一九七七（昭和五二）年には、漁業水域に関する暫定措置法を設定し、二〇〇海里漁業水域を自国の周囲に設定した。この二〇〇海里体制への国際的な移行が、遠洋漁業の漁区の大幅な縮小とそれによる遠洋漁業にかかわる業界全体の縮小をもたらした。

同時期には日米加漁業条約、日ソ漁業条約ともに改定・改廃された。一九七七（昭和五二）年の日米加の国際協定では、それぞれの自発的抑止原則に代わり、北米由来のサケ・マスが分布、回遊する海域を禁漁区にするという改定議定書が締結された。公海上の北米由来のサケ・マスの禁漁区が洋上に大きく広がることになった。

一九七七（昭和五二）年、日ソ漁業条約の代わりに結ばれた日ソ漁業暫定協定（ソ連二〇〇海里内）、日ソ漁業協力協定（公海）では、ソ連は、日本が行っているサケ・マスの沖取り漁業の、自国のサケ・マス資源保持に対する悪影響への認識を明確に示した。そのうえで、日本漁業の再編成の難しさを理解するからこそ、漁業協力費を支払えば公海上の操業を暫時認める、という条件付きの沖取り漁業を認めた。この額が年々増加したため、減少する漁獲との兼ね合いで、赤字を抱える船も多くなった。漁業協力費とは、母川国主義に基づき、ソ連の国内を母川とするサケ・マス資源の再生産や保全を行うための施設および機械を助成するための費用である。

もともと、米国・カナダ・ソ連と日本のあいだにある北洋漁業の漁獲枠をめぐる摩擦は、資源管理という現代的な目線から見ると、戦後日本側の明らかな乱獲への猪突猛進に責があったことも明白だ。なぜならば、米国・カナダ・ソ連がいくら河川や河口のある沿岸域で資源管理をしようとしても、公海上で先にサケ・マス資源を日本が未成熟魚を大漁に漁獲してしまえば、回帰する数も再生産の量も減ってしまう。米国・カナダ・ソ連の主張は、それまで戦前から戦後にかけて、まさに漁場を移動しながら、ベニザケがいなくなればギンザケ、ギンザケが難しければマスノスケ、という形で資源を獲ってきた日本のやり方への批判もはっきりと含まれていた（佐野　一九九八）。

こうして日本はかつてのように獲れるサケ・マスを追い求めて移動しながら漁を続けることはできなくなった。二〇〇海里体制への移行は北洋漁業に直接的な打撃を与えた。特に、一九七七（昭和五二）年にソ連の二〇〇海里漁業専管水域が設定されてからは、業界全体で三二％の減船を余儀なくされた。

母川国主義の発想は、自らの所有する陸水域の漁場に再生産過程をもつサケ・マスの生を、自分たちのもの、と生ごと所有することにほかならない。いわば、生の所有をめぐる政治が、母川国主義と経済的水域の政治の要となった。

「沿岸から沖合へ、沖合から遠洋へ」と進められてきた拡大は、大きな転換を求められることとなった。さらに、北洋漁業にとっては、一九七九（昭和五四）年の第二次オイルショックが追い打ちをかけた。同時期の農林水産省の『漁業・養殖業生産統計年報』を見ると、唯一、遠洋漁業では、二〇〇海里体制後、ニュージーランド沖の遠洋イカ釣り漁、アフリカ沿岸から南米沖で操業した南方トロール、カツオの海外大型巻き網漁などが新たに漁獲量を増やしている。しかし、他国の排他的経済水域内の操業は、当該国との資本・技術供与や操業にあたって当該国の船員を雇用するなどの条件があり、これらの漁業も一九八〇年代の後半には厳しい状況に置かれていった。そして公海上の漁業の操業に関する国連海洋法条約（一九八二（昭和五七）年採択、一九九四（平成六）年発効）と国連公海漁業規定（一九九五（平成七）年採択）によって、遠洋漁業は全体的な資源管理の網のなかに入ることになった。新たな漁場を探して世界中を回り、漁場として開拓して漁獲する時代はここに完全に終焉した。

同時に、二〇〇海里体制とともに、沿岸・沖合漁業と、増殖・養殖を中心とする、国際的な魚介類の生の所有の政治の幕が切って落とされたのである。

受益者負担の原則と沿岸定置網漁業者の主要受益者化

北洋漁業の終焉は、一九六〇年代から進んでいた数をつくる増殖シナリオの展開をとどめたか。答えは逆だ。むしろ、数をつくる増殖シナリオはこの時期拡充されていく。制度上の転換は、公益性の高い事業として担われてきたサケの人工ふ化放流事業が、受益者負担の事業として位置づけ直されたことである。

もともと北海道の国営のサケの人工ふ化放流事業は、沿岸回遊魚の増殖という公益性を理由として、国庫の補助と国による事業運営が事業関係者や水産行政のなかで常識とされてきた。しかしながら、これまで述べてきたように、戦後、遠洋漁業のための国際交渉の道具となってからは、遠洋漁業者の受益のための事業という側面が強くなった。同時期、本州の多くでは、水産資源保護法で定められていた通り、河川および河口域のサケ漁事業者に人工ふ化放流事業の負担が求められてきた。河川および河口域のサケ漁は、人工ふ化放流事業のための採捕としてのみ認められる、というのが水産資源保護法上の取り決めだったからだ。そのため、国営の北海道とは異なり、多くが河川のサケ漁を営む漁協など民間によるふ化場経営だった本州では、苦しいふ化場経営と乏しい事業内容に長らく置かれていた。ふ化場を経営しても、つくったサケは沖合か沿岸で獲られてしまい、川までサケが戻ってこない。事業負担の見合わなさが関係者を苛んでいた。そこで、本州の事業者らが働きかけ、北海道だけではなく本州の事業にも国庫からの事業補助を求め、受益を得ている漁業者からも応分の資金負担を得て事業を支えようと、日本鮭鱒資源保護協会がつくられた。この経緯はすでに本章の2節で確認してきた通りである。

まずはソ連との漁業交渉のために人工ふ化放流事業の増大を求めていた遠洋漁業者が日本鮭鱒資源保護協会に資金を提供してふ化場運営を支え、なおかつ八億粒計画（本州も合わせた一〇億粒計画、一九六二―一九六七）に出資し、人工ふ化放流事業の方針に発言権をもった。こうして、国庫補助に加えて、受益者負担の原則がこの頃から事業を支える基本的な考え方に滑り込んだ。

受益者負担の原則は、沿岸のサケ定置網漁業者と人工ふ化放流事業のあいだでも一九六八（昭和四三）年に明確化された。一九六八（昭和四三）年は、定置漁業権の切り替えの前年度にあたっていた。定置漁業権は、五年ごとに切り替えが必要であり、水産庁の方針に従って漁場計画を立てなければ免許の更新ができない。一九六九（昭和四四）年の免許切り替えにあたって、一九六八（昭和四三）年、水産庁が出した方針には、サケ定置網については、人工ふ化放流事業に積極的に協力しなければならない、ということが明記されていた。それにより、たとえば内水面漁協や河口域をもつ他の漁協等の管理下にあった人工ふ化放流事業について、定置漁業権をもつ主体は何らかの形で、人工ふ化放流事業に協力していく具体的な方策を立てることが必要になった。

もっとも、すでに定置漁業権の切り替え前後から、定置網漁業者は、北洋サケ・マス漁業がそうだったように、人工ふ化放流事業について大きな関心と利害意識をもつようになっていた。なぜならば、北洋サケ・マスをはじめ遠洋漁業が稼ぎ頭としての地位を失いつつあるなかで、養殖を含む沿岸漁業の重要さがいやがうえにも増していたからだ。特に定置網漁業のサケ資源の確保は重要な関心事だった。

北海道でも一九六九（昭和四四）年に、北海道の定置網業者や他のサケ・マス漁を行う漁業者に対し、賦課金を北海道鮭鱒保護協力会連合会が課している。この連合会は、密漁の取り締まりや親魚の捕獲を事業のために協力する地元漁業者などにより構成された団体だった。賦課金は、受益者による人工ふ化放流事業に対する負担金であり、受益者負担の考え方に基づいた制度である。こうして受益者負担の原則は制度となってサケの人工ふ化放流事業を支えるようになった。

さらなる変化は、遠洋漁業が二〇〇海里時代を迎えて文字通り斜陽になったときに明確化した。遠洋漁業界隈からの出資金を集めるのは困難になり、資金の多くを遠洋漁業から得ていた日本鮭鱒資源保護協会は一九七九（昭和五四）年五月三〇日をもって解散した。それより以前の一九七八（昭和五三）年一〇月には、水産庁により「さけ漁業振興連絡協議会」が開かれ、人工ふ化放流事業の拡大に伴う経費の捻出について、受益者による負担金をプールし、そこから事業費を捻出する方針が確認された（本州鮭鱒増殖振興会　一九八七：九）。

このような受益者負担の原則に基づく制度経営は、わかりやすくサケの稚魚と成熟して戻ってくる親魚の数を儲けと見なし、数の増大を求める方向性を生んだ。漁業者や漁業協同組合から見れば、数の増大はのぞみこそすれ、拒むものではまるでなかった。沿岸や沖合で獲るサケの数は多いほどよかったし、採卵後の親魚も、採卵後の廃棄を有用に使うためという理屈づけこそあれ、売却することができる。

この時期は、前節で秋庭も言及していたように、北海道でも民間業者のあいだでふ化場の設立が増えた。北海道でも放流数に応じてふ化放流経費の半分も負担されたから、数の増大は歓迎されこそすれ否定されるものではなかった。

本州においても、受益者である沿岸の定置網（大型、小型）、磯網、延縄漁業事業者らが賦課金を払っており、受益者負担の原則はここでも同じである。また、稚魚の数の増大は直接的な経済的利益の増大にも結びついている。漁協などの民間団体が放流のために造成した稚魚を、府県あるいは県単位で増殖事業をまとめている任意団体（たとえば、岩手県の岩手県さけ・ます増殖協会）が、県から得た資金、定置網漁業者から受益者負担の原則により集めてプールした資金をもとに、買いあげる仕組みになっているからだ。岩手県では一九五六（昭和三一）年から二〇〇七（平成一九）年までは県が直接買いあげていた。現在は岩手県さけ・ます増殖振興会が買いあげている。放流のための稚魚の数、採卵・精子採取後にサケガラ（鮭殼）の資源再利用として販売することができる親魚の数も、数が多いほど人工ふ化放流事業運営側に利する仕組みとなっている。人工ふ化放流事業者も兼ねる沿岸域の沖合・定置網漁業者にとって、接岸してきた親魚の捕獲と、人工ふ化放流事業の採捕による利益、放流する稚魚増産による利益、それらのどれも重要な生計の柱であったし、サケの増産が安定的に続くようになってから現在に至るまで、その重みは増しはしても、減ってはいない。

こうして、受益者負担の制度は、直接的利益増大と資源の増産による間接的利益増大と、両者を見込めるために、数の増大をますます事業者たちに求めさせることになった。サケ資源の急速な増大の背景には、このような「数」の増大を求める動機を漁業者たちに生み出し、事業の資金繰りを支える制度設計もあったのである。

ギンケ増産、消えゆく「カワザケ」

さて、二〇〇海里時代に向かい遠洋漁業が縮小していた一九七〇年代後半から、増殖レジームは数をつくるシナリオを、「市場で評価の高い肉質をもった」数をつくるシナリオへ転換した。この転換は、サケの生態空間自体を含めて、サケの生をさらにモノ化し、カワザケがサケの再生産過程のなかから消えていく結果を生んだ。

まずは、一九七〇（昭和四五）年以降の国による増殖事業全体の展開を簡単に押さえておこう。この時代、増殖レジームは、一九六〇年代に姿を現したもう一つのつくるシナリオとともに大きく展開していく。沿岸を支えるもう一つのつくるシナリオ、栽培漁業については次章で説明しよう。また、同時期に栽培漁業とともにつくる漁業として、種苗生産と畜養の技術が研鑽された養殖事業の展開も忘れてはならない。これらの沿岸の増養殖を支える事業もこの時期、サケの人工ふ化放流事業と交差しながら大きく花開いた。

一九七〇（昭和四五）年には、農林水産技術会議による企画・予算化のもと浅海域における増養殖漁場の開発に関する総合研究、水産庁予算の委託事業、有用魚類大規模養殖実験事業という二つの技術開発研究事業が始まった。前者はクルマエビの放流技術やホタテガイ、エゾアワビ、マダイが対象魚種だった。後者は、公海上の漁獲が中心となるマグロ類、タラバガニ、シロザケについて、沿岸資源を増殖と養殖により生産する可能性を探る研究である。マグロの養殖技術開発の先鞭を支えた事業であるが、シロザケについては、海中飼育放流技術の開発がこの事業で進められた。サケを海中の生簀で育てて海から放流し、河川と河口域、沿岸での減耗率を大きく下げる海中飼育放流技術開発は、主に岩手県で行われた事業であり、津軽石にもかかわる。これについては後に改めて言及しよう。

同時に、都道府県水産試験場への補助事業の別枠予算として、回遊性重要資源開発試験が行われ、ブリの種苗育成、ウナギの種苗の安定的供給に関する研究が進んだ。また、一九七三（昭和四八）年からは、サケの回帰率向上に関する種苗育成放流技術開発が行われた。先ほどの海中飼育放流技術開発がこの別枠予算のなかで引き継がれて行われている。そのほか、この時期には餌料プランクトンの培養研究、種苗放流の標識技術開発も行われ、特にこの標識技術開発は、サケの人工ふ化放流技術開発にも大きくかかわった。

これまでも言及してきたように、サケ増殖にとって大きな事業は、一九七七（昭和五二）年に始まった遡河性さけ・ますの大量培養技術の開発に関する総合研究（さけ・ます別枠研究）である。先ほど述べた浅海域における増養殖漁場の開発に関する総合研究と同じ枠で、一九七〇年代以降のサケの人工ふ化放流事業の技術開発と事業の方向性の転換を決定づけた大型研究である。この総合研究において、これまでに述べた一九七〇年代以降のサケ・マスの技術開発を引き継ぎつつ、サケ・マスの人工ふ化放流技術の全国的な総合的研究が多様な分野の研究者とともに行われた。

さけ・ます別枠研究は五つの研究テーマが設定されて進められていった。一つは、北海道を中心とした、シロザケの河川型放流技術を基盤とした稚魚減耗の抑制研究、北海道さけ・ますふ化場の小林哲夫らが進めていた健苗育成がそれにあたる。二つめは東北太平洋沿岸を中心とした、シロザケの海中飼育放流技術による稚魚減耗の抑制研究。三つめは本州・日本海ブロックを中心とした、移植効果の安定強化に関する研究、たとえば日本海沿岸のサクラマスの移植技術の開発などがそれにあたる。四つめは、魚食性サケ属の新資源培養に必要な技術の開発研究であ

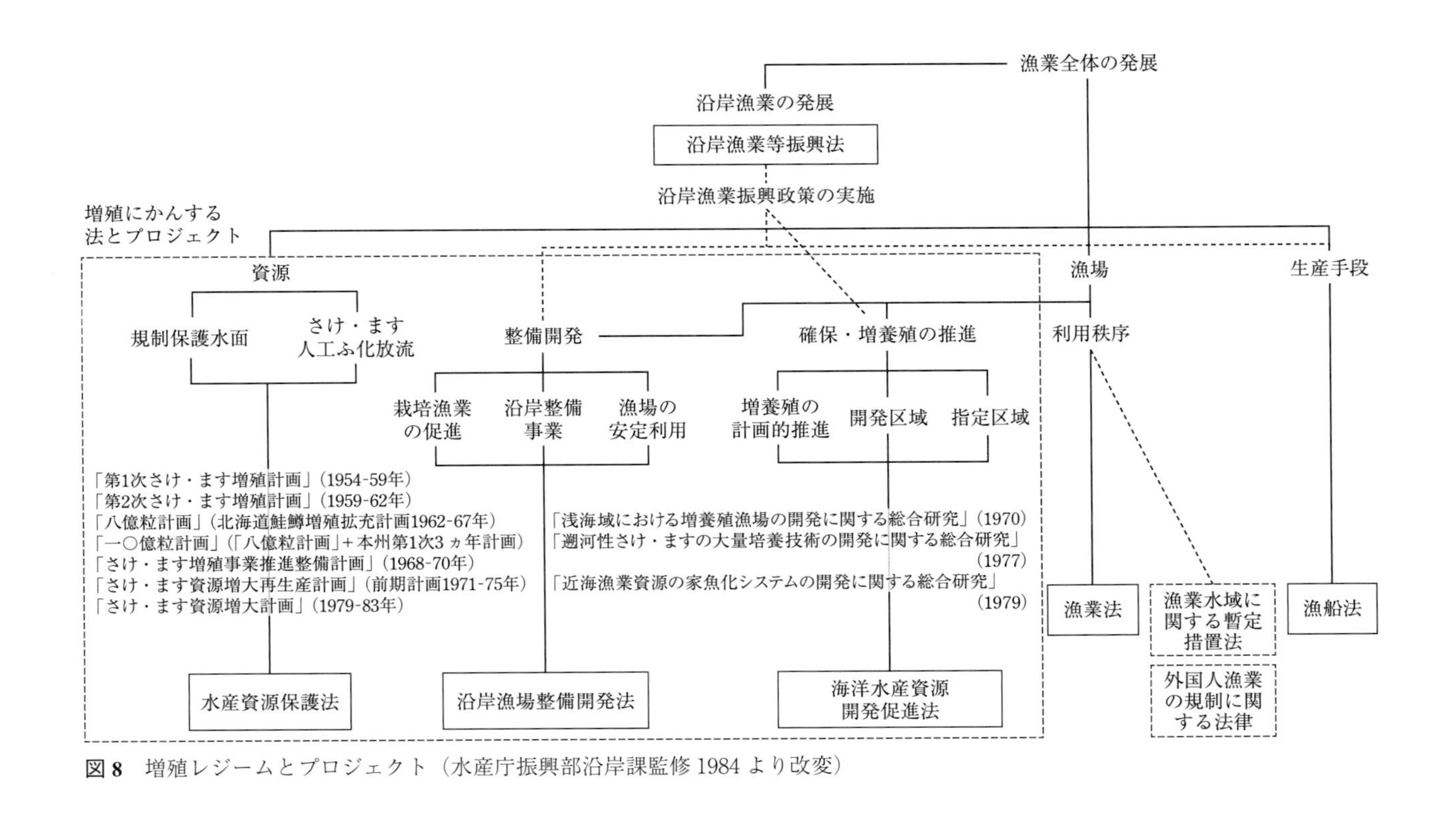

図 8　増殖レジームとプロジェクト(水産庁振興部沿岸課監修 1984 より改変)

り、当時海外から移植されたギンザケが研究対象である。最後に、幼魚期および接岸期を中心とした沖合生態調査である。これは、放流魚・回帰魚の大規模追跡調査で、北海道さけ・ますふ化場の適期放流の科学的な後づけ調査が進み、より技術が精緻化することになった（農林水産技術会議事務局　一九八五）。

これらの研究成果のフィードバックを受けながら、一九七一（昭和四六）年に始まったさけ・ます資源増大再生産計画（前期一九七一―一九七五年度、後期一九七六―一九八〇年度）、さけ・ます資源増大計画（一九七九―一九八三年度）は、サケの再生産管理に関する大きな転換をふ化放流事業にもたらすことになった。結果として、この計画群のもとで実施された人工ふ化放流技術の適用に伴い、サケの生態空間と生活史が大きく変容し、サケを利用していた漁業者たちとのかかわりも大きく変わっていったのだ。

注目すべきは、河口域での一括採捕、移植放流、人工ふ化放流の未利用の河川への事業拡大が進んだことである。まず、前期さけ・ます資源増大再生産計画において、再生産親魚および種苗育成のための卵の確保が最重要な課題とされた（木村　一九七〇）。ほかの課題には、卵や稚魚の減耗率の縮減、調査研究の推進、河川・沿岸域の環境保全、合理的な増殖事業体制の整備、サケ・マス資源の国際性に基づく国際協調があった。さらに具体的な施策として、親魚および卵を確保するために、特別措置による親魚の確保が進められた。これは、従来は捕獲場に戻ってくるサケを待ち、親魚を捕獲するという「受動的な」方法だった捕獲方法を違う形にすることだ。すなわち、河口域に滞留している従来は海域の親魚と見なされてきた親魚たちを、河口部で捕獲する「能動的な」捕獲に変える、ということである。ここに、河川にのぼる親魚を、その手前の河口域で一括採捕する、という方針が事業者間で共有されることになった。

さらに、放流効果を向上させるための施策として、健苗育成、適期放流に加えて、大きな変化をもたらす施策がこの時期に設けられた。移植放流による河川生産力の活用である。ここには二つの重要な点がある。まず、移植放流という、従来対象となる河川にはいない、他河川からの系統群を移植し放流するということである。これにより、北海道の系群が道内の河川や本州に、あるいは本州であれば岩手県の系群が近隣の河川に、といった具合で移植が進んだ。放流する系統群は選抜されねばならないから、おのずから、ふ化放流に合った系統群（その意味で有用、あるいは優良な）を取捨選択することになった。

さらに、これまでふ化放流事業の対象となってきた河川以外の「未利用、未開発河川」の活用を図るために、北海道で四六、本州で三二河川の未利用河川が新たにふ化放流事業の対象となった。移植放流も含め、河川におけるサケそのものの群れの質が変容し、河川にのぼる時期や、行き来する空間が、生活史ごと大きく変わったのである。前期さけ・ます資源増大再生産計画は、カワザケを捕獲するのではなく、ギンケのまま捕獲し、なおかつギンケの顔ぶれも従来の系統群とは違う移植された系統群を含む群れに変え、さらにはこれまで増殖の対象となっていなかった河川にもその変化をもたらすものだった。

この方針は後期さけ・ます資源増大再生産計画でも変わらずに踏襲され、特に後期では本州域に重点を置いて上記の施策の実現が進んだ。当初、前期さけ・ます資源増大再生産計画の初年度の一九七〇（昭和四五）年度には、全国で五億八七〇〇万尾（北海道四億四七〇〇万尾、本州一億四五〇〇万尾）だったサケ稚魚放流数は、後期さけ・ます資源増大再生産計画の最終年度の一九八〇（昭和五五）年度には、一八億九六〇〇万尾（北海道一一億四六〇〇万尾、本州七億五〇〇〇万尾）と大きく増大した。

前期・後期を通じて放流数が飛躍的に拡大した分、沿岸へ戻ってくる来遊数も増え、この頃からかつてなく増大するサケと、沿岸の人びとのかかわりはまた変容してくる。この点については、再び宮古湾に戻ってから述べよう。

最後に、一九七九（昭和五四）年からのさけ・ます資源増大計画において、数の増大をなしえた後の課題として表れ、もう一つのサケの生を変えた重要な問題について述べておこう。さけ・ます資源増大計画においても、引き続き安定的に数を増産できるよう、移植による調整が各河川で行われたが、この頃からギンケを生み出し、商品性の高いと評価される早期群と、ブナケを多く含み、結果として商品性が低くなる後期群の意図的な計画管理の必要性が認識されるようになった（菅野・佐々木　一九八三）。早期群は河口に現れてもまだその身が赤く、脂がのっているギンケ状態にある。そのため、ギンケであるうちに河口にやってくる早期群を、河口での一括採捕を行って、ふ化放流事業とその後の魚体販売においてより大きな利益を得ることができればよいわけである。

このギンケ生産という課題については、一九八五（昭和六〇）年に再編されたふ化放流事業と技術開発の展開の指針『さけ・ます増殖事業の展開方向』についても明確に記され、増産を達成した後のふ化放流事業における重要な課題設定となっていった。

進む家魚化とモノ化

さらに同時期、一九七九（昭和五四）年にさけ・ます別枠研究と同じ農林水産技術会議による大型別枠研究として近海漁業資源の家魚化システムの開発に関する総合研究がスタートした。家魚化、すなわちドメスティケーション（家畜化）が明確に意図されている。この総合研究では、沿岸近海の有用魚介類資源、平たくいえば市場での魚価が高い中・高級魚を、より手の届きやすい値のつくよう量を生産するために、管理しやすくすることが目的だった。大きく分けて、五つの技術体系の開発が目的にあがっていた。一つは、魚介類の品種ごとに、生態・生理的特徴をふまえて、生残率の向上を目指す「作物生物管理技術系」、資源培養の効率的で総合的な管理システム開発を目指す「作物別生産システム技術系」、海域の生産力を総合的に利用するために、魚介類の培養に関する組み合わせを開発する「複合型資源培養技術系」、病害や漁場環境の劣化などについて要因を排除したり、計測したりする「資源培養の支援技術系」、そして、資源培養のみならず漁場となる海域も含めた「環境制御技術系」である。これらのラインナップを見ると、魚種だけでなく、海域における生物種の構成という、生態系の「系」の管理と制御についても明確に目的化されていることがわかる（三村　一九八三：三六）。この背景には、次章で述べるような栽培漁業で展開した増殖の新たなモノ化の発想がある。箱庭型生態系を沿岸でつくってしまおうという生態空間ごとのモノ化だ。

この計画は当初、海洋牧場技術の開発に関する総合研究と名付けられていたため、マリーンランチング研究という別称をもつ。栽培漁業のみならず、サケの人工ふ化放流事業にとってもこの計画は事業を支える思想に大きな変化をもたらす計画だった。ちなみに、このマリーンランチング研究の予算枠は、二一世紀に向けて飛躍的に伸びる農林水産技術の確立を目指す予算枠で、マリーンランチング研究の前の第一期は、一九七七（昭和五二）年からの農林水産業における自然エネルギーの効率的利用技術に関する総合研究（別称グリーンエナジー計画）である。農林水産省の研究予算のなかでは、もっとも予算の額が大きく、技術開発の中心となる予算枠でもあった。すなわち、マリーンランチング研究も、水産業の将来を形成する中心的な技術開発と位置づけられていたということである。

いずれの事業においても、魚の生のモノ化と、それに基づいた魚の生態空間、沿岸とそこにある種々の生きものの関係性をも管理できるモノとして見なし、合理的な生産管理体制を構築しようとしているのを見ることができる。

7・6　駆動する増殖レジーム——カワザケからギンケへ

数の増大に支えられた人工ふ化放流事業は、かつてないほどのサケの増産をもたらした。一九七〇年代に入ってからどのハマでも、あがり始めたサケの漁獲に歓声があがり、ハマを賑わせていた。他方、日本自体は、一九七〇年代末には、七〇年代の二度の石油危機による税収の減少、日本列島改造や内需拡大政策に伴う公共投資の拡大、福祉国家のための社会保障費増大などから、財政不足が深刻さを増していた。そのようななか、一九八一（昭和五六）年の鈴木善幸内閣が掲げた「増税なき財政再建」のもとで、第二次臨時行政調査会が開かれ、続く中曾根康弘内閣の「小さな政府」を目指す国政のなかで、行政改革が行われた。人工ふ化放流事業もその行政改革の対象となり、第二次臨時行政調査会の一九八三年三月の答申において言及された。

これに対して、人工ふ化放流の事業者および技術者は、水産庁振興課との協議を重ね、人工ふ化放流事業の方向性を明示する必要があるという考えから（小林　二〇〇九：二七八）、『さけ・ます増殖事業の展開方向』を一九八五（昭和六〇）年一月に水産庁の名のもとに策定した。

この『さけ・ます増殖事業の展開方向』では、人工ふ化放流事業のこれまでの取り組みの経緯と成果が簡単に言及され、そのうえで、国内需給の増加が見込まれるなかで、北米由来の輸入増大はのぞめないこと、北洋漁業による捕獲も見込めないことから、供給を人工ふ化放流事業によって増やす必要性があることが主張されている。さらに、北洋漁業従事者を沿岸漁業へ吸収するうえでも、サケ・マス資源の造成が重要であると、人工ふ化放流事業によるサケ・マス資源の造成の社会的必要性が述べられている。

そのうえで、技術開発として推進されたのは、国民の食生活の高級化と多様化をにらみ、シロザケはギンケ生産の増大を中心に魚肉の質的改善を図ること、ベニザケ、サクラマスなど新しい資源の造成だった。ベニザケ、サクラマスの資源造成については、それぞれのスモルト化（放流にふさわしい大きさになるまで育成すること）技術の開発、そのための稚魚の長期飼育技術と防疫対策技術の開発が具体的に言及されている。

また、長期的な技術開発の展望として、選抜育種による優良系統群の遺伝形質の保存、バイオテクノロジー技術の応用による品種造成技術の開発と実用化が示されている。

これらの技術開発と事業を進めていくうえで、運営体制については、受益者負担を基本的な原則として、民間活力を導入することが柱に据えられている。そのために、すでに人工ふ化放流事業が根づいて資源増産が行われている地域では、資源の質的向上を行って漁業経営を上向かせ、漁業者の受益負担能力を増加させるべきであるとしている。また、いまだ資源量の少ない地域には、地域性に適合した系統群を移植により定着させ、まず資源量を増加させたうえで、質的向上を図り、やはり漁業者の受益負担能力を向上させるべきであるとしている（水産庁　一九八五）。

他方、実際の人工ふ化放流事業を行うのが民間だとすると、人工ふ化放流について国がすべきこと、すなわち水産庁下の北海道さけ・ますふ化場がなすべきことは、資源の増加、質的向上に役立つ技術開発と、事業効率向上のための制度設計、知識・技術の普及指導、効果的な人工ふ化放流事業を行うための情報の収集と分析である、と述べている。

この後、北海道さけ・ますふ化場では、第二次臨時行政調査会の流れを受けて一九八六（昭和六一）年四月に行政監察局（北海道区）によりふ化場の組織、事務、事業の合理化が課題とされた。それを受けて、一九八六（昭和六一）年八月には、水産庁や外部学識有識者も交えた「北海道さけ・ますふ化場に関する検討会」が開催され、改めて『さけ・ます増殖事業の展開方向』で描かれた展開方向を具体的な事業として形づくられたほか、「基盤資源の造成」「新資源を含む新増殖技術の開発」「調査研究の充実」こそが基本的な北海道さけ・ますふ化場のミッションであることが確認された（小林　二〇〇九：二七九）。

以上から見てとれるのは、『さけ・ます増殖事業の展開方向』が、ギンケの増産を主軸としたサケの資源造成の構造を組み替えるものであることと、沿岸漁業者を念頭に置いた受益者負担の原則がさらに明確に指針化していることである。

この二つの方針が、その後、さらに大きくサケの生態空間と生活史、そして人びととサケのかかわりを変えていくことになる。まず、親魚と卵確保のための河口域での一括採捕を、全国に改めてそれぞれの地域の人工ふ化放流事業のなかに固定化させることになった。同時に、受益者負担の原則は、沿岸での定置網漁業者に対して人工ふ化放流事業への積極的な寄与を求めることになった。人工ふ化放流事業からカワザケが姿を消すと同時に、沿岸と河口域周辺にサケの生態空間が固定化された。

同時に、地域社会とのかかわりでも大きな転換があった。北海道さけ・ますふ化場は、北海道内の沿岸漁業者たちと「官民一体型」でありつつ、専門家集団としての職能を改めて強めていった。他方、本州についていえば、一九七一（昭和四六）年から本州でも独自に研究の仕組みができあがり、各県の民間団体や県の水産試験場と北海道さけ・ますふ化場との関係性が変化し始める。各県に全国的政策として増殖レジームが「降りていく」一方で、県や民間団体は、これまで独自に継続してきた人工ふ化放流事業をそれぞれ地域の事情に即して再編成していった。

そのことが、全国的な政策とサケ資源量の変化とともに、地域社会におけるサケの生態空間、生活史、そしてサケと人びととのかかわりを大きく変えていくことになった。

第9章からは再び津軽石に戻ろう。本州では、北海道を中心につくられてきた人工ふ化放流システムとは異なる形で事業が進められていく。しかし増殖レジームの展開とともに、サケの生のモノ化はやはり進展していった。地域社会からサケが離床していく、その様子については第10章で明らかにしよう。

7・7 「わたしたちのモノ」化したサケ

河川省略型技術とサケの生のモノ化

以上、大まかに一九六〇年代から一九七〇年代に続いた技術展開と制度形成について概観してきた。「さけ・ます増殖研究協議会」で議論されていた、河川省略型の技術の開発が進展していった様子がよくわかる。

これらの技術の進展と適用に伴って、サケの生活史は変わった。一言でいうと、人の手のなかにいる期間がより長くなった。そのために必要とされる技術も多くなった。

サケは、河口域で捕獲され、未成熟なら畜養されて卵と精子が取り出され、受精作業を経てふ化の過程を迎えるようになった。生活史のなかで、人工的な施設にいる期間が長くなった。技術開発で一貫して目指されていたのは、放流された後の環境に耐え、生き延びうる強く健やかな種苗を得ること、すなわち健苗を育てることである。適切な時期がくるまできちんとふ化場で育ち、放流された後には減耗率を低く維持しつつ大洋にいき、三－五年後に母川へ戻ってこられるような強い健苗個体を数多くつくり出すことである。

減耗率を低く維持できる健苗育成も、適切な時期に放流する適期放流も、十分な自然繁殖が不可能な環境のまま、サケの数を増大させるための人工的補完技術をどうつくるか、という目的のもとで開発された技術である。河川が使えないことを初期条件としたサケ資源増産の仕組みをつくることが、研究・技術開発の課題としてフレーミングされてきた。すなわち、河川汚染や工作物増加により、河口近くの親魚採捕しかできないという現実に対し、未成熟魚を畜養して卵と精子を成熟させる、という技術的解決を目指す。さらに、放流を経て沿岸へ回帰する資源を増産することが、「河川省略の状態で」可能であるよう、技術開発が行われ整えられていった。河川省略の技術はこのようにできあがったのである。

この過程をサケの側から見ると、いったい何が起こっていたのだろうか。着目しておきたいのは、人工ふ化放流技術の対象となった系統群、対象とならなかった系統群、どちらのサケの生の生活史も変容したということである。

まず、人工ふ化放流事業の対象となった系統群から考えてみよう。シロザケはサクラマスなど他のサケ・マスと比べると、河川を利用、滞留する期間も短ければ、物理的距離も短い。とはいえ、河口付近で採捕されることによって、河川におけるサケの生態空間は小さくなり、河川にいる期間はとても短くなった。なおかつ、健苗育成と適期放流により、稚魚育成から放流するまで、人工施設にいる期間が長期化した。サケは放流されてから捕獲されるまで三年から五年かかるものがほとんどだが、そのうち、再生産過程にかかわる四ヵ月から五ヵ月を人工施設のもとで過ごすようになった。親魚の畜養期間を入れると、さらに全体で二ヵ月ほど長くなる。

他方、人工ふ化放流事業の対象とならなかった系統群はもっと大きな変容をたどった。人工ふ化放流事業の対象にならない系統群とは、もともとの河川遡上数が少なかったり、河川の周囲にサケ・マスを対象とする漁業者や漁場がなかったりする場合の系統群である。河川工作物などがなければ、現在「野生魚」と区分されているように、自然繁殖のまま生きていただろう。また、同じ河川に系統群が複数いる場合、千歳川の後期群（一二月から二月に遡上する系統群）のように、相対的に資源量が少なく、河川開発の変容の影響を強く受けるような回帰の生活史をもつ場合には、系統群ごと失われた場合もある。

千歳川の事例は、さまざまな意味で示唆に富むので、少し詳しく述べておこう。もともと、北海道の人工ふ化放流事業の中心だった千歳中央孵化場は、千歳川の後期群を対象にふ化放流事業を行っていた。当時は後期群の数の方が多かった。しかしながら、一九二七（昭和二）年に早期群（九月から一二月に遡上する系統群）を捕獲してふ化事業を始めたところ、後期群に匹敵する資源量を確保できるようになったことから、前期・後期群を分けずに事業が始められた。本流の石狩川や支流で札幌を流れる豊平川は前期群で、後期群は主に湧水が豊富な千歳川に遡上していた（半田　一九二四、三原　一九五四）。

転機が訪れたのは、利治水のため、一九二四（大正一三）年の千歳川下流域での水田灌漑用水設備の建設が始まったときである。この工事のために、資源量は前期群・後期群を通して減少した。一九二七（昭和二）年には、早期群がふ化放流事業において扱われるようになった。戦後はさらに、河川開発に加えて、同水系の石狩川の水質汚濁の影響も大きく、さらに中流域の干拓や利治水も進んだことから、千歳川のサケ資源は一九五六（昭和三一）年には二〇〇〇–三〇〇〇尾の捕獲にまで減少した（秋庭編　一九八〇）。波はあるものの、ふ化事業が始まって以来、平均して一万尾以上、多いときには三万から四万尾の資源量を誇っていたにもかかわらず、である。資源水準の低下と河川汚染を強固な因果関係とする見方がふ化場内でも、ふ化場外の漁業者や専門家にもこのとき以来広がった。「どぶ川に金を捨てる」対策だと揶揄される向きもあったが（小林　二〇〇九：二五三）、実際には河川水温が稚魚の成育に重要であることが判明し、一九七一（昭和四六）年に湧水によるふ化・稚魚育成ができる施設を導入してからは、資源は回復に向かった。ちょうど同時期に水質汚濁防止法の施行や鉱山閉鎖があったことから、石狩川の水質が改善し、この水質改善のために資源回復がなされたと一般には理解されている。小林はこれに対し、水温と湧水利用という技術開発の意義と有効性の高さを主張しており、一九八二（昭和五七）年のふ化施設の増設以降は、二〇万尾以上があたりまえの河川となっている。

だが、この資源回復がなった、というのは前期群のみである。後期群は、水産関係者のあいだで、一九五五（昭和三〇）年を最後に群れとして消滅したと見られていた。ちょうど前期群後期群合わせた遡上数の低下に紛れて、この後期群消滅の問題についてはは調査もされなかったし、対策も練られることがなかったという。この点について小林哲夫は、一九五五（昭和三〇）年の後期群の消滅は、中流域の干拓と長都沼の消失による生態空間の大幅な変容にこそ原因があったと指摘している。そして、ふ化と稚魚育成の段階は人工的に管理ができても、自然条件下においで人間がサケに干渉する場合、いかに自然の摂理に対して謙虚になるべきか、そして自然環境保全そのものが重要であるかを示す事例だと総括している（小林　二〇〇九：二五二―二五四）。このような後期群消滅は、他の北海道の河川でも同様に見られ、人工ふ化放流事業の対象は早期群が多くを占めてきた。なお、皮肉なことに、一九九八（平成一〇）年に千歳川に後期群のサケが遡上していることが改めて発見され（Ito and Nakajima 2009）、野生魚群として再び注目を集めている。

さて、千歳川の事例が示すことは二つある。一つは人工ふ化放流技術の限界である。河川の環境に大きく依存する資源減少要因がある場合は、河川の環境そのものを改善しなければいかに健苗育成と適期放流でも難しい。もしも河川に放流する場合、放流後の環境をどのように保全するかもまた、とても重要な焦点になるということだ。しかし、その後の増殖事業は、そのような人工ふ化放流技術の限界を、むしろ、人工ふ化放流技術を河川省略型にすることで乗り越えようとする方向をさらに強めていく。河川を省略し、サケが親魚のときにも稚魚のときにも河川にいる期間をできるだけ短くする放流場所を考えることがミッションとなった。

もう一つの論点は、問題のフレーミングの固定によって他の問題が潜伏してしまう、ということである。問題の焦点が「数」になったために、一九五五（昭和三〇）年の時点でも、その後も後期群の消滅は問題化されず、結果として失われてしまった。千歳川の場合は、経済復興と開発優先という時代背景もあったことから、河川開発を回避したりサケの物理的避難場所をつくったりするなどの別の方策について検討することもなかった。しかも後期群は市場値が安い。おそらくだが、それゆえに、その後の一九七〇年代の資源回復の時期にも、早期群にのみ焦点が結果的にあてられ、その後も回復の対象にはならなかったのではないか。儲からないサケは学術的・生物学的重要さによる自然保護の対象にはなりえても、産業の対象にはなりえない。細分化されたモノとしてのサケは、前期群、後期群それぞれのもつ人間社会とのかかわりや蓄積されたその深さを語ることはない。そして千歳川の後期群は一九九八（平成一〇）年に「野生魚」として改めて発見されるまで、姿を消していたのである。

こうして、河川省略型技術の開発へと科学・研究開発の方向性がフレーミングされていった。それとともに、「健やかな魚を、よい時期に放す」ための技術は、サケの生を個々の技術適用のライフステージに区切って、そこでの生理学的条件に合わせた開発を行うようになっていった。言い方を変えると、サケの生は、ふ化、健苗育成、放流、親魚の畜養という技術適用のライフステージに合わせて分断され、それぞれの細かな環境条件を人工的に設定されるなかで育成された。細分化されたサケの生は、そのステージごとに研究開発の課題設計の対象として、生きものではなく、有機的な反応を返すモノとして見なされ、モノ化されていった。

ふ化場の技術者たちの公害・開発へのまなざし

この章の最後に、技術者たちが数を重視し、サケの生態空間を大きく変える技術や制度の発展に抱えてきた葛藤とそこに見いだせる今後の事業展開へのヒントについて触れておきたい。その葛藤は、これまでもしばしば技術者たちが端々で見せていたものでもある。

ふ化場とその事業場において、技術開発に携わってきた人びとは、河川の汚濁や開発を「初期条件」としなければならないことに、決して無批判ではなかった。むしろ、ふ化場において、サケ・マスの生態に向き合っているからこそ、見えていた全体像とそのために必要な包括的な対策の内容もあった。

『魚と卵』一四五号（一九七七年）に、北海道さけ・ますふ化場に一九三四（昭和九）年から勤務し、場長を務めた三原健夫の追悼特集が掲載されている。三原は、戦後ふ化放流事業を「科学的な」研究と技術開発にすること、定置網漁業者や水産会社など民間と協働でサケふ化放流事業をシステムとして建設することに生涯かかわった人物である。同時に三原は、ふ化場勤務のときにも汚水問題とふ化場で呼ばれていた水質汚濁や河川開発に対し、熱意をもって取り組んでいたことで知られる。病床にあっても、退職後の一九七四（昭和四九）年から就いていた北海道漁業団体公害対策本部事務局長として公害について案じるのをやめなかった。

三原について、ふ化場勤務時代から長くともに働いてきた秋庭鉄之が、『魚と卵』の追悼特集に「三原さんという人」という文章を載せている。そこで述べられた三原の考え方は、サケ・マスの生態に向き合うからこそ見えている河川に対する包括的な社会のかかわり方として非常に興味深い。少し長いが抜き出してみよう。

公務の上での三原さんは多くの足跡を残している。（中略）だが、終始一貫して熱意をもっていたのは公害問題に対してだった。今でこそ環境問題というと誰でもが話題にすることであるが、二〇年前は産業発展のために多少自然の損壊があってもやむを得ない、むしろ当然であるという情勢であり、当面の経済性だけが尺度となっていた。製紙・製糖・澱粉などの河川を汚染する工場はまず立地がきめられ、建設を前提として汚染の駆除が検討されたものである。いかに問題があっても建設を中止するなどと言うことはあり得ない。（中略）だが三原さんに云わせると河川を汚すことは悪いことなのである。そしてこれが大事な点なのだが、『ふ化場がやらないで誰がやる』という言葉をよく聞かされたものだった。

法制上になにもなかったのだから国や道の組織に水質の問題を調整する部門はない。河川の部局は治水一辺倒だし、水産は漁獲専一、通算は産業の促進といった方向でしか動いていなかった（秋庭　一九七七：三九）。

秋庭は、ふ化場という職域だからこそ、サケ・マスの資源を保護するうえでいえることはあって、たとえ力は弱かろうとも三原のいっていたことは正論だった、と振り返っている。そして、三原が何の権限もないのに工場に立ち入って調べてみたり、ふ化場の職務ではないのに職員に調査をさせたりということには内外から抵抗があったが、その業績は社会的に高く評価される、とまとめている。

三原の他に、水質汚濁対策の技術と分析にあたっていた、高安三次（北海道水産試験場長）、江口宏（北海道立鮭鱒孵化場）、黒田久仁男（網走水産試験場）などが『魚と卵』において水質汚濁について寄稿している。戦後から一九六〇年代まで、研究や技術開発において、水質の問題は非常に大きく、北海道さけ・ますふ化放流事業百年史編さん委員会（一九八八年）には、「第十二章　ふ化事業と水」が設けられている。そこでは、多くの河川で問題となった水質汚濁のほか、徳志別川の鉱山廃液、根室の新酪農事業の展開に伴う畜産排水、十勝川における河川改修による地下水・伏流水・小河川における渇水問題などがあげられている。人工ふ化放流事業において何よりも重要なのはふ化の際の豊富な質のよい「水」だったから、技術的にも、ふ化場の運営という意味でも重要な要素だった。

人工ふ化放流技術の開発というサケ資源の保護や維持のための「足し算」の手法を生み出す一方で、技術者は、水に関する大幅な「引き算」に向き合わざるをえなかった。そして、三原健夫が「ふ化場がやらないで誰がやる」と述べたというように、水、魚などの生きもの、土地など流域の資源の総合的な管理の必要性は、ふ化放流の現場からはサケ・マスの生態や人工ふ化放流事業を阻害する要因として、よく見えたのであろう。

三原のサケの生の全体に必要な環境へのまなざしは、研究や技術開発の対象としてサケを見ながらも、サケの生の作用の体系からサケそのものを引きはがし、細分化して、単なる客体と見なすようなモノ化を一方的に進めていく態度からはほど遠い。三原の、研究者としての経験から生まれた感覚が、サケの生の作用の体系、特に河川との連関をも併せもった作用の体系の必要性にたどり着いていた。この章の冒頭で言及したように、北海道さけ・ますふ化場で技術開発を牽引してきた秋庭鉄之、眞山紘と小林哲夫もまた、河川の要らない技術開発に葛藤を抱えていたし、「数」の増大を求める事業方針に批判的なまなざしを隠さなかった。「自然の摂理」の重要性を熟知していた（小林　一九八八：二三八‐二三九）。

生物多様性や資源管理上の「野生魚」の再生が新たな課題となっている現在、三原の「ふ化場がやらないで誰がやる」という言葉は新たな重みをもっているし、眞山や小林の批判的まなざしは、これからの人工ふ化放流事業を考えるうえでの基盤になるだろう。秋庭が直観的に見いだした、モノ化したサケの総合的再生産管理という思想は、後の生態系管理型の視角につながる。他方で、前項で見たように、いったん固定化された問題のフレーミングによって、研究・技術開発の方向性自体は、技術者たちが魚と卵を触って会得してきた、あるいは科学的理解からたどり着く、今とは別の可能性や選択肢の存在を、認識や思考から除外してしまうことにも、留意しておこう。

この二つは、現代のふ化放流技術とサケの行く末を考えるにあたって、とても重要な論点だからである。

（1） 資源造成の成功が可能になったのには、人工ふ化放流事業以外の要因も関係しているという指摘もなされてきた。たとえば水産学者の佐野蘊は、一九九八（平成一〇）年の時点で、一九七〇年代以降北洋サケ・マス漁の撤退と呼応しているかのような日本系シロザケの来遊量の増加について次のように指摘している。いわく、もともと日本に母川をもつシロザケの回遊経路は、各国によるサケ・マスの沖取り操業を避けるようなものであった。ゆえに、沖取り操業で先取りされる日本系のシロザケの量は、他のベニザケやカラフトマスなどに比べると相対的に少なかった。こうしてシロザケ資源だけが温存され、なおかつ、シロザケそれ自体が、他の漁獲によりいなくなったサケ・マスの生態空間を占めることができた。シロザケの資源成功はこのような複数の要因の重なりによるというのだ（佐野　一九九八：八-九）。

（2） 北海道においては定置網漁により河川遡上が妨げられていたが、一九四八（昭和二三）年に方針が決まった、第四次定置網権の切り替えから、河川遡上親魚数に配慮した操業が義務づけられた。一九七四（昭和四九）年からは道内の定置網は休漁期を設けるなどの対策を始めた。

（3） 回帰率とは、その年の回帰尾数を四年前の放流数で割った値のこと。

（4） ポリティカルエコロジーは、一九八〇年代に人文地理学や文化地理学、開発研究などの融合学問分野として生まれた。人間の政治経済活動による環境変化について、特に権力関係に着目して研究を行う。

（5） スコットは「把握しやすく管理しやすい」状態に、対象がもともともっている他の生きものやモノ、事柄などとの関係性を単純化することを、「読みやすくする」（legible）と呼ぶ（Scott　1995）。

（6） 秋庭鉄之は一九二四（大正四）年生まれ、一九八三（昭和五八）年に退官するまで、北海道さけ・ますふ化場に長く勤め、人工ふ化放流事業の中心にいた。サケや水産に関する著作が多いほか、水産にかかわる写真資料を収集し、アーカイブすることにも携わっていた。

（7）千歳中央孵化場のことである。一九五二（昭和二七）年に水産資源保護法のもとで国営化されるまで、道営と国営のあいだを行き来しながら、官営として他の民間孵化場も統括していた。一九五〇（昭和二五）年はちょうど制度が二転三転していた頃である。

（8）もっとも、密漁対策は歴史的に、重要なふ化放流事業の一環だった。一九四五（昭和二〇）年には、サケ資源の確保の重要性や意義を啓蒙し密漁を防ぐために、道内に鮭鱒保護協力会がつくられ、親魚の保護、ふ化事業への協力などを行っていた。川沿いの住民たちや沿岸の漁業者たちがそのメンバーで、北海道鮭鱒保護協力会という全道組織をつくって活動を行った。この時期、密漁を防ぐために、サケの採捕場は河口域に下がっていった（秋庭・伊藤編 一九五一：二〇-三〇）。

（9）この計画は「第一次五ヵ年計画」と呼ばれることもある。後に言及する「第二次さけ・ます増殖計画」も、「第二次五ヵ年計画」とも呼ばれる。本書では本文中の「第一次さけ・ます増殖計画」「第二次さけ・ます増殖計画」に統一する。

（10）定置網の網の数え方。定置網は海中に網のなかに閉じ込める仕掛けを張る漁である。定置網による稚魚の混獲をどう防ぐかはこの頃の重要な課題だった。

（11）鈴木善幸は後に一九八〇（昭和五五）年から二年間、内閣総理大臣を務めるが、政治家としては日本社会党から一九四七（昭和二二）年に出馬し当選して以来、水産畑を歩き続け、戦後の水産政治の中心人物の一人だった。

（12）以下の文献を参照し筆者が作成した（佐藤 一九八六：八七、水産庁振興部沿岸課監修 一九八四、本州鮭鱒増殖振興会 一九七五、一九八七）。

（13）一九六三（昭和三八）年四月に設立された、水産資源の保護と管理、涵養、衛生、漁業環境の保全などに取り組む社団法人である。

（14）ドナルドソンとは、米国の魚類生物学者で、ニジマスの種苗開発で有名なドナルドソン博士のことである。

（15）情報広報誌『魚と卵』は、ふ化場と事業場における科学者・技術者同士を水平につないだメディアであった。一九五〇（昭和二五）年、北海道鮭鱒孵化場から発刊された折、当時北海道鮭鱒孵化場の場長だった木村鎚郎は、「最近の学術、技術を要約し紹介、一般に発表すると共に、孵化場運営に必要な各種の重要事項の解明連絡に當てるべく本誌を発刊することにした」（木村 一九五〇）と述べている。各研究者や技術者が行っている研究や技術開発を紹介すると同時に、それらにまつわる「雑感」「所感」についてもエッセイとして投稿できたこの雑誌は、ふ化場や事業場から査読者と編集委員が集ってつくられていた。『魚と卵』には、退職者や故人に対する思い出や、技術開発にまつわる歴史も掲載され、科学者・技術者同士の縦のつながりを移譲するという機能もあったと思われる。民間と研究機関、科学者と技術者をつなぐインターフェースとしてもこの雑誌はとても興味深い。現在は、下記のウェブサイトにて全文見ることができる。現在の正式名称は『さけ・ます資源管理センター技術情報』である。http://salmon.fra.affrc.go.jp/kankobutu/tech_repo/tech_repo.htm（最終アクセス二〇一八年八月三一日）。

(16) 毒性が認められたため、日本では二〇〇五（平成一七）年には消毒薬としての使用も禁止になった。米国では昭和五六（一九八一）年に禁止になった。

(17) この病気はもともと日本のサケ・マスにはなかった病気だが、一九七一（昭和四六）年のアラスカ産ベニザケの移植卵から発生し、主に内水面養殖のイワナ、ヤマメ、ニジマスなどに広がって、大きな問題となった（吉永　二〇一二）。

(18) もっとも、千歳中央孵化場設立（一八八八（明治二一）年）初期から、一九一〇（明治四三）年頃までは、増水のさなかに稚魚を放流することを避けたり、栄養状態の悪い稚魚を放流したりしないために給餌をしていた。その後、一九三〇（昭和五）年頃から、自然界に天然飼料が増える頃に放流するべきであるとして、卵黄嚢が消えて浮上した稚魚から順次放流するようになっていた（野川・八木沢　二〇一一）。

(19) 水産増殖談話会は、日本水産学会内にて一九五三（昭和二八）年に始まった、増殖にかかわる研究者・技術者たちによる研究会である。後に、一九九一（平成三）年に日本水産増殖学会となった。

(20) 一九五〇年代から一九六〇年代は、一九五六（昭和三一）年に工業生産力が戦前と同等に回復するに至るまで、集中的に経済復興最優先の政策がとられた。そして、さまざまな深刻な健康被害や社会生活への被害をもたらした公害が事件となって発生し始めた頃である。水俣病、イタイイタイ病、大気汚染によるぜんそく患者の発生など、鉄鋼、鉱業、各種化学工業と石油化学工業を原因として深刻な生命への被害があった。一九五八（昭和三三）年、東京湾の漁民たちによる大衆運動は、深刻な水質汚濁を改善するよう求めた。その運動から、旧水質二法（水質保全法、工場排水規制法）が制定された（飯島　一九九三、二〇〇〇）。

(21) 本書では技能を、ある特定の対象に働きかける経験から生み出される、個人に蓄積された経験知と働きかける能力からなるものとする。「腕のよさ」といわれるのは技能であり、属人的である。他方で技術は、対象に働きかける能力だが、担い手が代わっても発揮しうるよう定型化されている。

(22) 同じ月報には、当時経団連会長だった大川鉄雄の「公害二法の運用に望む」（二―四）が掲載されている。この時期、北洋漁業の漁民たちが国会に向かったのと同じように、公害の患者たちもまた政府へ事実認定と補償を訴えに国会に向かっていた。

8 沿岸を「つくりそだてる」

——栽培漁業と増殖

本章では、サケとは異なる形で展開してきた増殖事業、栽培漁業に焦点をあてる。なぜならば栽培漁業は、戦後増殖レジームの象徴的な結実だからだ。この新しい増殖型漁業とも呼ぶべき漁業は、戦後、産業開発を優先した結果の沿岸の疲弊と歪み、それに伴う水産資源の減少への社会的対処のために生み出された。サケの増殖事業と異なるのは、栽培漁業はその概念化の最初から、ある一つの種ではなく、同じ沿岸の多品種を対象として、それらが生きる生態空間ごと「つくりそだてる」漁業であろうとしてきたことだ。この試みは、資源培養という言葉で表され、栽培漁業の核をなしてきた。

一九六〇年代の遠洋漁業の漁獲枠をめぐる国際交渉の難航と、一九七〇年代の二〇〇海里体制移行に伴う遠洋漁業の縮小は、排他的経済水域内での漁業生産の増産を大きな国策のテーマに押し上げた。すなわち、日本の沿岸と沖合が再び重要な漁業生産の拠点となった。しかしながら、すでに沿岸は産業開発による公害や埋め立てにより環境が悪化し、水産資源の生産量が目減りしていた。そこで一九六二（昭和三七）年に開始された栽培漁業や養殖など、増養殖へ手厚い政策的支援が開始された。特に一九七〇年代には、資源を外洋へ「獲りにいく」北洋漁業の交渉を有利にするためにつくる体制を整える、という従来のつくるシナリオとは違う、自国の二〇〇海里以内で資源を「獲るためにつくる」というシナリオが、水産行政全体を動かし始めた(1)。栽培漁業と養殖漁業の発展のためのつくるシナリオである。

本書では、一九六〇年代からサケと沿岸の栽培漁業、二つの文脈の異なるつくるシナリオが明確に姿を現し、一九七〇年代にかけて交差しつつ、増殖レジームを政治的にも、社会的にも浸潤させていったと見る。二つのつくるシナリオは、一つには遠洋漁業に関する国際交渉のため、もう一つは沿岸の疲弊と貧困、生産力の減少に対処するため、異なる文脈と目的のもとで増殖レジーム全体を駆動していく。栽培漁業は後者のつくるシナリオのもと、一九七〇年代の公害と埋め立てによる沿岸荒廃に対処するために生み出された。しかし、その種苗生産・育成・放流のための技術開発は、サケの「健やかな魚を、よい時期に放す」ための技術開発と交差しながら、相互に影響し合っていった。

技術的な交流とは別に、これら異なるつくるシナリオの担い手たちは、互いのシナリオの違いを認識していた。特に、「つくりそだてる」漁業として新たに始まった栽培漁業側からは、サケの人工ふ化放流事業と並べられることを避けていた節がある。いち早くサケは北海道を中心とした国策の人工ふ化放流システムが整備され、民間からも国からも大きな予算を注ぎ込まれていたにもかかわらず、一九六〇年代初頭の北海道のシロザケの沿岸の来遊数はかつてないほど少なかった。すでに行われているサケの人工ふ化放流政策は、傍目にも成果があると説得的にいえない。種苗生産・放流を行う栽培漁業の技術が、サケの人工ふ化放流事業と同じ範型の技術だとすると、栽培漁業は効果があると主張しにくい。栽培漁業が「つくりそだてる」漁業だといっても、結局のところ、資源をつくりそだてることなどできないのではないか。そのような批判が出て、事業計画そのものがつぶされてしまう。そう考えたつくりそだてる栽培漁業側が、サケの人工ふ化放流事業とは距離を置いたのだ、と当時を知る栽培漁業の技術者たちはいう。(2) また、栽培漁業や養殖漁業は、制度上も、研究・技術開発でも、実践を担う事業所としても、サケとはまったく別体系で運用されていた。そのため、技術開発に携わっていた技術者同士のあいだにも、違うものだという感覚はとても強かった。サケの人工ふ化放流事業とは距離を置きつつ、栽培漁業は、公害問題への対処や、当時養殖漁業の抱えていた問題――過密養殖や低価格飼料依存が引き起こす薬剤依存型の病害駆除対策の横行、餌となるイワシやサンマ、サバ類などの資源量と価格、それらを含め自然条件への依存の高さ――の解決も視野に入れ、養殖漁業も含めて沿岸域という空間ごとの生産力を総合的に涵養しようとする新しい資源管理として構想され、実施されていく。

では早速、サケとは異なるつくるシナリオの展開と、そのなかでの増殖概念の「わたしたちのモノ」化が進んでいく様子を描いてみよう。栽培漁業の骨幹であり、相反する二つの思想を包含する言葉に着目しながら進めてみよう。自然の生産力の涵養という言葉である。沿岸において、他のモノ、生きもの、出来事を捉えやすく扱いやすいように配置し直し、わたしたち人間側の優位性と、他のモノ、生きもの、出来事に関する操作可能性を高めて自然の生産力を人工的に増大させ、利用し、再生する試みが進む。同時に、有用性が高いと判断した魚の生を細分化し、なおかつ人間が自由に扱える対象としてモノ化し、ときに養殖用として他の生きものたちのネットワークから隔離しながら、モノとしての水産資源をつくっていく。他方では、自然の生産力とその再生産については、人が完全に支配しきれない、だが交渉は可能であると考える思想もそこには含まれる。その過程について記述しておきたい。

8・1　沿岸の歪みと「つくる」シナリオの必要性

農林漁業基本問題調査会の指摘

さて、戦後の沿岸の歪みは、ちょうど「獲る」漁業が母川国主義の国際協調のなかで厳しくなっていったのと同時期に顕在化した。一九六〇（昭和三五）年に農林漁業基本問題調査会において、「漁業の基本問題と対策」として、沿岸漁業の不振の原因の総合的解明と、振興対策としての沿岸漁業の構造政策の必要性が答申された（農林漁業基本問題調査会　一九六〇）。農林漁業基本問題調査会とは、一九五九（昭和三四）年から二年間の時限付きで設置された、内閣総理大臣下の諮問機関である。その目的は、経済的成長を希求した当時の日本において、農林漁業のあり方ならびに農林漁業に関する基本政策をどうするべきか、その立案にあたることにあった。内閣は第二次岸信介内閣だった。

当時の沿岸漁業は、工業発展を優先する状況のなかで、埋め立て干拓、産業廃水や家庭排水など各種廃水による水質汚濁が進み、不振に陥っていた。公有水面埋立法のもとに[3]、地方自治体や国に対して、全国でさまざまな漁業交渉が相次ぎ、埋め立てや工業開発反対運動も相次いだ。水質汚濁や黒い油玉が浮くハマの汚染は、漁業継続やハマの利用を困難にし、漁業権を手放す漁業者も増加した。『新全国総合開発計画総点検作業中間報告素案――自然環境の保全』（国土庁計画・調整局　一九七五）によると、一九六五（昭和四〇）年から一九七三（昭和四九）年に埋め立てられたハマは三万五〇〇〇ヘクタールにのぼり、一九五四（昭和二九）年から一九六四（昭和三九）年の一〇年間で埋め立てられたハマ一万二〇〇〇ヘクタールのおよそ三倍にのぼる。

なおかつ、沿岸漁業従事者と他産業従事者とのあいだの所得格差は大きかった。遠洋漁業の外延的拡大の進行とは裏腹に、もともと沿岸では、零細の中小資本による漁船漁業や戦後の過剰就業もあって、漁業生産の不安定さが上述した環境の変化により増加した。結果、沿岸漁業従事者を経済成長から取り残すことになったのである（岩崎一九九七：九六-九八）。

そのようななかで一九六〇（昭和三五）年に開催された農林漁業基本問題調査会は、生産性の高度化と生産性の向上、漁業者の所得が均衡に増加すること、そして沿岸の漁業の構造を変革すること、の三つを対策としてあげた。生産性の高度化と生産性の向上については、タイやヒラメなど高級魚の養殖や、イワシやサンマなど多獲性魚類の加工の高度化を通じて、選択的に生産を行っていくべきである、とした。そのためには沿岸漁業の構造変革が重要である。また、漁業者の所得を均衡に増加させるには、教育や他業種への業種変更を促して、漁業の就業人口を減らし、少ない漁業者で労働条件のよりよい、生活水準を一定に引き上げるような漁業の構造が必要であるとした（農林漁業基本問題調査会　一九六〇）。

すなわち、漁業の構造変革がいずれにせよ肝要であるとしたうえで、以下の構造改革を提案している。まず、就業人口と経営の変革については、家族中心の漁家経営型や、一経営一漁船の中小資本漁業が多いことをふまえ、経営の共同化が可能な組合や合同企業などの組織化があげられている。同時に、小規模漁船漁業の沖合・遠洋への転換、生産性の高い浅海養殖業への転換を図り、全体的に「少ない漁師で、より生産性の高い漁業の拡大と育成を」することが目指されている（農林漁業基本問題調査会　一九六〇）。

答申後、一九六二（昭和三七）年六月には沿岸漁業構造改革促進対策要綱に基づき沿岸漁業構造改善事業が始まった。そして、一九六三（昭和三八）年に沿岸漁業等振興法、一九六七（昭和四二）年に中小漁業振興特別措置法、一九七一（昭和四六）年には海洋水産資源開発促進法が制定された。海洋水産資源開発促進法には栽培漁業の促進が書かれ、増殖の一角に栽培漁業が位置づけられて、栽培漁業の組織化と実利的な開発が進んでいった。

つくりそだてる漁業としての栽培漁業

それでは、栽培漁業について見てみよう。栽培漁業は技術開発のうえでも、その漁業を支える理念のうえでも、制度のうえでも、サケの人工ふ化放流事業とは異なる、もう一つの「つくる」漁業である。この漁業は日本の戦後特有の事情を反映しながら生まれた漁業である。

先述した農林漁業基本問題調査会の答申を受けて積極的に動いたのが、水産業改良普及、漁村青壮年実践活動、水産試験場助成事業などを所管していた水産庁研究二課だった。研究二課では、答申とそれへの対策自体が、漁業者を沖合・遠洋、養殖業に向かわせる間引き政策にすぎず、公害や水質汚濁、開発で疲弊した沿岸域の生物生産の基盤を整備・拡充するための対策としては消極的であると捉えた。

当時の研究二課の認識は以下の通りだった。現実的に、たとえば瀬戸内海の漁業者のように漁業者約一二・六万人を養殖で吸収するのは難しい。また、そもそも海面魚類養殖は自然環境の循環再生産の過程をもっておらず、生産性の確保という意味で疑問が残り、生物生産の基盤の拡充への寄与は期待できない。さらには、養殖の飼料の大部分が魚であることを考えれば、魚で魚を養うことは、はたして持続性や生産性からどうなのか。養殖をやみくもに増加させることは早晩、別の資源乱用を招かないか。

そのような疑念が議論された後、「漁業に循環生産の過程を組み込むことができ、かつ自然海の生産力を最高度に活用でき、しかも内海漁業全体の振興に寄与できるような新しい方向はないか」、と考えられた。それが漁業資源の増殖場を社会のなかにつくること、栽培漁業へと概念化され、事業化されたのである（全国豊かな海づくり推進協会　二〇一三）。

研究二課で中心的にこの構想を練り、栽培漁業の理念形成および推進において中心人物となったのが本間昭郎だった。本間は後に、「栽培漁業という造語は、回遊性魚介類資源を対象として、広域にわたる漁業関係者によって、積極的に種苗を放流し、漁場を造成し、共同で管理、利用するという新しい海洋生物資源の増殖、利用の仕組みを漁業制度の中に組み込もうとする政策的な視点からのものであるといえよう。要するに、栽培漁業はたんなる技術概念ではなく、未来指向型の漁業概念」であると述べている。そしてその目標は、「人間にとって有用な魚介類をそれぞれの海域の特性に応じて、その海域の優占種に仕立てることによって、その海域の生物の生態系を改造し、より高い生産性を確保することにある」。それは、「狩猟段階にある現在の漁業生産方式を、栽培、畜産的段階にまで発展させる」ことを見通した「つくりそだてる」漁業なのである（本間 一九八五）。

本間が描写しているのは、ある生きもの集団だけを囲い込んで家魚化し、生物集団としてのありようを変容させる養殖とは違うつくり方だ。栽培漁業は、ある生態系の空間ごと複数の生きものの配置を変え、文字通り栽培に適したようにつくり変えるというつくり方だ。海を田畑のように扱う考え方である。

このような着想について本間は、一九五七（昭和三二）年に米国で出版された、米国のSF小説家アーサー・C・クラークの小説『海底牧場』に刺激を受けたことがあったかもしれない、と述べている（安達 二〇〇三）。『海底牧場』は海洋でクジラを地上の羊や牛のごとく育成する産業を題材とした小説である。全編を通して文字のなかをゆったりと行き交うクジラの印象が強いが、クジラが泳ぐのは、海底に原子力発電所を設置して、潮流ごと海の栄養循環のフローを動かし、プランクトンを大量生産し、大海原に囲いをつくってクジラを畜養する海の牧場だ。クラークが描くのは、よく計画された箱庭生態系である。藻類・動物性プランクトンもちろんそのまま食糧にするために培養され、洋上にはエビ類と藻類の筏がずらりと並ぶ。魚類も管理された海域のなかで管理、養殖されている。養殖といってもある単品種だけを囲い込むのではなく、複数の品種が自由に海域を放し飼いされ、食物連鎖の自律的な営みがあるという、海域ごとの「栽培」である。プランクトンが大量に培養されている区域は農業担当者が管理していて、ときどきクジラがそこに侵入して食べてしまう。その対処に人間が潜水しながら向かう。何より舞台は沿岸ではなくて大洋である。そのスケールの壮大さは、物語の合間に描かれる海洋牧場の景観から読み取れる。冒頭の記述からして印象的なこの小説では、海洋を文字通り空間としても、それがもつ生産力や景観としても、人間が文字通り支配しながら、多様に使いこなそうとする様子が語られる。小説では主人公による葛藤を通じて、この箱庭生態系や、海洋哺乳類の養殖という考え方への批判も語られる（クラーク　一九五七＝二〇一三）。

クラークが描いて見せたような、海洋それ自体を合理的かつ複合的な箱庭型生態系であり、生産農場・漁場にするという絵図は、大なり小なり、栽培漁業のなかに形を変えて現れる。とはいえ、スケールは大洋ではなく、利用される資源が多く、収入格差、開発による自然の生産力低下、公害など、解決されるべき社会問題が多い浅海の沿岸だ。

本間は増殖がそれまで、ホタテや藻類、二枚貝などの地付き資源や、大回遊はするけれども定期的に必ず同じ河川に戻るサケに限られてきたことから、いずれも増殖事業の成果が特定の受益主体によって享受されうる資源を対象にしてきたことを指摘している。それに対し、栽培漁業は、もともと公益性を謳ってきたサケよりもさらに増殖のなかでも公益性の高い、そして沿岸魚種の多くを占める回遊性のある資源を対象にするという点が異なると述べている（本間　一九八五）。こうして、沿岸の栽培化という着想が事業として形づくられた。

公害への補償としての増養殖

沿岸の開発や水質汚濁による海の生産性の低下、戦後の産業化のなかで構造的に置き去りになった沿岸の漁民たち。経済復興から高度成長期に至るなかで、つくりそだてる漁業は魚介類の生産空間とそこで漁業を営む人びとに押し寄せた歪みをただすことから始まった。それは同時に、開発や公害に対する社会的な補償の一つだった。

少し遡ること一九五六（昭和三一）年、熊本県水俣市では水俣病が公式に確認され、水産庁は水産業と漁業者の支援を一九五七（昭和三二）年から始めた。水俣湾以外で漁業を操業できるよう支援を求めた漁業者たちに対し、熊本県が水産庁に支援を要請し、それに応えて、水産庁は浅海増殖事業補助金を支出した（船橋　一九九七、中野二〇〇八：四〇〇）。この補助金は、漁船漁業から増殖・養殖業に漁業内での転業を支援する補助金である。三年間の補助金で魚礁の設置や増殖用投石などが行われているが、その設置された場所の水俣地先も汚染地域に入り、すぐに意味をなさなくなってしまった。

環境社会学者の舩橋晴俊は、そのときの厚生省、通産省、水産庁、それぞれの省庁の対応をまとめている。舩橋は、当時、漁業調整第二課の課長だった諏訪光一にインタビューをして、以下の証言を得ている。すなわち、少なくとも一九五七（昭和三二）年五月には、すでに水産庁は、チッソ廃水の重金属による魚類の汚染が原因ではないか、ということを知っていた。そのうえで、増養殖担当の漁業調整第二課の諏訪が水俣に赴き、一泊で「魚が減ったこと」を調査して帰り、患者や工場の操業の様子は見なかった。舩橋はその対応自体が、水産庁ははじめから公害に対して、漁業者の漁場転換、浅海養殖業への転換という対応策しかするつもりがなかった、ということを意味していると分析している（舩橋　一九九七）。

船橋は続けて、諏訪からこう証言を引き出している。当時の通産省に対し、水質汚濁による漁業被害について、ずいぶん水産庁はものをいったが、通産省からは工業立国と所得倍増で一生懸命やっているときに、魚が減ったなどというとは、とひやかされるぐらいのものだったという。船橋は、諏訪の証言に当時の水産庁の「権限がない」ゆえの無力感と、消極性を見いだし、県の漁業調整規則などを援用するなどの方法もあったはずであると指摘している（船橋　一九九七）。

船橋の引き出したインタビューとその分析は示唆的である。社会全体の経済成長を何よりも優先させる雰囲気と、省庁間の力関係、そしてそれゆえの水産庁の立場の弱さ、公害と開発への対処における消極的な態度を明確に示しているからだ。水産庁が、水俣病事件という苛烈な公害被害に対しても、漁場転換で対応しようとしたことから見れば、水産庁全体の方針として、公害に対しては、増養殖や漁場転換などの補助金をつけた「補償」を漁業者に提供する、というのが基本方針であったことがうかがえる。

一九五八（昭和三三）年には、公害の歯止めとなることが期待され、水質汚染を取り締まるための旧水質二法が成立していた。確かに旧水質二法は、東京湾の水質汚濁に対する漁民の闘争からできあがった法律だった。しかしながら、業種別の基準決めがなされたために、肝心の工場が出す水銀やカドミウムなどを規制できず、法律の成立後も、結果として日本の沿岸で公害は発生し続けていた。

栽培漁業の発展の舞台となった瀬戸内海は、水質汚濁と工業埋め立てによる大規模な魚類の生態空間の改変が起こっている場所だった。それらへの「補償」として、すなわち、漁民たちに対する政治的対策として、具体的に減った漁獲を補う実践として増養殖や栽培漁業は必要だった。目の前にあるのは、埋め立てられ、水質汚染が進み、過剰漁獲が行われ、資源の生産力をかつてほどもたなくなった疲弊した沿岸だった。だからこそ、生産力をもつ沿岸そのもの自体を再生させなければならなかった。そのことは水産庁の本間昭郎のもとで、初期の栽培漁業を支えた技術者たち自身が認識していたことでもあった。二〇〇海里問題以前に、沿岸とその漁民が置かれていた苦境への、水産庁からの一つの応答の形が、栽培漁業などの増殖の政策的重点化だったのである。

栽培漁業の制度化の始まり

さて、それでは栽培漁業の制度化を追いながら改めて栽培漁業とは何かを考えよう。実は栽培漁業には、対象をモノ化して沿岸ごと「わたしたちのモノ」化する過程と、モノ化ではない形で人間以外の生きもの・モノなどと交渉しながら間(あわい)をつくろうとする過程と、その両者が含まれている。それがこの漁業を複雑にしていて、同時にそれゆえに栽培漁業はサケ人工ふ化放流事業を含めた、増殖全体の行く末を考えるための重要なヒントも含んでいる。

端的にいうと、栽培漁業は、沿岸水産資源の生活史のなかでもっとも減耗率の高い時期を人間の力で保護し、自然環境のなかに戻したときに十分な適応・成育ができるまで人工的に育成するというのがその基本的な考え方である。この考え方自体はサケの人工ふ化放流事業と共通している。親魚を捕獲・採卵し、種苗と呼ばれる放流可能なサイズにまで稚魚を育て、放流する。そして自然の生産力にも手を入れつつも、基本的には自然の涵養力に依存して成長させ、大きくなった対象魚を漁獲する、という一連の過程が栽培漁業だ。その主眼は、自然繁殖のなかで対象種が増えるよう、物理的に個体数を増やし、なおかつ自然繁殖まで至れる個体数が増えるよう、手をかけることにある。

一九六二（昭和三七）年に香川県の高松市屋島、翌年に愛媛県の越智郡伯方島（現・今治市）で栽培漁業は始まった。ブリ、サワラ、キス、マダコ、マダイ、ヒラメ、キジハタ、クルマエビ、後に事業場が増えるとガザミ、シマアジ、クロマグロ、マツカワなど、いわゆる魚価が高く、広く沿岸の漁業者を受益者として想定した魚種の種苗生産・放流が始められた。種苗には自然に産卵されたものの稚魚を捕獲し、放流に適切な大きさに足るまで育てる天然種苗と、親魚から受精卵確保、ふ化、生産・育成を行う人工種苗がある。近年では技術の進展により後者が主となっている。

サケと違うのは、栽培漁業は当初から、ある特定の地域の「沿岸」を対象にすることだ。そして、たいていの漁師たちが複数種の水産資源を季節ごとに多品種漁獲しているように、栽培漁業もまた、単種ではなく同じ生息環境を共有する複数種の魚を相手にしなければならないことだ。しかもその沿岸は、漁師から毎日見える生活圏であり、人間とのかかわりが濃い。栽培漁業は、多品種対応型であること、より直接的に技術者たちが漁業者の生活と向き合うことを求められる増殖事業だった。

自然の生産力を効率よく利用し、生産力そのものを維持、あるいは増やせるように手を入れることを種苗生産・育成・放流の他に明確に目的とする。想定されていた対象領域は、閉鎖性水域に見立てた瀬戸内海だった。

そのため、栽培漁業の制度化は、一九六三（昭和三八）年の社団法人瀬戸内海栽培漁業協会を母体とした事業から始まった。当初は天然種苗の大量捕獲が困難だったこともあり、すぐに親魚育成・人工種苗の大量生産技術開発に主眼が切り替えられた。従来の増殖と違い、「栽培」と名をつけたように、親魚育成・人工種苗の生産・育成・放流という生きものの家魚化を一方では目指していた（「つくる漁業」編集委員会編　一九六九）。そして、種苗の中間育成と放流技術の開発をもう一つの柱に、その育成のための飼料開発を三本目の柱として、受益者である漁業協同組合と漁業者たちの協力を得ながら研究と技術開発が進められていった。一九七一（昭和四六）年からは日本海をはじめとして他の地域での施設の増加と事業が進められ、一九七三（昭和四八）年からは、県営栽培漁業センターの設置が各地で進められていった。

一九七九（昭和五四）年にさけ・ます別枠研究と同じ農林水産技術会議による大型別枠研究としてスタートした近海漁業資源の家魚化システムの開発に関する総合研究は、当初、「海洋牧場」という名前が計画に入っていたため、通称マリーンランチング計画と呼ばれている。アーサー・C・クラークの小説が描いた箱庭型生態系の発想は、増殖を方向づけるうえで重要な発想だったという証ともいえよう。また、海洋牧場で示された、複数の品種の自律的な生態系の営みを、人間にとって必要な魚類を中心に組み直し、ある一定の海域で複数品種の放し飼いを行う、という発想は、まさに栽培漁業の概念そのものでもある。

栽培漁業と箱庭型生態系「海洋牧場」

では改めて、栽培漁業がどのように展開してきたか、その定義を追いかけながら見てみよう。

一九六九（昭和四四）年に水産庁監修のもと出版された『つくる漁業』は、栽培漁業をまとめて定義づけ、方向性を定めたはじめての冊子である。そのなかでは、栽培漁業の重要性を訴える興味深い「養殖」への指摘がなされている。いわく、養殖化には技術的な限界がある。そのうえ、安い魚のタンパク質を飼料として高価格のつく魚のタンパク質に変えるという形の養殖が、資源循環にも、量を継続的に確保するという観点からも意味が薄い。すなわち養殖の拡大には限界がある。だからこそ、そのような養殖の弱点を補う、環境再生を含んだ栽培漁業が重要であると位置づけられる。すなわち、「瀬戸内海を一つの養魚池的海域と見なし」、「栽培循環の過程」ないしは「家畜化の過程」を漁業に取り入れる。方法として、自然の生産力に依存しつつ、集約的に再生産過程における資源管理・利用を行うのが栽培漁業であると定義されている（「つくる漁業」編集委員会編　一九六九）。

種苗生産、種苗放流、自然環境下での成育、漁獲による回収という工程を含むことは、サケの人工ふ化放流事業と変わらない。だがサケと違うのは、対象種は沿岸に生活史をもつ種で、複数の放流対象種と、放流対象ではないが別の利用種、養殖など多数の他の資源、また港湾利用や埋め立て利用など、他の生きもの・人間の空間利用者がいつも競合しているため、放流後の生活域の包括的な管理を考えねばならないということである。そのために、自然の生産力に依存しつつ、空間ごと資源管理の対象にするという発想が生まれる。また、サケの人工ふ化放流事業との大きな違いは、サケが一代回収型であるのに対し、栽培漁業はその海域の資源培養型であるということだ。一代回収型とは、人工ふ化放流によって放った放流魚の群れを、できるだけすべて回収しようという考え方である。サケの人工ふ化放流事業は、そもそも事業の効率性と出来高を測るための回帰率という言葉が指すように、基本的に一代回収型のもとに運営されてきた。しかしながら、栽培漁業は、放流した魚が自律的に次世代を育むことを期待する。そして、もともとの母集団が自然のなかで再生産の過程を経て殖えていくことを目的とする。そのために、周囲の生態空間の整備や漁獲圧の調整、他の種苗放流された種との調整など、総合的な資源培養のための努力を行うのが栽培漁業の基本的な考え方である。

ゆえに、栽培漁業の基本的な教科書である『つくる漁業』では、前述した本間が、栽培漁業の基本的な技術、増殖技術として、以下のものをあげている。①移植、放流など資源補充のための生物の添加、②産卵場、幼稚子・芽胞育成場の造成、③棲所・付着面の造成、④環境の保全・改善（底質や水質の保全・改善、消波工、施肥などの栄養補給、害敵駆除など生物相の制御）、⑤繁殖保護（禁漁区・期間設定など）である（本間 一九七六：一二）。増殖技術としてあげられた内容を見ても、資源培養は、自然の生産力そのものを涵養しようとする発想であるともいえよう。この発想は本間のみならず、「つくる」漁業を初期に概念化した水産学における増養殖の泰斗、大島泰雄らに共通して見られる特徴でもある。

沿岸域は複雑で重層的な資源利用が歴史的になされてきたから、沿岸域自体を「つくりそだてる」というのは不思議な考え方ではない。本書でも先に確認してきたように、漁業権もまた、地先入会として資源管理を行いながら資源を重複利用することが前提となっていたし、空間の持ち手が、包括的な空間的資源管理を行えるように設計がされてきた。いうなれば栽培漁業は、そのような沿岸域の漁業という生業を考えたとき、当然の帰結として生まれた資源増殖の形ともいえる。

8・2　栽培漁業に含まれる二つの思想

さてこのように、自然の生産力に依存しつつ家魚化の過程を漁業に導入するのが栽培漁業であるというのが基本的な定義だが、「自然の生産力に依存する」ということが何を意味するかは、この後二通りに分かれる。少し詳しく見ておこう。

一九七六（昭和五一）年にまとめられた『新版　つくる漁業』では、当時、本間昭郎と同じ水産庁研究開発部に属していた浅野一郎によって次のように定義されている。

これまでの種苗放流事業（コイ、アユ、ワカサギなど湖沼河川の魚種、ハマグリ、アサリ、アワビなど定着性資源、そしてサケ・マス）は事業実施者が確実に回収を期待できる種と場所で無給餌養殖業に近い形で行うのに対し、栽培漁業は自然的には現在の漁場環境条件と生物資源生態を、社会的には漁業法令と漁村地域構造を、技術的には生物資源の培養育成、漁場管理技術を基盤とし沿岸海洋の生物生産力を総合的に活用した新しい漁業生産システムの確立を目途とするものである（水産庁監修・資源協会編　一九七六：七一）。

浅野は、水産庁による栽培漁業の定義は行政施策の推進上、種苗放流に特化しているように見えるが、本来は栽培漁業とはこのような総合的システムの確立なのだという。

システムの要となる思想を、第3章でも言及した科学技術庁資源調査会はその二年前にこう書く。

「栽培漁業」は資源を積極的に培養しつつ最も合理的な生産を行うことを基本とする沿海漁業が目指すべき生産の理想像を表現する用語である（科学技術庁資源調査会　一九七四：一〇）。

一九七四年の定義では、「合理的な生産」という言葉と、「生産の理想像」という言葉が用いられている。そして、人間にとって合理的な生産ができるように、自然を組み替えるという発想が姿を現している。この発想は、たとえば次のような定義にも明確に表れる。

（栽培漁業は、）単に自然物採取生産の原理の中における漁業の復興や悪化した資源状態の回復維持のための、いわゆる在来の増殖という概念において行われるものではなく、漁業生産の原理的仕組みそのものの改造であり、将来の漁業が指向すべき幾つかの生産方式のうちの一つの方式へのアプローチ（大島編　一九九四：三八九）。

この言葉を述べたのは、北海道水産研究所の後、瀬戸内海と太平洋南区を担当する南西海区水産研究所に勤めた花村宣彦である。花村はニシンなど広域回遊魚を研究対象としていた。花村は「従来の増殖」とは異なる新たな積極的な増殖概念として資源培養型の栽培漁業を提案する。彼の増殖概念には、生産力を科学的に解明し、海を牧場と捉え、生きものそのものの生、生きものが必要とする生態空間と生きもの同士の関係を「合理的な生産」のために組み替える発想がある（花村 一九八三）。瀬戸内海全体を、低価格魚が多く高価格魚の少ない状態から、高価格魚をできるだけ増やしていくために、計画的に資源を文字通り「培養」すること、そのうえで資源管理型漁業を起こすことが栽培漁業の目的に据えられている。選択された資源が自ら再生産する箱庭型生態系をつくることが目的となっているといってもよいだろう。

ここまで見てくると、栽培漁業のなかには、二つの系統の違う思想が見られることに気づく。

一つは、ある海域を人間が合理的に利用するために完全にコントロールできる箱庭型生態系「海洋牧場」、あるいは「金魚鉢」として見る、という考え方だ。「金魚鉢」のなかの海藻、砂利、隠れ家になる岩、ポンプなどの仕組みごと（漁業生産の原理ごと）管理し、人間のために改変させることを含む。繁殖過程を人の手による家魚化過程に置き換え、他の生きもの、モノ、出来事を捉えやすく扱いやすい（legible）ように「配置し直し」、わたしたち人間側の関係性における優位性と、他のモノ、生きもの、出来事に関する操作可能性を高める。沿岸という空間ごと「わたしたちのモノ」化を進めるという考え方だ。粗放的養殖業（本間 一九七六）に近い。

もう一つは、自然の生産力を、人間が人工物に置き換えたり、配置によって完全に統制したりすることのできない、自律的でそれ自体が創造性をもつ力、そのような存在としての自然を念頭に置いて、それと交渉しようとする考え方だ。初期の増殖では、時代的な技術的限界もあって、このような自然の生産力の解釈が基本になっていた。

だが実のところ、技術的限界だけがこのような考え方をもたらしていたわけではない。日本のクルマエビ養殖の基礎をつくった藤永元作は、一九六九年の『つくる漁業』の緒言でこう述べている。

「つくる漁業」を積極的に進めることができるのは、現在の知識技術の範囲では、沿岸に限られる。科学技術の進歩とともに対象魚種の数も次第に増えてゆくであろう。しかし、そこには常にその時々の条件に対応した限界のあることを、忘れてはならない（藤永　一九六九）。

科学技術は常に限界をもつものである。そのことを端的に述べた藤永は、「つくる」ことの及ぶ範囲に自覚的であるよう注意を促している。藤永の言葉は、技術が及ばない範囲があるからこそ、技術者よ謙虚であれ、と戒める言葉でもあろう。同様に、大島泰雄や本間昭郎らの、栽培漁業の初期の概念化のなかでは、人間が完全に掌握はできない対象として、人、生きもの、モノ、出来事、それらの多様で複雑なネットワーク、分割できない全体性をもつ「生産力」が概念化されている。そして藤永と同様に、技術者が謙虚であることの重要性を説いてきた。

おそらくもっとも率直に、矛盾を抱えながらそのことを語ってきたのが大島泰雄である。大島は『新版　つくる漁業』（一九七六）の校閲を行い、緒言を書いているのだが、そこに再度、『つくる漁業』（一九六九）に掲載された藤永の緒言をまるごと掲載している。大島自身も、漁労と漁業についての歴史をふまえながら、技術的な限界が非常に大きく、受動的にならざるをえなかった頃とは異なる現代においても、生産力を培うための環境を整えることが増殖であると指摘してきた（大島編　一九八三、一九九四）。

彼らの思想のなかにある自然は、純粋無垢な人の手の入らない自然というのではなく、むしろ長く人とかかわってきたがゆえに生み出されている自然である。この自然は、自然自体、社会、科学などがそれぞれ抱える多様な不確実性と不定性ゆえに[4]、人間の合理的利用のために管理することはできない。いくら瀬戸内海を閉鎖海域に見立てたところで、瀬戸内海内の生きもの同士の、人間とほかの生きものの、さらには藻場などの物理的環境との生きもののかかわりは、不確実性にあふれている。また、専門知としての科学もまた、絶対的な物差しではありえず、複数の科学者の意見が容易に対立するように、常に不定性をまとう。それは社会についても同様で、ほかならぬ社会についても、不確実性は高く、わたしたちからは見えない出来事やモノがあることも予想される。ゆえに、自然、社会、科学も、完全なコントロールはできないものとして、自然の生産力という形で人間と人間社会が交渉できる相手として捉える。そして、不確実性や不定性に対しても、順応的に対応しながら自然の力を借り、生きものの生活の場を整備するとともに、包括的に自然の生産力をあげるための環境の涵養をともに行う、というものである。

栽培漁業は、従来の養殖や移植、単なる放流とは違い、積極的に資源を「つくる」漁業である。大島自身も閉鎖海域に見立てた沿岸・海洋を栽培化する、という培養型栽培漁業を目指してもいた。その一方で、自然の摂理に謙虚に向き合うことも強調し続けていた。こうした二つの相反する考え方と態度が栽培漁業に内包されていた。この二つの方向性は、特に栽培漁業が当初つくられた目的の一つ、荒廃した漁場に対する手当てと社会的補償について考えると、現在でも非常に大きな意味をもつ。なぜならば、本書の目的で述べたように、開発跡地となった空間をどのように再生するのかは、むしろ現在において重要な社会問題になっているからだ。「わたしたちのモノ」化を進めて、箱庭型生態系としてつくりあげる再生を目指すのか、それとも、わたしたちの存在に先行して存在し、わたしたちを支える多様な生きものやモノ、出来事とのかかわりの塊としての自然を概念化しつつ、謙虚に自然の涵養を行う再生を目指すのか。この二つの方向性のあいだで、栽培漁業が四苦八苦してきた経験、失敗、困難、得てきた手応えは、現在にこそ再検討の意味をもつだろう。その点については本書の結論で再び触れよう。

8・3　沿岸における増殖体制の確立

最後に栽培漁業を支えた、沿岸の増殖体制について述べておこう。サケ人工ふ化放流事業の規模拡大と時を同じくして、一九六二（昭和三七）年六月には、沿岸漁業構造改革促進対策要綱に基づき沿岸漁業構造改善事業が始まった。そして、一九六三（昭和三八）年に沿岸漁業等振興法、一九六七（昭和四二）年に中小漁業振興特別措置法、一九七一（昭和四六）年には海洋水産資源開発促進法が制定された。海洋水産資源開発促進法には栽培漁業の促進が書かれ、増殖の一角に栽培漁業が位置づけられて、栽培漁業の組織化と実利的な開発が進んでいった。

特に注目しておきたいのは、一九六二（昭和三七）年に始められた沿岸漁業構造改善事業や、沿岸漁業等振興法により、各漁協の自営定置網事業や養殖業、水産加工などが政策的に支援され、金融振興策などがとられたことである。それにより、ちょうど遠洋漁業からの産業切り替えが進められていたこともあって、この時期に漁業協同組合自営による定置網が増加していくことになる。

この頃、受益者である漁業協同組合は、どのように沿岸の将来を考えていたのだろうか。その一端は、一九七〇（昭和四五）年に、漁業協同組合の全国組織、全国漁業協同組合連合会が出した全漁連の答申、『沿岸漁業資源・漁場開発の背景と対策』に見ることができる。この答申は、当時一九七〇（昭和四五）年三月に全漁連内にできた沿岸漁業開発対策研究会の、八ヵ月にわたる討議の結果、当時の会長だった北海道漁連の安藤孝俊に向けられて出された全漁連内での答申である。

そのなかで、沿岸漁業について、漁場が国土に近く、生産物に国民の嗜好に適合する品種が多く、漁業形態の理想である栽培漁業への転換が可能であり（傍点筆者）、日本の漁民の約九六％の生計の基礎であり、なおかつ、水産業は自然破壊・公害を伴わないので、その海洋利用は他産業に優先すべきであることが述べられている。そして、従来海洋利用は略奪的採捕だったが、現在は、漁場の生産力を高めるため、「人為的再生産過程を技術的に開発する」ことが重要であると述べ、早急に次の二つの対策が必要だと主張している。

一つは、日本周辺の大規模栽培漁場化であり、もう一つは、沿岸漁業資源の大規模涵養である。前者は、廃船による魚礁の造成など、増殖のための沿岸整備を積極的に行うということである。後者は、種苗生産の増大と放流を行い、増養殖に必要な種苗を各漁協に配布しながら、自然発生稚魚の保育場（藻場）などの造成を行って資源の涵養を図る、ということだった（全国漁業協同組合連合会・沿岸漁業開発対策研究会 一九七〇）。

すなわち、栽培漁業の受益者と想定される沿岸漁業者もまた、沿岸の生産性を人為的に高めていく必要性を十分に認識し、対策を練ろうとしていることが見てとれる。もちろんその構想のもととなっている動向に、当時水産庁により進められていった栽培漁業の制度化があったことは明白である。また、全漁連などの働きかけにより、一九七一（昭和四六）年五月に制定された水産資源開発促進法が実現するが、前述した答申は水産資源開発促進法制定の陳情のためにつくられたものでもあった。

栽培漁業の技術的進展と制度の拡充について述べておこう。まず、クルマエビ、ガザミ、マダイなどの大量種苗生産が可能になった。そして、クルマエビの放流効果が認められると、一九七三（昭和四八）年には県営の栽培漁業センターが各県につくられ始めた。そして同年、国の栽培漁業センターがつくられた。

一九七三（昭和四八）年の第三次国連海洋法会議を受けて、二〇〇海里体制への移行が時間の問題になると、一九七四（昭和四九）年には沿岸漁場整備開発法が制定された。日本の二〇〇海里内の漁場、すなわち、沿岸漁場の生産性とその安定化が明確な政策上の目標となった。それに従い、栽培漁業もまた、沿岸漁場の整備や、地先資源の涵養、サケ・マスなどの特定水産物育成事業とともに振興の対象になった。沿岸漁場整備開発法の一六条には、栽培漁業が明記されている。

一九七八（昭和五三）年には日本栽培漁業協会が全国の栽培漁業を束ね、調整し、技術的知見を集約するとともに、種苗の配分や生産のリスクコントロールなどを行うことになった。各県につくられた栽培漁業センターとの連携も始まった。「つくりそだてる」漁業としての栽培漁業は、こうして、サケの人工ふ化放流事業とは異なる道筋をたどってできあがった。サケとは異なる、公害や埋め立ての政治的補償として出発した、別の「つくる」シナリオを展開する体制が整ったのである。

一九八〇年代後半になると栽培漁業は、資源生産に大きく成功したサケのように一代回収型事業を目指すか、従来通りの資源培養型事業であるべきか、事業の便益性や種苗生産放流事業の効果を問われ、事業自体の方向性に葛藤していくことになる。水産庁が発表する「栽培漁業基本方針」を見ると、第二次（一九八八-一九九四年）、第三次（一九九五-二〇〇一年）ではすでに、一代回収型事業に重きが置かれ、栽培漁業の定義が再解釈されていることがわかる。第六次（二〇一〇-二〇一五年）では、従来の一代回収型事業に加えて、親魚を獲り残して再生産を確保する「資源造成型栽培漁業」を推進する、と述べられ、資源培養型への回帰が明記されている。初期の栽培漁業が体現していた、自然の生産力を涵養し資源培養を行うという増殖概念は、いったんは一代回収型事業へ重みが置かれて弱まっていたが、現在では再解釈とともに復活しつつある。

しかしながら、大島泰雄らの議論では、種苗放流は資源培養型漁業としての栽培漁業の一角をなす手法であり、技術であって、それがすべてではない。この点は、一代回収型事業としてその出発時点から設計されてきたサケの人工ふ化放流事業とは一線を画している。自然の生産力の涵養を求める増殖のあり方は、今後のサケの人工ふ化放流事業を考えるうえで非常に重要な論点なので、特に留意しておきたい。

いずれにせよ、一九六〇年代にもう一つの「つくる」シナリオが沿岸から動き出し、水産行政を動かしていたことは、サケの人工ふ化放流事業にも大きな影響を与えた。なぜならば、これまでも言及してきたように、サケ漁業もまたちょうど同じ年代に、沿岸漁業者を直接の受益者とする事業に切り替わっていったからである。

(1) 一九七七（昭和五二）年当時の新聞・雑誌記事には二〇〇海里危機説と漁業ナショナリズムの高まりが見てとれる。一九七七年四月一五日の『朝日ジャーナル』には、超党派議員をソ連に派遣するなど、日ソ漁業交渉に関する決議案が出たばかりの国会と世論に見られる漁業ナショナリズムの様子が描写されている。「大多数の国民にとって北洋の危機とは生きるための問題ではなく、食うために生きると考えたときの問題である。北洋関連産業に従事する漁民、水産加工会社にとっては大問題であり、特に全鮭連傘下の一億以上の借金を背負っている船主たちがおびえている」という当時東京水産大学（現・東京海洋大学）の平沢豊の分析が引用されている。

(2) 「つくりそだてる」漁業、栽培漁業を文字通り形成した水産庁の本間昭郎の部下として、日本栽培漁業センターに務めた七〇代の男性二人へのインタビューによる。

(3) この法律自体は一八七七（明治一〇）年に制定されたものである。一九七四（昭和四九）年に改正され、環境アセスメントが義務づけられるようになった。

(4) 不定性（incirtitude）とは、科学技術政策・科学技術論を専門とするアンディ・スターリングがリスク評価と専門知の関係性から指摘した専門知の性質である。スターリングによれば、リスク評価は専門知に深く依存するが、そもそも専門知は本質的に安定的・決定的な状態にあるわけではない。むしろ揺らぎのなかにある。スターリングは、発生可能性のあるハザード、ハザードの発生確率それぞれにおいて、専門知が安定的・決定的であるかそうでないかが、リスク判断時に依拠する専門知の状態を分類する要だと考えた。リスク、不確実性、多義的曖昧性、無知がその分類である（Sterling 1998）。

9 もう一つの戦後——土地にサケが根づくということ

これまで、戦後の人工ふ化放流事業において、サケの生がモノ化され、人間の支配できるモノへ転じていく様子を描いてきた。その研究や技術は、北海道さけ・ますふ化場を中心に蓄積されてきた。また、瀬戸内海の公害と埋め立てへの公的な補償という側面をもって始まった栽培漁業を中心に、サケとは異なる増殖レジームが現れていたことも明らかになった。そうして、水産行政全体では、北海道のサケ・マス増殖事業と栽培漁業を中心とする二つの増殖レジームが、増殖事業全体を動かしてきた。

本章では、再び本州の津軽石の事例へと戻ろう。本州での人工ふ化放流事業は、北海道と違って国営ではなく、トップダウンでつくられた事業ではない。温度の差はあれ、各町村や漁協などの民間団体がサケ漁を続けるために中央の政策に従って導入した道具だ。戦前の津軽石では、その道具を用いて、サケ漁と一体となった在地型人工ふ化放流システムがつくられ、サケのムラが生活文化の再構成とともに生み出されていた。戦後、在地型人工ふ化放流システムが再編される。食糧難をハマの豊かな生きものとサケの豊漁が支え、地域社会の再建のなかで再びサケがその中心に据えられていく。津軽石の人びとは再びサケを、手間と時間、労力をかけて「わたしたちのもの」として獲得した。

まずはその過程を捉えながら、在地性の再構築とともに「サケのムラ」の再編が行われていく様子を見てみよう。

9・1　戦後の津軽石とサケ――在地性の再構成

魚わく海の記憶

戦後を迎えた宮古湾の奥、津軽石村では、いったい何が起こっていたのだろうか。戦前は、戦時体制を推し進めるため、一九四三（昭和一八）年の水産業団体法のもとで、津軽石村漁業組合は津軽石村漁業会に再編された。漁業会の人事は地方行政長官の権限のもとにあり、組合独自の自治ではなかった。会員数は当時三五八名だった。戦後一九四八（昭和二三）年に水産業協同組合法が成立し、一九四九（昭和二四）年に戦時体制下の組織だった漁業会は解散された。新たな法律のもとで津軽石村漁業協同組合が組織され、一九五〇（昭和二五）年に津軽石村漁業会から資産や漁業権などを引き継いだ。なお、一九六四（昭和三九）年には、会員数は正会員四五二名、準会員四三〇名と戦前の倍以上に増加した。

戦後まもなく、津軽石村も食糧難にあえいでいた。『宮古市史』によると、一九四五（昭和二〇）年一二月には、津軽石川のサケが豊漁で、総漁獲三万五〇〇〇円とあり、翌年の一九四六（昭和二一）年の冬には、津軽石川のサケ漁昨年の三倍、三万八八六二尾水揚げ、とある（宮古市教育委員会　一九九一）。終戦後すぐはサケ漁が豊漁だった。津軽石鮭繁殖保護組合組合員の中島勝利さんは、新巻をつくるのが上手だと定評のある人だ。戦後のサケの思い出をたずねたとき、次のように述べていた。

戦後すぐなんて、サケは（他の地域では）そうそう食べられない魚だった。（津軽石でも）一年に家に一匹、どうかねえ。難しかった家も多かったんでねえか。そんでも、戦後のときは、食糧がねがったけど、サケがあって相当よかったっつう話はあるよね。それはこのへんではね。[1]

サケは津軽石村のあたりでは年取り魚だった。他の地域ではなかなか食べられなかったサケも、戦後すぐの津軽石では組合が自営でサケ漁を行ったから、サケが組合員に配られた。もちろん、そんな津軽石村でも、サケが食べられるのは正月か、あるいは身体が弱って精をつけなければならない人に与えられる特別なものだった。戦中、戦後の津軽石村においてサケの記憶は、苦しかった食糧事情を支えてくれた思い出から始まる。

サケが支えてくれた記憶は、かつての四ヶ浦だった金浜、高浜にも共通している。少し津軽石村から広げて、戦前から戦後まもなくまで赤前大須賀、高浜、小田ノ浜、太田浜で続いていた、津軽石川にかかわるサケの地曳網の記憶を追いかけてみよう。そこに見えてくるのは、サケ以外の魚介類にも恵まれた遠浅のハマの続く宮古湾の姿である。

サケは宮古湾奥のハマの人びとにとって、地曳網で獲るものでもあった。一九三二（昭和七）年に生まれ、津軽石村の隣、高浜村で生まれ育った元宮古水産高校教諭の中嶋哲さんは、一九四二（昭和一七）年頃のハマの地曳網の様子を次のように語る。当時、中嶋さんは尋常小学校五年生だった。サケは値も高いので網主のもとに管理されている。しかし地曳は他の湾の恵みも引いてくるから、サケ以外の獲物を集落の子どもたちがもらい、家のおかずにしたという話だ。宮古湾奥は、明治以降、カタクチイワシの巾着網漁と、そのイワシを油かすにする加工場が各村のハマにいくつも並んでいた。イワシは一〇月から、サケはもう少し遅く、どちらも秋網だった。そのことを、中嶋哲さんとの語りから見てみよう(2)。

――高浜の人はサケに地曳網で親しんでいた、それがなくなってからは(3)、カワでの採捕以外は定置一本になったということですね。サケの地曳の様子を教えてください。


中嶋：楽しいですよ！

だって母さんたちは、知ってる母さんたちがいっぱいいるでしょ、夕方になれば、灯(ひ)い、つけるころになれば、籠を提げていくの。（地曳網は）半分ぐらい引くと、ロープから網になるんですよ。そんときに、クリガニってね、毛ガニのような、だいたい似てるんですが、これが高浜のカニなんですけども(4)。

それをね、みんなお母さんたち、知ってる人たちが、「ホーラっ、ホーラっ」ってわさ（わたしに）投げてくれんの。腰にかけて（縄を腰にかけて）、お母さんたちが「ヤエソー、ヤエソー」て引きやるとその網にカニがぶるさがってくるわけですよ。お母さんたち手伝って、（手伝っている中嶋さん目がけてお母さんたちが）ホラあ！　って投げてんのを、籠さ入れてくるんですよ。

ンで、家さけえてきて食べると。あれあ（クリガニ）火い燃やしてっところに入れといて（焼く）。

サケ以外にサバとかイワシとか、岸の方にあがってくるわけだ。そだのを獲って魚拾いにいくの。サケのほかにね。

中嶋：風呂に入ってても、ヤエソーヤエソーっていうのが聞こえっと、そしたらヤッサンヤッサンヤッサンヤッサンて急ぐんです、お風呂からあがって籠もってってもまに合うんです。でカニ拾ってくんの、ハハ。

——風呂に入るときというと、地曳は夕方にあったということですか?

中嶋:朝、昼、夕方ですね。遅くても八時ぐらいまでは。それが宮古湾では、高浜のハマもあれば、赤前の方のハマもあれば、白浜の方のハマもあれば、磯鶏浜もあれば。

このエピソードは、当時一〇歳の中嶋さんのエピソードである。地曳網があれば子どもたちみんなが籠をもって地曳網に走っていった。この地曳網は個人操業の地曳網で、高浜の出島や小浜と呼ばれる場所で行われていたものだった。個人の小型地曳網を引くのはほぼハマの女性の仕事だった。ロクロと呼ばれる網を巻く人力の道具をハマに置き、それを使いながら、網を引く。それを指揮するのは、戦争に行かなかった年配の男性たち、船頭さまも七〇歳近かったのではないかと中嶋さんはいう。戦中および戦後すぐゆえの情景だ。

他方、湾の反対側、津軽石村の赤前大須賀の地曳網は、子どもたちが組織的に網を引くのを手伝い、子どもたち同士でもらった魚貝を分配する「もらい引き」と呼ばれる独特の仕組みがあった。赤前大須賀の地曳網は、宮古湾内でも有数のサケの捕獲を誇ってきた場所だった。津軽石村漁業組合のもとで、個人が入札を行い、地曳網を行っていた。

その赤前大須賀の地曳網の様子を、郷土史家の釜ヶ沢勲が、(5)『もらい引き』という冊子を私家版で出版している。そちらから様子を少し引いてみよう。

赤前大須賀の地曳網には、ヤナギサワ網(網主柳沢良吉、ヤママル組)とカママエサワ網(網主米澤一、ヤマト組)の二把があり、津軽石川に戻ってくる秋サケを主に獲っていた。早番は午前中、遅番は午後、それぞれ二回ずつ網を引いた。早番と遅番は二把の網が互いに調整して決めていたという。一度に入るサケの数は二〇-三〇で、五〇以上は大漁、三〇〇-四〇〇のときは大々漁で、そのようなときには、午前一時や二時まで網を引くこともあったという。

大須賀漁場を地先としてもつのは、赤前のなかでも上・中・下・堀之内に分かれた集落のうち、上・中・下組だった。「もらい引き」の子どもたちの組織をつくるのは、その組の尋常小学校三年生から小学高等科まで、上は一二歳ぐらいまでである。地曳網の季節が近づくと、各組は一四-一五人ぐらい、希望者や経験者が集まって集団をつくり、それぞれの組の統領を決めた。新しい希望者は親との相談のうえ、加えてもらうものだった。組の統領の上に、さらに全員が投票して決めた大統領が全体で決められた。

ハマには、大統領の指示のもと組ごとの休憩する小屋がつくられ、子どもたちはそこで待機をした。小屋には火がたかれ、水くみ、まき集め、掃除なども当番が決められていた。遅番、早番それぞれに各組で分かれ、それぞれが大人に交じって網を引いた。居残り組は小屋で話をしたり遊んだりしながら待った。

網引きの手伝いが終わると、地曳網の網主がサケを獲り、小型のサケや小魚のウグイ・カレイ・イワシ・ボラ・カニなどが組に合わせて三ヵ所の山に分けられ、「もらい引き」の子どもたちはそれを小屋までもって帰った。

一日が終わると、統領や年長者が中心となってその日にもらった魚を参加した人数に公平に分配できるように分け、小魚をそれぞれがもらえるように采配した。子どもたちの各家ではそれを、軒下につるし、子どもたちの「もらい引き」の成果を誇ったという。「もらい引き」の期間中は、学校の先生が必ず様子を数回小屋まで見にきていたという。漁期が終われば、小屋を解体し、統領の指示で解散した（久保田　二〇〇五：七三-七四）。

津軽石村の赤前大須賀の地曳網漁では、一九五二（昭和二七）年から赤前地曳網の漁場が資源保護のための保護水面となって地曳網が禁止されるまで、こうして赤前の子どもたちが組織的に地曳網を手伝っていたのである。

その頃のハマの光景を資料や聞き取りから起こすと、地曳網、定置網、イワシ巾着網の主なものは図9のようになる。明治から始まっていたノリ養殖は戦後も盛んで、高浜、金浜、津軽石、赤前の海岸線をぐるりと囲むようにノリ篊(ひび)が立ち、戦後は湾内には、主にカキの養殖棚が並ぶようになった。

さて、終戦の年とその翌年、サケが大漁だったこと、他のハマの恵みもまた、戦時中の規制や船・人手不足が、結果として漁獲圧を減らしたことで、豊漁だったことは当時のハマの暮らしを大いに支えていた。中嶋哲さんも、「ハマさ行けばなんかあっからね、食うものはあった」と語る。宮古湾西側の広大なハマをもつ磯鶏に育ち、後にハマの埋め立て反対運動に身を投じたそけい幼稚園理事長の晴山洌さんもまた、同じ時期にハマで育った。

ものはなかった。みんななかった。食べるものもなくて、ひもじくてひもじくてね。でもね、ハマに行けば獲れますから、貝だの、魚だの、海藻だの。

そのことを振り返り、晴山さんは、「ひもじくても、みじめではなかった」と語る。ハマに行けば、腹をすかしても仲間とハマの何かを獲って、食べた[6]（福永 二〇一七、二〇一八）。

ハマの豊かな恵みを、終戦後の津軽石村漁業会も手にしようとした。津軽石村は、サケの恵みを続けて利用するために、終戦の年、津軽石村漁業会の会員全員が出資する形で鮭繁殖保護組合を結成し、自営で河川内の鮭留地曳網漁業を行っている（岩本 一九七九：一七二）。そして、一九五〇（昭和二五）年に津軽石村漁業組合ができるまでの五年間は、鮭繁殖保護組合が津軽石川にあがるサケを獲るために、サケ地曳網漁業を行うことによりサケ漁

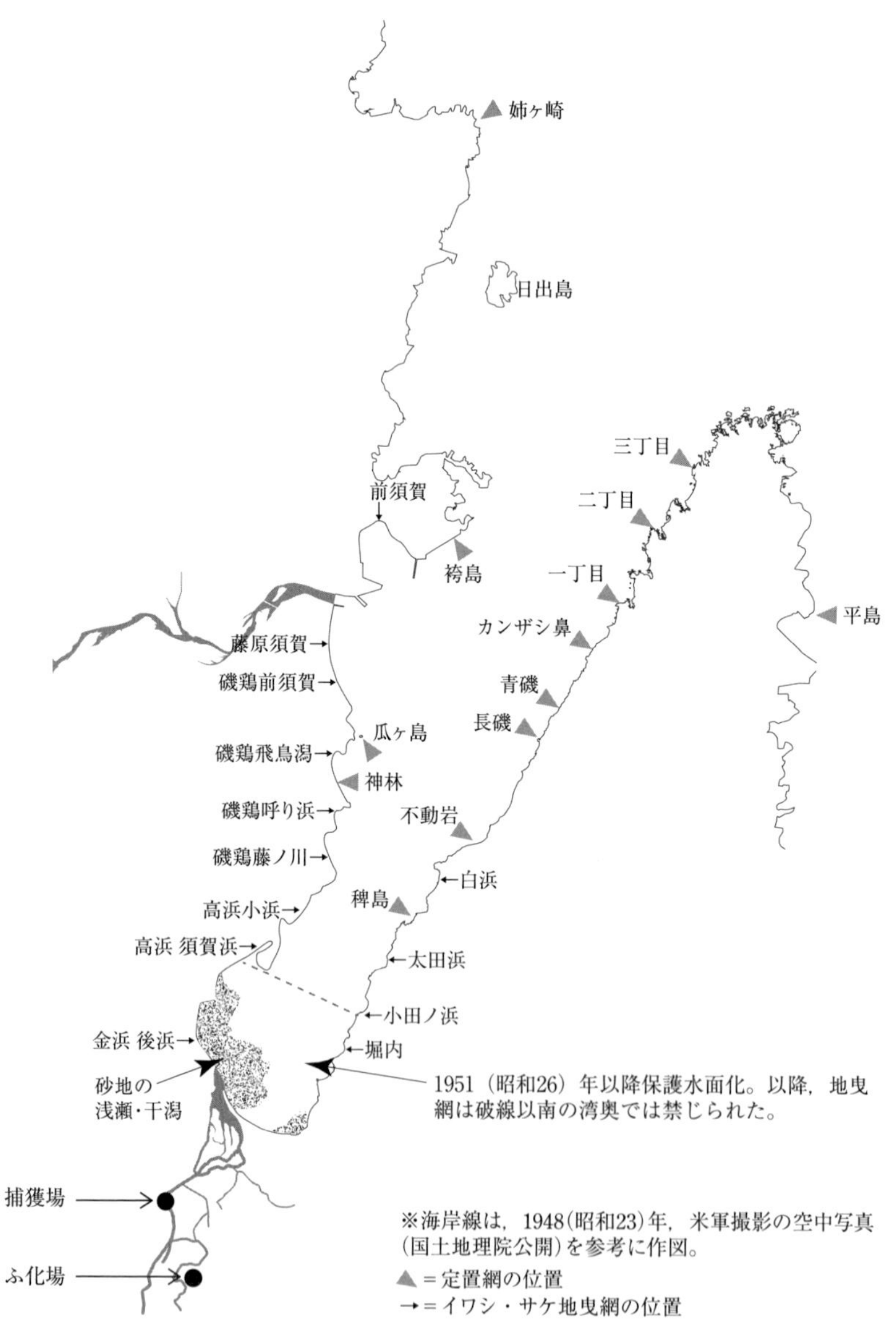

図 9 1950 年前後の津軽石川河口域周辺

を行っていた。

在地型人工ふ化放流システムの再開

戦後の制度上の混乱期を乗り越え、一九五〇（昭和二五）年に津軽石村漁業協同組合ができると、戦後地曳網漁を行うためにつくられた鮭繁殖保護組合は解散し、津軽石村漁業協同組合（以下、津軽石村漁協と略）が自営でサケ漁をすることになった。このとき、戦前に県営となったふ化場は県営のままだった。

一九五一（昭和二六）年一月一一日に人工ふ化場は県から移管されている。『岩手県水産試験場創立80年のあゆみ』からそのときの経緯がわかるので、以下まとめてみよう。

一九二七（昭和二）年以降、岩手県は、津軽石、大槌、釜石のふ化場を、各地元からの寄付を受けて事業を実施していた。戦火の激しくなった一九四四（昭和一九）年と一九四五（昭和二〇）年、人工ふ化放流は行われていなかった。一九四六（昭和二一）年までは、県から水産試験場から技術員が派遣されていたが、予算の関係上この派遣が打ち切られた。そのため、当時ふ化場の諸設備は荒廃しつつあったのだという。「地元では、このまま放置すると将来鮭増殖は憂慮すべき事態になるとして、地元の自主的な努力により鮭繁殖事業を続け、実質的にはふ化場を経営していたことから、ふ化場の地元への払い下げを求める陳情が一九五〇（昭和二五）年に岩手県議会及び県知事に対して行われた」（岩手県水産試験場　一九九一：四三）。このときの県知事は国分謙吉だった。

当時のことを津軽石ふ化場では、終戦後は「資材不足に加えて、ふ化槽、放流水路等は破損、腐敗し、県費ではまかなわれないまま放置される現状にあったので、このままでは鮭の資源が減少すること必至であるので」ときの知事に陳情した、と述べている（本州鮭鱒増殖振興会　一九七五：三二）。

この陳情に応じる形で、県の水産試験場の場長郡司機一から、以下の条件を付して地元に払い下げるべきである、という意見書が出された。その条件とは、①魚族の増殖事業実施については、県水産試験場の指導指示を受けること。②事業実施上必要と認めるときは、施設の充実・改廃を命ずることがある。③本施設は魚族増殖の目的以外に使用してはならない（本州鮭鱒増殖振興会 一九七五：三二）。その結果、一九五一（昭和二六）年一月一一日、津軽石のふ化場は県から払い下げられ、津軽石村漁業協同組合がその事業運営にあたることになったのである。ちなみに津軽石村漁協は、津軽石村と宮古市が一九五五（昭和三〇）年四月一日から合併して宮古市となってからは、津軽石漁業協同組合（以下、津軽石漁協と略）と名前を変えた。

一九六八（昭和四三）年七月三〇日、漁業協同組合合併促進法[7]のもとで津軽石漁協は宮古漁業協同組合（以下、宮古漁協と略）と合併することになる。この点については後ほど述べるが、ふ化場は一九五一（昭和二六）年から一九六八（昭和四三）年までの一七年間、組合の手によって自営されていた。そのため、津軽石漁協のもとで、どのようなふ化場経営がされていたかは、この一九六八（昭和四三）年七月三〇日よりも前の資料を見ておく必要がある。

そこでこの節では、三つの資料から当時の津軽石漁協が、どのような漁業を行い、組合員の事業がどんな様子だったか、自営だった人工ふ化放流場の様子を中心に探ってみよう。一つは、一九六四（昭和三九）年に出された『水産資源保護法に関する研究(1)――サケマス漁業について』（岡本 一九六四）である。研究それ自体の目的は、水産資源保護制度が社会的・経済的条件のもとでどのように変容してきたかを、明治期から振り返り、新たな制度設計のために分析することだった。一九六三（昭和三八）年から主に資料収集という形で始められた。研究参加者は漁業経済学者など、以下の人びとである。村岡重夫（当時北海学園教授）、外崎正次（当時北海学園助教授）、秋庭鉄之（当時水産庁北海道さけ・ますふ化場）、二野瓶徳夫（当時国立国会図書館）、中井昭（当時高知短期大学助教授）、赤井雄次（当時水産庁企画課）、大海原宏（当時東京水産大学）。北海道の人工ふ化放流の技術開発に尽力してきた秋庭鉄之、漁業権の歴史的・制度・法的仕組みについて、戦後の議論を牽引した二野瓶徳夫の名前がある。委託研究という形をとっており、代表者は漁業経済学の岡本清造（当時日本大学経済学部）だった。(8)

この研究では、津軽石川のサケ漁の歴史と繁殖保護の取り組みの歴史が触れられており、本書でもたびたび引用してきたように、戦前までふ化場に勤めた技術者の名前や、産卵数なども知るうえで重要な資料となっている。

もう一つの資料は、津軽石漁協が出している『業務報告書』である。特にここでは、サケ漁や人工ふ化場が津軽石村の手によって再編される直前の一九六七（昭和四二）年度のものを参考にしよう（津軽石漁業協同組合　一九六七）。第7章で確認してきたように、この時期はちょうど、数をつくるシナリオのもと、サケの人工ふ化放流事業全体が、沿岸の定置網漁業者たちを中心的な受益者とする受益者負担のもとに再編されつつあった頃である。

最後の資料からは北海道から見た本州の組合自営型人工ふ化放流の姿がわかる。一九六八（昭和四三）年、北海道さけ・ます増殖事業協会が、本州の人工ふ化場を視察しており、そのときの資料『本州方面ふ化事業視察報告書』（北海道さけ・ます増殖事業協会　一九六八）が残されている。この年は、結果として津軽石漁業協同組合にとって最後の自営になった年である。北海道さけ・ます増殖事業協会は一九六七（昭和四二）年に設立され、北海道さけ・ますふ化場から親魚の捕獲と畜養を担っていた。後に定置網漁業者から賦課金を集めてふ化場への助成を始め、密漁取り締まりなども担った。この視察は一九六八（昭和四三）年一月二四日から二月四日にわたり、新潟、山形、秋田を視察した第一班と、岩手、青森を視察した第二班とに分かれている。この資料の持ち主は北海道さけ・ますふ化場の場長を務め、何度も本書でも名前の出た三原健夫である。当時三原は北海道さけ・ます増殖事業協会の副会長だった。

さて、それではこれらの資料と、当時の記憶をもつ人びとの言葉から津軽石の人工ふ化場の様子をのぞいてみよう。

河口域の保護水面化と空間利用の再編

まず、ふ化放流事業以外の漁業はどうなっていたかというと、戦後も津軽石村漁業協同組合は、海面と内水面の両方を対象とする漁協として再編された。戦前と異なるのは海面において保護水面が増え、漁が限定され、海面でできることが養殖と採貝に絞られたことだ。

本書でも書いたことを少し振り返ってみると、戦前、津軽石村漁業協同組合では、人工ふ化放流用の「採捕」のためのカワザケの津軽石川漁場での漁業権と、ハマ側の第五六号（大須賀）、第五三号（小田ノ浜）、第五四号（堀内）特別漁業鮭鰮（サケ・イワシ）地曳網の漁業権、第一四三号のハマの専用漁業権として、アサリ、ホッキ、アカガイを採っていた。少し前に記述した、赤前大須賀の地曳網は、津軽石村漁業協同組合が戦前からもっていた漁場で続けていたものでもある。個人入札に戦前はなっていたが、戦後は組合自営になっていた。

しかしながら、一九五一（昭和二六）年九月に公布された岩手県漁業調整規則に基づき、宮古湾の湾奥、津軽石村赤前の平磯島から、高浜の高浜小学校のあたりまでが全面保護水面となった。すなわち、サケの漁は河川だけに限定され、近世から行われてきたハマの地曳網は、サケにかかわらずイワシもまたできなくなった。赤前大須賀と小田ノ浜の地曳網も翌年度からなくなった。中嶋さんの親しんだ高浜の地曳網は一九五三（昭和二八）年になくなった。

その代わり、津軽石川の河口が広がる宮古湾の奥は、絶好の遠浅だったことを生かした養殖漁業が盛んになった。津軽石村漁業協同組合の組合員たちも養殖に参入していった。

そうして、ノリ篊が立ち並び、カキ棚が浮かび、サッパ船の着く砂浜から、春になると遠浅を歩いて貝を採る日々が続いた。高浜と金浜では、戦前からノリやカキの養殖が取り入れられていた[9]。津軽石も赤前もまた、戦前から採藻や採貝が有名だったし、早くから養殖を始めた人びとも多かった。一九三一（昭和六）年にはノリ養殖が盛んになっており、カキ養殖も同じ頃に始まった。一九五一（昭和二六）年には、ホタテが陸奥湾から養殖用に移植された（宮古市教育委員会　一九九一）。

津軽石、高浜、赤前、金浜の津軽石湾奥には、ぐるりと湾の縁に沿うようにノリ養殖のためのノリ篊が立てられた。湾のまんなかはコンブ、ワカメ、カキの養殖筏がずらりと並んでいた。子どもたちはノリを乾かす手伝いを総出でしたし、乾かすためのノリ簀がずらっとあちこちに並んでいた。強い風が吹くと、「ひらりーっとはがれたノリが簀から飛んでいったのを拾い集めた」ものだった。そして子どもたちは、ひらりーっとはがれたのを「そうれ、と走っていって、パンと手で挟んで地面に落ちる前にとったもの」だった[10]。そして、津軽石、高浜、赤前、金浜のノリを背負った行商は、宮古湾や周囲の山村のあちこちに出かけて売っていた。その光景は一九八〇年代に入るまで続いた。

今でもこれらの地域から宮古町や近隣にノリを売りにきた行商の話は、「おいしかったんだよねえ」という言葉とともに、宮古のあちこちで聞くことができる。

津軽石の前の地先のハマもまた、ノリ篊で覆われ、水深のあるところではワカメとカキの養殖が始まっていた。また、津軽石前の広い干潟となっていた地先は、アサリがたくさん採れる場所だった。宮古湾の西側の砂浜沿いの、藤原、磯鶏、高浜、金浜の人びとにとって、アサリを採るといえば、津軽石から赤前まで広がる干潟だった。まだ自動車の少ない、昭和三〇年代までは、誰かの自転車に乗っけてもらって、あるいは歩いて、人びとは潮干狩りに向かった。

津軽石漁業協同組合の記録によれば、一九六六（昭和四一）年度のカキ、ノリ、ワカメの売り上げは、約二〇〇〇万円となっている。この年は、ノリが不作だがワカメが豊作だったという。自営のサケ留地曳網漁により得た収入は約一六五〇万円だった。もちろん、目的がふ化放流事業のためのものであるから、ここでいう売り上げは、ふ化放流のために水揚げしたサケの使用後のサケガラ（鮭殻）とふ化放流事業に用いられなかった分の売り上げということになる（津軽石漁業協同組合　一九六七：七）。報告書からは、組合内では組合員を対象に養殖事業の研究会を行っており、養殖とふ化放流のためのサケ自営漁が、この頃の津軽石漁業協同組合において重要な二柱だったことがわかる。もちろん、個々の組合員にとっては、干潟で認められている採貝もまた、日々の食を支える収入源でもあった。スズキの餌に好まれ、売り買いされたアナジャコ採りなど、生活を支える資源はハマに多くあった。

カワザケと人工ふ化放流事業の再編

一九五一（昭和二六）年前後はサケ漁の不振が続いていたが、一九五八（昭和三三）年度、一九六三（昭和三八）年度には津軽石はかつてない豊漁に沸いた。不漁が続いていた頃、すなわち、県営のふ化場を津軽石村漁業協同組合が県から払い下げを受けて自営にした頃、当時の津軽石村漁業協同組合の組合長のもとでふ化場とサケ留漁はその姿を変えていった。サケのモノ化の片鱗が見え始める。

一九五〇（昭和二五）年、県にふ化場の払い下げを陳情した折、津軽石村漁協の組合長は、赤前出身の山根三右衛門だった。山根三右衛門（一八九二―一九七二）は、戦前から三陸一帯の大規模定置網の網主であり、「建網王」とも呼ばれ、現在の山根漁業部の礎を築いた人物である。戦前に宮城県の日門から始めて、宮城県内九ヵ所、岩手県は根滝（ブリ漁場で有名）、佐須、仁位達、大潮崎、小壁、宮古湾内の堀内、寄浜、瓜ヶ島、与奈、青森県、北海道八ヵ所、神奈川県の江の島など、全国に定置網漁場を開拓し、春夏合わせて年間およそ三六ヵ統の定置網を開設していた。戦後の漁業改革では、定置網漁の権利は地先のムラと地元の漁業者たちが優位に得られるように設計された。しかも地元の堀内の定置網は一九五〇（昭和二五）年に保護水面下に置かれた。しかし山根の強さは、その事業の手広さにあった。山根は下閉伊の山林経営を戦前から行っていたが、ほかにも遠洋漁業、底曳、北洋サケ・マスなどさまざまな多角経営を行った。第6章で描いた宮古の遠洋漁業者浜田漁業部とともに、北洋母船式サケ・マス漁にも独航船を出航していた。さらには、三陸資材、宮古製函、岩手殖産銀行などの役員を務めるなど、広く岩手県に知られた人物であり、同時に村内の実力者だった。山根は戦後、一九四六（昭和二一）年から津軽石村の村議会長を務めており、一九四九（昭和二四）年から津軽石村漁協の組合長を務めていた（釜沢　一九五九：一七三―一七五、岩手県　一九八四：九六五―九六七）。

彼が組合長の折、県営から組合自営となった津軽石ふ化場は、まずその規模を拡大していく。一九五一（昭和二六）年五月に農林漁業特別融資[11]三〇〇万円を受け、一〇〇〇万粒規模でふ化場を拡大した。アトキンス式放流箱をカリフォルニア式に転用することにより、一〇〇〇万粒の拡大を容易に行えた。その結果として、津軽石ふ化場は三一三〇万粒の収容能力をもつふ化場となった（本州鮭鱒増殖振興会　一九七五：三二）。

一九六三（昭和三八）年頃、津軽石川内のサケ留での地曳網も工夫が新しくなされた。この頃のサケ留は、河口から約一キロのところで行われていた。副組合長だった長澤栄次郎の発案で地曳網に建網の袋をつけるようになった。これにより、網のなかで親魚が産卵をせずに、効率よく採卵ができるようになった[12]（津軽石漁業協同組合　一九六四：一三、本州鮭鱒増殖振興会　一九七五：四五）。

サケ漁に従事するのは、組合員のなかから選ばれた希望者である。漁夫の条件は、一九六三（昭和三八）年に月給二万円で、食事付きである。この条件は当時の津軽石村ではなかなか好待遇で、「希望者は採用者の二倍ぐらいいるという。しかし漁夫として採用されなかった場合は、漁夫と同様の待遇で密漁監視員に廻された」（岡本　一九六四：八四）。漁は、漁を監督し漁夫をまとめる漁労長でもある大謀、大謀を支える副大謀のもとで行われた。

サケ漁はだいたい早朝の五時前後から行われ、サケ留の近くの河畔につくられた番屋に寝泊まりしながら行われる。ちなみに現在ではあまり寝泊まりはされず、漁を待つあいだの食事や仮眠を行う休憩小屋になっている。番屋では、組合に雇われた集落の女性が煮炊きを行ったり、あるいは従事者たちが自ら食事の準備をする。同じ時期の密漁の監視もまた、重要な組合の事業の一つだった。一九六三（昭和三八）年には、刺網を用いた違反検挙は二二四件にのぼった（岡本　一九六四：八四）。

サケの採捕は一一月半ばから二月の半ばまで、各月の一–八日を除いて行われていた。この一–八日を除いて操業するのは、自然繁殖を促すためである。近世から行われてきた、サケ留での漁業を毎月一定期間制限することによって、漁獲量をコントロールすると同時に、天然産卵を促す仕組みである。すなわち、合併される前の津軽石漁業協同組合では、自然繁殖を行うための仕組みを、人工ふ化放流のシステムのかつてない大規模化を進めながらも一部保持していた。

現在の津軽石鮭繁殖保護組合の組合長を務める山野目輝雄は、網を建網式袋網に改良する前はサケ留をつくって地曳網で獲る方法だったため、網から逃れたサケも多く、相当数の自然産卵もあったし、ホッチャレも川で見たものだという。山野目は一九三六（昭和一一）年に津軽石村の法の脇で生まれた。宮古水産高校卒業後、一九五五（昭和三〇）年から津軽石村漁協に勤めてきた。山野目は、いつまでとは覚えていないが、昭和三〇年代は川にサケの卵を多く見ることができたし、なかには川の卵を拾って宮古市内に売りに行く人がいたくらいだったという[13]。卵の色は川のなかで白くなるが、塩をすれば色はもとに戻るので、売るにもよかっただろうという。そのくらい当時は、サケは津軽石川で自然産卵をしていたのである。

とはいえ、稚魚生産数の増産や建網式袋網への改良による一括採捕の効率化などを見れば、昭和三〇年代末から人工ふ化放流事業とサケ漁の内容が変化していたことは明らかだ。一九六八（昭和四三）年、宮古漁協と合併するに至って人工ふ化放流事業に一本化され、自然繁殖保護の仕組みは姿を消す。この変化が建網王と呼ばれた山根三右衛門のもとで行われていたことには留意する必要があるだろう。定置網漁業と人工ふ化放流事業の結びつきが強くなっていく過程でもあった。

北海道と本州との人工ふ化放流事業の違いとは何か。それは、「本州の孵化放流事業は一言にして云えば親魚の捕獲から孵化、飼育まで一貫して民間が行っており、然も、各河川毎に独自の立場に行っていると云うことであり本道の場合は国が行っていると云う点である」（北海道さけ・ます増殖事業協会　一九六八：一一）。津軽石の場合、「親魚の捕獲から孵化、飼育まで一貫して民間が行って」いることに付け加えれば、自然繁殖と人工ふ化の両立を行っていたことに特徴があった。同時に、一つの組合内で、密漁の監視から漁そのもの、漁場の整備まで人手を地域社会から調達して行っていたことにも特徴があろう。

さて、それでは、津軽石におけるふ化場のもつ文脈を再度簡単にまとめてみよう。明治期、漁業権を得るために地域社会が率先して導入した人工ふ化放流は、戦前から戦後まで県営となっていたが、戦後は再び地域社会に買い戻された。そして、サケ漁と分かち難い一連の過程にあるものとして、再び地域社会に根を下ろしていった。このように人工ふ化放流システムが「在地化」された周囲には、大正期に再編された又兵衛祭りなどの祭事や信仰が、サケ漁と人工ふ化放流の一連の過程の周囲に再配置されている。

同時にその在地性は、津軽石漁業協同組合が旧津軽石村の地域社会の公益を担うことにも深く関連していた。一九六三（昭和三八）年に津軽石川が豊漁を迎えたとき、組合は増大した収入を用いて、総工費二一〇〇万円をかけ、公民館をつくって宮古市に寄付をした（津軽石漁業協同組合　一九六四）。これも戦前と同じ構図である。

「津軽石では、鮭川の利益で種々の文化施設や、教育施設、消防施設などがなされてきたが、公民舘(ママ)を設けて冠婚葬祭や、青年団や、婦人会及、部落活動に用いたいという希望は、久しいものだった」ので、公民館をつくったのだという（津軽石漁業協同組合　一九六四：三）。

そのほか、津軽石漁業協同組合は、集落ごとの自治組織である部落会や婦人会、老人会、子ども会の活動費それ自体を毎年援助しており、サケの実入りは、地域社会の「公益」を担うものであり続けてきた。

また、戦後、津軽石村漁業協同組合になってからというもの、組合は自営のサケ漁のあがりを組合員それぞれに金銭的に分配することはしていなかった。その分配は漁獲され、ふ化放流に使われた後のサケガラであり、余剰となったイクラだった。採卵の際に、わざと魚体にイクラを残し、それも含めて魚価を保持していた。もらったサケガラにも当然、そのようにイクラが残っていた。この分配は戦後すぐの折には、非常に意味のある分配だったと津軽石の人びとは語る。売って現金収入にできたからだ。特に、働き手が戦争でいなくなってしまった家にとって、分配があったことは経済的に重要な意味をもった。

一九四〇（昭和一五）年に津軽石に生まれ、いったん国鉄の仕事について津軽石を離れ、戻ってきてからは組合の理事を務めていた久保田均は、次のように振り返る。

今みたいに何千もって一つの網に入るわけじゃあない。当時は一回の漁で、一つの網に、一〇匹入ればいいかどうか、ということが多かった。その、戦後の本当にみんなが困った時期の話だね。

どのくらい困っていたかというと、今では信じられないかもしれないが、集落ではその頃、青年会が花巻や北上の方に出かけて、嫁を向こうからもらってくる、という算段をつけようとしていたこともあるぐらいだった。青年会同士の、陳情をしたんだね。米と魚の交換はもちろん、（青年会同士の交流だけでも）できるけれども、それよりももっと、ちゃんとした関係をということもあったんだろうね。そういう関係をつくれば、食糧もやりとりできて困らないからね。

そんなときに、サケをもらう、というのは、今よりずっと意味があったことだったんだろうね。(14)

戦後すぐ、食糧難の時代に、とにかくサケがあがって組合自営でそれを地域社会で分配し、しのいだ、という記憶は、集落の七〇代以上に強く残る記憶である。

地域社会に食と職、地域活動を支える費用を負担していたサケ漁と人工ふ化放流の一連の事業は、確かに、「在地のもの」として地域社会の根を支えるものでもあったのである。

9・2 サケは「わたしたちのもの」

津軽石村のサケの人工ふ化放流システムは、サケと漁場は「わたしたちのもの」だという感覚を支えてきた。サケを「わたしたちのもの」にしようとする試みが、サケ漁、人びとの思い出の軌跡を幾重にも残し、そこに在地性が繰り返し刻印されながら形成されてきた。このときには、いまだ津軽石の人工ふ化放流システムは、自然繁殖を促すことも、人工ふ化放流事業と一緒に行っていたから、サケの生は流域のなかに埋め込まれて目に見える形で、そのまるごとが地域の人びとの目の前にあった。

もちろん人工ふ化放流技術の周囲ではふ化放流数の増大や網の改良による効率的な採捕などが進んでいた。全国的な傾向として、すでに数を重視するふ化場経営がなされていたことも見てきた通りである。しかし当時は、圧倒的なサケの生まるごととのかかわりが、在地型人工ふ化放流システムを通じて、津軽石には戦後の経験から蓄積されていた。蓄積され続けている様子がよく見えるような仕掛けが図らずもできあがっていた。

サケに関していえば、サケガラの売り上げは地域社会に公民館建設や消防などの社会インフラを構築するために還元されていた。また、漁場やふ化場も、地域社会の大事な仕事提供の場ともなっていた。戦後の食糧難という状況と、サケが希少だったという条件が、サケの生を人びとの身近にしていたことは、おそらく確かであろう。サケは「わたしたちのもの」だったのであり、観光のまなざしなどにより、サケのムラと見なされながら、地域社会を物理的に支える文化的な核として、地域社会によっても「わたしたちのもの」であるサケのムラと再定位されていったのだった。

忘れてはならないのは、この当時、サケだけではなく、他の漁業に関する生きものや、直接農林漁業に関係ない生きものまで、人びとの周囲にはたくさんいて、人びとはそれらとのかかわりもまた多くもっていたということである。

たとえば、サケの稚魚に関していえば、津軽石の周囲で育った人びとは、サケの稚魚が銀色にキラキラ、光りながら、田んぼの畦脇の水路や、畑につながる用水路に群れていたのを覚えているという。サケの稚魚は獲ってはならない、といい聞かされていたから獲らなかったけれども、三月や四月まではずっとそこらにいたはずだという。あまり姿が見られなくなったのは、農地調整や用水路の整備が進み、農薬を多く使うようになってから、一九六〇（昭和三五）年前後だという。[15]

サケの稚魚だけではなく、当時そこにいたホタル、カゲロウ、ヤゴなどの昆虫類や、魚についても数多くの話がなされる。しかも川からハマまでの感覚も非常に近い。干潟でノリ簾を見ながら過ごした話、マテガイ、ホッキガイ、アサリ、アナジャコをハマでおっかさんたちと交じって採った話、泳ぎにいっては漁師さんに目こぼししてもらって、アワビやら何やらを採って食べたり、逆にサッパ船の漁師から魚をもらって食べたり、という話が、特に戦後の一九六〇（昭和三五）年頃までをハマで過ごした人びとから多く出てくる。

川からハマにかけての営みの記憶とともに、先ほどのサケの記憶も埋め込まれていた。人びとをサケの生の作用の体系のなかに、すなわち、有機的に多様な要素がつながり意味づけられた、サケとのかかわりの世界のなかに引き戻す働きをしていたのではないだろうか。

サケという生のみならず、それを支え、時節によってともにあったりなかったり、そういう季節のめぐりと、自分たちが採集したり、触れたり、農林漁業の一部としてかかわったりする生きもの・モノが周囲に色濃く残っていた。サケは、次第に「わたしたちのモノ」化されても、いまだ社会的・文化的生きものとして人びとのあいだにあった。自然繁殖と人工ふ化、両者が並列されながら、サケの生はモノ化されずに人びとの目の前にあった。豊かな他の生きものの記憶と、そのようなサケの記憶は、同じ時空間のなかでの経験として積み重なっていたのである。モノ化に進もうとする人工ふ化放流事業からの働きかけは、この豊かなかかわりのなかに埋め込まれていた。ゆえに、人びとのサケとのかかわり全体はモノ化に進まずにいた。人もサケも、自然とも文化とも分断されない、間(あわい)に生きていたのである。

しかしこの状態は、きわめて動的で、固定化されていないものだった。数多くの他の生きもの、モノ、出来事、それらとの互いのかかわりが、常に繰り返され、軌跡を重ね続けていなければ保てない状態でもあったのである。

(1) 二〇〇九(平成二一)年一一月二三日、津軽石鮭繁殖保護組合事務所にて。中島さんは学生たちと訪れた筆者に、獲れたばかりのカワザケをさばき、事務所で塩焼きにして振る舞ってくれた。このインタビューはさばく最中にまとわりつきながらとったものである。現在の津軽石鮭繁殖保護組合は、自営の新巻づくりを「ふ化放流後に廃棄されたサケガラ(鮭殻)の再利用」の一環として行っている。中島さんが監督した新巻はおいしいと評判である。

(2) このインタビューは、今はもう埋め立てでなくなってしまった、高浜のハマ、大須賀と小浜についてインタビューしているところの一部である。二〇一五(平成二七)年七月三〇日、中嶋哲さんのお宅にて、ご家族と同席でのインタビューとなった。

(3) 後に言及するが、一九五一(昭和二六)年に岩手県の漁業調整規則が施行されてから、保護水面になったため、宮古湾奥の地曳網は禁止され、できなくなった。

(4) トゲクリガニのこと。毛ガニによく似ているが、身はやや淡泊、ミソの濃厚さで知られる。宮古湾では現在でも岸壁でよく釣れる。

(5) 赤前出身の郷土史家であり、漁業に関する郷土史を数多く執筆している。姓の表記は釜沢、釜ヶ澤と釜澤、著作によって三種類見られる。私家版は絶版のため、再録されたものを参照。

(6) 晴山冽さんへのインタビュー、七月一九日、晴山さん経営のそけい幼稚園にて。地元の水木高志さん(一九七〇(昭和四五)

年生まれ）と一緒に。水木さんは磯鶏生まれ、磯鶏育ち。「ひもじくとも、みじめではなかった」という言葉は、筆者がハマの記憶を絵地図にまとめたものを使ったワークショップを開催した際、解説してくれた晴山さんが語った言葉である。

（7）もともとは漁業協同組合併助成法という名前で、一九六七（昭和四二）年七月二四日に制定された。

（8）岡本清造は、南方熊楠の娘婿でもあり、南方学や、渋沢敬三らが主宰した屋根裏部屋の民の学問、民俗資料や人と自然のかかわりに関する多種多彩な資料を集めるアチック・ミュージアムとも関連していた人物である。

（9）高浜では一九六一（昭和三六）年からはワカメをカキの裏作とし始め、ちょうどその頃からノリの不作が続いたのを機に、徐々にワカメに切り替えていった。

（10）中嶋哲さんと娘さんのけい子さん、二〇一五（平成二七）年七月三〇日のインタビューより。

（11）戦後の土地改良や生産手段を整備しやすくするために、農林漁家に長期低金利で貸し付ける制度、農林漁業資金融通特別会計からの融資。後の一九五三（昭和二八）年に農林漁業金融公庫が同趣旨で設立された（融資第一部農地課　一九七六）。

（12）津軽石漁業協同組合の出版したふ化場事業についてのパンフレット『さけます人工ふ化場』より。

（13）山野目輝雄さん、二〇一八年一二月一四日、津軽石鮭繁殖保護組合のサケ販売所にて。

（14）久保田均さん、二〇〇九（平成二一）年一〇月二三日、津軽石鮭繁殖保護組合の事務所から、サケ漁場まで歩く道中にて。久保田さんの父親の久保田源左衛門さんは、津軽石小学校の校長を長く務め、郷土史家としても著名な方だった。久保田均さんは、ご自身で調査した内容を父親の源左衛門さんの資料整理を行いながら書きため、『郷土史読本ふるさと津軽石　伏流水』と題して、小中学生にもわかる平易な言葉でつづって津軽石の歴史風土について多数執筆している。

（15）二〇〇八（平成二〇）年一〇月一六日、津軽石鮭繁殖保護組合の事務所にて、当時、組合に雇用されていた四人（男性、六〇代二人、七〇代二人）との会話のなかで。フィールドノートより。

10 離れゆく——間(あわい)からの退出

この章では、一九六〇年代に大きく展開した増殖レジームのもと、資源をつくり出す増産の時代を迎えたサケと宮古湾の人びととの関係性はどのように変容したのか、そして津軽石川のカワザケはどうなっていったのか、明らかにしよう。それは、戦後、再び「わたしたちのもの」として獲得されたサケが、モノ化され、人びとから離床していく過程でもある。その過程は、増殖レジームと人工ふ化放流技術の展開の他に、地域社会を取り巻くさまざまな変化——インフラ整備、河川・港湾開発、ふんだんに食べられることになったからこその人びととサケのかかわりの変化、サケの市場における価値の変化など——と複合的に起こった。

留意しておきたいのは、この過程が近代化から取り残された「近代ではないもの」が近代に侵食されていく過程だと捉えるのは適切ではないということだ。これまでに見てきたように、津軽石川のカワザケは、人工ふ化放流事業と自然繁殖、それら両輪のなかで、近世からの連続性と地域のなかでの物語を再生産しながら、存在自体が再生産されてきた生きものである。近代化のなかで、そのような生きものとして、人びとや他の生きもの、モノ、出来事との関係性の塊として再編され続けてきた近代の所産である。近代と近代ではないもの、という二項に分けた見方は、想像された「近代ではないもの」を創出してしまう。わたしたちは、そのような創出された「近代ではないもの」もまた、近代化された想像力の産物だと気づく必要がある。

わたしたちに必要なのはサケと人が生きてきた間（あわい）をとらえる作法であり、人間と他の生きもの・モノとのかかわりがモノ化していくことが間（あわい）をどのように変容させてきたかを探ることだ。そして、間（あわい）とは何であったかを確認しつつ、これからの人とサケのかかわりのあり方を新たに模索する方法なのである。

まずは、戦後の岩手県における人工ふ化放流事業の事業主体を取り巻く社会状況の変化とそれに伴う仕組みの変化、研究・技術開発に関する変化について簡単にさらおう。戦後、形を変えて再構築された在地型人工ふ化放流システムに、はたしてどのような変化が訪れたのか。この問いの答えは、これらの変化と深く関係するからである。

先に見てきたように、一九七〇年代には国の増殖レジームのもとでさまざまな技術開発研究が大型予算のもとに次々と始められた。岩手県では、すべてが官営で進んだ北海道とは異なり、民間で漁協や町がそれぞれ試行錯誤しながらサケ・マスの人工ふ化放流事業が進められてきた。その動きに呼応しながら、漁協、町、県、岩手県さけ・ます増殖協会のあいだでネットワークが形成され、技術者たちによって技術の進展を相互に図る技術部会がつくられる。同時に、県の水産試験場を中心としたサケ増殖の独自研究も始まり、それをきっかけに、岩手県の増殖レジームが形成された。こうした試みのなかで、サケの人工ふ化放流事業にもたらされた技術は、大きく沿岸に戻ってくるサケそのものの生物集団としての形を変えていく。

まずは、現在の津軽石川のサケ漁の様子をのぞくことから始めよう。

10・1　ある津軽石の冬の朝から

二〇〇九（平成二一）年一二月二一日のある朝、まだ暗い夜明けから津軽石の川岸には、静かに働く人びとの姿があった。時折、ぱちゃりと水面で音が立つ。川のなかに立てられた、建網のなかでサケの立てる音だ。津軽石川ではノボリアミとハコアミ、二つの網を用いる建網式袋網でサケを獲る。番屋と呼ばれる、サケの漁期のあいだに漁夫や関係者たちが休憩や休息に使用する川岸の小屋の隣には、採卵のための小屋がもう一棟建てられている。川岸の周囲では、網をあげる機械が準備され、網をあげるためにサッパ船が二艘、水面を滑っていく。夜が明け始める。

河口から二〇〇メートルほどの場所で、サケは一括採捕される。一〇〇〇匹以上の大漁の日には、津軽石鮭繁殖保護組合の旗がなびく。この旗は一一月末日あたり、津軽石鮭繁殖保護組合がサケ漁を担当し始めるときから立てられる。川岸には、サケ漁の豊漁を願って祭事とともに立てられた又兵衛人形の姿がある。

産卵するためにサケが川をのぼるのは早朝と夕方である。潮の満ち引きと時間帯によってあがってくるサケの量が違うため、作業は潮の干潮を吟味して時間帯を決めたうえで始まる。朝もやのなかを、二艘のサッパ船が動く。津軽石川の水温は、豊富な伏流水のために冬でも一定の温度を保つ。外気温は氷点下五度、そのために、暖かな川の水との温度差から、水面にはもやが立ち込める。

船の動きに驚いて、水鳥がばたばたと飛び立ち、水面から水しぶきがあがる頻度が高くなる。息が白く凍るなか、川岸に近づいてよく見れば、水中にいくつもの黒い影が見え、黒い影についた背びれがついっと水面を割って現れては沈む。

黒い影、サケの動きはゆったりしている。ゆらゆらと右に左に尾を揺らしながら、向いているのは川の上流である。しかしゆったりとした動きも、船がくるりと器用に回って網の幅を狭めていくと、とたんに慌てたものになる。船がくるりと回っているのは、川のなかにある建網式袋網の周辺で、二艘が一度かけ声をかけ合って動きの時機を合わせるのを計る。そこからは慣れた動きで、示し合わせることもなく、船に乗った二、三人が網を引きあげ始める。

しばらくして網が絞られ、ある一定のところで、急に水面がばしゃばしゃ、と派手に動く。それから、網にすくわれたサケを、ぐーんと上にクレーンがつりあげる。そのままクレーンの腕は、岸辺につけたベルトコンベアに伸ばされる。ばちゃばちゃと網の下から水が滝のように流れ落ちる。

そうして、つりあげた網の、巾着状になった下が開くと、サケがベルトコンベアを通って作業小屋になだれ込んでいく。

そこからは誰も話さない。ぴりりと空気が引き締まる。それというのも、受精作業は、時間との勝負だからだ。受精作業のための小屋には、ゲンコ(棍棒)をもった人びとが待ちかまえていて、タンクからサケが床に流し込まれると、それぞれサケに歩み寄っては、次々にサケの後頭部を棍棒で一撃、ないし二撃して殺していく。すぐに殺すのは、親魚が暴れ回ると卵が揺さぶられてよくないからだ。中途半端に弱り、酸欠状態になるのも卵にも精子にもよくない。サケをあげて三〇分以内には、受精まで終わらせてしまわないといけない。

跳ねるサケをまだ叩く人がいる横で、数人がかりでメスをより分け、卵を出す作業に移る。よく見ていると、精子を採るのに選ばれたオス、卵を採卵されるメスが注意深く選ばれていることがわかる。というのも、捕獲されたサケは四年魚、三年魚と五年魚が混ざる。シロザケは生まれて三年から五年で戻ってくるが、戻ってくるのは四年魚が中心になっている。三年魚は外され、身体の大きな四年魚か五年魚が選ばれる。

各人がすっとお腹を触って卵の状態を確かめ、成熟した卵をもつメスのお腹をすぱっと割く。未熟な卵のメスはこの時点で外される。そして卵を、手全体を使って腹腔をぐるっとこそげるように回して取り出す。その傍らで、五匹分程度、大きな採卵盆に卵がたまると、あらかじめより分けられていた、成熟して生きのいい精子をもつオス二匹がボウルの上に掲げられ、精子が卵にかけられる。

すると、待ちかまえたふ化場の場長がすっと両手をボウルに差し込み、ぐるりと採卵盆を数回混ぜる。精子がまんべんなく卵にまぶされるように、だがすばやく行わなければならない。この作業が発眼率を左右するのだという。場長が採卵盆から手を抜き、採卵盆のなかの卵を吸水槽に移す。一時間たって卵の殻が硬くなり、移動に耐えられるようになった頃、バンに吸水槽を載せてふ化場に移動する。

一方で、採卵が終わったメス（ワリメ）と、精子を採られなかったオスは、そのまますぐ近くのサケガラ（鮭殻）を販売する販売所へ運ばれていく。

販売、といったものの、もちろん、川ではサケのふ化放流のため以外には捕獲してはならない。これまで述べてきた一連の作業は、ふ化放流のための「採捕」であって、漁ではない。しかしながら、採捕後に関しては資源の再利用が認められている。つまり、採捕後のサケ、サケガラは再利用という形で、いわば事業における残余として売られたり、利用されたりすることになる。

津軽石の場合、組合の販売所で、一般の人びとが新巻をつくるために買っていくように販売するほか、組合自身が新巻に加工して販売するものもある。あるいは、水産加工業者によって、フィレや加工肉用、飼料用などに利用するために買われていくものもある。

販売所では、大きな米袋や未使用の肥料袋にサケを何匹も買い込む人びとの姿が見られる。販売時期に何度も通う人もいる。並んだ人に整理券が配布されて、およそ三-四人ごとに呼ばれて販売所の床に並べられたサケを自分で選ぶ。サケの数も一度に三本と決められているから、並ぶ人は同じ日に何度も並ぶ。また、そのような人たちは皆、新巻を自分たちで加工し、親戚や宮古以外に住む知り合いにご進物として贈答する。その場合は、大きなオスが好まれる。なかには、すぐ脇の津軽石川の河口に下りていき、そこでサケの臓腑をかき出して、魚体を洗って帰る人もいる。

カモメがその脇でちらちらとそんな人の営みを見ながら、捨てられた臓腑をいただく瞬間を狙っている。

販売所の喧噪をよそに、川岸で受精のすんだ卵は、ていねいに、だがすばやい運転で、できる限り卵を揺らさないように対岸のふ化場に移される。そこで卵はふ化槽に移される。一定の温度の大量の伏流水がこのとき必要になる。たいていのふ化場ではこの水の確保が重要な課題になるのだが、こと津軽石川の伏流水は昔から量が多いので有名で、まず適温の伏流水に困ることがない。短い川であるにもかかわらず、サケの資源量が多いのは、この伏流水のおかげといってよい。サケのふ化には、だいたい、八度から一〇度で一定している伏流水をポンプでくみあげ、絶えずふ化槽のなかを循環させなければならない。水カビがついたり、水流が悪いために卵が死んでしまったりすることのないよう、細心の注意が払われる。発眼期になってから検卵器にかけ、死卵を取り除く。このときに一〇〇%取り除くことが目指される。

受精卵は、伏流水や気温の温度などによって多少前後するが、一ヵ月ほどで発眼し、二ヵ月後にはお腹に卵の袋をつけたままの稚魚が孵る。さらに二ヵ月ほどたつと、稚魚の腹の卵はすっかりなくなる。そうすると稚魚は水面に浮上してくる。津軽石の浮上槽は工夫されていて、直径二センチほどのネットリングが下に敷かれている。稚魚は孵るとそのネットリングのなかで過ごし、卵の袋がなくなると上に浮上してくる。浮上槽では水はかけっぱなしで、浮上してきた稚魚はそのまま流れて稚魚池にたどり着く。

稚魚池に移された稚魚は、人間の姿に慣れないように工夫されながら給餌されて、河川や沿岸の環境が放流する時期になるまで、一定期間飼育されることになる。そして、稚魚が一・三グラムになると、ふ化放流場の近くから放流される。稚魚はしばらく河口付近にとどまり、さらに湾のなかにしばらくとどまって、その後、太平洋へ泳ぎ出していく。そして三年から五年後、再び川めがけて戻ってくる。

現在行われている津軽石の人工ふ化放流事業は、捕獲から受精卵を運ぶところまで、このように進んでいく。記述してきたのは後期群、一一月終わりからのぼってくる津軽石川の在来の系統群の採捕から放流までである。九月終わりからは、北海道から移植された早期群が戻ってきているが、いまだ未成熟の状態で河川にやってくるため、河口で一括採捕した親魚は、ふ化場にただちに移されて一定期間畜養される。その後の採卵から放流まですべてがふ化場内で行われるため、河口での捕獲以外、早期群が津軽石の人びとの目に触れることはない。こうして、二月終わりまで漁が続く。

津軽石鮭繁殖保護組合の組合員には、サケが配当される。まずは本家に、二〇〇九（平成二一）年の場合は一二月に四回配られた。最初の二回はオスを一戸に五匹ずつ、三・四回目はオス二匹、ワリメ三匹が配られた。一二月末に開かれる組合理事会の後、分家への配分が正式に決まるという話だった。

二〇一一（平成二三）年の東日本大震災の折には、川岸の作業小屋も番屋も組合事務所も、川向こうにあるふ化場も流された。現在はすべて新しく建て直され、変わらず又兵衛祭りは行われ、人形も川岸にある。建網式袋網も新調された。変わらずサケ漁は行われているし、販売も変わっていない。変わったことといえば、東日本大震災後、組合員への配当は組合がつくった新巻を一本ずつ配布する形へと変わった。

さて、このような津軽石川の現在のサケ漁と人工ふ化放流事業は、一九六八（昭和四三）年以前のものとは形が変わっている。まずは、漁の担い手は早期群と後期群において分かれる。前者が宮古漁協、後者が津軽石鮭繁殖保護組合によって行われる。人工ふ化放流事業はどちらの場合も、宮古漁協所管の津軽石ふ化場にて、宮古漁協に所属する技術者たちによって行われている。これまでサケのムラを象ってきた又兵衛祭りなどの祭事は、津軽石鮭繁殖保護組合が行っている。在来種であった後期群からのサケ漁の周囲に、変わらず配置されている。

これらの変化が起こった経緯とその変化がもたらした影響について、岩手県全体の人工ふ化放流事業と研究開発、実装化の過程を追いかけながら明らかにしてみよう。

10・2　岩手県の増殖レジーム受容

定置網漁業と増殖

戦後すぐ、「沿岸から沖合へ、沖合から遠洋へ」という方針で進められてきた水産行政は、一九六〇年代には再び沿岸漁業へ目を向け始めた。その理由の一つは、遠洋漁業の衰退に伴う沿岸・沖合漁業と増養殖による国内資源増産の必要性からであった。もう一つの理由は、産業開発により変容した沿岸について、増養殖技術を用いて再開発する必要性からであった。第8章で述べてきたように、これらが沿岸を中心にした増殖レジーム形成の推進力だった。そして増殖レジームのもと、受益者負担の原則が政策の核に置かれ、放流魚の数の増大が政策の目的ともなったし、各事業者にとっての課題にもなっていった。

本州において、定置網漁業と人工ふ化放流事業の政策的・資金的つながりが強くなったことは、人工ふ化放流事業を担う事業者層とその方法に大きな変化をもたらした。そのことを表す一つの例がある。一九五五（昭和三〇）年、本州の人工ふ化放流事業が国庫助成を受けることができるようになった年、全国内水面漁業協同組合連合会のなかのサケマス部会が独立して、本州鮭鱒孵化放流振興会ができた。本州鮭鱒孵化放流振興会は、一九五八（昭和三三）年にできた日本鮭鱒資源保護協会（詳細は前章参照）の構成員となり、サケ特別増殖実施事業の協力金の交付という形で、設立当時は民間からの助成金を各人工ふ化放流事業の主体に分配し、政治的に声をあげる役割を担った。

本州鮭鱒孵化放流振興会は、一九七一（昭和四六）年に社団法人化し、本州鮭鱒増殖振興会と名前を変えた。そのとき、設立趣意書とともに『社団法人本州鮭鱒増殖振興会目論見書』が出された。そこには本州の人工ふ化放流事業に沿岸の定置漁業者たちが加わり始めていること、同時に定置漁業者たちが加わるべきだと目指されていることが記されている。

> 現在までは河川に遡上するサケマスを民間組合に於て採捕し採卵して人工孵化放流を実施し、政府の補助および北洋サケマス漁業にたずさわる民間業者等の助成によって漸次事業も増大して来たが、それに伴(ママ)ない、沿岸に回帰するサケマスの接岸量も近年増大するに至ったので人工孵化放流事業は、沿岸漁業の振興にも連なるものであり、近代漁業はみずから殖やして採るの方策に転換すべきで、そのため沿岸サケマス漁業者は人工孵

化放流実施体である本会の事業に参画し殖やしてとるの体制を確立すべきである（本州鮭鱒増殖振興会　一九八七：七）。

定置網漁業者もふ化場の設立に熱心だった。一九六九（昭和四四）年の定置網切り替えにふ化事業への貢献が求められたこともあり、一九七〇年代に国庫補助を利用して数多くの沿岸の自営定置網を行う漁協が人工ふ化放流場を設けた。現在の二八ヵ所（二七河川）のふ化場がそろったのは一九九二（平成四）年のことである。

では宮古湾においてはどうだっただろうか。前章で見てきたように、一九六八（昭和四三）年、津軽石漁協は大きな変化を迎える。宮古湾のサケ定置網漁業者である宮古漁協と吸収合併したのである。同じ宮古湾に流れ込むもう一つの河川、閉伊川では、もともと一九一一（明治四四）年以来、河川のサケ留地曳網、現在ではサケ留建込網の漁業権を宮古漁協がもっていたこともあり、宮古漁協が人工ふ化放流事業を運営していた。他方、カワザケ漁については、内水面漁協である閉伊川漁業協同組合（以下、閉伊川漁協と省略）にも漁業権があった。しかし一九七七（昭和五二）年に閉伊川漁協との協議の末、閉伊川漁協は閉伊川のサケの漁業権を宮古漁協に譲った。そのときの条件は、宮古漁協が閉伊川漁協に対して、河川の漁場からのあがり一割を協力金として閉伊川漁協に毎年支払うことであった（閉伊川漁業協同組合　一九九三）。これにより、定置網漁業権をもつ宮古漁協は、宮古湾に流れ込む二つの河川の両方の人工ふ化放流事業について、手中に収めた形となった。

宮古漁協による人工ふ化放流事業の獲得の背景には、一九六九（昭和四四）年の定置網の切り替えへの備えに加えて、宮古湾のサケ資源増殖を大きな資本力をもって拡大化したいという意図があった。当時、閉伊川の河川に遡上するサケの数は、二〇〇〇匹ほどでしかなかった。比べて遡上数が二万匹にのぼる津軽石川は、放流事業後のサケの魚体（サケガラ）販売により人工ふ化放流事業費がまかなえていた（北海道さけ・ます増殖事業協会 一九六八）。

もともと津軽石川は、全国的に見ても豊富な伏流水と地形的な特徴から、サケの増殖に向いている自然条件を備えていた。それを裏付ける報告がある。前章でも用いた、『本州方面ふ化事業視察報告書』である。一九六八（昭和四三）年、北海道さけ・ます増殖事業協会が新潟・山形・秋田と、岩手・青森の二班に分かれて本州のふ化場を視察し、その主立った特徴を『本州方面ふ化事業視察報告書』にまとめた報告書だ。この視察は、「さけ・ます資源増大再生産計画」を始めるために、本州のふ化場の状況を調べるものだった。

この報告書に、津軽石漁協の運営する津軽石ふ化場と、宮古漁協の運営する閉伊川の宮古ふ化場（松山ふ化場）についても、視察後の評価が書かれている。まず津軽石ふ化場は、伏流水を用いることができ、サケ留からふ化場までの距離も短く、なおかつ十分に成熟した親魚が来遊することから、畜養の必要もない。生来のサケにとっての生態環境のよさと、ふ化場の立地・環境条件のよさが高く評価されている。他方、宮古ふ化場は伏流水ではなく河川の水を使っていること、施設は非常に大きいが、その他の採卵や稚魚育成にとっての環境には改善の余地があると評されている。また、湾内に異なる漁協の運営する人工ふ化放流事業が二つあることから、湾内での混獲問題（他漁協の自営する定置網にサケ稚魚が混獲されるという問題）を解決するのは難しいだろうと指摘されている。

この報告を見ても、資本の大きな宮古漁協が、同じ宮古湾のなかにあって、生産数が多く、伏流水に恵まれて人工ふ化放流事業の成長が見込めた津軽石川に投資をしたいと考える十分な理由があることがわかる。津軽石川は条件のよいサケの川なのだ。こうして、宮古湾にそそぐ二つの河川の人工ふ化放流事業は、宮古漁協が所管することとなった。

その後、岩手県沿岸では、一九七〇（昭和四五）年から定置網におけるサケの占める割合が増え始め、それまでサケが入らなかった網にもサケが入るようになった。宮古湾の湾口にあって、宮古漁協と重茂漁協が共同で操業している宮古三丁目の漁獲においても、一九七一（昭和四六）年頃からサケの割合が伸び始めた（飯岡 一九七六：四六二）。宮古漁協は、三丁目、二丁目、一丁目、青磯（以上、重茂漁協と共有）、日出島、姉ヶ崎、長磯、袴島の計八ヵ統の組合自営定置網漁を行っていた。サケが獲れるようになれば、定置網漁業を自営する漁協にとっては、人工ふ化放流事業は割のいい投資だった。こうして一九七〇年代には岩手県内にふ化場が新設されていった。一九七五（昭和五〇）年には、日本鮭鱒資源保護協会の太平洋鮭鱒増殖センター[1]を含めても一八ヵ所だったふ化場は、二〇〇八（平成二〇）年には四三（沿岸河川三〇、北上川系一三）へと数を増やしていった。

ちなみに、一九六〇年代、宮古におけるサケ全体の市場水揚げのなかに占める定置網の水揚げの割合は四％程度だった。しかし現在では三〇％程度にあがっている。このことからも、北洋サケ・マス漁業など遠洋漁業の漁獲が大幅に縮小するなかで、定置網漁業の対象魚種として、サケが戦略的な資源造成の対象になっていたこと、それが成功したことがわかる。

内水面から沿岸の生きものへ

こうして、沿岸漁業者による人工ふ化放流事業への参与は、沿岸の漁業の姿を変えていくことになった。具体的には、次の二点が変わっていった。

一つは、サケの人工ふ化放流事業が長らく抱えてきた、「獲る人」（沿岸漁業者、かつては北洋漁業者）と「つくる人」（内水面漁協）問題の解消だ。内水面漁協がカワザケを確保するために人工ふ化放流事業を一手に引き受ける傍ら、何もしないまま沿岸漁業者が利を得ることに、不満をもつ内水面漁協は多かった。「獲る人」と「つくる人」の不一致による、利益と負担の分配という問題があったのだ。受益者負担の原則のもとに、沿岸漁業者を人工ふ化放流事業全体の統治の仕組みに組み込むことによって、「獲る人」と「つくる人」のずれは解消され、事業全体の管理は資金面でも制度面でもしやすくなった。

他方、沿岸漁業者を中心にしたことで、定置網と延縄で商品価値の高いギンケが数多く獲れることが重視されるようになった。結果として、親魚採捕の方法（河口域での一括採捕）や、ふ化放流事業の運営規模拡大など、内水面漁協が引き継いできたサケ漁の形態や、人びとがカワザケ漁に参与できる仕組みについて大幅な変化がもたらされた。

この変化は岩手県のものだけではない。増殖レジームとどう向き合ったか、県によって差異はあるが、この時期にカワザケ漁を行ってきた全国の内水面漁協はそれぞれ大きな壁にぶつかることになった。歴史的な種川制度で有名な新潟県の三面川では、カワザケ漁に現在でもこだわっている。一九七六（昭和五一）年の新潟県の指導によって河口域での一括採捕に「しなければならなかった」経緯が、今でも複雑な語り口で語られる。サケの資源量が減っていたことから、何らかの対策が必要であるとの認識は共有されていた。しかし、それまで一〇区に分けられた区分に応じて、それぞれの地区でかぎ漁、居繰り網漁と呼ばれる漁法で組合員が自由に区内で行っていた漁を、河口域での一括採捕を組合で行うためにやめることになったからである。大荒れになった組合内での話し合いは、一九七五（昭和五〇）年に何とかまとまり、一括採捕が始まった。現在では、一括採捕が河口域で行われ、村上地区と朝日地区でのみ、組合から採捕許可をもらった組合員のみが、居繰り網、テンカラ漁を行っている。カワザケ漁を続けて、季節になると軒に自ら加工したカワザケの塩引きを並べる人びとも、もちろんいる。(2)

他方、三面川にほど近い同じ新潟県の大川では、最後まで一括採捕に抗い、今でも川分けと呼ばれる方法で大川を集落で区分し、コド漁と呼ばれる昔ながらの漁法でサケを獲っている。ふ化放流のための採卵は、それぞれが獲ったサケを採卵場近くまでもち寄り、その場で採卵・受精することによって行われている。(3)

沿岸の時代の到来は、カワザケ漁をする人びとが、それぞれ事業の継続か転換かを迫られた時期でもあった。そしてそれはいうまでもなく、カワザケの生活史と生態空間が日本中で変わっていった時期だったのである。

10・3 増殖レジームの受容とローカル化

サケをつくる体制の再編

さて、そのような民間団体の人工ふ化放流事業の担い手が変化していくなかで、岩手県の各漁協・町がもつふ化場と水産試験場（現・水産技術センター）は、北海道さけ・ますふ化場や、水産庁東北区水産研究所（現・水産研究・教育機構東北区水産研究所）、大学とともに、地域の特徴に依拠した技術開発と、そのための制度づくりを進めていった。こうして全国的な増殖レジームと時に拮抗しながら、岩手県に民間からローカル化された増殖体制ができあがっていく。その様子を見てみよう。

これまで述べてきたように、サケ・マスの人工ふ化放流技術の開発と事業化は、主に北海道にて進展してきた。予算、設備、人員、研究交流関係、すべてのものが北海道に集められ、そこから新しい研究の知見と応用、技術実践の蓄積による技術的発展が生まれてきた。他方、本州では、主に河川湖沼を漁場とする内水面漁業協同組合によ

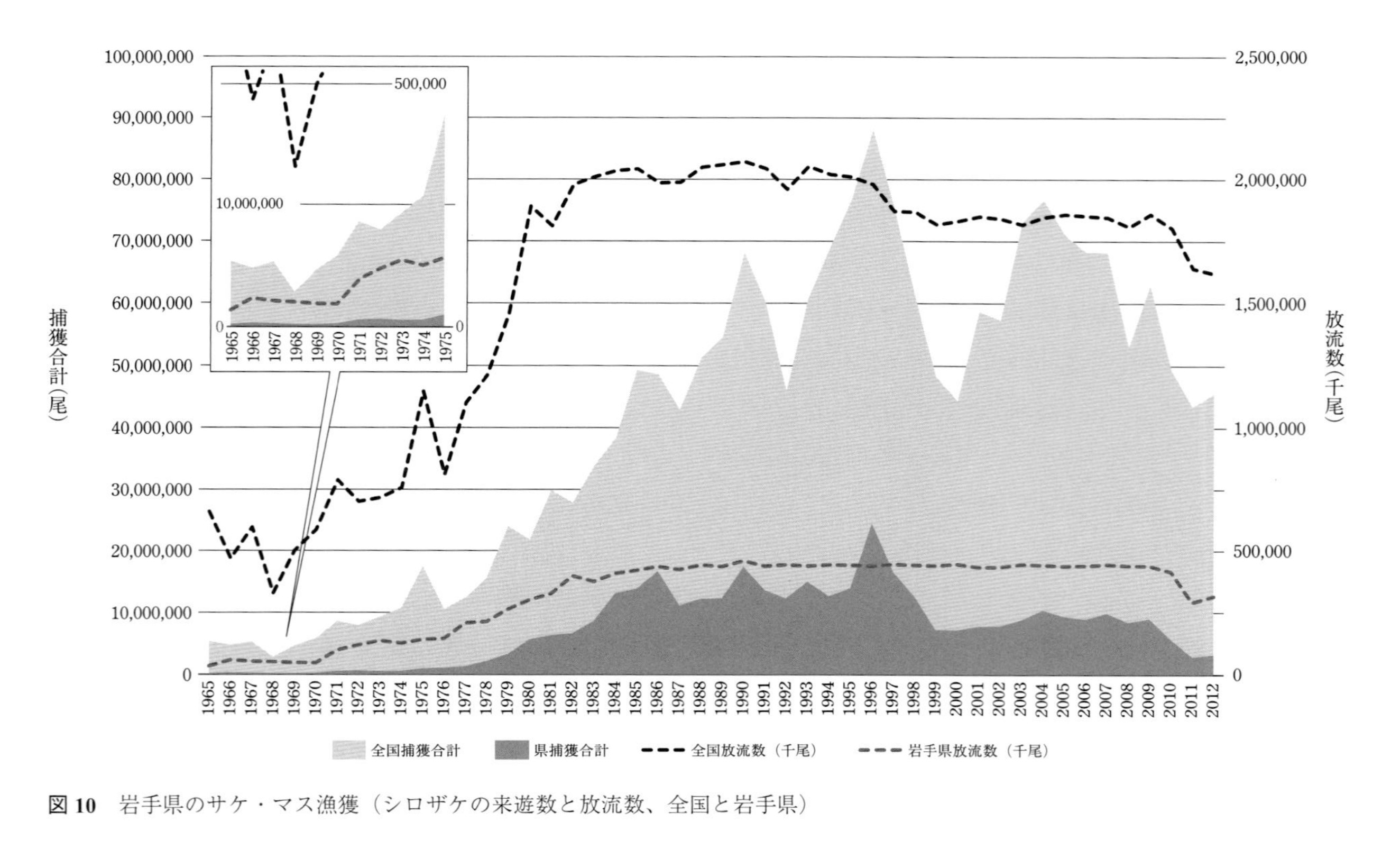

図10　岩手県のサケ・マス漁獲（シロザケの来遊数と放流数、全国と岩手県）

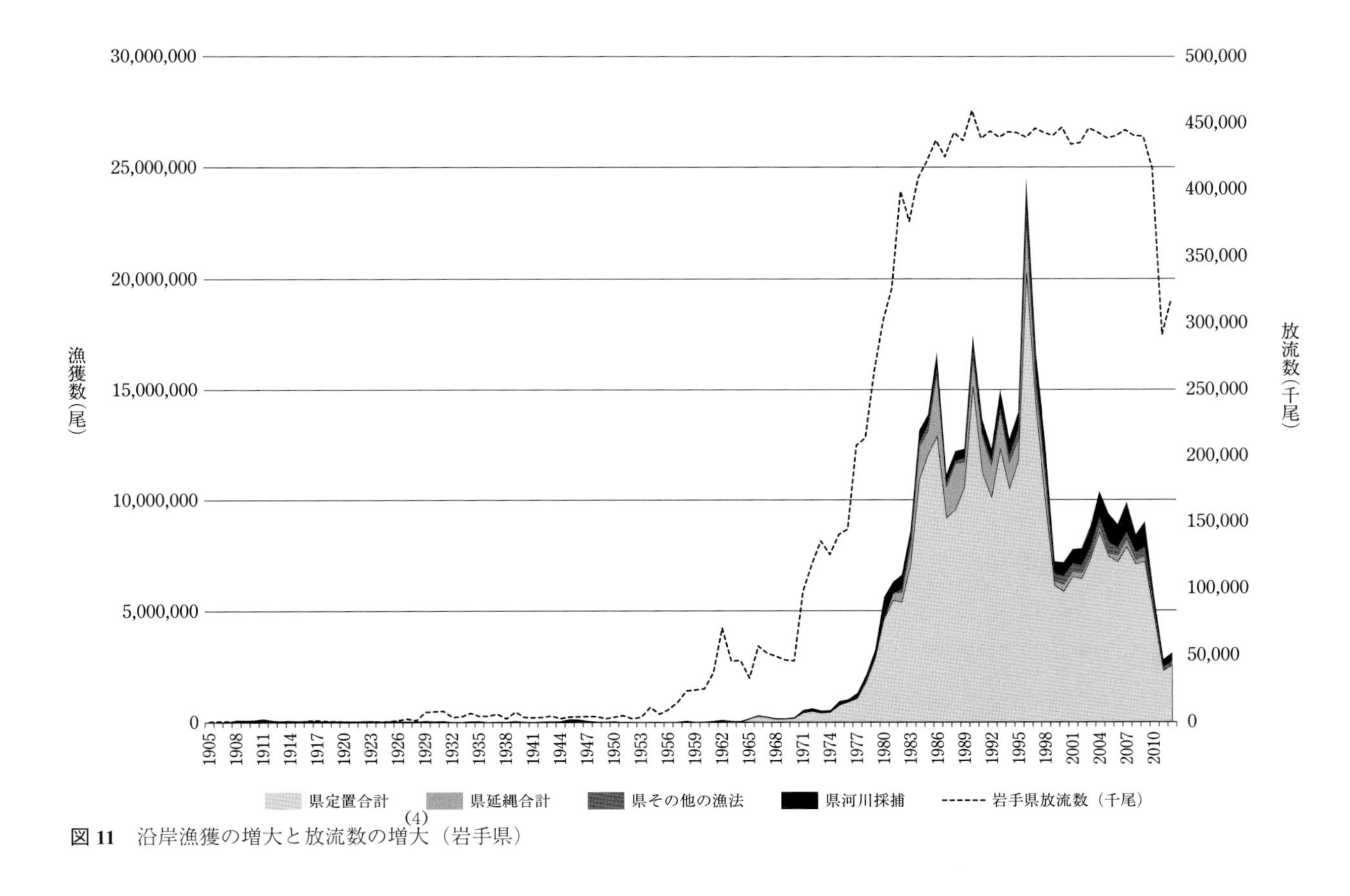

図11　沿岸漁獲の増大と放流数の増大(4)（岩手県）

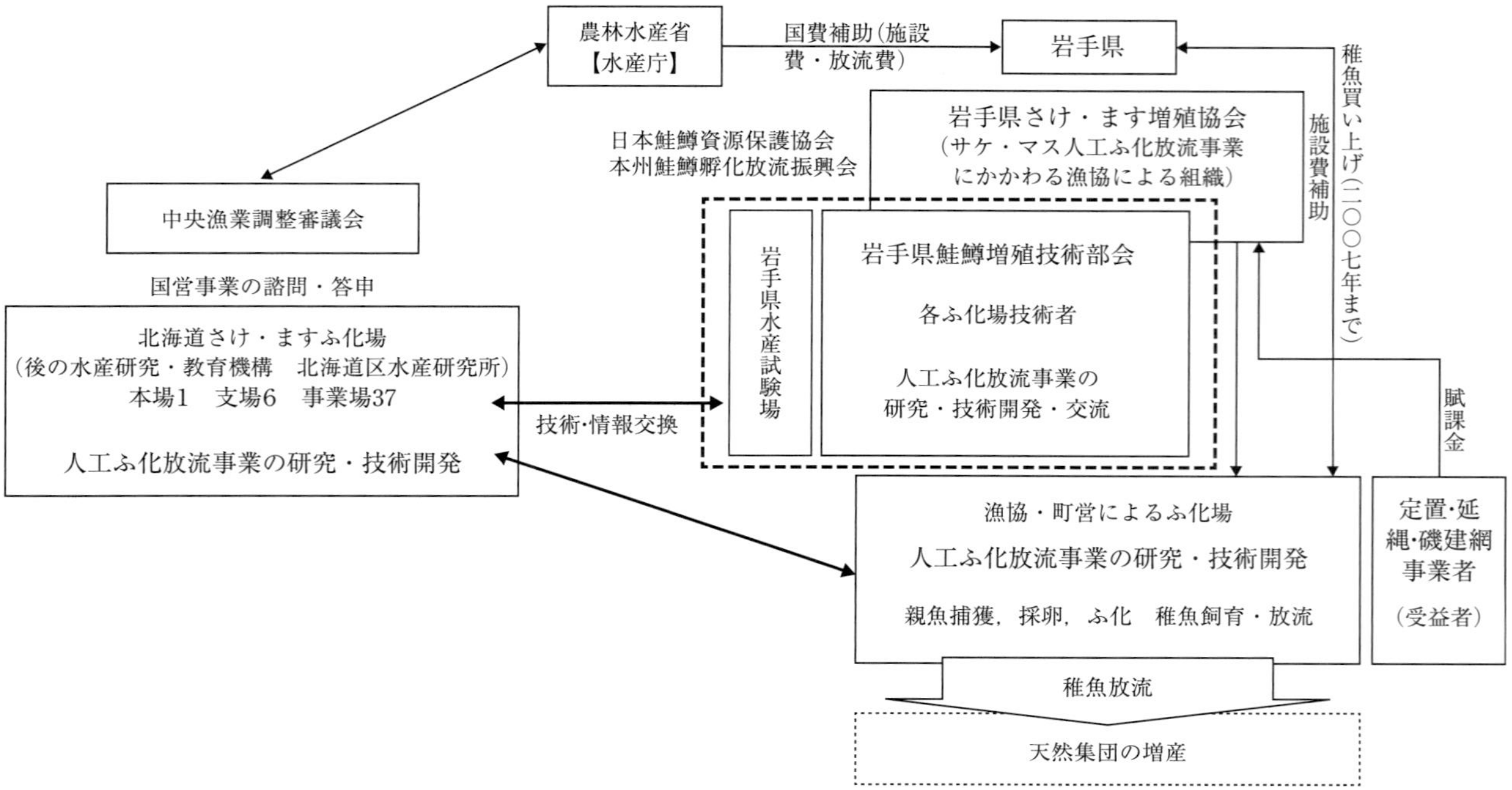

図 12　1978（昭和 53）年頃のサケ・マス人工ふ化放流事業（岩手県）

ってふ化場が運営されてきた。

本州での人工ふ化放流事業は、戦後の増産計画の第一期である第一次さけ・ます増殖計画（一九五四－一九五八）が始まっていた一九五五（昭和三〇）年になって、ようやく国庫の補助を得ることになった。国庫補助は、県が行う稚魚の買い上げ事業に対する国からの補助という形である。しかし、本州の人工ふ化放流事業は、北海道のさけ・ますふ化場とは異なり、技術開発は各漁協が個別に技術者を育成し、ふ化場運営と資源管理を行っていたのが現状であった。

その構造に転機が訪れたのは、一九七三（昭和四八）年のことである。この年は、岩手県の人工ふ化放流事業にとって、技術開発と県内の事業体制の整備という点で、大きな変化が始まった年だった。

そもそも、岩手県では長らく、それぞれのふ化場が独自で、技術開発と技術職員の育成を進めてきた。他の本州の人工ふ化放流事業に比べて、戦後から本州側の技術開発の拠点となっていた大槌町の町営ふ化場、本州でも突出して放流数の多かった津軽石ふ化場を抱える岩手県でも、その事情は他の県と変わらなかった。岩手県さけ・ます増殖協会はあったが、岩手県や国の政策を共有したり、国庫補助への要望や県からの補助について各漁協の意見をまとめたりするのが主な役割であった。会議の場も、組合長が出席するもので、細かな技術開発などの話が交換される場ではなかった。

その状況を変えたのが、大槌町ふ化場の真岩高司ら、北海道の技術開発を見ながら自身で技術開発に努めていたふ化場にいた技術者たちと、一九六三（昭和三八）年に岩手県に就職して以降、岩手県の人工ふ化放流事業とサケ・マス政策の発展に尽力した県職員の飯岡主税だった。飯岡は北海道大学水産学部でニジマスの生理学的研究を行っていた。卒業後、民間に就職したものの、すぐに水産畑に帰りたくなって、岩手県に就職し直した。飯岡は、一九六六（昭和四一）年に水産業改良普及員になって以降、各地のふ化場を訪れていた。また、サクラマスの生態調査を九戸郡安家川の下安家漁業協同組合ふ化場に出入りして行っていた。そこで当時下安家ふ化場をまとめていた組合長の島川良彦と出会い、人工ふ化放流事業について実地で学ぶようになった。

その当時のことを飯岡は振り返って以下のように述べる。

当時はね、岩手県さけ・ます協議会の総会で皆（漁業組合長）が集まると、「県は何もしてくれないね」というんです。県も、県の水産試験場も当時、サケ・マス技術指導についてはノータッチだったんですね。そんなだったですから、「県は何もしてくれないね」といわれてました。(5)

飯岡は一九六九（昭和四四）年、釜石にあった岩手県の水産試験場に移った。そこで「サケをやらせてくれ」と自分から申し出て、サケ増殖研究を始めた。これが戦後の岩手県の水産試験場において、サケ増殖研究の端緒となった。

さらに飯岡は、水産業改良普及員になってから回っていた県内のふ化場の技術者たちと、それぞれのふ化場が独自に進めてきた人工ふ化放流事業について、ある懸念について話し合うようになっていた。

北海道の場合は、国のふ化場研究機関から技術がやってきますけれども、岩手県の場合それがないんです。当時は、北海道から人を呼ぶということもなかった。ふ化場の技術者が自分たちで技術をつくりあげてきていたんです。大槌は大槌、津軽石は津軽石、下安家は下安家と。

で、当時、大槌で指導的な立場にいた方に真岩高司さんという方がおられた。それで、真岩さんにいろいろ教えてもらいながら、このまんまじゃいけないね、ということで、技術者の集まりをつくって、自分たちの技術を向上させることをやらなきゃいけない。それで真岩さんと一緒に、どうしたらいいか、ということで、いろいろ相談して、じゃあ技術屋のふ化場の職員の部会をつくろうと。それは、岩手県さけ・ます増殖協会ってありましたから。その組織のなかに、技術屋の部会をつくろうっていって、つくったんです。[6]

真岩高司は、大槌町の町営ふ化場を牽引していた人物である。大槌町は、北海道を中心に進められてきた人工ふ化放流技術開発のなかで、本州太平洋側でもっとも活発に技術開発研究を進めていたふ化場だった。真岩は、これまで本書で言及してきたさけ・ます増殖研究協議会などの全国的な研究会議では必ずといってよいほど、本州からの数少ない出席者として名前が並ぶ人物である。[7] 飯岡と真岩が寄れば話していたのは、「技術屋の意見を上にあげなければならない」ということだった。そして、県内ばらばらの技術を少し統一しながら、お互い切磋琢磨しながらやろう、ということだった。こうして技術部会はつくられた。一九七三(昭和四八)年のことである。

技術部会で中心的に動いていたのは、大槌、津軽石、下安家、唐丹、織笠のふ化場だった。飯岡はこれらふ化場の技術者たちと一緒に、サケの戻ってくる時期になると岩手県内のふ化場を全部回った。そして相互の技術の向上と技術伝達を図った。それだけでなく、北海道のふ化場を回って、最後に千歳事業所に行き、北海道側の技術者たちや研究者たちと議論をした。当時、技術部会で行ったことは、以下の通りである。標識放流、移植放流(移植稚魚の河川への定着化)、精液貯蔵委託試験、餌料効果試験、年齢査定(採鱗・魚体測定)、汽水域稚魚生態調査、浮上槽・ネットリング利用試験などの技術的な開発が並ぶ。また、先ほど述べた北海道視察研修、ふ化場担当者長期研修事業、ふ化場実態調査および技術指導、技術研修会、地区協議会など、技術者それぞれの技術レベルをあげ、ふ化場同士、他の水産試験研究機関との連携がとりやすい制度設計を行った（本州鮭鱒増殖振興会 一九八七）。

こうして、岩手県のなかにサケの増殖技術と実践について、技術者が相互に交流し、学び、技術を互いに磨く場と、県とふ化場らの連携の場ができあがった。

数の増産に向けて編纂される技術と知見

技術部会ができる少し前の時期は、ちょうど北海道とは別に本州のサケ・マス増殖事業について、水産庁研究部、水産庁東北区水産研究所増殖部、岩手県と宮城県の水産試験場のあいだで、新しい試験事業が行われ始めた時期だった。まず、一九七〇（昭和四五）年、水産庁予算の委託事業、浅海域における増養殖漁業の開発に関する総合研究と有用魚類大規模養殖実験事業が始まった。この事業では、一九七二（昭和四七）年まで、水産庁研究部、水産庁東北区水産研究所増殖部、岩手県と宮城県の水産試験場が連携しながら、岩手県山田湾においてサケ養殖技術開発企業化試験が行われた。山田湾にそそぐサケガワは織笠川であり、ふ化場に必要な水の量が課題となってきたふ化場である。

飯岡主税が所属していた岩手県水産試験場増殖部も、これらの試験事業に寄与しながら、試験を行った。一九七〇（昭和四五）年度にシロザケに関する試験を開始している。さけ淡水飼育試験、さけ稚魚海水馴致試験、さけの海水馴致過程に於ける血液性状の変動である。一九七一（昭和四六）年には、しろさけ養殖技術開発試験、飼育用水別しろさけ成長試験など、養殖技術開発にかかわるものが並んでいる（岩手県水産試験場 一九九一）。

なお、一九七一（昭和四六）年二月、岩手県は、一九八五（昭和六〇）年までに岩手県のサケの漁獲量を天然三万トン、養殖一万トンにする、という計画（以下、「サケの三万トン生産計画」）を実施すると発表した。この発表は、同月に岩手県が出した県勢発展大規模プロジェクトの「三陸沿岸漁業資源の培養および流通加工基地の形成に関する基本構想のマスタープラン」に基づいていた。その内容は、沿岸の有用魚類を培養して、その増加した資源を含めて流通加工する新たな基地を三陸沿岸に造成しようとするものである。サケについては、すでに一九七〇（昭和四五）年から始まっていた海中飼育放流をはじめとする人工ふ化放流法の工夫が必要であり、そのための技術開発をするべきであると位置づけている。というのも、この時期岩手県の放流数は激増してきたにもかかわらず、回帰率は低下していて、放流の量的増大を続けても回帰率に改善が見られないだろうという判断がなされていたからである（岩手県　一九七一）。

三万トンへの増産は、当時の岩手県全体のサケ生産が一〇〇〇トンだったことから、当時の研究者の目から見れば「無謀」と評されるものでもあった（菅野・佐々木　一九八三、佐藤　一九八六）。この増産を可能にするための、いくつもの施策が積極的にとられていった。結果として、一九八四（昭和五九）年には約四万トンと、当初の予定よりも一年早く、しかも一万トン多く増産された。このときの増産は、一九八四（昭和五九）年の際に達成した放流尾数、「四億匹」放流数で語られる。そしてこの後、一時は無謀とまでいわれた放流数、四億匹を基本の放流数として岩手県は目標を立てていくことになった。

同時に人工ふ化放流事業を行う資金についても、全国と同様に、受益者負担の原則と、国・県からの補助を合わせた稚魚買い取りが基本になった。岩手県の場合、定置網、延網、磯建網を自営する漁協が漁獲金額全体のいくらかを賦課金として増殖事業のために拠出する。一九七八（昭和五三）年から一九八三（昭和五八）年までは三%、一九八四（昭和五九）年から三%から五%強までのあいだを行き来していたが、二〇〇二（平成一四）年から二〇〇四（平成一六）年までは一律四％、二〇〇五（平成一七）年から現在までは一律七％となっている。市場の水揚げから天引きされる仕組みだ。この拠出金と国や県からの補助金を合わせて、岩手県さけ・ます増殖協会が稚魚買い取りを行う。稚魚は一尾あたり一・五円で買い取られる仕組みだ。自営する定置網漁協にとっては、数多く稚魚を買い取ってもらう方がよい。数を増産するうえで、漁業者の動機づけも行う仕組みになっている。

さて、岩手県の増殖体制の進展についての話に戻ろう。栽培漁業の形成に尽力した水産庁の本間昭郎による采配で（佐藤　一九八六）、一九七三（昭和四八）年からは、水産庁の回遊性重要資源開発費補助金を得て、岩手県水産試験場において増殖事業が続けられるようになった。事業継続といっても、この年からは、サケの養殖技術の開発というよりも、むしろサケの人工ふ化放流事業の技術開発が主たる事業の中身になった。一九七三（昭和四八）年からサケの回帰率向上に関する種苗育成放流技術開発試験、さらに一九七七（昭和五二）年から五年間にわたって、サケ別枠研究内の海中飼育放流技術による稚魚の減耗抑制研究が行われた。これら一連の研究は、岩手県をはじめとする本州のサケ人工ふ化放流技術の大幅な進展をもたらしたと評価されている（菅野　一九八一、佐藤　一九八六）。

着目したいのは一九七二（昭和四七）年から岩手県水産試験場で始まったしろさけ稚魚沿岸水域調査〈稚魚調査〉、さけます資源増大対策調査〈親魚調査〉、しろさけ稚魚河口通過観測事業である。これらは、サケの稚魚・親魚の接岸・離岸の行動と、前浜と湾内の環境条件に関する調査である。

また、これらと並行して、一九七二（昭和四七）年には、ぎんさけますのすけ卵導入試験として、北洋漁業において価格の高かった、しかし本州では自然繁殖しない、ギンザケとマスノスケを移植し、放流事業にするための試験も始まっている。

こうしてみると、岩手県でもやつぎばやに、いくつもの研究開発事業が新しい試みとともに始められているのがわかる。なかでも重要なものについていくつか見ておこう。

補完技術としての海中飼育

飯岡主税と現場の技術者たちが中心になって技術部会を立ちあげた頃、多くのふ化場が困っていたのが、ふ化場で用いる水の問題であった。北海道においても水の量と質は長らく問題になっていた。サケはとりわけ、受精卵のときから稚魚の時期まで、適温かつ水質のよい水を大量に必要とする。健苗育成が進められ、津軽石川は伏流水に恵まれていたことから、この問題に悩まされることはなかった。他方、織笠川のふ化場などは、河川水の量が少なく、なおかつ地下水の利用も難しかったため、水の問題に悩まされることが多かった。

だが、稚魚の逓減率を減らすため、稚魚をある程度まで飼育するとなれば、多くの水が必要となる。河川水の水質と量が問題となってしまう状況では、陸上飼育である程度の大きさまで育てることがなかなか困難な状況にあった。また、もともと岩手県では、河川のサケの稚魚放流地点が河口から一キロから二キロ前後のところが多く、河川滞留期間が短い。そのため主として放流後の稚魚の減耗は、湾内や沿岸域で起こると考えられていた（飯岡 一九七六）。

前述した、一九七〇（昭和四五）年から山田湾で行われていたサケ養殖技術開発企業化試験はもともと、サケの養殖技術開発のための試験であった。しかしその試験内容は、河川水の量とよい水の不足という問題と、湾内・沿岸域での稚魚逓減という問題を解決するため、人工ふ化放流事業の稚魚飼育過程を海中で行う海中飼育の技術開発へと転じた。

海中飼育は、簡単にいうと、ふ化して海水に適応できるようになった大きさの稚魚（だいたい〇・六グラム）を湾内に設けた生簀に移し、そこで放流できる大きさになるまで育成するという方式である。これにより、河川水の量とよい水の不足という問題を補うことができる。一九七二（昭和四七）年から始まった岩手県水産試験場の稚魚調査により、海中飼育の稚魚と陸上飼育の稚魚の行動は変わらないこと、河川放流群と海中飼育群で同様の回帰率を得られることも明らかになった（飯岡　一九八二）。海中飼育は一九八〇年代には七〇〇〇万から八〇〇〇万の放流数で行われた。その回帰率の高さは、一九七六（昭和五一）年には山田湾の試験放流で一〇％に及んだ。海中飼育と河川放流の組み合わせが、水の量と質で困難を抱えていたふ化場を中心に実施された（菅野・佐々木　一九八三：六〇四）。海中飼育は、岩手県のサケ増産を支えた方法として、ふ化場の水と質の問題を解決できる方法として、全国的にも注目された。

しかしよいことばかりでもなく、一九九〇年代に入ってからは海中飼育の放流量は落ち込んでいく。その理由は、海中飼育には単純に人手がかかり、経費も高くつくからである。海の生簀まで漁船で給餌に向かわねばならず、生簀などのメンテナンスや、荒れた天候時のリスク対応なども必要となる。特に岩手県の海中飼育が一九八九（昭和六四）年以降、急速に減少したのは、サケの来遊数が減ったことから、経費負担が各ふ化場にとって大きかったこともある（関　二〇一三）。

その後、北海道においては逆に、一九七九（昭和五四）年に始められて以降、海中飼育は年々増加して、現在では全放流数の一〇％を占めるようになっている。しかしながら、海中飼育群は河川に戻らない、いわゆる母川に回帰する能力が低い、という研究結果もあり、海中飼育については追跡調査の必要性も指摘されている（関　二〇一三）。

岩手県でも二〇〇七（平成一九）年から、農林水産技術会議の「新たな農林水産政策を推進する実用技術開発事業」として、独立行政法人水産総合研究センターに吸収された旧北海道ふ化場を中心に再編された「さけ・ますセンター」が、宮古湾北部の田老沿岸において海中飼育試験を再び行っている。津軽石川や閉伊川も、二〇〇一（平成一三）年からは全体のほぼ一〇％程度の放流数をもって継続している。

他方で、飯岡主税は、当時から海中飼育はあくまでも陸上飼育の「補完技術」でしかなかった、と述懐している。飯岡が力を入れ、技術部会が熱心に取り組んだのは、陸上飼育の技術開発だった。

浮上槽とネットリング

水の量と質の問題と同時に、ふ化場の用地を効率よく使うために、卵のふ化、稚魚の浮上、給餌による飼育の三段階をどのような形で行うかは、大きな課題となってきた。北海道のように、砂利を敷いた養魚池で、ふ化から稚魚飼育まで行う場合は、飼育期間延長に伴う給餌の残渣や糞の問題から、汚濁が問題となってきた。ふ化箱、養魚池、飼育池、と三段階に合わせてそれぞれ設置できればよいが、場所と水が十分にない場合、どのように効率よくふ化から飼育まで同じ空間で管理できるかも問題となってきた。これらの問題に対処するために、岩手県が独自に開発したのが、兼用池を利用しない浮上槽による仔魚管理方法と、ネットリングによる仔魚管理方法である（本州鮭鱒増殖振興会　一九八七）。

浮上槽による仔魚管理方法は、ふ化から稚魚の浮上まで（ふ化箱と養魚池）を、一つの槽で行えるのが特徴である。浮上槽開発のきっかけは、飯岡主税が一九七九（昭和五四）年、米国のオレゴン州に一ヵ月間滞在した折に、アラスカ州やカナダも含めたサケ・マス増殖施設の視察を行ったことだった。(8) 米国で飯岡は、ボックス型のふ化槽に砂利を敷かず、表面に穴をあけて稚魚が潜り込めるようにしたパイプを敷いていたのを目にした。ふ化槽には注水部と、水が出ていく穴と両方をあけ、出ていく方を稚魚用の池に接続しておく。そうすると、ふ化して腹に卵をつけた稚魚は浮上するまでパイプのなかに潜って出てこない。稚魚が浮上すると、流れる水に乗って自然に稚魚用の池に移動する。飯岡は、当時、宮古漁協の人工ふ化放流事業を仕切っていた大洞克巳の協力を得ながら、浮上槽を開発した。閉伊川の松山ふ化場で試行錯誤しながら浮上槽ができあがり、ふ化から稚魚の浮上までを一つのボックスで行うことができるようになった。本州のふ化場の多くは、現在でもこの浮上槽を用いているところが多い。

また、パイプに稚魚が潜り込む習性を利用すれば、手間なく池の掃除もできる。飯岡と大洞は、今度は試行錯誤して養魚池にパイプを敷く方法を考えた。この実験は津軽石さけ人工ふ化場の向かいにあった岩手県栽培漁業センター宮古分場で行われた。今度は、養魚池の砂利の代わりに、浮上槽で考えたパイプをもう少し進化させたものを使ったのである。外径二・八センチ、内径二・二センチの網目でできた塩化ビニール製パイプを池の幅に合わせて切断し、水の流れと直角に池底に敷き詰めた。このパイプは形状から、ネットリングと呼ばれる。この上に発眼卵を置くと、ふ化、稚魚の浮上までをやはり池で行うことができる。また、ネットリングは簡単に撤去できるうえ、清掃も簡単でコストも低いことから、現在では北海道でこのネットリングを使うふ化場が増えている。

未遡上河川にサケを増やす

合併後、宮古漁協は閉伊川流域にある松山ふ化場と津軽石ふ化場の二つをもつことになったが、なかでも津軽石ふ化場は、本州全体のサケ資源増産の要となった。津軽石ふ化場では、日本鮭鱒資源保護協会の鮭鱒増殖センター(一九七一(昭和四六)年)がふ化場内に併設された。津軽石ふ化場の向かいには、岩手県栽培漁業センター宮古分場があり、津軽石はサケ研究の重要な拠点になっていた。

鮭鱒センターは津軽石川の卵を本州の各県に移植し、本州全体のサケ資源増産を図った。未利用河川への移植により、一九五六（昭和三一）年には一三ほどだった岩手県の人工ふ化場は、二〇〇八（平成二〇）年には沿岸河川三〇、内陸の北上川水系一三に増えた（本州鮭鱒増殖振興会 二〇〇八）。東日本大震災後の現在は、沿岸河川二一、北上川水系は一三となっている。また、人工ふ化場がなく、もともとサケの未遡上だった河川に、津軽石川の種卵が移植され、資源増産が行われるようになった。

未遡上河川への移植は、本州鮭鱒増殖振興会において一九六〇（昭和三五）年から始まった、鮭鱒事業振興五ヵ年計画のなかでも、太平洋側、日本海側両方においてそれぞれ積極的に行われるようになっていた。その後、北海道のふ化場も含めた日本鮭鱒増殖振興会が一九五八（昭和三三）年にできると、北海道と本州のふ化場のあいだで種苗の不足するふ化場に対し、種苗の融通が行われるようになった。

このような異なる系統群の移植や未遡上河川への移植は、沿岸漁業での定置網によるサケ漁増産を図って全国的に行われるようになっていた。各ふ化場の間で発眼卵や稚魚を融通することも行われた。津軽石川は岩手県沿岸においてサケ資源の遡上量がもっとも大きく、ふ化放流実績も歴史的に長く、稚魚増産に対応できる人工ふ化放流の施設なども整備されていた。そのため岩手県内の他の河川に津軽石川の種苗が多く移植され、津軽石ふ化場は県内の放流数の管理に大きな役割を果たしていた。

県が差配したわけではなく、岩手県さけ・ます増殖協会と各ふ化場がそれぞれのリスク分散と、どうしても上下する採卵数を補うために自主的に行ってきたことだった。採卵数と稚魚生産が他のふ化場よりも多く、比較的安定していた津軽石ふ化場から融通されることが多かった。未遡上河川に増産されたサケと合わせて、津軽石川のサケの系統群が広がっていった。

よい魚を、よい時期に

さて、ここまで岩手県が中心となった技術開発について述べてきた。しかし、陸上飼育のもっとも重要な点は、北海道さけ・ますふ化場において小林哲夫が中心に行ってきた、健苗育成と適期放流だと飯岡主税は述べる。飯岡は、小林と同門の北海道大学水産学部出身であり、小林と同時期に北海道さけ・ますふ化場にいた阿部進一ともよく交流があったという。しかし、もともと学部時代はサクラマスの生理学的研究だったから、サケの人工ふ化放流技術と事業のあり方については、先般述べてきたように、岩手県の各ふ化場を回り、独自にふ化場で工夫をしてきた技術者たちに教えられながら実地で学んだことが多かった。

飯岡も、一九六九（昭和四四）年に岩手県水産試験場でサケ増殖の試験事業を始めたときは、放流尾数を増やすこと、数を放流することがとにかく大事だと思っていたという。しかし実地で技術者たちと話しながら学んでいくにつれ、考え方が変わった。その結果、現在でも飯岡は次のようにいう[9]。

とにかくわたしが今でも捨てきれないのは、ふ化放流では一番大事なのは、まさに健苗だということです。自然の環境に耐えられる魚をつくらなければ、絶対に回帰率はあがらない。

それともう一つは、最初小林さん（北海道さけ・ますふ化場小林哲夫）の話にあったように、じゃあ、健苗をつくったけれどもいつ放すかっていう話が一番大事だと思います。

この仕事をやって教えられたのは、ふ化場、そして補完のため海中飼育の技術を開発して稚魚を増やす。でも、どっちを（陸上飼育と海中飼育）放流するにしても、いつ、どんな海の環境のとき放流したらよいのかが一番大事。最初始めた頃は、とにかく放流すればいい、大きくして放流すればいい、という考えが強かったです。

数をとにかく放流すればよいという考え方は、現場の岩手県の沿岸の状況を細かくふ化場ごとに知っていくと変わった。飯岡は岩手県の沿岸の状態に沿った方法を技術者たちと探すようになった。

当時はね、北海道のふ化場から指導されていたのは、沿岸から稚魚が離れるのは、（水温）一五度だといわれていたんです。温度、海水温度が一五度のとき、沿岸からサケの稚魚がいなくなる。でも、とにかく、よい魚をいつ放したらよいか。それ、人間が考えたってしょうがないやって思うようになったんです。で、必要なのは、魚に教えてもらおうと。じゃあ魚に教えてもらうにはどうしたらよいか。放流した魚がどういう行動をとっているかを追っかけるしかないだろう。で、それを始めたんです。それが、沿岸での稚魚調査です。

――一九七二（昭和四七）年からの稚魚調査、サケ・マス資源対策調査、沿岸稚魚、稚魚河口通過、これらがそうですか。

はい、はい。放流したらどのくらいで海に下るのか。で、海に下ったらその魚はいつまで湾内や沿岸に滞留して、いつ岸から離れていくのか。それをつかまないと、自分で川からいつ放したらよいのか、海中飼育したものをいつ放したらよいのか、見当がつかない。とにかく、自然に教えてもらおう、という考え方に変えたんです。

沿岸の水温変化というのは試験場の漁業部の方が沿岸観測を定期的にやっています。そっちはそれでわかるけど、湾内とか、本当の岸寄りっていうのはわからないから、（湾内や前浜の）水温観測を始めた。ちょうど海中飼育放流していたときに、海から放すものも、ふ化場から放すものも、腹びれを切除して放流してたんで、それを追っかけることで彼らの動きがわかるだろうということで、稚魚の生態調査を始めたんです。

この沿岸調査も津軽石ふ化場の目の前にあった、県栽培漁業センター宮古分場を中心に行われた。河口と河川内での稚魚の捕獲のほか、湾内のコウナゴ漁など小型網漁、定置網漁で混獲される稚魚を集めた。調査の結果、湾内のサケは水温一〇度から一一度になると湾内から移動し始め、一三度でほとんどが湾外へと出ていく、すなわち離岸することがわかった。そのほかに、湾奥から湾入り口まで、稚魚が採る餌の種類とその場所による採る餌の種類の違いが明らかになった。また、早期北上群と後期北上群では、北上するルートが異なっていることも明らかにされた（岩手県水産試験場　一九九一）。

北海道では、健苗育成と適期放流の技術開発の中心にいた小林哲夫が、一九六五（昭和四〇）年に、北海道渡島総合振興局管内を流れて噴火湾にそそぐ遊楽部川を対象に、稚魚の追跡調査を始めている。小林が調査を始めたのは、一九六四（昭和三九）年に開催された日ソ増殖専門家会議の開催後だった。すでに第7章4節で述べてきたように、この会議は小林らが「適期放流」について取り組み始めるきっかけになった会議である。この会議以降、健苗育成に加えて適期放流が人工ふ化放流事業の二大支柱となっていった。小林の研究は、その会議で日本が「サケマス幼稚魚の降海までの間の生残率及びその改善策について」という課題のなかで主張したこと、すなわち「飼料生物の豊富な時期に飼育稚魚の放流を行っている」という主張をより科学的な証拠をもって主張するための研究でもあった。

適期放流のための稚魚の追跡調査を中心とする沿岸調査は、この後、一九七三（昭和四八）年から全国的に広がった。一九七三（昭和四八）年一〇月には小林は水産庁北海道さけ・ますふ化場生態研究室長に就任した。こうして、沿岸調査は基本調査の一環となり、その後も北海道で現在まで続けられている。

岩手県は飯岡主税のもと、一九七二（昭和四七）年に沿岸の稚魚調査を始めていた。岩手県もまた現在に至るまで沿岸の稚魚調査を継続している。全国的には一九七七（昭和五二）年に始まった水産庁のさけ・ます別枠研究のなかで、それぞれの沿岸調査が行われ、各地のサケの生態・環境状況に合った増殖技術が各地域で展開されていくことになった。「前浜」に関する調査と、そのデータから人工ふ化放流技術の岩手県なりの定型をつくろうとする努力の始まりでもあった。

岩手県水産技術センターで特にシロザケの資源管理をしてきた小川元（現・岩手県農林水産部水産振興課）は、この当時の岩手県の技術開発の展開方針について、次のように見ている。小川が水産技術センターに入ったとき、すでに飯岡は林業水産部の次長で、技術畑から行政畑に移っていた。

> 当時、飯岡さんは飯岡さんでどういうふうに考えてたかはわかんないけど、少なくとも前浜のデータで全部組み立てていこうというスタイルをとってたんですよ。
> で、それに基づいて（岩手県は）マニュアルをもっていた。(10)

民間がそれまでに培ってきた技術や知見には、同じ事柄のことなのに相容れないものがあったり、対立したりしていたものがあった。それらを理論と実験ですりあわせ、証明していったのが飯岡の仕事だった。飯岡が中心となって研究開発を進めた、岩手県における増殖レジームとは、三陸沿岸の自然条件に適応しながら、増産を目指せる技術開発を求めて北海道型からローカル化された増殖レジームだった。つまりこの時期、岩手県型の増殖が「ローカル化されつつ科学的に」再編されて広がっていったのである。北海道との自然環境や社会環境の差異からローカル化した増殖のシナリオは、三陸沿岸に適した技術開発を促すことになり、北海道中心の研究や技術開発とは、結果的に研究の内容や主張について一線を画すことになった。

このような岩手県独自の取り組みは、固有の津々浦々に異なって存在する自然の生産力を測ろうとする営みでもあった。実際に稚魚がふ化場から出ていったときにぶつかる環境の詳細、再生産を促せる状態に環境があるのかどうかの判断をするための営みである。岩手県ではそれぞれのふ化場の技術者たちと県水産試験場が、他の水産庁や東北水研と連携しつつ、岩手県独自の増殖技術の蓄積と研磨、そのための制度設計を行っていった。こうして、技術者がローカル化した増殖体制が岩手県にできあがった。

だがその中心に「増殖レジーム」がある以上、これらの営みは、「数」を戻す、という一点の目的のもとに編成されたローカル型増殖体制であったことも事実である。その点は留意しておきたい。

10・4 去りゆくカワザケ

宮古漁協との合併

さて、このようなローカル型増殖体制が岩手県でできあがっていく時期、津軽石と宮古湾では何が起こっただろうか。大きな変化は、宮古漁協と津軽石漁協が一九六八（昭和四三）年に合併したことだ。その合併は、受益者負担の法則と、定置網漁業の漁業全体における重要度が増したことにより、サケの増殖にかかわりたいという宮古漁協側のニーズがまず先にあったものだった。折しも一九六七（昭和四二）年には、漁業協同組合合併促進法が出されて、全国的に効率のよい、財政基盤の強い漁場・漁協経営を目指して漁協間の合併を進めようとする水産行政の動きもあった。

二つの漁協は合併したが、津軽石漁協はサケ漁の権利だけは手放さないですむように条件をつけた。その結果、人工ふ化放流事業は宮古漁協が、採捕のためのサケ漁は変わらずに旧津軽石漁協が津軽石鮭繁殖保護組合と名前を変えて行うようになった。

規約を見ながら詳しく見ておこう（津軽石鮭繁殖保護組合　一九六八b）。

重要な点はまず、第一条に、この津軽石鮭繁殖保護組合の目的が、宮古漁協が得ているサケの特別採捕漁業の許可を受けた宮古漁協の指導監督のもとに、「同漁業の行使並びに宮古漁業協同組合が行うサケの採卵、ふ化放流事業に協力すること」とあることだ。すなわち、サケ漁の権利は変わらず津軽石鮭繁殖保護組合にある。

第二条では、「組合員が全員協力一致してサケの増殖事業を推進すると共に、資源の保護繁殖維持発展を期するために、鮭の密猟防止と天然産卵場の保護、組合員の福利厚生の事業、水産に関する経営、技術の向上並びに組合員の知識の向上を図るための教育又は一般的情報の提供に関する事業、そしてこれらの事業の付帯する事業を行うことができる」と記されている。

第一〇条では、組合の経費はサケガラの販売代金をもってあてると記されている。すなわち、津軽石鮭繁殖保護組合は、旧津軽石漁協が行っていたサケ漁について実質的な権利を手放していない。財政上も、サケガラの販売から得るお金でサケ漁と組合の維持に関する事業を運営することになっている。この「事業」には、これまで旧津軽石漁協がそうしていたように、旧津軽石村の公民館や、子ども会、自治会への支出、消防や学校行事への支出もこの「運営」業務として変わらず支出できるようになっているのは、第二条に記されている通りである。

津軽石鮭繁殖保護組合の理事には必ず宮古漁協の組合長が入ることになっているが、それ以外の理事は旧津軽石村の地区から出ることになっている。また、地区のなかのそれぞれの集落[11]から、選出された集落代表が意思決定過程に参画できるよう設けられている。

他方、人工ふ化放流事業全体の方針やオペレーションのやり方、採卵に関する指示などはすべて宮古漁協で行う。川岸で行われる受精、受精卵のふ化放流場への運搬、ふ化、稚魚育成、放流についてすべて宮古漁協の津軽石ふ化場が行うことになった。

このように、サケ漁と人工ふ化放流事業を津軽石鮭繁殖保護組合と宮古漁協とのあいだで分けた形になったのだ。従来旧津軽石漁協がもっていた養殖や採貝などの区画漁業権、許可漁業については津軽石鮭繁殖保護組合の手から離れた。これらは宮古漁協の管轄に入った。

よって、人工ふ化放流事業のためのサケ採捕だけに特化した任意団体がここに生まれたのである。

津軽石鮭繁殖保護組合の組合員となれるのは、旧津軽石漁協の組合員だった人びとに限られ、移転すれば組合員の資格は失われる。また、組合員の資格は分家に引き継ぐことも、新規参入した人に与えることもできない。旧津軽石漁協のときと同じく、組合員へサケ漁の配分金はなく、サケガラが漁況に応じて配分される。

津軽石鮭繁殖保護組合では、この組合の設立経緯について、「何とか自営サケ漁だけを守った、勝ち取った」という表現で語る。[12]交渉の相手だった宮古漁協側は、現在でもこの合併については、宮古漁協から「お願いして」行ったものだった、と振り返る。もっともこの合併がなされたとき、津軽石鮭繁殖保護組合の組合長は、三陸の建網王といわれた赤前出身の山根三右衛門だった。ふ化場の施設拡充や採捕のための建網式袋網の設置に熱心だった人物である。戦前から津軽石村の村会議長をしたり、戦後も宮古湾漁業協同組合連合会会長を務めたり、宮古湾周辺といわず三陸の水産界隈で力をもっていた人物の一人だ。他方、宮古漁協の組合長の山崎権三もまた津軽石村出身だった。山崎は宮古漁協の事務方を長く務め、そこから県会議員になった。彼は宮古の地元資本として宮古漁協を育て、また組合の財力と組織力をもって他の地元資本を育てた、といわれる人物である（釜沢 一九五九：一七三－一七六）。定置網を抱える山根の立場から見ても、宮古漁協を地元資本として大きくすることに力をそそいでいた山崎の立場からみても、二つの漁協の合併はサケ資源をより多く確保するための事業増強上のぞましいことであったと思われる。

合併前、一九六六（昭和四一）年の『業務報告書』を見ると、旧津軽石漁協の経営はあまりよくなく、赤字が蓄積していたことがわかる。その状況であれば、新たにふ化場建設に資金をかけ、現在のふ化場の状況を改善していくことも難しい。折しも、一九六八（昭和四三）年に行われた北海道さけ・ます増殖事業協会の視察結果では、稚魚飼育の過密さがあることから、養魚池の拡大の必要性が示唆されていた。このことから判断すると、沿岸での収益をあげたい宮古漁協からすれば、津軽石漁協との合併によって、ふ化場に合理的な投資をし、沿岸漁獲を増やすという選択肢は、考えて当然の選択肢だっただろう。

当時の状況を振り返って、現組合長である山野目輝雄は、合併時には津軽石漁協の内部からも反対があったという。宮古漁協は津軽石漁協よりも大きな漁協であったから、給料から退職金まで全部宮古漁協にもっていかれるのではないかとか、さまざまな噂や憶測が飛び交った。だが山野目はこういう。

> カワのサケ漁は独立採算でやれるから、今でもそうしたい気概はある。だが、ふ化場の経営は規模が大きくなればなるほど、維持するのが難しくなるのが目に見えていた。だから、(自分は)合併には賛成の立場だった。(13)

他方で、津軽石漁協には、組合自営でサケ漁を行ってきたということ、歴史的に人工ふ化放流事業を始めたサケのムラであるという自負があった。さらに、戦後の食糧難への対応をはじめ地域社会の基盤を戦後につくってきたサケ漁への思い入れもあり、自営サケ漁と人工ふ化放流事業は、津軽石漁協にとって手放し難いものでもあったことは容易に察せられる。

津軽石漁協が親魚の採捕に建網式袋網漁を導入し、自然放卵の防止、捕獲から採卵までの時間短縮、親魚の取り扱いのていねいさによる良質卵の確保、省力化や労働時間の合理化、という利点を生み出したことは岩手県内でも有名だった。一九五九(昭和三四)年度からはアトキンス式ふ化箱の改良にも県下で大槌と並んで早くにとりかかり、その後も継続改良を重ねてきた(本州鮭鱒増殖振興会 一九八七)。民間のなかでも歴史も古く、技術開発にも熱心なふ化場だったのである。

ゆえに、ふ化場経営の赤字という背景はあっても、心情的には「譲れない」と感じていたことから、交渉の結果、現するのだ。

技術適用と消えるカワザケ

さて、津軽石漁協から宮古漁協に引き継がれた津軽石ふ化場は、その後どのような展開を遂げたのだろうか。津軽石漁協から宮古漁協に人工ふ化放流事業が移管されたのは、ちょうど岩手県のローカル型増殖体制の形成が始まる頃である。

すでに述べたように、一九七一（昭和四六）年から岩手県は、一九八五（昭和六〇）年までに岩手県のサケの漁獲量を天然三万トン、養殖一万トンにする「サケの三万トン生産計画」を始めていた。

このような県の施策のもとで、宮古漁協のもとに置かれた津軽石ふ化場ではいったい、どのような施策がとられていっただろうか。大きく分けるとその沿革は三つある。自然繁殖との並列型から人工ふ化放流への完全な移行、施設の増設と海中飼育池の設置、北海道系の早期群の移植による二つの系統群化である。それぞれ見ていこう。

自然繁殖と人工ふ化放流事業は長らく並行して行われてきた。それが完全に人工ふ化放流だけの新システムに移行した。きっかけは、一九七三（昭和四八）年から始まった稚魚池の増設である。その頃、稚魚の放流数を二〇〇〇万、五〇〇〇万、七〇〇〇万と増加したにもかかわらず、回帰親魚の数は増加せず、回帰率もむしろ低くなった。そのため、宮古漁協組合長だった船越賢太郎によって、設備に合わぬ過剰な放流をしたために、稚魚が虚弱になったのだろうと判断され、この年からふ化場の施設が拡充された。具体的には、稚魚池のそれまでの四〇倍の広さを拡充することになった。この施設の拡充に伴って、自然繁殖保護はやめることになった。すなわち、河川での産卵を促すための禁漁期を設けることをやめて、サケ漁の期間中は休むことなく、人工ふ化放流事業を動かすことになったのである。ここに、「在地型」人工ふ化放流システムは終わりを迎え、津軽石の人びとが日常のなかで、サケの河川への遡上と産卵の様子を見ること、自然繁殖の稚魚が田んぼの水路や支流の小川に行き来する姿を目にすることはなくなった。人びとの日常から、カワザケの姿が一部消えていったのである。他方、施設の拡大により、無給餌放流から給餌放流、すなわち北海道の健苗飼育が全面的に取り入れられ、稚魚の飼育期間が長くなることになった。

施設の増設と海中飼育池の設置については、先ほど述べた一九七三（昭和四八）年から断続的に行われてきた。一九七六（昭和五一）年には津軽石でもサケ稚魚海中飼育放流が開始された。そのため、海中飼育生簀が津軽石の地先に建設された。一九七七（昭和五二）年には施設収容能力は七〇〇〇万粒に増設されていたが、一九八五（昭和六〇）年にはさらに四〇〇〇万尾の稚魚飼育能力に拡大し、海中飼育能力も一八〇〇万尾に拡大された。さらに、次で述べる早期群育成のための畜養池兼飼育池とふ化槽使用の飼育池が一九八七（昭和六二）年に増設され、一九八八（昭和六三）年には、畜養能力が三七七五尾（親魚）と稚魚飼育能力は五四五〇万尾に拡大した。二〇〇六（平成一八）年にはふ化槽収容能力は一億二〇〇〇万粒へと拡大され、飼育池の面積は一七八面の六一八一平方メートルになった。

着目すべきは、海中飼育という新しい方法と、早期群という新しい導入群に対応するための、それぞれの施設が整えられていることである。海中飼育は陸上飼育の補完的技術ではあったが、河川には戻らない群れをつくるという試みだ。また、早期群という導入群への対応は、畜養過程が必要であり、河川で畜養するのではなく、親魚の斃死率を下げるために畜養池のなかで飼育されている。この二つの変化は、津軽石のサケの生活史と空間の利用を大きく変え、サケという生きものの津軽石と宮古湾におけるあり方も変えた。

最後に、北海道系の早期群の移植により二つの異なる系統群が資源化された。一九七〇年代中頃、サケ増産が顕著になった頃から、海域で捕獲されるサケとふ化放流事業の後のサケガラ、両段階での肉質をギンケにすること、ギンケに近づけることが岩手県全体で大きな課題とされてきた。ギンケ、あるいはギンケに近い肉質である方が、市場値が高いためである。

そのため、河口域まできても肉質がまだギンケに近く、一〇月に海域で漁獲対象となる早期群を、閉伊川では一九七四（昭和四九）年から一九八五（昭和六〇）年のあいだ、津軽石川では一九八〇（昭和五五）年から、一九九三（平成五）年のあいだに、北海道から種卵を移植する事業が始まった。さらに、もともと閉伊川には在来の早期群がいたので、それを津軽石川に移植した。

その結果、一九六八（昭和四三）年から一九七〇（昭和四五）年のあいだには宮古湾のすべての回帰サケのうち、八％だった早期群は、一九九一（平成三）年から二〇〇〇（平成一二）年のあいだに二三％までに増加した。サケの漁獲のピークも早まり、一九八一（昭和五六）年からは一二月上旬になっている（小川　二〇一〇）。従来の津軽石川の在来群は、一一月後半から二月いっぱいまでのぼるサケだったから、この移植の結果、サケ全体が宮古湾周辺の海域で、そして川の近くで数多く獲れて人目に触れる時期が大幅にずれたことになった。

解体される「わたしたちのサケ」

こうして、合併後の技術適用によって、津軽石川にのぼる「サケ」の生活史と川と河口域のその生態空間も大きく変わることになった。もちろん、変わったのは「サケ」だけではない。津軽石の人びとのサケとのかかわりと相互に変容が進んでいった。津軽石漁協の自前の「在地型」人工ふ化放流システムだった頃と比べながら、まとめて述べてみよう。

まず、津軽石川に、旧津軽石漁協のものではないサケの姿があがるようになり、津軽石川には、旧津軽石漁協が「わたしたちのもの」としてきたサケと、そうではないサケの両方が明確に目に見える形で存在するようになった。というのも、津軽石鮭繁殖保護組合が勝ち取ったサケ漁の権利は、在来種だった後期群（早期群と対置してこのようにいわれる）にのみ及ぶ。契約がなされていたのは在来種のみ、後で導入した早期群は宮古漁協にその権利は属する。そのため、変わらず津軽石の人びとが「わたしたちのもの」といえる後期群と、「宮古漁協のもの」である早期群の両方が、川にいるようになった。

それに伴い、津軽石鮭繁殖保護組合の規約も変わった。両者の期間を分ける境界線は、後期群の漁が始まるとされる日付である。「第三章　経費分担及び積立金」の第一〇条で、かつては「この組合の経費はサケの種殻売却代金をもってこれにあてる」とあったのが、「この組合の経費は、宮古漁業協同組合が増殖用に供することのできないさけ（種殻を含む）等の売却代金をもってこれにあてる」と変わった。早期・後期ともに、宮古漁協の人工ふ化放流事業が優先されることが明確に位置づけられたのである（津軽石鮭繁殖保護組合　一九六八b）。

親魚の採捕から放流まで、人工ふ化放流事業についても流れが変わった。早期群については宮古漁協がサケ漁から人工ふ化放流までのすべてを監督している。人手については宮古漁協が津軽石鮭繁殖保護組合から雇用することが通例になっているので、津軽石鮭繁殖保護組合がまったく早期群についてかかわっていないわけではない。だがそれは、あくまで雇われた個人と宮古漁協のあいだの関係性であって、津軽石鮭繁殖保護組合全体としては早期群には携われない。

すなわち、早期群は、津軽石にとって「わたしたちのもの」のサケではないのである。津軽石鮭繁殖保護組合の大漁時のノボリが川沿いに立てられるのも、販売が始まるのも、すべて後期群がくるとされる一一月末からである。サケ漁の始まる前に必ず行われてきた又兵衛祭りについても後期群の漁が始まる一一月後半に行われる。

かくして津軽石川では、津軽石の人にとって「わたしたちのもの」でない知らないサケものぼる川になった。

さらに、すでに言及したが、川での自然繁殖をやめたことで、津軽石の日常の生活空間のなかに、サケがいる期間が短くなり、また、物理的に「見える」ところにサケがいなくなった。これには、一九六〇年代後半から一九八〇年代にかけて進んだ、国道四五号線や津軽石川河口域の整備事業による河口の変化も大きい。

もともと、近世から洪水の多かった津軽石川の河口域は、一九〇〇（明治三三）年の大洪水を機に、戦前から洪水対策として河口の付け替えと固定化が試みられていた。

国道四五号線は、高浜から津軽石川沿いまで、堤防型の国道になっている。高浜の国道四五号線の堤防切り替えがすんだのは一九六四（昭和三九）年、一九六六（昭和四一）年は津軽石から山田町の豊間根まで、津軽石川に沿って国道四五号線が開通した（宮古市教育委員会　一九九一：四七一‐四七二）。これにより、津軽石村の中心地や、津軽石鮭繁殖保護組合の事務所は、堤防化した国道四五号線を挟んで川に向かうことになり、集落から直接サケの採捕場がある河口域を見ることは物理的に難しくなった。折しも岩手国体の野球会場の建設地に赤前が選ばれ、宮古市全体が、国体に向けた国道などインフラ整備を進めたこともあり、河口域の埋め立てや流域の小河川の水路化が進んでいった。

また、湾の西側は広範囲が埋め立てられた。戦後、重点的に遠洋基地として、そして工場誘致用とタンカーなどの泊まる工業・輸送用港湾整備が進められた一環である。閉伊川の河口南の藤原については、港湾開発計画（一九五三（昭和二八）年）から港湾整備の対象になっていた。一九六二（昭和三七）年に藤原埠頭の建設が、日立浜の物揚場、神林の貯木・木材港建設とともに行われてきた。この埋め立て・港湾開発の動きは、一九七二（昭和四七）年に当時の田中角栄首相が列島改造論を唱えた影響もあり、藤原埠頭一帯の港湾開発とともに、工場誘致を見込んだ磯鶏須賀の埋め立て計画に続いた。

このような砂浜の埋め立てと港湾建設に対してはその当初から漁民たち、特に養殖を行う漁民たちの不満が集まっていた。一九七六（昭和五一）年から五年で藤原埠頭の一部から磯鶏須賀、黄金浜までを埋め立てる宮古湾第五次港湾計画が明らかになると、一気に反対の気運が高まった。磯鶏や高浜の養殖を営む漁民たちは、藤原埠頭の建設などが進むにつれ、湾内の潮流が変わり、養殖のワカメやカキなどのできが悪くなったと感じていた（『岩手日報』一九七五年九月三日、九月五日）。そこで、宮古商工会議所が計画の実施を陳情するのに対し、一九七五（昭和五三）年頃から磯鶏地区の住民たちが中心になって「藤原埠頭埋立拡張反対期成同盟会」が組織され、埋め立て反対運動も活発になった。同年に漁業に及ぼされる影響を懸念した宮古漁協も反対に加わり、四五〇〇人規模の反対運動が行われた（『岩手日報』一九七五年一一月三〇日）。さらに一九七七（昭和五二）年九月三〇日には、「宮古湾埋立反対漁民決起大会」が開催された。宮古漁協の組合長で県議の船越賢太郎など漁業に関係ある人びとや磯鶏地区をはじめとする地域住民、自然保護を訴える人びとたちが集まった。だがこの運動は、埋め立てと港湾開発を止めることはできず、結局、藤の川浜をわずかに残すことがその成果となった。

そしてその後も沿岸の開発は続いた。一九八九（平成元）年からは、「津軽石川地震高潮等対策事業」が始まり、津波防御水門が二〇〇六（平成一八）年に完成した。この工事が始まる数年前に、津軽石川の河口域の赤前側（東）の整備事業が始まり、すっきりとした一本の河口域になった。それにより、一括採捕は文字通り、迷わず一

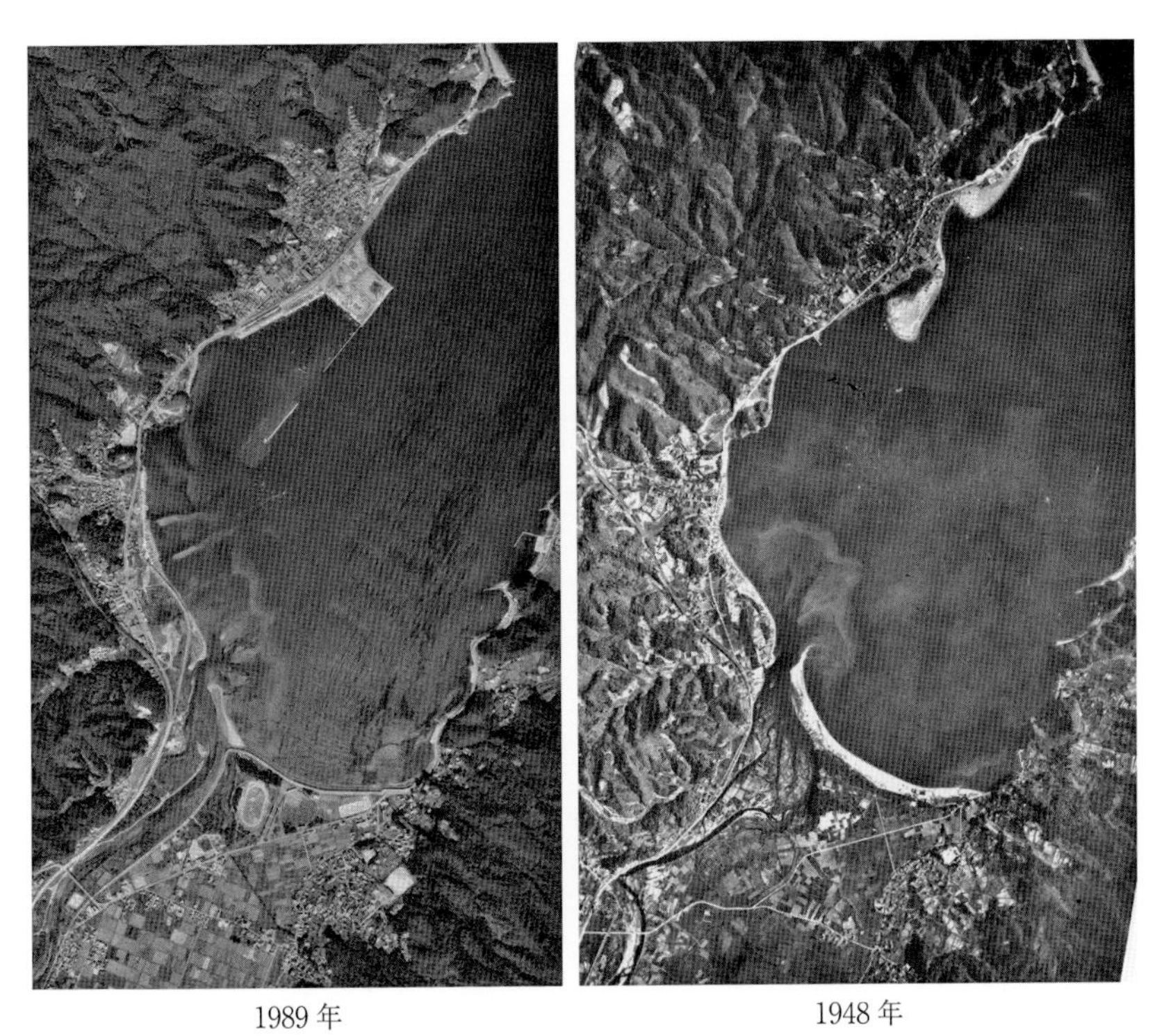

図13 空中写真——津軽石川河口域1948（昭和23）年と1989（平成元）年の比較（国土地理院空中写真をもとに作成）

本の河口にサケが入ってきて、サケ留に一気に入る「一括採捕」となったのである。

こうして、河口域・沿岸の物理的変化、サケの群れの変化、サケが人間の前に現れる空間の形態と時期の変化、人びととサケが出会う機会やその密度の変化が訪れた。これらの変化は、かつて人びとが「わたしたちのもの」と認識してきたサケを解体すると同時に、これまでとは異なる生のありようをもつサケの現れをもたらした。

自然繁殖により確保されていた後期群の野生魚は、人工ふ化放流による放流魚へと姿を変えた。さらに、早期群が全体の二〇％ほどを占め、傍目には九月から二月まで切れまなくサケがやってくるようになった。

津軽石の川にあがるサケは、生のありようを大きく変えて人びとの前に現れるようになったのである。

新たなサケと拡大された在地性の再編

人工ふ化放流技術の再編と、早期群の導入によって、地域社会には以前よりもはるかに潤沢にサケが現れるようになった。季節もずれ、九月から二月まで、早期群と後期群が切れ目なく現れるようになった。生産量の多さは格段に増え、潤沢になったサケ資源に対し、再びサケのムラという物語を再編すべく、新たなサケの文化的・社会的かかわりが津軽石の周辺に再配置されることになった。

まず、一九七三（昭和四八）年からは、正月明けの最初のサケ漁、いわゆる「川開き」で行われていた「お振る舞い（サケ汁と焼きサケ）」に、サケのつかみ取りを行事に加えたサケ祭りが開かれるようになった。このサケ祭りは、宮古市全体のサケの祭りとして、広く参加者を集めて行われるようになった。

サケの表象はこの頃から、津軽石ではなく、「宮古市全域の」ものとして広がり始める。一九八七（昭和六二）年一月には宮古市は「サーモンランド」宣言を行い、サーモンハーフマラソンなど、サケを推した町づくりを行うようになった。同時に、市の歌としてつくられた市民歌では、「ふるさと目指す　鮭のむれ　銀鱗おどる　まぶしさよ」とサケをシンボルとして扱った歌詞が用いられた。

これらは、潤沢に戻ってくるようになった「サケ」を背景に生まれた、拡大された在地性再編の試みだ。サケの浜値は量が増えるにつれ安くなったから、サケは毎年手頃な値段で手に入る魚になった。宮古漁協では、延縄漁と定置網漁を自営で行っており、サケが豊富に戻ってくるようになったことの恩恵を多く受けていた。また、定置網漁でのサケの豊漁は、宮古漁協だけではなく、宮古市周辺の田老町の田老町漁協[14]や宮古市の重茂漁協においても共通している物語であった。

同時に、食におけるサケの使われ方の変化もこの頃起こっている。たとえば、一家で数多くの新巻やイクラを楽しめるようになったのは、やはり一九七〇年代に入ってから、ちょうど、川での捕獲が安定的に五万匹を超えるようになってきてからである。もともと津軽石川のサケ漁で一月の川開きの際に振る舞っていたイクラ蕎麦を広めたり、サケを利用したメニューの開発を各婦人会を中心に行ったりするようになった。そして、サケが「飽きるほど」食べられるようになった。それはちょうど、宮古漁協の傘下で全面的に給餌放流に切り替えられ、稚魚育成の効率があがった時期でもあった(15)。

津軽石をそのようなサケ文化の担い手として位置づけし直す表象の再生産も起こった。宮古漁協によるふ化放流事業が始まってから、津軽石鮭繁殖保護組合とふ化放流事業とのあいだには、新しい境界が引かれるようになった。境界の所在は、端的に、たとえば又兵衛祭りなど祭事に関することや、サケとのかかわりの歴史的な事実について語る、津軽石村出身者以外の宮古漁協側の言い方に表されている。筆者がいくつかサケについての問い合わせをしたとき、しばしば以下のような言葉が出てきた。

　文化は、津軽石鮭繁殖保護組合に聞いてもらった方がいい。そのほかの人工ふ化放流の技術的なことや、実際の事業のことについては、こっち（宮古漁協、県の水産技術センター）のことだから、こっちに聞いてもらっていい(16)。

人工ふ化放流事業に必要な専門性をふまえたうえで、専門職集団としての人工ふ化場の役割と、それまでの歴史的経緯も含めてサケ漁を行っている津軽石鮭繁殖保護組合のもつ役割とのあいだに、明確な線引きがなされていることがわかる。

ここに見てとれるのは、サケのムラという表象が、津軽石の外側からも、サケの採捕のみにまつわる要素をもって再構築されようとしている様子だ。つまり、手放さなかったサケ採捕の実践、その周辺に大正期と戦後に再編されながらあり続けてきた社会文化的な要素（祭事、イベント、サケの食、物語や記憶など）が、サケを津軽石のモノであり続けるように働きかけるアクターとして改めて位置づけされ直された。

他方、それ以外にこれまで津軽石のサケと空間を「わたしたちのもの」化するように働きかけていた、人工ふ化放流事業の周囲に網の目のように広がっていた他のアクターが作用の力を失い、関係性のなかから撤退していった。その点について次に見てみよう。

間（あわい）から退出する人とサケ

津軽石の人びとのサケとのかかわりは、特に在地型人工ふ化放流システムが形成された大正期以降、きわめて集団的な、組合自営の漁と同じく自営の人工ふ化放流事業という形を維持しようとしてきた。サケを獲るためにつくる仕組みをつくりながら、絶えまなく津軽石の人びとはサケを「わたしたちのもの」にしようと働きかけてきた。だが、「わたしたちのもの」だったサケは、増殖レジームのもと解体され、新たな技術適用とともに生きものとしても、社会的生きものとしても、これまでとは異なる新しいサケとして津軽石の人びとの前に現れた。

新たに現れたサケに対して、津軽石の人びとは獲るためにつくるという一連のサケとのかかわりを通じてではなく、後期群という一部のサケのみを獲るかかわりによって「わたしたちのもの」化の働きかけを試みることになった。しかし、その津軽石側からの「わたしたちのもの」化の働きかけは弱くなっている。

一つは、獲るかかわりも限定的になったため、表象化された「津軽石のサケ」がサケと地域の人びとを主要に結ぶようになったことに要因があろう。これまでは獲るためにつくる、という明確なかかわりが見えていた。人工ふ化放流事業の採捕としてサケ漁が許可されるという位置づけは、戦前の大正時代、岩手県の漁業取締規則によりすでになされていた。戦後には、一九五一（昭和二六）年の水産資源保護法によって、河川でのサケ漁が人工ふ化放流事業の「採捕」であり、その事業に用いた、あるいは余剰のサケを販売できるという位置づけに変わった。しかし、それは総合的な「獲るためにつくる」実践のなかの一部として受け止められていた。宮古漁協合併後は、会則にも「この組合の経費は、宮古漁業協同組合が増殖用に供することのできないさけ（種殻を含む）等の売却代金をもってこれにあてる」と明記されるようになったように、サケ漁も販売も「宮古漁協が定置網漁獲の増産のためにサケをつくり、津軽石漁協は下請けのようにつくるために獲り、その余りや廃棄されるものを売る」ように位置づけられた。組合員のなかには、この「余りや廃棄されたもの」として改めてサケが位置づけられていることに、やるせない思いを吐露する人もいる。そのやるせなさは、自分たちが大事にしたいと思っているサケとのかかわりや歴史的な蓄積の重みが、軽んじられ、まったく別物に変えられてしまっているのではないかという恐れも含んだ「やるせなさ」である。(17) 獲るために人工ふ化放流事業を行ってきた、というこれまでの立場がひっくり返り、「つくるために獲る」ものの、自分たちの采配で「つくる」ことにはかかわれない。サケの生のありようの変化についても、津軽石鮭繁殖保護組合の人たちは受け身になった。

しかも、つくることからの撤退は、大正初期から築いてきたサケと人のかかわりから撤退することも意味していた。津軽石の人びとにとってサケの繁殖過程にかかわることは、獲ることと切っても切り離せない営みだった。近世から人びとは漁場を確保しサケの生態を把握しながら、サケが川に戻ること、サケがサケ自身をつくる自然繁殖の仕組みに取り組んできた。そしてその取り組みとサケに関する知識所有者であることを漁場を確保する正当性を支える理由としてサケを獲ってきた。こうしてサケを「わたしたちのもの」にする実践を続けていることが、津軽石の人びとにとって欠かせない歴史だった。特に大正初期から在地型人工ふ化放流システムができあがってからは、サケを獲る人びとであるためにサケをつくる人びとであってきたことが、津軽石がサケのムラであること、ムラの文化的・社会的固有性を支えてきた。

つくることを手放し、専門化された人工ふ化放流事業がつくるための人、モノ、こと、他の生きものとのかかわりを別につくりあげている今、新たな「わたしたちのもの」化の働きかけを補わない限り、かつてと同じようなサケと人のかかわりの密度を保持するのは難しい。

そのため動員されたのがサケのムラという表象である。しかし、その表象も旧津軽石村のなかで再生産されることが難しくなっている。すでに見てきたように、わたしたちのサケ、という表象は津軽石を飛び越えて、宮古のサケとして位置づけられ始めた。数多くのサケが戻るようになった一九七〇年代からは、「宮古のサケ」という拡大された表象が生産されるようになった。津軽石川固有のサケやその周辺の表象だけを含まない。同じ港湾にある閉伊川のサケも、重茂のサケも、沖合、沿岸の他の定置のサケも、すべて含めたサケである。そこでは津軽石川の固有性は輪郭を薄れさせてしまう。

さらには、食文化についても変化が訪れた。ちょうど一九七〇年代後半から、遠洋漁業での漁獲低下を補う形で、養殖および輸入のサケ・マスが、コールドチェーンの発達とともに日本国内に急速に広がり、商品として一般化し始めた(岩崎　一九九七)。脂ののった赤い身のサケ・マスが数多く輸入された。一九八〇年代には市場で好まれるギンケ生産を日本国内でも家魚化や早期群移入が支え、シロザケであってもギンケが数多く出回るようになった。もはや戦後ではないがゆえに、舌の肥えた消費者は、ブナケを低く評価するようになった。すなわち、ブナケが主な漁獲を占めてきた、津軽石のカワザケそのものが、地元の人びとも親しむおいしいサケの味からも遠くなった。この味覚の変化は、かつてはサケであるというだけでありがたがられたという状況を大きく変えた。そうして、津軽石川で獲れたサケが分配されるという社会的な意味も薄れさせた。かつてはお裾分けや親戚に送ってありがたがられた新巻も、大漁に獲れて皆がこぞって新巻を親戚や離れた子どもたちに送った一九七〇年代から一九八〇年代を経て、ご進物としての意味を薄れさせつつある。むしろ、サケを送られても困る、といわれることもある。

そんな硬くってしょっぺえもの送られたって、かえってうちのも困るっていうんだよ。カキとかイクラとかがいいからって、だから、今はそういうのを送っている。(18)

輸入され、養殖のサケが取り巻くようになった食卓の変化とともに、ありがたみも減ったということだろう。かえってやっかいもののようにいわれてしまうという。それでも故郷の味を忘れてほしくないと送ってきたけれども、労力をかけて新巻をつくった自分のこと、サケを文化の一部にしてきた故郷を否定されるような気分になるから、もうサケを送るのも食べさせるのもやめたのだという。こうして、サケを「わたしたちのもの」化しようとしてきた歴史から、人もサケも遠ざかり、津軽石においても、カワザケはその関係性の塊としての姿を消しつつある。

それでも、カワザケを愉しむ人びと

それでもまだ津軽石川にはカワザケを愉しむ人びとがいる。カワザケに去らないでほしいと考えている人びとがいる。

東日本大震災前のことである。二〇〇九（平成二一）年の一〇月二三日、学生と津軽石鮭繁殖保護組合をインタビューのために訪ねた。お昼頃まで話し込んでいると、早朝行われたサケ漁のサケガラが事務所に届けられた。東京からきた学生は、サケをまるごと見ること自体、はじめての学生がほとんどだった。当時の組合長は、これがサケなのか、と恐る恐る眺めている、学生たちの顔を見ながら、いったものである。

「さんざんお話をしてきましたけどね、結局のところここのサケの味を皆さんは知らないから。なあ、ちょっと、これさばいて焼いてやろう」

呼び止められたのは、当時、サケ組合の新巻づくりを担っていた組合員の中島勝利さんだった。この人の監督するときの新巻は味がよいと評判がいい。

当時の事務所の奥には、台所があって、大きな木のまな板が置いてあった。そこであっというまに筒切りにされたサケの身を見て、学生たちは、おやっという顔をした。わたしはそれまで彼女たちにブナケであるカワザケと普通に彼女たちが食べている「サケ」との違いを説明していなかった。さばかれた身は、「サケ」と呼ばれるには、あまりにも色がないのだった。薄いベージュのような身の色は、赤やピンクと想像される、スーパーに並んでいる切り身の「サケ」とは印象がだいぶ違ったはずである。

事務所にしつらえてある業務用の魚焼き器で焼きあげられたサケを見て、学生たちはまた、おやっという顔をした。焼きあがったものはさらに白かったからだ。箸をつけて互いに顔を見合わせた。二・五センチほどの厚みのある身は、香ばしく焼きあがり、じわりと肉汁をにじませているが、彼女たちが食べ慣れた沖取りのギンケやベニザケのように、先に脂の旨味が舌にのるわけではない。まず、淡泊な身そのものの旨味が口のなかに広がるのだ。それは、脂肪分の多い、彼女たちが慣れ親しんだ「サケ」にはないことだった。

意外な味に学生たちが黙り込んでいると、組合長たちもやってきて、学生たちをそっちのけにサケの味見をし始めた。そのときの会話がとても印象的なのである。

「どうだね、今年のは。大きそうなオスだったが」

「いんや、まだ早いな。まだおれたちんのじゃねえよ」

「白ぐね?」

「いいや、まだだ。そういや、この時期、(おれたちは)食ったことねえな」

「どれ、どれ。ははあ、(箸で身をひっくり返してみて、食べて)……んん、まだだねえ」

「おれたちんじゃねえよ」

この出来事は一〇月の終わりのことだった。しかし、津軽石の在来群、昔から慣れ親しんできた「サケ」が津軽石川に戻ってきて、津軽石鮭繁殖保護組合がサケ漁を始めるのは一一月の終わりである。そのため、一〇月の終わりはまだ、津軽石鮭繁殖保護組合は、宮古漁協から依頼されて個人がサケ漁を手伝っているにすぎない。

したがって、「おれたちんじゃねえ」。逆にいえば、一一月後半からのぼってくる在来のサケが「おれたちのもの」なのである。後期群の魚体には、津軽石のものだという見えない所有の刻印が彼らによってつけられているのだ。

そして、身のなかに脂のなくなったサケが「おれたちのもの」なのであって、白くなったその身が、やはり、よいのである。水煮にするにも焼くにも、白いサケが彼らのサケである。そして、新巻にするにはそうでないとよい新巻にはならないし、保存もできない。事務所の奥から出してきてくれた、二年もの、三年ものの新巻は、カラカラで黒ずんでいたが、保存もよかったのか油焼けもしていないようだった。

もっとも、身に脂がなくても、じっとりとした身の新巻をつくるには、一二月になって吹く冷たい風がなければならない。

「冷たい潮風が吹いてくれねえと、新巻はうまくならねえ」のである。

冷たい潮風というのは、適度な水分と塩分を含んで宮古湾から吹き込んでくる風のことである。塩梅のいい冷たい潮風がくれば、新巻は適度にじっとりする。かといって水分を含み込んで身が悪くなることもない。いい塩梅に新巻の身をつくってくれる。

このように、津軽石川には、いまだカワザケをまだカワザケとして享受している人びともいる。また、地域社会の基盤づくりに寄与することも、もちろん続けられている。津軽石鮭繁殖保護組合は、各地区の公民館や自治会などの費用についても支出を続けている。又兵衛祭りなどの祭事も続けられているし、サケガラを販売し始めれば、サケを買いにくる人びとも集まる。サケがのぼり始めたことは毎年地元テレビ局や新聞『岩手日報』でもニュースになり、タウン誌『わが町みやこ』などでも紹介される。そうして、冬の風物詩としてのサケの表象は変わらずそこにある。

それでも軒先に下がる新巻の数は集落内でも減った。

それをさみしい、という声も地元にある。

東日本大震災以前、サケへの関心が地域社会から薄れ始めていることは、津軽石鮭繁殖保護組合でも取り組むべき重要な課題になっていた。特に、津軽石鮭繁殖保護組合でサケ漁にかかわっている人たちは、サケにはやはり愛着があるから、さみしがる。

サケはやっぱり、自分らにとっては大事なもんでね。食べるのも好きだし、見るのも好きだし、思ったより重労働だったなあ！ ……（組合でつくっているサケの新巻を振り返って）つぐってみっと、大変だけど、おいしぐできっといいしね。[19]

サケに関心が戻るにはどうしたらよいか。それは組合が自分の存在意義も含めて、震災前から向き合わざるをえなかった問いだった。

サケ離れをさらに加速させるかのように、東日本大震災後には、新巻をつくる人もさらに減った。その理由はさまざまである。震災後は仮設住宅に移った人も多く、その狭い台所ではなかなかうまく新巻がつくれず、そうこうしているうちに体力的に新巻をつくることがおっくうになった、という自宅の変化や高齢化に伴う理由があげられる。つくって贈っても、贈られた方がもてあます、ホタテやサンマの方が喜ばれるので、震災で場所をしばらく移ったのを機につくるのをやめた、という理由もあることはすでに紹介した通りだ。[20]

他方で、津軽石鮭繁殖保護組合が地域社会の経済・社会基盤を支えてきた組織であったことを、東日本大震災後に再度組合員たちに再認識される出来事もあった。東日本大震災時には、宮古湾奥である旧津軽石村の地域も大きな被害を受けた。多くの人が家を流された。ＪＲ山田線の車両が横倒しになっていた津軽石駅近くの、津軽石鮭繁殖保護組合の事務所も津波に襲われ、現在では新しい建物に替わっている。組合員にも被災した人が多く、津軽石鮭繁殖保護組合では、震災後、各組合員に一律二〇万円の見舞金を出すことを決定した（津軽石鮭繁殖保護組合二〇一二）。

そのようななかで、サケと人双方が離れていくのを引きとどめようとする試みも新たに始まっている。たとえば、二〇一七（平成二九）年度からは、震災後の復興計画の一部として、津軽石駅近くにある旧家盛合家の家屋を保存しつつ、その一部を津軽石とサケに関する歴史資料館かつ新巻などの体験ができる施設を建設する計画が、宮古市によって進められた。本書でも言及してきた通り、盛合家は、近世の在郷給人であり、サケ漁場を瀬主として浦廻り四ヶ浦をまとめて率いた、廻船問屋であり、酒屋であり、地域の農業・漁業を束ねた家である。明治期以降も、村長や議員、郷土史家らを輩出した家柄であり、数多くの近世からの古文書や近代の貴重な資料も所持している。

それでは、盛合家を中心とした再開発は、再び人びとのなかに「サケ」を、特に、旧津軽石村の歴史的な「サケ」だった「カワザケ」を、地域の文化的・社会的集合性を高め、「わたしたちの」津軽石、「わたしたちの」サケ、という感覚をもたらすことができるのだろうか。

このような文化的表象の再生産と、サケを獲るためにつくってきた、津軽石の「わたしたちのもの」化の歴史に光をあてることは、確かにサケを取り戻す一助になりうるだろう。だが、かつてのサケのムラを再生しようとしても、表象だけを再生することになってしまう。かといって、昔に戻ることはできない。では、どうすればよいのか。

人を長らく食わせ、魅了し続け、地域社会の「らしさ」を体現してしまうような生きものはそれほどいるものではない。あちこちに残る、人びとが時代時代において、サケとサケのまわりにあるさまざまな出来事、サケとのかかわりのなかでできる他のモノや生きもの、出来事とのかかわり、それらの軌跡が生み出してきた文化や在地性という刻印の、今でも光を放つ魅力を、新たな形で生かせないだろうか。別の形で新しく現在のわたしたちなりの新しいかかわりの軌跡と、その軌跡の重なりから生み出されるサケとわたしたちのあいだの刻印を、改めて模索できないだろうか。

サケがくれるわたしたちへの贈与と、わたしたちがサケにできる贈与の先に、わたしたちの新しい「わたしたちのもの」化を探せないだろうか。そのヒントを、獲ることとつくることを再びつなげることから考えてみよう。

（1）実際には宮古漁協津軽石ふ化場の敷地内に併設されており、独自の施設をもっていたわけではなかった。

（2）二〇一六（平成二八）年二月二六日、三面川鮭産漁業組合事務所にて組合理事へのインタビュー、および横川（二〇〇五）を参照。三面川では上流域に三つのダムができ、サケ、アユなど遡河性の魚類資源の減少が問題になっていた。サケについては一括採捕によって資源は回復したが、他方、アユの生産は本流では難しくなっており、対策が急がれている。

（3）現代のコド漁の詳細は、ドキュメンタリー映画『川はだれのものか―大川郷に鮭を待つ』（菊地文代製作、二〇一四）に詳しい。大川の人びとのサケ漁の歴史については菅（二〇〇六）を参照。

（4）図10のデータは『岩手県のさけ・ますに関する資料』昭和四〇年度から平成二四年度まで（岩手県さけ・ます増殖協会、岩手県農林水産部農林振興課）、「サケの放流数と来遊数及び回帰率の推移」（国立研究法人水産研究・教育機構北海道区水産研究所、http://salmon.fra.affrc.go.jp/zousyoku/ok_relret.html 二〇一八年九月一三日最終アクセス）、津軽石鮭繁殖保護組合のデータによる。図11のデータは、同じく『岩手県のさけ・ますに関する資料』、津軽石鮭繁殖保護組合、および『水産累年統計 第三巻』（農林省統計情報部・農林統計研究会編）より作成。

（5）二〇一八（平成三〇）年九月一日、飯岡主税さんへのインタビュー、飯岡さんのご自宅にて。

（6）同右。

（7）大槌町のふ化場は町営なので、技術者たちは町職員になる。

（8）飯岡主税さんへのインタビュー（二〇一八（平成三〇）年九月一日、飯岡さんのご自宅にて）および、浮上槽について現在の宮古漁協津軽石・松山ふ化場場長の萬直紀さん、県水産技術センターの小川元さんお二人によるふ化場での説明より（二〇一三年一一月二九日、萬直紀さん、小川元さんへのインタビューより）。

(9) 飯岡主税さんへのインタビュー。二〇一八(平成三〇)年九月一日、飯岡さんのご自宅にて。
(10) 小川元さんへのインタビュー。二〇一三(平成二五)年一一月二九日、津軽石ふ化場にて、ふ化場長の萬直紀さんとともに。
(11) 宮古地方では、集落のことを部落という。
(12) 二〇〇八(平成二〇)年一〇月一五日、二〇〇九(平成二一)年七月二二日、二〇一三(平成二五)年一一月三〇日、それぞれ、津軽石鮭繁殖保護組合にて、組合長および事務所にいた事務員、組合員に筆者がたずねると、決まって帰ってくる「答え」だった。
(13) 二〇一八(平成三〇)年一二月一四日、山野目輝男さん、津軽石鮭繁殖保護組合の事務所にて。
(14) 二〇〇五(平成一七)年に田老町は宮古市と合併したが、漁協は現在も田老町漁協のままである。田老町漁協がサケの人工ふ化放流事業を始めたのは、一九七一(昭和四六)年以降のことである。もっとも、ふ化放流の試み自体は、田老鉱山の影響がなくなった一九六七(昭和四二)年から、当時の組合長山本徳太郎のもとで始められている。
(15) 二〇〇九(平成二一)年一〇月二三日、津軽石鮭繁殖保護組合にての雑談、フィールドノートより。(六〇代男性二人、七〇代男性二人の計四人が組合事務所で立ち話をしていたなかでの雑談)
(16) 二〇〇九(平成二一)年一〇月二三日、津軽石さけ人工ふ化場にて、職員の方へのインタビュー。
(17) 二〇〇八(平成二〇)年一〇月一五日、二〇〇九(平成二一)年一〇月二三日、二〇一三(平成二五)年一一月三〇日訪れた際、それぞれ事務所にいた異なる組合員の方々(六〇代男性、七〇代男性、七〇代男性)が雑談の折にサケ漁について語りながらこのような説明をされた。フィールドノートより。
(18) 二〇一三(平成二五)年一一月三〇日、津軽石鮭繁殖保護組合の事務所にて、立ち寄った組合員の方、事務職員の方との雑談から。フィールドノートより。
(19) 二〇〇九(平成二一)年一二月二一日、新巻づくり担当の方(男性、六〇代)へのインタビュー。津軽石鮭繁殖保護組合の組合事務所のサケ加工場にて。
(20) 二〇一五(平成二七)年一一月二五日、又兵衛祭り会場(津軽石川河畔)にて、集まっていた組合員の人びととの会話、フィールドノートより。

11 増殖から再生へ
——生を分有する責任

人からサケが離れ、サケが人から離れる。これまで、日本全体を動かしてきた増殖レジームと人工ふ化放流技術の進展を中心に、長らく親しんできたサケが背中を向け、新たなサケが現れた様子を見てきた。カワザケという生きもの、人とのあいだに厚い歴史的な関係をもってきた生きものは姿を消そうとしている。わたしたちとサケが長らくともに生きてきた、間(あわい)からわたしたちもサケも退出しようとしている。他方、そのカワザケを消してきた人工ふ化放流事業がなければ現在の資源量のサケを維持することが叶わないのも事実である。本書で見てきたように、人工ふ化放流事業は、明治政府による国家を中心とした資源管理制度の柱の一つとして、密漁や開発による資源減少を理由に導入された。戦後は、もう一つの増殖レジームの中心にある栽培漁業とともに、遠洋漁業の縮小に伴う沿岸への回帰、人が急激な産業開発とともにもたらしてきた河川や沿岸環境の悪化に対応するために制度化、整備されてきた。

人が周囲の環境と資源を利用しながら生きものとして生きるうえで、自然の領有、すなわち「わたしたちのもの」化は欠かせない。本書で幾度となく触れてきたように、「わたしたちのもの」化とは、生きもの・モノを資源として占有できるよう、その生きもの・モノそれ自体や環境を変えようとする働きかけである。その過程は、対象となる生きもののもつ、他の生きもの、モノ、出来事とかかわりを能動的に生み出しながら適応する力（adaptiveness）を利用することで行われてきた。そうして、人びとは生きものとモノを含む人間の領域を生み出し、生きものとモノをその領域に属するものとして見なしてきた。

だがその過程ではモノ化――人間の干渉が自然淘汰よりも強く働いて、形態や遺伝子に関する可塑性が高まり、人間もまたその生きものを自律性の弱いモノとして一方的な支配とコントロールが可能だと見なす――が進んできた。サケについても、人工ふ化放流技術によって生殖と稚魚育成の過程をコントロールし、なるべく資源を増やそうとしてきた。人にとって価値の高い系統群になるように選択をし、生きものとしてのありようを変えてきた。サケは、このような干渉を人間から受けながらも、稚魚として離岸した後に太平洋に向かい、三年から五年後には放たれた沿岸に河川に戻ってくる柔軟性をもって、わたしたちの働きかけに応答してきた。

今、モノ化とともに進展してきたサケの人工ふ化放流技術は岐路を迎えている。いったん増産が可能になったサケは、その生産量を減少させている。浜値がよい分、生産額は下げ止まってはいるものの、楽観はできないと関係者の表情は固い。岩手県では、東日本大震災の施設の被災によるふ化放流数の減少については現在ほぼ解消された状態にある。しかし、震災後落ち込んだ来遊数は戻ってこないどころかさらに減少している。東日本大震災前の五年間の平均に比べても、岩手県のサケの漁獲は全体の三〇％ほどが減り、特に二〇一六（平成二八）年度は「凶漁」と呼ばれた。しかし二〇一七（平成二九）年度は重量でさらに二〇％ほどに落ち込んだ[1]。津軽石川も含め、放流事業の採卵・稚魚数を確保するため、川ではなく、海の定置網で獲れたサケを畜養して採卵する海産親魚が用いられている。海産親魚の利用は緊急事態を意味する。川にサケが戻らないのだ。さらに海産親魚の利用は、「母川に帰るかどうかわからない」と技術者たちが直観的な不安を抱える技術でもある。

最新の科学研究が明らかにしているのは、人工ふ化放流技術によるモノ化が、生きものの集団としての、個体としての環境に適応する力とその可能性を減少させてきたのではないか、ということだ。気候変動など新たな不確実性が増える現在、さらにサケを生きものとして変容させたい、という人びとの欲望ものぞく。気候変動がもたらす海水温や潮流の変化に対応できる個体群の選抜と育種、あるいは養殖用のゲノム編集まで、サケ・マスの家魚化も進んでいる。他方で欧米では、資源利用の対象としてではなく野生生物として、養殖でもなくふ化場由来でもない野生魚を増やす努力も進む。

だが、これまでわたしたちと長く生きてきた間（あわい）のサケを、そのサケと居るわたしたちを失いたくない場合は、どうすればよいのだろう。「わたしたちのモノ」化してしまったサケと、間（あわい）にともに生きる生きものとして縁を結び直すことは可能だろうか。

本章ではそのことを、今津軽石で行われている「つくる」人工ふ化放流事業のなかで、モノ化からはみ出るサケの生と向き合い、モノ化とは異なるつきあい方を模索しようとする技術者たちの姿から、増殖を新たに組み換える方向性について議論してみよう。

そして、改めてモノ化とは何であったのか、間（あわい）に生きるとはどのようなことかを振り返りながら、間（あわい）を生きるわたしたちとサケ、その行く末について考えてみたい。

鍵になるのは、カワザケである。

11・1　何が起こってきたのか――食卓の上の野生化と家魚化

岐路を迎えている人工ふ化放流事業の行く先を考える前に、わたしたちがどこに行き着いてきたのかを知っておこう。人工ふ化放流事業で増産してきたサケが、サケを好む消費者の関心の中心にいるかといえば、残念ながらそうではないのが現状だ。

戦後、北洋サケ・マス遠洋漁業の規模縮小を埋めたのは、サケの国内生産増産と海外からの輸入のサケ・マスだった。戦前から二〇〇海里時代に突入するまで遠洋の「獲る」漁業の発展を支え、食卓を賑やかしてきた日本の経済水域外の北洋サケ・マスは、母川主義と野生魚の保護が国際的に根づいた現在の状況を考えれば、もはや日本が漁獲して利用するのは難しい資源である。ゆえに、ベニマス、マスノスケなど北洋に生きるサケ・マスについては輸入に頼るほかない。

遠洋漁業の規模縮小とともに一九八〇年代から輸入規模が拡大し始めた。その当時サケ・マスの市場価格を決めていたのは米国アラスカ産のベニザケだった。一九九〇年代からはノルウェーのタイセイヨウザケやチリのギンザケなど大量生産型養殖魚の輸入が一気に増大した。巨大化した養殖産業の影響は大きく、すでに日本においても自国のサケ・マス生産量よりもチリとノルウェーの養殖サケ・マスの輸入量が上回っている状態にある。刺身や寿司で「サーモン」を食べるのが好きだという人は、もはや養殖のタイセイヨウザケやギンザケ、ニジマスを食べている機会の方が多いだろう。タイセイヨウザケやギンザケの世界的市場での人気もあり、他国のバイヤーとの競合が懸念されたり、サケ・マスの市場価格自体が上下したりしているが、日本はここ数年は変わらず、世界でも有数のサケ・マスの買い入れ国として、継続して輸入量を増やし続けている（FAO 2019）。

他方、人工ふ化放流事業で増産してきたサケについていえば、国内消費は安くなった輸入物に押されて伸び悩むなか、一九九四（平成六）年から中国を中心とする他国への輸出が増えた（清水 二〇〇五）。ピーク時の二〇〇六（平成一八）年に至っては六万トンを超えている。東日本大震災後は輸出量を減らしたが、現在は少しずつ回復しつつある。わたしたちが人工ふ化放流事業で増やしてきたサケは、国内での需要が伸び悩み、代わりに輸出が進んできた。

国内の養殖はどうだろうか。日本はチリやノルウェーのような大規模生け簀で効率よく育てることはできないが、生食需要を背景に、海面でもない水面でも、ブランド化で市場価値を高め、小規模生産を補う養殖事業の模索が続いている[2]。

わたしたちの食卓には、こうして、野生魚も養殖魚も含む輸入されたサケ・マス、人工ふ化放流事業由来のサケ、養殖されたギンザケやニジマスが載っている。わたしたち消費者は何も考えずに目の前のサケ・マスを値段と食味、色合いを気にして食べている。しかしその食べるという行為が、食卓に載っている多様なサケ・マスの種としての姿形と生き方、種としての存続と将来、サケ・マスとともに在ってきたわたしたちの、あるいは誰かの文化や社会も含めて、その行く末を決めているのだ。

わたしたちはどういうサケ・マスを食べ、ともに生きたいと思うだろうか。本書の言い方でいえば、どのようなサケ・マスに「わたしたちのもの」として、わたしたちの領域にともに在ってほしいだろうか。

もしも、これまで長く日本列島において人間に付き合ってきてくれたサケとともにありたいならば、わたしたちは人工ふ化放流事業の行方を、サケとどう生きたいのかをふまえて再考する必要があるだろう。それは同時に、欲望のまま、あまり背景を考えることなく食べている他のサケ・マスたち――家魚化されたチリやノルウェーのサケ・マスから、野生魚と北太平洋のサケ・マスたち――をどう食べるかについても考えることだ。

岩手県のサケ資源は、一九九八（平成一〇）年まで四万五〇〇〇トン（一四五四万尾）の水準にまで増産された。しかしながら、一九九九（平成一一）年以降は、放流数は変わらず四億尾であるにもかかわらず、二万九〇〇〇トン（八六〇万尾）に減少し、平成二二年度には一万三〇〇〇トン（四二三万尾）の水準に下降した。東日本大震災のすぐ後にはさらに下降し、施設の復旧がすんだ後も低水準が続いている。

この数字の低下をどう受け止めればよいだろうか。

次節からは人工ふ化放流事業が抱えてきた限界、すなわち増殖レジームがもつ限界について現場の技術者たちの実感、最近の研究で明らかになってきたことをふまえて探ってみよう。そして、人工ふ化放流事業から内在的に課題を明らかにしてみよう。

11・2　増殖レジームを再考する

人工ふ化放流技術の属人性とローカル知

一九九八（平成一〇）年までサケの増産を実現してきた増殖レジームだが、その受け手である地域のふ化場は、地域の固有の条件のなかで生きる生きものを相手にするからこそ、その生きものとそれを取り巻く地域の条件に応じた細かな技術と技能を生み出していかざるをえない。前章で見てきたように、岩手県にはローカル化された増殖レジームの姿があり、目の前のハマ、前浜に適応した技術開発をしようとする技術者たちは、個別具体的な問題解決のため、属人的でローカルな知を日々その身体に積み重ね、技能を形成して日々更新しながら用いている。

もちろん現在は、「数」を優先させる増殖レジームのもとで、同じように「数」を生み出すためにその技能も繰り出されている。しかし同時に、地域特有のローカル知は技術者たちにある経験に基づく知識と直観をもたらしている。その知識とは、地域固有のサケは、その地域の他の生きものやモノ、出来事に働きかける能動的な生きものであることである。技術者たちが直観しているのは、その能動性が生み出す適応力と順応性こそが、サケの再生産に重要なのだということだ。その技術者たちの知識と直観にこそ、増殖レジームを再考し、間（あわい）に生きるサケとわたしたちのかかわりとはどのようなものでありうるか考えるヒントがある。

前章で述べてきたように、岩手県では、国の増殖レジームに対応しながら一九七三（昭和四八）年を契機に、大きく増殖体制の再編が進んだ。県の技術レベルも向上した。サケに関する技術者も育成されてきた。また、岩手県沿岸部に合わせる技術開発とそのための沿岸の稚魚・親魚研究が進められた。すでに見てきたように、飯岡主税らによって設けられた岩手県鮭鱒増殖保護組合の下部組織、技術部会を通して、ふ化場によって異なるローカルな個別具体的な技術と知見が編纂された。

具体的にどのようなローカルな知が技術者の技能として蓄積されているのか。それを知るには、ローカル化した増殖シナリオが根づいていた一九八〇年代に、技術者としてトレーニングを受けた技術者の来し方と現在のありようを見るのが適している。その頃、県の栽培漁業センター宮古分場に入り、現在、宮古漁協の津軽石さけ人工ふ化場と松山人工ふ化場の両者をまとめているのが、場長の萬直紀である。萬の身体に蓄積した知識と実践のなかで培われてきた直観のありようをみながら、人工ふ化放流事業の抱える課題を内在的に捉えてみよう。

触る(3)

萬直紀(一九五九(昭和三四)年生まれ)は宮古市の町中で育った。小さい頃は教師の両親の影響で本ばかり読んで育った。岸壁から川まで、釣りやら遊びやらに明け暮れ、自分で海洋牧場をつくることを夢見て育った。萬もまた、アーサー・C・クラークの小説の薫陶を受けた。

宮古水産高校から北里大学の水産学部を卒業した後、県栽培漁業センター宮古分場で三年勤め、サケの増殖技術の基本をそこで習った。ちょうど右肩上がりにサケの漁獲があがった頃だった。分場では県の標識放流実験のために、宮古湾の三丁目定置網などの定置漁船に乗ったり、朝一番に献体をもらいに港に向かったりしながら過ごした。その後宮古漁協に勤め始めてからは、漁協の自営課、すなわち、宮古漁協の定置網の帳場をあずかる部署で六年間勤め、それから津軽石さけ人工ふ化場に三年四ヵ月、当時のふ化場長だった大洞克巳のもとで勤めた。大洞は当時、飯岡主税とともに県の増殖技術開発、特に浮上槽とネットリングの開発に寄与した人物である。その後保険などを扱う指導課にいたとき、当時の船越賢太郎組合長から指示を受けて、津軽石のふ化場に二〇〇二(平成一四)年に着任した。この経歴から、萬が、まず基本的なサケの知識と技術を習得した後、沿岸のサケ定置網の現場と経営を経験してから、ふ化場に入ったことがわかる。

萬が分場に勤め始めた頃は、一九八〇(昭和五五)年以降、多いときには一〇〇万尾を超える数に海面漁獲が届いていた。しかしながら、一・八%と高位だった回帰率は、一九九九(平成一一)年から二〇〇一(平成一三)年にかけて、〇・七〇・八%に落ち込んだ(小川 二〇一〇)。萬はその落ち込みを「なんとかしてこ」と船越賢太郎組合長(4)にいわれ、松山ふ化場の舘下安夫とともに着任した。

ここでは、萬の身体に蓄積されたサケに関する身体知が、属人的で、限定的な時空間な広がりをもち、だがある程度人から人へ受け継ぐことが可能なものであることを描写してみよう。そのうえで、このような身体知がローカルな環境へ対処できるよう編纂された知の体系になりうることを示しておきたい。

身体知の一つは、萬が親魚の卵の成熟度を触診する様子に表れる。幾度か早朝に早期群サケの漁場を見学させてもらって、一連の萬や他の職員の動きを見て不思議なことがあった。早期群のうち、畜養が必要な魚体を「仕分ける」萬らの手さばきである。早朝の作業場には、宮古漁協の津軽石さけ人工ふ化場の常勤の職員に加えて、津軽石鮭繁殖保護組合から宮古漁協に臨時雇用された九人が作業にあたっており、そのうち、二、三人が卵の成熟度の判別をしていた。判別はほとんど瞬間的な指での接触で行われている。萬は、ためらいなく成熟と未成熟に分けるのだが、他の職員はごくたまにだが、どちらにも分けず手を離すことがある。萬がその後ぱっと拾いあげてそれを仕分ける。

福永：早期群から……早期群の熟すタイミングというか、さっき卵の大きさの話が出ましたけれど、一応このくらいだとうまくいくっていうのはどうわかってきたのか……。

萬：あれはね、一匹ずつ触んねばわかんないのよ。一匹ずつお腹触って、あとは指の感覚で覚えたの。

福永：毎回毎回触って？

萬：うん、毎日毎日何百本って触って、初めは「こんくらいだったら大丈夫だよ」って大洞さん[5]さ教わって、「こんくらいだとまだ未熟だよ」とかっつうのは教わったの。一番最初にちょこちょこっと。あとは数やればわかるから。ただただ、指さ突っ込まれて。

福永：触ってわかります？
小川：そういう意味では触ってる数が圧倒的に違うから。まわりが（こなす周回につく○の数が）四つ以上違うんじゃない？　だって同じ魚を何回も触る。……
萬：何回も触るから、二回三回触るから。たとえば四〇〇〇畜養すれば三回触れば一万二〇〇〇匹分だからさ。それが一シーズン、二回だとしたって八〇〇〇回は触ってるからね。それ……最初の三年（最初に分場に勤務していた三年四ヵ月のこと）だし、おれさ……平成一三年からずっと触りっぱなしだから。
小川：たぶんおれと萬さんだと物差しの目盛りが一ミリと一〇センチくらい違う。これは溶けてるなっていうのとこれは硬いなっていうのはわかるけど、溶けてるのと硬いのとのレンジがね、たぶんそんくらい違うんじゃないかな。
萬：たぶんそう。
福永：コンマ刻みでわかるってことですか。
萬：もっとだ（もっと細かい刻みということ）。こんくらいだっつうと半分皮が被ってるけどあげてもいいなって。これは習うより慣れろの世界だからいかに数触ってるかで。
　感覚は……「これだぞ！　これを覚えろ」と。ただ、迷ったら離せと。おれも若いうちの迷ったら離せと……そうこうしてるうちにまた泳いでればおれがつかむんだから。知ったふりして、あげられるっつうと筋子になってんだ。(6)

筆者が見たのは、迷ったら離す、それを萬がつかんで判断し直した場面だったのだ。

「すぐに離す」というのには、卵を触るとき魚体が暴れる前に離すという意味も含まれている。さもなければばつかんだときに背骨が折れ、数日は無事でも再び畜養しているあいだに死んでしまう。暴れるならすぐ離し、無理には触らない。むしろ暴れさせない。

こうして、未成熟か成熟かその状態を瞬時に指で触ることで判断できる身体的な技能、それを判断できる再生産段階に関する知識は、親魚から種苗をつくるために技術者たちが共通してもっている技能である。

ヤマメ、その降海型のサクラマス、アユ、イワナ、いずれも、オス・メスの魚体の違い、成熟卵をもつかどうか、などについて「見るだけで」あるいは「見て触って」判断できることは、再生産技術を扱ううえで重要な技能なのである。たとえば同じように内水面漁協のヤマメの養殖をしている技術者も、腹を触ってその成熟度を見る。

このような直接的な魚体と生活史に関する経験的な知識と、属人的な身体的技能は、人工ふ化放流事業のどの過程にもあふれている。

たとえば、受精させるために卵と精子を水とともに混ぜる「手」の使い方、採卵するまでの手際、死卵と水カビの所在をぱっと見た浮上槽のなかから探しあてる「眼」、その作業をするときの水の質と水温を判断する「手」と「舌」、卵を車で運ぶときの「振動を起こさない」静かな運搬で死卵を少なくする方法。これらはふ化発眼率を大きくするために行っている、経験知による身体的技能の発揮である。

つなぐ

人工ふ化放流技術のマニュアルは、このような個々の身体的技能が精査され、技術となっている要素を含んでいる。受精卵の運び方における、卵を運ぶ振動の少なさや運搬時間、物理的距離の短さなど、実際に北海道のさけ・

ますふ化場でマニュアル化された方法のなかにも、技術として一般化されたものが多くある。

他方、このような知識は津軽石川にのぼってくるサケという個別具体的な条件に合わせた、適用に関する幅や、細かな応用の仕方があってこそ意味をもつものでもある。先ほどの早期群の腹を触って成熟度を見る技能は、ギンケを生み出す早期群が津軽石川に移入されて定着する系統群となり、畜養が必要になってから技術者が磨きをかけなければならなかった技能でもある。たいていの場合属人的であるが、大洞から萬が学んだようにそれらが現場で引き継がれていくこともある。

たとえば卵と精子を混ぜる作業は、もっとも受精において重要な過程である。ゆえに責任は場長の自分にあると萬はその作業は人に任せない。任せられるかどうか後継者は見極めねばならないという。

腹を割って卵を出すのは誰でもよいのだといいながら、それでも萬は以下のようにいうのである。

> だけどおれは、(一緒に現場で作業をするのに)卵の見るのもしっかりしたやつで手際がよくてっつうのを大事にしている。それはやっぱし「人を大事にする＝卵を大事にする」ということ。卵を大事にするためには人を大事にしなきゃだめだ。だっけ、一番、最初に卵を考える、稚魚を考えるっていったらば、何をしたらいいかっつうのはおのずと答えで出てくる。それをただやってるだけ。(7)

人を大事にする、とは、卵を大事に扱える人を育て、「わかる」人間になってもらうということだ。そして「わかる」人間になってもらうためには、働く人としても尊重していなければならない。人を大事にしなければ、その人は意をくみ取り、卵のことを大事に考えてはくれない。ここには卵の扱いの属人性への認識がある。同時にそれが伝達されうるものであることも示している。だから卵のために人を育てるという話になるのである。

このような現場の知と属人的な技術は科学的な知識に置き換えられるとは限らず、法則性を見いだすことが難しい事例だったり、言語化することが難しく、経験的に裏打ちされた勘、何となくそう思う、という形でしか表現できないものだったりする。「触ってみろ」というサケの卵の成熟度を判断する技能はその最たるものだ。しかし、それらもまた目の前の事象を総合的に読み解いて理解し、不確実性をもつことを念頭に置きつつ対策を練るために必要なものである。

属人的にしか育たず伝えるのも難しいものを伝えようとするから、それができる人材を確保できるように、人を大事にするというのだ。

読み解き、配置する

さらにもう一つ、萬のもつ身体知に特徴的なのは、総合的に人、生きもの、モノ、出来事のかかわりを「読み解き」、動かせるように「采配する」知であるということだ。人の配置をサケの卵とのかかわりとの関係で考えて動かす。一日刻み、ときには時間刻み、分刻みで、ずっとその先の四年後、五年後のサケの戻りまで考えに入れながらその采配ができるかどうか。臨機応変で順応的かつ、時間軸を複数立てながら管理するという、ローカルな知と属人的な技能がもつ重要な特徴がある。

この時期の津軽石に戻ってきた系群のなかで、このぐらいの未成熟度を抱える親魚がいるというのはどういうことを意味するのか。次の畜養池の準備やふ化器の準備をどのくらい整えておくか。そこに卵を扱えサケ漁に長けた人に何人いてもらえるか。ある日の触診の結果から人、生きもの、モノを動かせるように「読み解く」には、個々の河川の状況や天候、湾内の様子、定置網でのあがり具合、そういったさまざまな情報を頭のなかに入れ、自らの経験も振り返ってみる必要がある。その結果、出てくるものは、言語にも数字にもできないが、確かに意味をもつ総合的な判断、萬のいうところの「やんねばなんねえこと」を導き出す「勘」である。

そうやって「読み解く」先は、ふ化場という範囲を超える。河川から湾まで、ぐるりと目配りして対応することを、萬は以下のようにいう。

> だから、やんねばなんねえことをやらねえ、つうと、すぐに結果としては数に出てくっから。おれはほら、腕がいいども（にやりとする）、……そうだっていうのは、やんねばなんねえことをやってるからなのえ。考えたらつながりのありそうなことには、自然に目がいってんだども（目配りをしている）、やんねばなんねえから[8]え。

言葉通り、萬はよく川とサケを観察している。川とサケへの目線は、定置網に若かりし頃に通って、大謀たちにもまれ、定置網の船に乗りながら調査をしてきた沿岸へとつながっている。その経験をもとに、データを読む。人工ふ化放流事業を含めた津軽石川のサケの再生産にかかわる全体を視野に入れてこそ川とサケの細かな様子がわかるという。

萬は、自然繁殖群のことを「隠し財産」と呼び、それがあることは、人工ふ化放流事業にとってはとても重要だと考えている。たまたま大水が出て、「隠し財産」が図らずも出た、という話をしていたときである。萬は、全体のふ化放流事業の予定されている採卵数を考えながら、「隠し財産」をつくっておくことも考えているという。

自然産卵群（自然繁殖群）は必要なのさ。それがちゃんと混じっていないと、弱い群れになる気がするのよ。気がする、ということだから、裏付けはないかっていうと、それは勘もある。サケばっかりやってきたもの。おれはさ。……そして、戻してきた。そういうことっから考えっつうと、いないとだめなのさ。あと、これも勘なのえ。けど、群れをちゃんと率いて戻ってくる強いやつらがいねえとだめなような気がすんだよね。最初に先頭立って帰ってくるやつ。[9]

自然繁殖群の「隠し財産」は、大水のときだけではなく、採卵数の達成を念頭に置きながら、意図的につくられることが必要だという。強いやつは自然繁殖群がいてこそ生まれるのだという。

他方で親魚についていえば、萬は、サケ留のできる前の八月から川にのぼってきてしばらく川や湾を行き来しながら滞留している頃から、そのときの水温、水量、水質、砂礫など、川の状態も含めよく親魚を見ている。他の生きものについても見ているし、定置網や養殖など他の漁場に出入りする人たちからも、サケだけでなく湾内のことが自然に耳に入るように振る舞っている。同じように、卵のふ化や稚魚飼育に必要な伏流水、減耗率を左右する放流後の稚魚の成育環境などを把握しておくことも怠っていない。汽水域、河口の様子も頭に入っているし、「なんだかな」と違和感を覚えたり勘が働いたりしたときには、とにかくすぐ自分で見にいく。

先ほどの自然繁殖群に関する言葉は、そういった全体の環境と戻ってくるサケ、両者を総合しながら、戻ってきたサケの「質」と「戻ってくること」に関する総合的判断の一つの表れである。それは、萬が魚と卵を触り、かかわり続けることで、サケの生の作用の体系に自身を埋め込んでいるからこそ見えてくる総合的判断だ。

同時に、河川から湾に至る一連の環境がきちんと卵や稚魚にとってよい状態に保たれること、上流域の森林群、水質、伏流水の豊かさ、砂礫の状態のよさ、汽水域の広い遠浅の前浜、それらがよい状態であることを萬はとても重要であると思っているし、口にする。それは勘だけではなく一般的に考えてもしごくあたりまえのことだと萬はいう。

だが、人為的な改変による環境の変化から自然繁殖が安定的にできる環境ではもはやない。社会のニーズを満たす生産量をつくるのは難しいことも強く認識している。小さな頃から釣りに明け暮れ、小学生の頃にはすでに海洋牧場をつくることを夢想していたという萬は、河川やハマなどの環境の変化については人一倍詳しい。

彼にとって人工ふ化放流事業は、その環境変容をふまえたうえでの技術であり、対策なのである。またそれゆえに、人工ふ化放流事業がサケ資源生産の主軸として確固たる成果をあげるべきだと考えている。漁協での経験から定置網漁業の状況がわかっているために、どれだけ戻すか、ということが漁協にとって経済的にどれだけ重要であるかも強く認識しているからだ。実際に宮古湾において、ここ二〇年ほどの沿岸定置網漁業のサケ資源への依存度は二〇%から五〇%のあいだで推移しており[10]、サケ資源を造成することは、漁協にとって重要な産業となっている。ゆえに、限られた条件下において、最大限にとりうる増産の手立てをとることは、宮古漁協にとってもっとも重要な目的なのである。

これまで本書で見てきたように、人工ふ化放流事業の目的が「数」の効率的な生産を目指すものとなり、さらに「数」を享受してきた成功体験が漁協を支え、「数」は戦後のサケの食文化の一部も支えてきた。しかし、その「数」が現在、漁協とふ化場を苦境に追い込んでいることも確かである。技術者が数の増産についてもってきた違和感と、漁協とふ化場を追い込んでいる状況について改めて確認しておきたい。

直観する

岩手県の増殖体制の形成に寄与した岩手県職員の飯岡主税は、人工ふ化放流事業が「数」の増産へひたすら走り出したとき、早期群と後期群からなるサケの群れの構成をどう考えるのか、岩手県としてどこまで放流数を増やしてよいのか、それが置き去りになったと振り返っている。どのようなサケの群れを欲し、実際に何をサケに対してしようとしているのか根本的に考えることが必要だったが、それが置き去りになった。

あのね、研究者でいたら最後まで抵抗していたかもしれません。立場が変わると、考え方もある程度、妥協しないといけないのかな、とそのときはじめて考えました。(11)

飯岡が研究者であったら抵抗したかもしれないというのは、放流数四億匹を目指し維持し続けるという増殖の方針である。もともと四億匹放流が求められた根拠は、一九七一（昭和四六）年から岩手県で始まった「三万トン生産計画」である。だが、ちょうど一九七〇-一九八〇年代は、延縄、イカ釣り、サンマ棒受けなどの沿岸漁船漁業が低調で、岩手県では一九六〇年代の五万トンから落ちて二万トンで推移する状態にあった。ゆえに、ふ化場をもつ漁協がサケで埋め合わせをしようと、すなわち、定置網漁業のサケ漁獲増加と人工ふ化放流事業の稚魚数を増産して、国と県の補助による買い取りを増やすことで経営を安定させようとしていた。

飯岡はふ化場を歩いてローカル型の増殖事業体制を生み出してきたからこそ、地域社会の生計を支えるための妥協が必要なこともわかっていた。当時、「一時的に放流数をそのときは増やして、その後もとに適切な数に戻せばいいかな」と考えていたという。

しかし「一時的な」と考えていた政策はその後現在に至るまで岩手県の増殖の基本方針とされた。獲るためにつくるというサイクルは、受益者負担の原則のもと、北洋サケ・マス漁に代えて組合自営の定置網漁業のためにつくるサイクルへ再編された。さらに、稚魚数の買い取りによって増殖を支援する仕組みは、ふ化場の運営のみならず、漁協・町の運営も長らく支えてきた。岩手県の場合、定置網を自営する漁協が漁獲金額全体の七％を増殖事業のために拠出している。この拠出金と国や県からの補助金を合わせて、岩手県さけ・ます増殖協会が稚魚買い取りを行っている。稚魚は一尾あたり一・五円で買い取られる仕組みだ。東日本大震災前、栽培漁業やサケの人工ふ化放流事業については、行財政改革のなかで、政策としてのコストパフォーマンス、政府による予算の削減、受益者負担の原則の観点から見た養殖政策の重点化を理由に予算が年々削減されていた[12]。東日本大震災後は震災復興予算としてサケ増殖予算は増加しているが、それを一時的なものと考えるふ化場関係者には、根本的な制度の見直しが必要ではないかと考える者もいる。しかし、次のようにいう。

なかなか、今の増殖の体制がもう無理だっていうのは、わかってても、いえない。今年の飯をどうするか、他の魚種の方がわからないんだったら、四年後にまだ、これまで戻ってきたっていう経験があるから、やっぱりサケにつぎ込みたい。ほかのは、施設もないし、今からやるっても難しいとなれば、やっぱりサケに期待する[13]。

「数」を増やす政策から抜けられないのは、このような漁協の経営の苦しさが先に立つからでもある。すでに述べたように、岩手県では、各定置網漁などの経営母体が漁獲の七％を負担する。そして稚魚は買い取られる仕組みになっている。自営の定置網をもつ漁協にとっては、ふ化場と合わせて「数」があってこそサケの儲けが出る仕組みである。

しかし同時に、現場では「数」を満たさなければならないが、「数」を満たすだけの方法ではよいサケがつくれないのではないか、という疑念が技術者たちのあいだにもたれるようになった。

先ほど述べた、津軽石と松山ふ化場を統括する萬直紀は、「勘」だといいながら、自然繁殖の集団がサケのなかにいることの重要性を述べていた。数の増産とよい稚魚の生産の両立が難しいことを明確に理解しつつ、数の増産の必要性を説くのも同じ萬である。国際的にも増大する放流数が問題になっているのをどう考えるかという質問をしたときのことだ。

> あのな、数はいるのよ。戻ってくるのがなんぼになるか、が仕事なんだから。戻すのがおれの使命だと思ってんの。……数があっても、つよい稚魚はできるんでねえの。いい稚魚にすっことはできんでねえの。そう思いながらやってきた。(14)

数を優先すればよい稚魚はつくれないのか。数を優先することと、よい稚魚をつくることの両立を何とかすることが、萬にとって長らくの課題であった。

他方で他のふ化場の技術者のあいだでは、四億匹を維持するために各ふ化場での高密度飼育がなされてきたことが問題になってきた。その問題の一端は東日本大震災前に老朽化していた施設にあった。漁期中サケは毎日同じ数だけ河川に現れてくれるわけではない。なかにはふ化場の容量と十分な用水が確保できないという問題から、飼育する稚魚が十分な大きさにはなっていないのに、ふ化場の容量を空けるために基準を満たさない稚魚の重さのまま放流をしたり、稚魚飼育池が結果として高密度になってしまったり、ということが各ふ化場で問題になっていた。津軽石川は豊富な伏流水に恵まれ、県下でも有数の施設をもっていたから、比較的このような問題にはぶつかりにくかった。萬が向き合えた数と質の問題は、津軽石川だったからこそ両立が模索できる問題でもあった。

一九八〇年代に進んだ研究から、サケ稚魚の適正な飼育密度は、全国的に二〇キロ／立法メートル以下とされている（野川・八木沢 二〇一一）。東日本大震災前は施設の老朽化もあって、高密度化の問題が四億匹放流の問題とともに口にのぼっていた。震災後は、新設された施設のなかで、四億匹放流が問題なく行われるようになった。また、二〇一五年に岩手県、岩手県さけ・ます増殖協会、岩手県定置網漁業協会の連盟で出された「岩手県サケ資源回復方針」にも明記されているが、東北水研や県の指導のもと、ふ化場単位ではなく、ふ化場内の池を単位として固有の条件を加味し、稚魚の育成・放流の計画を立てるようになっている。[15] ただし、今度は、震災後の水産業界全体の人手不足もあって、思うようにふ化場での人材が確保できないという問題が起こっている。また、一律に課せられた数の目標が優先することで、それぞれのふ化場が河川ごとに適正だと設定したい数をなかなか設定しにくいという問題もある。

もっとも、「数」を中心に進んできた増殖レジームが限界を迎えているという課題自体は、施設の新設によって解決できる問題ではなく、もっと根本的なものだ。萬がいうように、数と質、「よい稚魚」「つよい稚魚」が両立できる道があるに越したことはない。

ただ、岩手県のふ化場の全体を見ていた飯岡主税が次のようにいう言葉には重みがある。

よい稚魚を、よい時期に。結局、人工ふ化放流事業はそれに尽きると思っています。よい稚魚を、天然繁殖でできるに越したことはありません。でも、それができなかった。できなかったという点において、人工ふ化放流事業が必要だった、で、今でも思うのは、よい稚魚をつくる、ということがそこでやはり重要なんだと。(16)

よい稚魚を、よい時期に。健苗、適期放流という言葉で、一九六〇年代以降の人工ふ化放流の技術開発の指針となってきた言葉である。ローカル化した岩手県の増殖体制のなかでも重視されてきた。萬もまた、数をきちんと戻すことを念頭に置きながらも、「よい稚魚」にすることはいつも心がけてきた。その経験知の一つの発露が、自然繁殖群という「隠し財産」を津軽石川にもっておくこととして語られてもいた。よい稚魚には、自然繁殖による稚魚が混ざってなければならないのだ。

よい稚魚を、よい時期に。

わたしたちは再度、この言葉を考えてみるべきではないだろうか。技術者たちの、卵を、魚の腹を触ってきた経験が向かわせる言葉、よい稚魚とは何か。よい時期とは誰にとっての、何にとっての時期か。

そして、本書の視点から考えれば、次のように考えてみることも重要だろう。現在のモノ化されたサケにとって、よい稚魚であるということはどういうことか。次節では、本書がこれまでたどってきた人工ふ化放流事業の歴史的展開のなかで、技術者たちが脇に置かざるをえなかった問題からこの問いを考えてみよう。

11・3 増殖をサケから再考する——カワザケの再生

増殖レジームの限界と「よい稚魚」

「数」を重視してきた増殖レジームが抱える限界については現場からも研究者からも指摘され、問題提起がされてきた。

特に一九九〇年代からは、サケの生物学的研究が進展し、人工ふ化放流事業による資源集団の組成がもつリスクがたびたび指摘されるようになった。日本では、シロザケ資源集団の五割以上が人工ふ化放流による資源組成になっていることが明らかになっている。そしてそのことが、安定した資源集団の大きさを形成する一方で、生物集団としてサケが抱えるリスクを新たにもたらしたり、あるいは増幅させたりしているのではないか、と考えられているのである（帰山ほか編 二〇一三）。

リスクの一つは、ふ化放流事業により増産されている資源量が、北太平洋のもつ環境容量を超えているために、密度依存効果が発生し、サケの小型化、高齢化が進むというものである。具体的には五年魚が増え、なおかつ体長が小さく、身が薄くなっているという。その結果、他の国に母川をもつサケや他のサケ・マスの集団に競り負け、十分に回帰できない状況になっているのではないか、というのである。回遊後の資源の生残率の低さはもっとも重要な問題だが、魚体の小型化と高齢化自体も、直接的に各漁協にとって重要な課題である。もちろん、野生魚の過密状態においても同様の現象は起こりうる。だが、現在の資源状況では、人工ふ化放流事業による過密状態が現実にあるリスク要因だと見なされている。

もう一つは、人工ふ化放流事業における環境適応性の減少と、移入系統群による種集団としての環境適応性への低下というリスクである。戦後、人間社会側のニーズに基づき河川を物理的に改変したことでもともといた系統群がいなくなることも起こった。あるいは、ギンケ生産のために早期群が広く移植された。さらに人工ふ化放流事業により、同一系統群における遺伝的多様性が減少し、結果として、環境の変化に対応しにくい適応度の低い集団となり、集団としての脆弱性が高まっているとされている。日本のサケではこのような研究はまだ進んでいないが、降海型ニジマス（スチールヘッド）を対象とした研究や、他のサケ・マスについて、在来系統群の放流魚、非在来系統群の放流魚、野生魚のあいだの環境適応性を比較した研究では、野生魚がもっとも環境適応性が高いという結果が出ている（Araki *et al.* 2008）。

また、もう一つのリスクとして、サケ・マスが他種の生物群との関係性のなかで果たしている、生態系サービス機能が小さくなることが指摘されている。陸域においては河川の「カワザケ」がいなくなることにより、その魚体を利用する生物相や、魚体の栄養素の循環のリンクが切れることはたびたび指摘されてきた。他方、海域においても、魚体の炭素の安定同位体の研究から、人工ふ化放流事業由来のサケがそうではない「野生魚」のサケよりも広く遠い海域を回遊することが明らかになった。「野生魚」はむしろ沿岸域近くを行き来する期間が長く、沿岸域の生物群集を構成し、食物連鎖や栄養循環によるサービス提供者となっている可能性がある。現在米国のアラスカ州を中心に議論されている遡上確保（escapement）に関する議論は、野生魚のもつ環境適応性への議論もさることながら、この生態系内のサービス提供者としてのサケの役割を確保するという目的も大きい。野生魚・放流魚のふ化遡上を意図的に促し、いわば生態系の循環を再生する。実際にアラスカ州の野生漁業局では、自然遡上数のゴールを川ごとに設け、自然繁殖を促している。

アラスカ州の例については、人工ふ化放流事業を含めたサケ・マス資源管理に関する北米での考え方の違いについて把握しておく必要がある。米国の場合、サケの資源管理については、人工ふ化放流事業が進められてきた一方で、生態空間ごとの流域再生を目指す生態系保全型資源管理が自然保護運動、先住民族の権利回復運動とともに強く求められてきた背景がある。本書でも戦後、GHQの報告が人工ふ化放流事業よりも、サケの生態空間保全がともに行われるべきだという内容であったことは述べた通りである。先に自然繁殖へ政策的転換をしたカナダに続き、一九三〇年代には人工ふ化放流事業の資源生産の効率とコストの問題から、多くのふ化場が閉鎖された。このあいだもダム事業による生態系破壊の補完的方法としては採用し続けられた。しかし、第二次世界大戦後、特に一九六〇年代に入ってからはふ化放流技術の向上によって、商業生産やスポーツフィッシングのための増産と資源保護の両面から多くのふ化場が再びつくられるようになった。

このような動きと並行して、水産資源の減少の理由の多くが、何よりもまず生態空間の環境悪化や喪失によるものであり、人間による過剰漁獲によるものであるという指摘がなされた。そして、生態空間の環境悪化や喪失への対策も、研究者や自然保護運動、スポーツフィッシング愛好家により求められ始めていた。一九七三（昭和四八）年、絶滅の危機に瀕する種の保存法（Endangered Species Act）が成立したことをきっかけに、生態系保全型の資源管理が明確に形成されていく。サケ・マスについても、生態空間の保全と生物多様性の保全を最優先とし、自然繁殖する「野生魚」保全のための資源管理を行う生態系保全型資源管理が形成された。人工ふ化放流事業も、利用のために数を求める事業の他に、保全型人工ふ化放流事業（conservation hatchery）も盛んだ。特に、北米の先住民族にとってサケ・マスは主要な食糧資源の一つであり、部族の社会と文化を支える重要な動物であり続けてきた。長く数十年にわたる土地・漁業権回復運動を経て、多数の部族がサケ・マスの部族による利用と資源管理、そのための環境再生に取り組んでいる。生態系保全型資源管理において、自然繁殖とそれが可能な生態空間の保全・再生を求めてきた先住民族たちの運動は大きな役割を果たしてきた。

一九八〇年代半ばには全米研究評議会の全米科学アカデミーにおいて、グローバルな遺伝子資源管理に関する委員会が構成され、人工ふ化放流場の影響評価について研究が進められた。一九九二（平成四）年には、全米研究評議会の北太平洋サケ・マス類の保全と管理委員会において、人工ふ化放流事業の野生魚への影響や生態系におけるリスクなどの研究と社会的・政策的評価研究が行われた。これらの研究の蓄積からは、人工ふ化放流事業の効率の低下とコスト高、事業がもたらす生態系へのリスクの増大が問題として浮かびあがった。放流魚の環境適応性の低下が明らかにされた。そして、ふ化場由来のサケ・マスが野生魚と交配することで結果的に生物集団としてのサケ・マスの全体の環境適応性と生物としての潜在性が低下しているのではないかという懸念が示され始めた。

そのため一九九〇年代後半には、北太平洋の漁業や資源保全を管轄する行政機関、米国商務省海洋大気庁（NOAA）北西太平洋漁業研究センターからは、以下の方針が示された。もともとの河川にいる在来系統群以外の放流の禁止。流域の環境容量を基準にサケ資源生産量に上限を設けること。限られた種苗親魚から種苗を生産せずに種苗親魚の多様性を系統群内で確保すること。家魚化を防ぐために系統群内での意図的選択をやめ、また野生魚から種苗を採ること。野生魚と見劣りのしないつよい稚魚をつくること。野生魚と放流魚のあいだに差が発生して野生魚に悪影響を与えないようにふ化放流技術を高めること、などである（Taylor 1999, NOAA 1999）。

よい稚魚とは何か。日本の人工ふ化放流事業の現在からは、数を増やす限界に向き合い、自然繁殖を入れ込みながら系統群の組成について再考する必要性が見てとれた。同時に自然繁殖をまかなう生態空間の順応的管理の重要さも見えてきた。

自然繁殖由来の稚魚を含めたよい稚魚をつくるには、自然繁殖できるよい場所についても考えねばならない。また、よい稚魚のためには、稚魚が放たれるのによい場所もなければならない。自然繁殖と稚魚のためによい場所をいかに確保できるか。この問いは、すでに本書で言及してきたように、人工ふ化放流技術を開発してきた技術者たちが誰よりも痛感していたことでもあった。その点について再び振り返りながら、よい場所とは何かを考えてみよう。

増殖再考

サケの群れが育つによい環境とは何か。それは自然繁殖に足る川を、そして親魚と大洋に旅立つ前の稚魚が滞留できる河口域と沿岸をどのように再び生み出すことができるか、という問いだ。本書で見てきたように、人工ふ化放流技術開発に携わった技術者たちは常にこの問いに苦しみ葛藤してきた。富国強兵と殖産興業のもとに開発が進んだ明治期から、高度成長を目指して大規模な環境改変と汚染を伴う開発が進められた戦後まで、短期的予測と効果期待に基づく経済・産業開発が全国的に進んできた。その現実に対応すべく数を求め数で支えてきた増殖レジームのもとでは、サケが自然繁殖するに十分な生態空間を維持したり再生したりすることは困難だった。そのため、自然繁殖のための十分な生態空間はのぞめない、という初期条件のフレーミングから出発せざるをえなかった。そして河川省略型技術の開発が進んだのである。

もしも「よい稚魚」に自然繁殖の群れを含めようとするならば、さらにわたしたちはこの問いの難しさに直面する。だからこそ、自然繁殖を求めようとするならば、わたしたちは技術者たちが初期条件化せざるをえなかった、生態空間の再生について考えねばならない。変容した沿岸と川においてサケにとってよい稚魚とよい生態空間をどう新たに生み出せるのか。すなわち、わたしたちはいったん失ったカワザケという生きものを環境ごとどのように再生できるのか、という課題に向き合っている。

本書でも言及したように、北海道さけ・ますふ化場の場長を務めた三原健夫は、産業開発の対象になった流域を見て、水質汚染の源の工場に直談判しにいった。総合的にサケの生態空間を守る仕事を「ふ化場がやらなくてどうする」といったとき、彼の頭のなかには何があっただろうか。当時、技術開発の初期条件にせざるをえなかった状態、すなわち水質汚濁があって河川が使えない状態をこそ変えるべきだ、という考えがあっただろう。そして、縦割り行政がそれぞれ細分化された個別の目的を追求するがゆえに、なおかつ産業開発に関連する省庁の力の強さゆえに、河川流域の包括的管理を水産技術者が求めてもはねつけられることへの悔しさがあったろう。

一九六三（昭和三八）年に「さけ・ます増殖研究協議会」で増殖の肝とされたのは、河川の生産力だった。その後、振り返られることがなかったこの課題は、河川生産力と稚魚放流数の限界について議論するもので、「数」の増大を求めるならば、必要な環境容量の涵養を課題化する必要があると示唆していた。

北海道さけ・ます事業場で戦後のサケ・マスの技術開発を牽引した秋庭鉄之と小林哲夫もまた、開発による湖沼の消失などの生態空間の大規模変容、ふ化場と採捕場の河口への移動、数を目的化した種苗の工場生産に問題を見いだしていた。眞山紘は戦後の人工ふ化放流事業を河川省略型だと内省的に指摘してきた。

そして岩手県でもまた、技術者たちは「数」の増産のニーズに応えつつも、その限界を直観的に理解し、津軽石では自然繁殖群の必要性も自覚されていた。

これらから見えるのは、現在の河川・沿岸環境を初期条件とするのではなく、サケの生態空間を新たに生み出していくこと、サケの生の適応力を育める環境再生を行うことの重要性だ。川を自然繁殖が主要だった頃の状況に戻すことはできない。だがカワザケが自由に行き来していたときの環境に近づけるよう新たにサケのための生態空間を生み出す努力が必要だ。

現在では、ふ化場が悩んでいた水質の問題は下水処理能力とともに改善した。だが、河川工作物はどうだろう。伏流水の問題はどうだろう。沿岸の埋め立てはどうだろう。藻場や砂浜、干潟はどうなっているだろう。わたしたちが考えなければならないのは、すでに人工物で覆われた目の前の現実を出発点に、河川の生産力を測り、そこからサケの生態空間、サケの領域を生み出すことが可能かを考えることだ。「よい場所」があってこそ、「数」の適正さや、サケの群れの生の可能性を増やすための自然繁殖の具体的方法が議論できよう。

では、何を基軸に環境を生み出すことを考えればよいだろうか。その議論のヒントになりうるのは、増殖事業を学問的に牽引した大島泰雄による初期の増殖概念だ。大島にとって、ふ化放流を行う種苗生産は、あくまでも自然の生産力を取り戻すための一つの手段でしかなかった。第8章で見てきたように、彼が考えていた増殖は、人の手では及ばないものがあると知りながらも、自然の生産力を涵養しようとする思想を含んでいた。だからこそ、初期の増殖事業は周囲の環境造成を多分に含む事業内容になっていた。

この大島の増殖概念をもう少し探求してみよう。自然の生産力の涵養とは、現在において何を意味しうるだろうか。もともとこの言葉が使われていたときに意味していたのは、生物を多く生産する力のことだ。答えの一つは、順応的管理を導く指針ともなっている、レジリエンスという考え方だ（Gunderson and Holling 2002）。レジリエンスという概念は、生物学のなかから生まれてきた考え方である。生態系も人間の社会も、環境の変動や突然の天災、内部で起こった災害や事故などによって大なり小なり攪乱されながら、常に動的に変化し続けている。レジリエンス概念とは、生態系や社会が変化をしながらも、どうやって複雑で多様な生きものとモノのネットワークが自己創出的で動的な体系として、すなわちシステムとして崩壊せずに、再びシステムとしての機能を回復・新たに生成しながら生き延びていけるのか、という問いを追求するために生み出された概念である。たくさんのシステムが、大きさの規模、複雑さ、時空間スケールも多様な状態で、しかも非階層的に、互いに連関し合いながら存在し、変化していく。これは身のまわりの社会を見渡すと容易に想像できよう。[17]

増殖における自然の生産力を、単に生物生産が豊富であるだけでなく、レジリエンスの強靱さをもって解釈することは、一つの現代的な増殖のあり方だろう。では、そのレジリエンスの強靱さをわたしたちはどうやって育めばよいか。

その答えの一端は、学融合的に水域の地域資源の順応的管理を研究してきた水産学者の石川智士と文化人類学者の渡辺一生によって示されている。石川と渡辺は、必要な資源を調達するためには、資源がそこにあってくれることが必要であるから、それを育てる仕組みも一緒にないといけないと考えた。発想のもとにあるのは、ノーベル賞経済学者アマルティア・センのケイパビリティ・アプローチ[18]とレジリエンス概念の組み合わせだ。

センのケイパビリティは、人びとが自分で必要な資源を調達し、使えるようにする能力と、その能力を使いながら、生きようとする意志のもとで自ら選択肢をつかんで生を切り開ける機会をもつことを指す（セン 二〇〇九＝二〇一一）。石川と渡辺は、地域資源を持続的に利用管理するうえで、地域社会に人びとの「生き方の幅」を豊かにできる資源があり、それを生かせる能力があり、機会があることをエリア・ケイパビリティと名付けた（石川・渡辺 二〇一七）。そして、たとえば人、魚、干潟のあいだで育まれてきた漁文化、知恵と知識、食、景観、資源利用・保持のための制度などを、人と人以外の生きものの「生き方の幅」を豊穣化する資源と見なし、その継承と更新、創造を行う地域社会と専門家の協働実践を行っている。協働実践には、漁業者はもちろん、旅館経営者から小学校まで、地域の人びとが広く含まれており、なおかつ地域の人びとを主体的な担い手として協働実践に引き込む工夫もされている。そして、生産者から地元に暮らす人びと、市場を介した消費者まで広がる関係のなかで、濃淡のあるかかわり（井上　二〇〇四）、すなわち、責任の重みの違う担い手が協働する順応的管理を目指している。

彼らの試みには、戦後の水産行政における受益者負担の原則をいったん外し、受益とは何か、沿岸と海が生み出す数多くの意味と資源を改めて手探りする様子が見える。このような手探りこそ増殖の現場で行われるべきものだろう。なぜならば、このような手探りがあってはじめて、漁業者も、政策担当者も、技術者も、すでに固定化され、単目的化された増殖レジームを相対的に捉えることができるからだ。そして改めて、自分たちの環境への働きかけが生み出している資源とは何か、資源を生み出す潜在性をどう捉えてきたのか、そのときの時間スケールをどう考えてきたか、省みることができるからだ。

さて、サケの人工ふ化放流事業の行く末について、増殖から内在的に考えてきた。技術者たちが向き合ってきた生態空間の可能性と潜在性の縮減、あるいは生態空間そのものの喪失は、これからの増殖が再生を中心とした営みに転換すべきであることを示していた。重要なのは生きものとしてのカワザケとその生きる環境を再生することだ。大島泰雄の増殖概念を再解釈して引き継ぎながら、自然の生産力の涵養をレジリエンスの強靱さの涵養へ読み替える。そして増殖概念そのものを、人間と人間以外の生きもの双方の可能性と潜在性を増幅させるような、そのような再生の営みへ転換する。明らかになったのは、再生の概念へと増殖概念を組み替える必要性である。

だが、モノ化を推し進めてきた増殖レジームの駆動する力は強く、そこに埋め込まれた人びとの認識そのものを解きほぐすのはなかなかにやっかいだ。現在では、種や系統群ごとの遺伝子解析、行動学的把握を可能にするモニタリング技術やシミュレーション技術も進展している。それに合わせて、ふ化放流の時期をずらしたり、海中飼育のような飼育方法を組み合わせながら放流魚の系統群の構成を変えたりしながら、人工ふ化放流技術の新たな開発を行うこともありえるだろう。しかしそれらを支えるのが、サケの生を技術とともにその生のありようごと管理できる、というモノ化の思想のままならば、これまでと同じ轍を踏むだけだ。マリーンランチングで夢見た金魚鉢の中身がちょっと複雑化しただけで、サケの生の家魚化が一方的に進んでいくだろう。

　すでに本章で明らかにしてきたように、魚と卵を触ってきた技術者は、増殖レジームに埋め込まれながらもサケからの能動的な働きかけにも埋め込まれてきた。サケからの働きかけが技術者たちに経験的直観を、ローカルで属人的な知識と技能を、実践とともに育まれた情感をもたらし、カワザケをサケの生のうちに取り戻し、生態空間を育む必要性や自然繁殖の必要性などに思い至らせてきた。

　このような生きものからの働きかけの可能性について、本書がたどってきた間（あわい）の変容とモノ化の過程を振り返りながら、もう少し深く考えてみたい。そして、モノ化をほどくことがサケをどのような生きものへ向かわせることなのか、考えてみよう。この模索は、わたしたち以外の生きものとかかわりながら、わたしたちという存在を象っていくことができるのか、それは何をわたしたちにもたらしうるのか、考えることでもある。

11・4　間（あわい）に身を置くサケ

間（あわい）という領域

本書は、わたしたちとサケが野生でも家魚でもない間（あわい）に長らく生きてきたことに注目し、その変容について津軽石川周辺の人びととサケのかかわりの変容について描いてきた。本節では間（あわい）についてもう少し考えを深めてみよう。

津軽石の人びととサケのかかわりを通じて簡単に振り返っておこう。本書では文書の残る近世中期から、サケと人の生きる間（あわい）と、その交渉の内容について人間側の働きかけという観点から確認してきた。人びとはサケの生態に関する知識を蓄え、漁場の入会利用や自然繁殖を促すための漁期制限、漁場の限定など、サケをできるだけ安定して獲れるよう、利害関係者と交渉してきた。繁殖過程を保護しながら、サケの領有、すなわち「わたしたちのもの」化を行ってきた。

幕末から明治初期にかけて地付き支配だったサケ漁場を失った津軽石村は、明治政府と岩手県が当時力を入れていた人工ふ化放流事業をムラで始め、サケ漁場を再び手に入れた。こうしてサケ漁と人工ふ化放流事業を「サケのムラ」を支える両輪として、津軽石村はムラ自体を再編した。戦後もまたこの仕組みは再生され、戦後の食糧難の時代を支えたサケは、再び地域社会の中心的な表象へと編み直されていった。人工ふ化放流事業を通じて繁殖過程への積極的介入が始まったが、自然繁殖は変わらず続けられていた。

大きくサケのモノ化と家魚化が進み始めたのは、一九六〇年代に沿岸とサケ漁を取り巻く状況が大きく変わった頃だ。一九六八（昭和四三）年の津軽石漁協と宮古漁協の合併を大きな契機に、放流数を増大させる増殖レジームを受容した営みとして人工ふ化放流事業もサケ漁も大きく変容した。自然繁殖を促す繁殖保護は行われなくなり、集団を河口域で一括採捕する採捕へと変わり、人工ふ化放流事業がサケの繁殖過程を占有することになった。さらに、数と定置網用のギンケを求めたことから導入された早期群も加わり、サケは群れごと大きく変容していった。放流されるサケの量も格段に増えた。こうして津軽石川のサケは、一九六八（昭和四三）年以降、急速にモノ化され、家魚化が進んできた。

サケがモノ化される以前に営まれていた人とサケのかかわりは、民俗植物学や人類学において家畜・栽培化の手前の段階としてさまざまな言葉で概念化されてきた。動植物が人間と平衡的な関係を築き、家畜・栽培化されずに互いにかかわる空間を、民俗植物学者の中尾佐助は、農耕起源を探りながら「半栽培」という言葉で表した（中尾一九六六）。文化人類学者の福井勝義は、半栽培には、意図的に除去されない状態、意図的に保護される状態、人為的に獣害から守られる状態、植生を人為的に変えて繁殖を促進する段階があると論じた（福井一九八三）。生態人類学者の松井健は、極から極へ明確に移行しない――生きものが野生から家畜へ、人間社会が狩猟採集から牧畜農耕へ――中間領域の独自性を論じるため、その中間領域を「セミ・ドメスティケーション」として概念化した（松井一九八九）。人類学・農学の重田眞義は、半・セミといった言葉を栽培や家畜につけるのではなく、人間と植物双方のかかわり合いの過程と状態そのものを「関生（relationalization）」と名付けた（重田二〇〇九）。人間の意図や動植物側の主体性を過度に盛り込まずに、雑草のように、たまたま偶然に人の攪乱行為と生育条件が見合った結果人間の領域にいる、という植物についても視野に入れるためだ。共通しているのは、対象となった動植物が、たとえ人間が介在しなくなっても変わらず自律的に繁殖して野生に戻れる状態にあることと、動植物と人間の関係性が支配・被支配ではなく平衡的であることだ。これらの研究は、家畜・栽培化と野生の中間領域を家畜化の手前の段階と理解するのではなく、人と自然のかかわりの一つの到達点と捉える。そして、中間領域にとどまるがゆえにもたらされるかかわりの豊かさは、現代社会の環境ガバナンスを考えるうえでも注目されてきた（宮内編二〇〇九）。

サケはその生活史ゆえに、長らく家魚化されないまま人びとに領有され、半栽培ともセミ・ドメスティケーションとも呼べる状態で人に利用されてきた。サケは必ず生まれた川に戻って繁殖行為を行う。稚魚まで川で過ごし、あとは大海原に出て行く。四年から五年後に再び川に戻ってくる。この過程は一見、放し飼いのトナカイの群れを野生のままコントロールする「群れのままの家畜化」（松井　一九八九：二〇一-二〇七）に似ている。[19] しかし、サケはトナカイのように人びとや技術者を視覚的に認識しているわけではない。サケが覚えているのは川である。同じ川に必ず四年から五年かけて戻ってくる。人が直接かかわれるのは、母川近くの沿岸から川にかけての限定的な空間だ。だが毎年、川に必ず戻ってくる。

それゆえに、人がサケに対してもっている感情には、植物の栽植のような感覚もある。現在の津軽石の津軽石鮭繁殖保護組合や宮古漁協でサケの人工ふ化放流事業やサケ漁に携わってきた人びとは、「津軽石はもともと、半農半漁で、だからサケを育てるのに向いていた」と口にする。その言葉の後ろにあるのは、海藻や貝がついている岩ごと移動して採取してきた野生のワカメ、コンブなどの海藻類や、アワビやウニなどを地付き資源として見なしてきた事実だ。植物と違ってサケは動く。しかし毎年、場所を確保すれば果実がなるように漁労できる。もちろん、歴史を解釈するうえで、現在の人びとの実感をそのまま歴史上の人びとのものに透写することはできない。また、現在の人びとの実感は歴史的継続性とともにその時々の人びとの政治的・社会的立ち位置から編まれ直されてきたものである。だが、一定の参考にはできるだろう。近世中期から、サケは地付き支配の土地につく資源として囲い込まれてきたのも事実だ。

津軽石川のサケは長らく家魚化こそされてこなかったものの、安定した漁獲を得るために社会の仕組みを整え、サケの生の知識を蓄え、それをもとに繁殖過程を保護して人がサケの生にかかわってきた。

本書ではこの状態を、間(あわい)にサケと人が在ると表現してきた。サケと人それぞれは、どんな生きものもそうであるように、先んじて存在する生きものの自己創出的な生の作用の体系に埋め込まれながら、生をつなぐために周囲の生きもの・モノに働きかけ、「わたしたちのもの」にしようとする。自然の領有はこうしてなされる。人はサケを利用するために「わたしたちのもの」化しようと働きかけてきた。サケはそのような人からの働きかけに応答しながら、人をサケの生の作用の体系に含み込んできた。人はサケ漁のために社会の仕組みを整え、サケを安定的に獲れるよう漁獲調整や産卵場所の保護を工夫する。サケは漁獲や沿岸利用などの人間活動に影響を受けつつも、同じ河川に帰ってきて生をつなぐ。そうして、サケと人は互いに作用し合い、生の領域を交錯させてきた。

本書において半栽培やセミ・ドメスティケーションという言葉を使わずにきたのは、これらの言葉が人とある生きものの一対一の関係について、使用者の意図とは裏腹に、段階で表す言葉に読めるからだ。重田の「関生」は段階ではなく、関係性をつくることに重点を置くという点では間(あわい)に近いものの、空間を含まない。サケと人が互いに働きかけ互いが作用し合うのは、繁殖場所や沿岸など、物理的な場においてである。人びとは他者と資源利用を競ったり、資源利用を継続するための環境の手入れをしたりしながら、境界をつくって空間を囲い込む。このようにして働きかけ、作用する場は社会的空間として人びとに認識される。また、かかわりの経験と蓄積、その記憶も、建物、記念碑、景観などに物質化されたり、所有の根拠として一連の経緯が世代を超えて伝えられたりして社会的空間に紐付けられる。

間(あわい)は『広辞苑』によれば、「物と物、時と時とのあいだ」であり、「物と物、人と人の組み合わせ」である(新村編 二〇一八〔電子版〕)。時空間とかかわりと両方を含む言葉だ。生きものが生をつなげるために、周囲の生きもの・モノに働きかけ生み出す作用の体系は、同時に空間的な広がりをもつ領域でもある。また、サケと人が生み出す作用の体系は、別の生きもの・モノに働きかけ、その作用の体系にも埋め込まれている。サケと人が身を置くのは、そのような多様なかかわりが繰り広げられている、多様な生きもの・モノの在る空間、間(あわい)なのだ。

では、モノ化はこの人とサケが作用し合うあり方を、どのように変えてきたのだろうか。

モノ化をほどく想像力

モノ化されるとは、サケにとって具体的にどのような影響を受けることだったのか。

戦後の人工ふ化放流技術の開発は、サケの生を、生物学的段階をふまえながら人間が人工ふ化放流事業を行うために区切り、操作可能な対象へ変えることだった。そして、サケの生活史を、河川省略型へと変えてきた。また、人工ふ化放流事業に適応しながら、魚体が大きい、四年魚でふ化場に戻ってくる、などの人間の欲望を満たすサケを選び、そのような個体群の群れへと変えてきた。ギンケを増やすという目的のもと、従来はいなかった早期群という系群を移植によって増やしてきた。さらには、人工ふ化放流事業を安定的に行うために、目標とした放流する稚魚数が河川の一括採捕でまかなえない場合は、他の河川の卵を譲り受けて放流したり、河川に戻る前のギンケから卵を確保したりして、河川に戻る群れの構成自体を変えてきた。

このような人間からの変容に適応可能なサケが今のサケの群れとして残った。サケの生き方の幅を大きく制限し、人間の欲望にそう生きもの集団へと変えてきたのだ。

米国の哲学者、マーサ・ヌスバウムは、性的モノ化について論じた文章のなかで、モノ化の特徴として以下の七つをあげている。すべてそろうことが必要条件なわけではない。①そのものをある手段や目的のための道具として扱う道具性（instrumentality）。②その対象が自律的であり、自己決定能力をもつことを否定する、自律性の否定（denial of autonomy）。③対象が自発的行為を行ったり（agency）、能動的だったりすること（activity）を認めない不活性（inertness）。④同じタイプのもの、別のタイプのものと交換可能であると見なす代替可能性（fungibility）。⑤対象が、身体や心理において他者との境界をもち統一性をもつような存在とは見なさない。ゆえに壊したり、侵したりしてよいものと見なす、毀損許容性（violability）。⑥他者によって何らかの方法で所有され、売買されるものと見なす、所有可能性（ownership）。⑦対象の主観的な経験や感情に配慮する必要がないと考える、主観の否定（denial of subjectivity）である（Nussbaum 1995: 257）。

サケは、人間の欲望を満たす道具として認識されていても、自律的に生を営むために能動的に周囲に働きかけ、サケの生の作用の体系をつくりあげていく存在だった。だが、人工ふ化放流事業はその過程で、サケの生の作用の体系を操作可能な生理的要素の羅列へと読み直し、サケを受動的に人間の作用を受け取る対象へ、認識上も生きものとしてもつくり変えた。そして、人間の欲望のままに別の系群や近隣河川の群れと交換可能だと考え交換してきたし、より条件のよいサケの群れにするために、既存の群れの個体を繁殖対象として選別せずに廃棄してきた。あるいは河川内の特定の系群のみを繁殖させてきた。結果としてサケは、人工ふ化放流事業の事業主に所有され、金銭を生む道具として、サケ自身の生の主体性を見いだされることなく、変容され続けてきた。ヌスバウムの論じるモノ化の特徴そのものに、生をモノ化されてきたのである。

このモノ化について、どのように善し悪しを判断すればよいのか。ヌスバウムは別の著書で、アマルティア・センのケイパビリティ（basic capabilities）アプローチを拡張した動物倫理について論じている。人がある基本的なことがらをなしうることの公正で平等な分配を必要とするように、動物もまた、周囲の資源を用いて基本的なことがらをなし、そのために選択可能な資源や機会をもつべきだ、というものだ。基準となるのは種らしい「潜在性の開花と繁栄（flourishing）」（ヌスバウム　二〇〇六＝二〇一二）で、そのために必要なケイパビリティのリストの一例があげられている。それらが満たされていないとき、人間はその動物が倫理的によくない状態にある、とみなす。

モノ化についても、この「潜在性の開花と繁栄」という観点から善し悪しを判断できるだろうか。それには、ヌスバウムがいうところの「種らしい」ということをどう考えるかが鍵になるだろう。もはや自然の「種らしい」と単純に前提できない現状にサケとわたしたちはある。サケについていえば、すでにモノ化したり家魚化したりした生きものは、はたしてどう「種らしい」といえるのか、それ自体を手探りするほかない。

他方、本章の最初に技術者たちの経験がサケの生についての想像力を与え、モノ化するサケを再び自律的で、能動的に周囲に働きかける生きものとして（彼らのいうところの、「自然繁殖」する存在として）見いださせてきたように、モノ化した生きものはモノ化していても、再び能動的で自律的な存在になりうる。サケもモノ化から自身をほどき、別の生きようを模索する潜在性をもつ。

米国の科学社会学者であり科学史家のダナ・ハラウェイは、機械論的かつ、自然と人間、男性と女性といったような二項対立的世界観のなかで、人間も自身をモノ化してきたことを指摘した。たとえば、人間もいまや、生殖技術や再生医療など生命をモノとして操作する科学の恩恵とともに、そして情報端末を自分の身体の延長として使い生きていることを考えれば、ハラウェイの指摘は理解しやすい。そのうえで、わたしたちも他の生きものもモノ化されながらも、有機体としての潜在性とともに在るのだという。どのような技術の適用のもとに生まれても、生命は生命であることをやめない。また彼女は、そもそもわたしたちは、すなわち生命は二元論的にではなく、つねに中間領域に生きてきたのだと位置づけ直す。さらに、モノ化する身体と生体のハイブリッドであることをサイボーグと呼んだ。わたしたちも生きものも、モノ化と生体の間を、物理的な実体であると同時に、野生である、女性である、と概念化された存在として生きる。実在とフィクションをともに生き、生命としての潜在性を現実化しようとする（Haraway 1991）。

自然としての「種らしい」ことを、遺伝子から地球システムまで科学の知見を利用しながら想像し、サケを生み出し直そうとするのが現代における野生化なら、同様に科学の知見を利用して、人間の欲望のための存在としてサケを想像し、能動性をもたず自律的でない、人に依存する生きものに生み出し直そうとするのが家魚化だ。その意味で、ハラウェイが指摘するように、野生魚と見なされた存在も、家魚と見なされた存在も皆、実在とフィクションの両者を生きている。

だからこそ、たとえ家畜化をわたしたちがしたと思っている生きものであっても、生きものは人間が想定する家畜化から、モノとしての存在からはみ出す。人工ふ化放流事業に携わる技術者たちが、人工ふ化放流事業のなかでモノ化されたサケとのかかわりのなかに、サケの生の能動性と自律性を見いだし、サケの生の作用体系を想像していたことを思い起こそう。生きものは人のモノ化と支配を跳躍する。ハラウェイは生体の偶然と驚きにみちた飛び越えに生命の自由さと面白さを見いだす。同時に、グロテスクに思えるほどの科学的な生命の操作が可能になったからこそ、わたしたちは、生命の跳躍も生きもの・モノの生の作用の体系のありようも、予測のつきにくい「実験的未来」を手探りで生きているという（Haraway 2016）。

　サケとわたしたちは、野生でも家魚でもない間に長らく生きてきた。それは、互いに自律的で能動的に働きかける生きものとして、それぞれが生の作用の体系にそれぞれを埋め込み、作用し合いながら間にともに生きてきた、という実態だ。ハラウェイのいう「実験的未来」に生きようとも、この間のなかに生きてきたという履歴が、モノ化とともに在りながら、生命の跳躍をするサケの姿を、その生がもつ可能性をわたしたちが想像することを少し容易くする。わたしたちの社会はまだ、カワザケという関係性の塊を、実体として知り、楽しみながらサケの生の一部として想像できる人びとと経験とともにあるからだ。ただし、サケ単体の生命の跳躍を想像するだけでは、サケの生の新たな潜在性を、わたしたちとサケのかかわりの新たな可能性を想像するには足りない。そのためには、サケの生の作用の体系、サケがこれまでその「わたしたちのもの」化に巻き込んできた生きもの・モノの、サケという存在に先行して存在し、支えてきたネットワークの想像も必要だ。逆にいえば、サケとともに実際に分有してきた他の生きものとモノの姿が想像されてこそ、サケの生の作用の体系、生の新たな潜在性を、現在のわたしたちの環境から想像できる。

　本書で描いてきたように、サケとわたしたちが過ごしてきた間は、サケとわたしたち、それぞれが他の生きものと過ごしてきた間でもあった。津軽石川に生きてきた人びとが、在地型人工ふ化放流システムをつくっていた頃、在地性を生み出す「サケのムラ」を表象として再編していた頃、ハマも川も生きものとの交感とやりとりにあふれていた。人びとは地曳網をしながらハマで貝を採り、網に引っかかったカニをもらい、アナジャコを採って生計の足しにした。これらは、サケが生きるために働きかけ、サケの生の体系を支えてきたさまざまな要素——河口域から広がるハマ、干潟、伏流水が湧き出す川と湾、そこで育まれるプランクトン、同様に生きるエビや魚、稚魚の身を守る海藻、伏流水を育む上流域のイヌブナの原生林、水温を適度に保つ木陰をつくる植生など——を分有していた。

互いに能動的に作用し合いながら、平衡的に生きものたちが生の体系を支える生きもの・モノを分有できる、そのような状態にあったのである。人間は情感をもって、そのような生きものとの時空間の分有を経験し記憶している。写真や音声など、ときに物理的記録媒体に残してもいる。こうした手がかりは生きものの生の作用の体系を、わたしたちと他の生きものやモノを分有する存在として想像することを容易くする。そしてサケが能動的かつ自律的に働きかける、生の作用の体系を具体的に思い浮かべることが可能だ。

わたしたちの存在よりも先行して在る生きもの・モノたちと、わたしたちの生の作用の体系は分有し合っている。わたしたちは常に、生を分有し合いながら生きているのだ。

こうした想像からわたしたちは、わたしたちとサケが囚われているモノ化から自身をほどき、モノ化された身体をもってして、互いが能動的で自律的にかかわる間(あわい)へと、身を置き直すことができるのではないだろうか。

11・5 想像から縁を再び結び直す

縁を紡ぐ

生きものはこちらに働きかけてくれる。モノであっても出来事であっても、わたしたちはそれらに対して行為をすればその作用の体系に多かれ少なかれ埋め込まれる。しかも、生きものの生の作用の体系からの働きかけは、特にある程度大きな生きものからの働きかけは、感じやすく目に見えやすい。さらにそのような生きものが見せる生の躍動に、人は主体性を見いだしすらする。

つかもうとすれば跳ねる。目が合えば網のなかのサケは睨むのだ。

そして人間はその生きものの生の作用の体系の一部にいやおうなく埋め込まれる。

サケのように生の作用の体系が人間にとって感じやすく見えやすいものばかりではない。しかし幸いなことに、複数の生の作用の体系が重なり合い、時系列の異なるそれらが絡まり合って作用し合い、生態空間が編みあげられ、目の前の景観をつくりあげていることをわたしたちは知っている。その景観をたどること、つぶさに見ること、科学技術を用いて目に見えない作用を明らかにすること、そこからさらに生の作用の集まりを想像することもわたしたちには可能だ。

わたしたちが、生の作用の体系にあること、そのなかで存在を象られていることを理解する。そして、モノ化を進めるレジームにあらがったり、あるいは受け流したりしながら、「わたしたちのもの」化を、他の生きものたちの生の作用の体系のなかでどのようにつくりあげるか。間(あわい)に居続けるための、再生の思想には、その問いに答えるための想像力が必要だ。

想像されるべきは、複数の生の作用の体系に互いに互いが埋め込まれていること、複数の他の生きものや人、モノ、出来事と、ある時間と空間を共有していることを、すなわち生を分有しているということだ。わたしたちは自分の生を、他の人間や人間以外の生きものを共有しているし、そうしなければわたしたちはわたしたちでありえない。そして、複数の目的や意味、供給需給関係をもつ総合的な存在として、それらの他者と常に互いにかかわり合いを生んでいる。わたしたちは周囲を「わたしたちのもの」化しようと働きかけるが、わたしたちの周囲の生きものたちもまた、わたしたちに向かって「わたしたちのもの」化を仕掛けてきているのだ。生の作用の体系はこうして、いつもわたしたちのまわりに絶え間なく幾重にも在る。ときに騒がしく、ときにささやきのように幽けく、ときに存在しないかのように現れないまま、そこに在る。わたしたちの生はいつでも、その意味で多声的なのだ（福永　二〇〇八：Tsing 2015）

増殖という試みは、近世の繁殖保護からの文脈を再構成しながら、このような複数の生きものの生の作用の体系を、荒れた沿岸から取り戻し、資源を使い続けるための方策として始まった。それから百年あまり、ひたすらモノ化を進めてきたわたしたちは、かつては選ばなかった、増殖が向かいえたもう一つの道を改めて手探りするべき時期にきている。

最後に、その手探りを進めるためのいくつかのエピソードをふまえて、手探りのあり方を探っておこう。

生きものを知らなければ、他の生きものの作用体系や、その作用体系とかかわることで生まれる人の生き幅の可能性についての想像は難しい。また、他の生きものがどのような形で人と作用し合ってきたのかがわからなければ、やはり難しい。しかも、その歴史的な作用体系を教えてくれる景観は、人びとの活動によって物理的な変容を重ね、何度も「上書き」されている（福永　二〇一七）。ゆえに、いくら目をこらしても、埋め立てられたハマの跡からは、かつてのアナジャコが跳ね、ずっと続く砂浜に海藻が打ちあがり、それを拾う人たちがいて、戻ってきたサッパ船の陰に、浅瀬の砂地からするりとカレイが逃げていく、そんな景色はもう見えない。

「上書き」された景観からかつての人と人以外の生きもの、モノ、出来事の作用の体系を知るには、人びとの五感とともに残された記憶を頼りに、ある時点でのハマや海の様子を起こしてみるしかない。しかも、戦後人びとがつくってきた人工物や景観の変化は、日常的に人びとの暮らしを支えているから、一九四六（昭和二一）年の空中写真にあったハマを、そのまま切り貼りして未来の想像図に載せることはできない。何を再生するか考える作業は、これまで数多くの開発計画がわたしたちに見せてきたような、華やかな未来を思い浮かべ、実現に向けて邁進するのとは、まったく違う作業をわたしたちに要求する。

東日本大震災後、筆者は戦後の宮古湾の風景とハマ遊びの記憶の聞き取りを始めた。本書でも述べた通り、戦後の宮古湾でもっとも大きく変わったのが、西側のハマ、長く続く砂浜が埋め立てられたことだった。

ある日、待ち合わせ場所に行くために駅からタクシーを拾った。行く道々、運転手にひとしきり、昔のハマで遊んだ話を聞いた。金も道具もなかったけど太陽族なんて、まねして気取ったもんだよ。車内いっぱいに声を響かせながら語ってくれた彼に、じゃあ、とわたしは聞いてみた。

「これから考えるなら、どういうハマがあるといいですかね」

すると彼は、笑みの名残を口元に浮かべたまま、うーん、といった。車内ラジオが交通情報を伝え始めた。そのままラジオは周囲の道路状況を伝え終わり、タクシーはその間に一つ信号待ちをした。パラパラ、雨が強くなった。もう一つの信号にさしかかったとき、ラジオからは、どの道路も渋滞なく進んでいます、と結ぶ声が車内に響いていた。賑やかな音楽に切り替わったところで、彼はラジオの音量を下げた。

「おれはねえ」

彼は声を心もち張ったようだった。

「戻すとか戻さないとか、しない方がいいと思うよ。うん」

市役所の前の交差点はちょっと混んでいた。チックチック、ウィンカーの音が響いた。

「中途半端な砂浜って悲しいしなあ、あるとよけい比べるよ。お客さんには悪いけど、おれはねえ、悲しくなっし、なんか、こう、なんつうかなあ、出来損ないのテーマパークみたいなのは見たくないのよ。比べるもの。だったらもう見えなくていいと思うのさ」

車が曲がっているあいだに一息にいってから、彼は、ラジオの音量をまたあげた。

「だからね、防潮堤は、おれはいいと思うのよ」[20]

出来損ないのテーマパーク、という言葉は、ずっと今の景観について彼が感じてきたことなのかもしれない。中途半端なハマの再生などされるより、防潮堤の方がいっそいい、という彼の言葉には、これまでの開発が出来損ないのテーマパークにしか見えない結果に終わった、という彼の評価が表されている。港湾開発も埋め立て開発も、ハーバーの開発も、いつも華々しい未来の想像図とともにやってきたものだった。運転手はハマの思い出話のなかで、埋め立てられた工業用地に工場が誘致されて、そこで立派に働くという青写真をもっていた、という話をしてくれていた。それは二重の意味で、彼にとっては苦い思いが残る夢の跡地になっていた。職の話は立ち消え、彼が少年期を過ごしたハマも姿を消した。

戦後人びとがつくってきた人工物や景観の変化は、日常的に人びとの暮らしを支えているし、一九四八（昭和二三）年の空中写真にあったハマを、そのまま切り貼りして未来の想像図にすることは現実的ではなく、絵に描いた餅でしかないとわかっている。だからこそ、ハマの再生もまた、華々しい未来の想像図の跡地になると彼は直観したのだろう。それより、苦い思いが残る夢の跡地を覆い隠してくれる防潮堤の方がましだといったのである。

わたしたちが慣れ親しんでしまっている「未来」の形式は、いつでも未完の、そしてたいていは出来損ないのテーマパークだ。しかも終わらない期待を抱かせるのも「未来」の特徴だ。歴史的進歩史観と発展段階論を内包し、確かに生活のレベルがあがったという実感（高度成長期やバブル経済による）も伴うため、終わらない期待は続く。

「未来」に捉われたわたしたちに、哲学者の内山節は、「未来」を喪失させよう、という。内山は指摘する。「未来」は、永遠に開き続ける可能性を内包し、それに向かって人びとに進歩し続けることを精神的に習慣づける、近代特有の概念になった。

素晴らしき未来を提示し、そこにむかって人びとを誘導する方法を、私たちは捨てなければいけないのではないだろうか。その意味で、私は、未来を喪失させようと思う（内山 二〇〇五）。

内山が喪失させようとする「未来」は、これまで日本の多くの開発を導いてきた。わたしたちが本書で新たに見いだそうとしている再生は、内山がいう喪失させるべき「未来」として語られるべきではないし、語ることもできない。タクシーの運転手が直観的に「出来損ないのテーマパーク」といったように、開発による「未来」を信奉し、放置と放棄を繰り返し経験し、なおかつその遺物を目の当たりにしてきた人びとは、その「未来」が再生にあてはめられるべきでないことをすでに知っている。

しかも「未来」は人を飼いならす。本書で論じてきたように、人工ふ化放流事業の語ってきた数の「未来」は、身動きのとれない制度と数から抜け出せない習慣的思考を生み出し、放置したままサケの生の可能性を喪失させてきた。また、増殖レジームのなかで語られてきたのは、箱庭型生態系という「未来」でもあった。そのどちらも、わたしたちが目指す再生とともにある「未来」ではない。

では、わたしたちは再生のために、どのような未来を手探りするべきだろうか。

文化人類学者の高橋五月は、近代的「未来」とその遺物と交渉しながら、別様の未来を想像することを提案している。高橋は、東日本大震災後の福島の漁港で、過去の原発開発、原発事故、進行中の洋上風力発電開発と向き合い、漁業調査をする漁師の姿を描写する。高橋は、漁師が「未来」から放置されたもの（漁業、地元の魚、リスク、景観）と交渉しながら生を紡いでいく姿に、わたしたちを取り囲む「未来」の遺物とともにありながら、別様の未来を生きる可能性を見いだす。着目すべきは高橋が、不確実性の高い未来を手探りする漁師が、シラスを「いま、ここ」にある確実な資源と見いだして駆けてゆく姿に、漁師が生きる手探りの未来を見いだしている点だ（高橋二〇一八）。

本書の議論に引きつけて考えると、高橋が漁師の背中に見いだした手探りの未来は、生の分有という現在の縁から始まる未来である。

これまで論じてきたように、人工ふ化放流の技術者たちは、卵と魚に触っているからこそ、無意識のうちにサケの生の作用の体系に埋め込まれてきた。増殖レジームのなかにあっても、サケのかかわりを生む力を理解し、涵養する重要性への認識が見られた。増殖レジームが求める数の「未来」に対して、技術者たちがその方向性に異を唱えていたのは、サケの生の分有という縁から、サケの生の別の展開可能性を見いだしていたからだ。しかし結果として、その生の分有という縁から見えたサケの未来は、増殖レジームが求めた数の「未来」にとって代わられ、サケは環境適応性を減じ、生きものとしての可能性と潜在性を縮減させてきてしまった。

そう考えると、わたしたちが捉えるべき再生の未来とは、現在のわたしたちの周囲にある、生の分有という縁を知り、これからの生の分有を考えることだ。そして、確かに生の分有を知ることは、「未来」とは違う、生の分有が開く未来の可能性を人びとに見いださせる。

そのことを、サケを獲る側だった漁師の言葉がわたしたちに教えてくれる。宮古漁協でカキ養殖を営む山根幸伸は、旧津軽石村（明治以前は赤前村）の堀内地区出身だ。若い頃、ノリ養殖を営んでいた家業を継がずにいったん塩釜に出てそれから地元に戻り、二〇年ほど宮古漁協の三丁目定置網漁船に漁夫として乗っていた。サケの資源が安定増産した時期で、東京の給料の三倍もらえた。数の増殖レジームの恩恵は、確かにこの頃、集落も人も潤していた。

その後、養殖を営んでいた父親が引退したことを契機に、定置網漁船を降り、カキ養殖を始めた。堀内地区は養殖を営む人びとも多く、山根は次のように表現する。

堀内の人たちは昔から育てるのが得意なのかな。昔からサケもそうだけど、育てるものだから。(21)

カキ養殖を営んでしばらくたち、宮古湾のニシンの稚魚の調査を手伝い始めたことが、彼が宮古湾と津軽石川、ひいては周囲の生きものたちの生の作用の体系に気づくきっかけになった。二〇〇〇（平成一〇）年のことだ。山根はそれまで、目の前の海には「なあんもいない」と思っていた（福永 二〇一七、二〇一八）。定置網漁のときはサケだけを、カキ養殖を始めてからはカキだけを見ていたからだ。生産の対象になったものしか見てこなかった。海から獲れる商品と獲るという単目的しか見えない、モノ化されたまなざしを山根自身も宿していたのだ。

何も獲れないだろう、そう思いながらニシンの稚魚を探した。ある日、定置網のなかにギンポの稚魚を見つけた。稚魚は網から抜けていった。ならば、と思い立って金魚をすくう目の細かな網で、「水を」すくった。そこには確かに、稚魚が入っていた。そうして山根は試行錯誤の末、ニシンの稚魚を捕まえることにも成功した。

何もないと思っていた目の前の海。ところがそこにはギンポの稚魚がいた。ニシンの稚魚がいた。つまりギンポやニシンはそこで産卵していた。それからは稚魚が、他の小魚が見えるようになった。調査をしながら目をこらして稚魚を探した日々が、他の稚魚の姿を見いだせるまなざしを山根にもたらしたのだ。湾に湧水が湧き出るところには、アマモが生い茂り、小魚の群れが集っていた。砂地と泥層が重なり、交差もする宮古湾の湾奥は、津軽石川がもつ豊かな伏流水と、浅瀬、岩場、砂浜が多くの生きものを育み、それらが生を分有し合う舞台だった。山根は自分がその舞台のただなかにあって、無数の生の作用の体系に埋め込まれていることに、そのとき気づいた。無数の生きものとそれらの生の作用の体系が集合し、互いの再生産を支えていることを、山根は「海の力」と表現する（福永 二〇一七）。山根は、その「海の力」を育む人間側からの働きかけとして、二〇〇二（平成一四）年に宮古湾の「藻場・干潟を守る会」をつくった。

山根は宮古湾のサケの定置網でも大きな三丁目の定置網漁船に乗っていたし、何より旧津軽石村、しかも最初に人工ふ化放流場のつくられた赤前の出身である。サケをつくる、という感覚にも慣れ親しんできた。サケをつくることにも「海の力」があって、その恩恵もあって、津軽石の人びとはサケを、他の生きものを育てることが上手だったのだ。そう述べながら、山根は次のようにいう。

だから、ふ化技術は埋め合わせなんだね。（中略）このハマには伏流水があるっつうかね、津軽石川なんて途中で切れているけれど、川はその下をごうごうと音を立てて流れている。サケはそれでふ化放流をする。[22]

ギンポ、ニシン、カキ、サケ、アマモ、それらが生を分有していて、自分もまたそのなかに埋め込まれ、さらにはもっとさまざまな生きもの、岩場や砂、泥、伏流水などとのかかわりのなかに埋め込まれていることを、山根は知った。山根は、その気づきを熱心に表現するし、「カキの身になれば必要なこと」と、藻場・干潟の再生にも積極的だ。そして、堀内地区や周辺の古老から聞く話や、そのときの湾奥の景観を想像することを大事にしている。それが、目の前のギンポ、ニシン、カキ、サケ、アマモなどと結んだ生の分有の縁を、次の世代と結べるようにすることだと理解しているからだ。

そして、どんなに人工物に覆われた「今」からも、その縁は結び始められる。

冒頭に述べた、あのタクシーに乗った日のことだ。宮古湾の北にある鍬ヶ崎の集会場で、かつての鍬ヶ崎の景観を聞き取っていた。鍬ヶ崎は防潮堤をめぐって反対運動がなされているが、工事は進み、防潮堤をつくるための鉄骨の杭がどんどんと岸に打ち込まれていた。

集まったのは八人ばかり、八〇代、九〇代も多く、一番若手は一九五〇（昭和二五）年生まれだった。互いの話から甦った、生き生きとした幼少期の記憶や、生きものとの交感の肌触りは、人びとをあっというまに語りに夢中にさせた。人びとは、イカの干し場がずっと続いていた岸の風景を、色街の姐さんたちが行き交う通りを、サンマ棒受け網の漁船の並ぶ様子を、通りを抜ける海風の様子を、次々に思い出していった。砂地に潜むカレイや、岩場で遊びながら失敬したウニ、生きものの記憶もそこにあった。

時折、ひとしきり思い出を語った後で、人びとの顔からすとんと表情がなくなってしまうことがあった。決まってそれは、語られている砂浜や生きものがいないのだと、誰からともなく確認した後のことだった。なくしたものを思い出すことは、もう一度なくしたことを思い知ることでもある。なくしたことで、現在の自分たちの生活が成り立ってきたことも人びとは知っているし、思い出の通りに戻ることがないことも知っている。その実感が、一瞬人びとを沈黙させる。目の前に新しい防潮堤ができ始めているから、よけいだった。

しかしまた、人びとはとても身近な生きものの生の現在を確認し、自分たちの生にもう一度重ね合わせることから、「これから」を手探りし始める。不確実性のなかでともに生を分有できる目の前の生は、確かな「わたし」を支えてくれる縁（よすが）でもある。自分の頭のなかに、現在の港湾と工事が始まった防潮堤の姿を思い浮かべながら、昔の記憶と重ねる。ちょっとずつ今とこれからを、生きものの姿を軸にして重ね、まわりの人たちと、その想像を確かめ合う。それは次のようなちょっとした会話のなかに表れる。震災後の宮古湾周辺には、埋め立てや防浪堤の周囲に砂がたまり、浅瀬ができ、ところによっては砂浜が小さくところどころに姿を見せ始めていた。

「端のとこさ、砂が戻ってきてたな」

「ああ、端っこ」

「カレイ、釣れっか」

「メバルもいだっでさ」

「のこっかな[23]」

防潮堤の工事がその場所に届けば、砂も生きものも、いなくなってしまう可能性が大きい。「のこっかな」というのは、それを知っているからだ。それでも、カレイとの生の分有を人びとは期待し、そこに埋め込まれることから、再びかかわりをもとうとし始める。生の分有の縁が結ばれれば、その生の分有はおのずから複数形になる。カレイの隣にはメバルがいる。ドンコがいる。するりするりと、人びとの想像は、複数の生の分有の縁に彩られた未来に向かう。そしてその生の作用の体系の集合は、ハマ、防潮堤沿い、宮古湾、そのような地理的な境界をもつまとまりとして現れる。

ただし、生の分有の縁を「知る」だけでは、再生の未来をたぐり寄せることはできない。生の分有の縁を結び続ける責任を負うことが、その再生の未来をたぐり寄せる重要な方法である。前述した山根は、再生の縁を結び続けるために、カキの身になって考えながら干潟と藻場、最近では津軽石川の森の再生にも関心を寄せている。カキと同様に、サケについても、戻ってくることをわたしたちが期待するならば、生の分有の縁が結ばれるように相手の舞台を整えることが重要なのだ。それが間(あわい)に生きるうえでのわたしたちの作法であり、倫理の形である。

再生する

改めて考えてみよう。わたしたちはこれから、どのような人工ふ化放流事業を考えることができるだろうか。これまでの議論を振り返れば、人工ふ化放流事業は、サケの数を増やすための単目的な事業から抜け出すことが必要だろう。人工ふ化放流自体が、生態空間の再生、サケと生を共有する他の生きものや人間とのかかわりの涵養など、総合的な作用の体系となるように事業を行うこと、それが求められている。

かつて、津軽石が形成した在地型人工ふ化放流システムは、このような総合作用の体系となる事業としての側面をもっていた。サケのムラの中心に人工ふ化放流事業があり、流域内に埋め込まれた人工ふ化放流事業と自然繁殖保護の両者を通じて、他の生きものとのかかわりを生み出していた。漁場を整えるのはムラの仕事だったから、総出で水路の掃除をしたり、増水があれば漁場を整えたりしてきた。人工ふ化放流事業は、サケ漁とともに、サケのムラの社会的・文化的作用を生み出していく中心でもあった。総じて、在地型人工ふ化放流事業は、地域の人びととサケの生の作用の体系を互いに埋め込み合う、そのような仕組みになりえていたのである。

ただし当時は、自然繁殖のための周辺の環境の管理以外に、積極的に生態空間の再生、自然の生産力の涵養が行われていたわけではなかった。そして、サケ生産の経済的効率性と便益性を求める「数」増産の増殖レジームのもと、生産力の涵養――サケ以外の生きものたちや、生態空間全体に寄与することが、サケに寄与することになる――という深い便益の考え方は放置された。

以上をふまえ、本書が提案するのは、もう一度カワザケという生きものと、生の分有の縁を結んでみること、カワザケの再生である。そして、カワザケのための舞台を整えてみることだ。多様な生きものが生の作用の体系を重ね合わせ、生の分有を行う間(あわい)を再び想像する。カワザケとしての生を再び埋め込んだサケの生を想像し、その実現が可能な間(あわい)を育む再生の思想として増殖概念を想像し直す。そして、自然繁殖と生態空間の涵養を柱に据えた再生事業に増殖事業を組み替えることだ。

簡単ではないだろう。数の増殖レジームを再生のレジームに変えるには、現在事業を支えている便益性の論理から見直す必要があるからだ。現在の増殖レジームが変えられない一つの理由が、サケの人工ふ化放流事業にかかるコストとそれをまかなう国庫補助、民間資金運営のあり方が「数」を中心に回っていることだった。この仕組みを見直し、漁協が数に依存する仕組みから抜け出す必要がある。そのうえ、再生には時間、手間、お金がかかる。順応的管理の議論で焦点になるのも常にこの点だ。

再生をめぐる便益を考えるうえで参考になるのが、栽培漁業がたどってきた道筋だ。初期に再生の概念を多分に含んでいたこの事業は、収益性と便益性という観点から批判され、行政改革の対象になった。コストパフォーマンスを重視し、一代回収型の種苗放流に特化したことで、今度は生態学的撹乱と科学的非合理性という観点から批判されることになった。それを見ると、再生事業は、従来の短期的かつ狭義の経済的な収益性も便益性も満たすことは難しいことがよくわかる。何を収益や便益と見なすのか、ということから再度議論をする必要があろう。それはひいては、自然資本をどう評価し、経済の仕組みに埋め込むのか、という問題でもある。

このような議論と並行しながら、サケとわたしたちが間に生き続けてきたこと、サケの周囲の生きものたちがわたしたちと生を分有してくれていることの魅力と必要性を記述する必要がある。前項で述べたように、わたしたちは生の分有のただなかに生きているが、それを日常のなかで意識することは難しい。だが、同じ場所に住む多様な世代のもつ生きものとのかかわりの話、歴史的な地図や文書が語るかつての人と生きものの生の分有の様子、それらを地域環境史として共有することはできる。そのなかに、サケ漁と人工ふ化放流事業を再び位置づけ、再生すべき生態空間とは何か、地域社会と議論をしながら、再生の範囲と内容を決めていく必要がある。そうして、人工ふ化放流事業を人びとの物語の中心の一つに引き戻すことが必要だろう。文化的な表象のみならず、実践として地域社会の人びとが再生事業のなかに埋め込まれて主体となることが、「物語の中心」にあるということではないだろうか。

何よりも大事なのは、人工ふ化放流事業自体がカワザケを取り戻すことだ。自然繁殖群を増やす試みは、数と回帰率の減少が問題になっている現在だからこそ、試みるに値するのではないだろうか。そして、生態空間の再生とは何を意味するのか、河川・沿岸にかかわる土木計画の専門家や、河川・沿岸の行政、地域社会と、「ふ化場から」だからこそ見えることを提案し、深い便益の議論と合わせて進めていく必要がある。

この過程は歴史のなかで単線化され、捨象されてきたサケと人のかかわりを再考することをわたしたちに迫るだろう。アイヌ民族とサケの間とはどのようなものだったのか。本書では追求することは叶わなかったが、カワザケを取り戻す過程では、その歴史的経緯を改めて省みながら、アイヌ民族とサケの間について、これからの新たな縁の結び方を探求する必要がある。

津軽石には、カワザケがいる。カワザケを面白いと思い、食べたいと思い、サケと向き合ってきた地域の歴史を抱える人びとがいる。人工ふ化放流事業の歴史を引き継ぎながら、技術者として日々サケに向き合い、いつも川と海と、その境を眺めている人びとがいる。両者が眺めているサケは――カワザケもギンケも含めて――、そんな人びとのあいだを泳いでいく。

人間もまた、間を生きる。日々の食卓に載るのは、間をともに生きてきた生きものたちの来し方の姿であり、これからの行く末だ。

もはやわたしたちはモノ化されない生は生きられず、人工物がない世界を考えることはできない。しかし、生み出した人工物を自分たちから疎外したままにせず、再び引き寄せ、人と他の生きものの生の分有のなかに埋め込むことはできる。そして、モノ化を自らほどき、生きものとの縁を結び直すことはできる。

分有の縁を新たに結び、間を生きることを探求する技法が、再生の技法として求められているのだ。

（1）「二〇一七年度秋サケ回帰情報」岩手県水産技術センター、http://www2.suigi.pref.iwate.jp/research/20180115ketacycle、二〇一八（平成三〇）年九月二八日最終確認。

（2）日本のサケ・マスの養殖は、ギンザケとサクラマスを中心に一九七〇年代から八〇年代にかけて、人工ふ化放流事業が大規模化されたのと同時期、ちょうど二〇〇海里問題がもちあがった前後に一度盛んになった。ただし、飼料や生け簀周辺の環境汚染などの問題、サケ資源の増大による市場商品としてのだぶつきなどを理由に、宮城県を除いて産業としては一度廃れた。二〇一一年の東日本大震災で宮城県も大きな影響を受けたが、先ほど述べたように、現在はご当地サーモンとして各地で再び開発が始まっている（黒川　二〇一七）。

（3）インタビューは、二〇〇九（平成二一）年七月五日、二〇〇九（平成二一）年一〇月二三日、二〇一三（平成二五）年一一月二九日、二〇一四（平成二六）年二月二三日に、津軽石さけ人工ふ化場にて行われた。

（4）船越組合長は、宮古湾の揚網漁業や、和船漁業についての資料をまとめたり、そのような船に乗っていた漁師たちとの対談をまとめたり、宮古湾漁業の民俗についても造詣が深かった。また、閉伊川河口から、藤原、磯鶏、高浜、金浜、津軽石と続く広い砂浜の港湾開発が進んだ際に、砂浜埋め立てに反対したことでも有名である。

（5）萬が最初に津軽石さけ人工ふ化場に配属になったときの場長だった、大洞克巳のこと。すでに第10章で書いたように、ふ化箱の開発に大きな役割を果たした。

（6）二〇一三（平成二五）年一一月二九日、萬直紀さん、小川元さんへのインタビューより。

（7）同上。

（8）二〇〇九（平成二一）年七月五日のインタビュー、津軽石さけ人工ふ化場にて。

（9）二〇一四（平成二六）年二月二三日、萬直紀さんへのインタビュー。

（10）宮古市水産統計センサスより。宮古市のウェブサイトで見ることができる。

（11）二〇一八（平成三〇）年九月一日、飯岡主税さんへのインタビュー。飯岡さんのお宅にて。

（12）二〇〇六（平成一八）年から二〇一六（平成二八）年の『水産白書』参照。

（13）岩手県の増殖事業関係者、匿名、男性四〇代へのインタビューより。本人には引用について了承を取り、匿名としている。

（14）二〇一三（平成二五）年一一月二九日、萬直紀さんへのインタビュー。居酒屋にて。

（15）二〇一八（平成三〇）年一二月一四日、岩手県沿岸広域振興局水産部・宮古水産振興センターへのインタビュー。この方針は震災後の岩手県のサケ資源再生のための方針だが、実際には一九九九（平成一一）年度以降、二〇一〇（平成二二）年度以降の二度のサケ来遊量の落ち込みから、岩手県では資源回復のための対策がとられてきた。

（16）二〇一八（平成三〇）年九月一日、飯岡主税さんへのインタビュー。飯岡さんのお宅にて。

（17）それぞれのムラや集落が、あるいは農家や漁家が、自分たちの目の前に生態系とかかわり合い、作用し合っている。夏の放牧地を使う牧畜農家が回す作用のシステムと、漁家が沿岸とのあいだで回している作用のシステムは異なっている。同じ地理的空間のなかにいても、たとえば同じ沿岸を使う別の漁法の漁家たちは、生態系のなかの生きもの、季節や天候、必要な時間のサイクルなどのそれぞれ異なるリストをもっていて、それぞれシステムを別様に回している。相互に連関し合ったたくさんのシステムは、連関するがゆえに影響し合い、あるリストを共有し、同じ出来事に攪乱を受け、しかし違う反応をしながら、ひとまとまりの総体、たとえば「沿岸」をつくっている。もちろん「沿岸」自体もまたスケールの異なるシステムであることに間違いがない。レジリエンス理論では、このようなシステムの連関する総体をパナーキーと呼ぶ（Gunderson and Holling 2002）。パナーキーは、どのシステムにとっても大きな打撃を受けて全体が解体されてしまうこともあるし、あるいはたった一つの小さなシステムの崩壊によって、全体が崩壊してしまうこともある。崩壊せずに、きちんとシステムが回復し、それぞれがまた回り続けられるようにすることが、レジリエンス理論でいわれる「しなやかな強靱さ」をもつということである。

(18) ケイパビリティは、ノーベル賞経済学者のアマルティア・センが厚生経済学において編み出した概念である。彼が主張するケイパビリティ・アプローチは、厚生経済学にとどまらず、広く現代社会の幸福や基本的人権概念に大きく影響を与えている考え方になっている。ケイパビリティとは、人びとが何かしら価値を見いだしてある状態を実現したり何かをなしたりする（「機能」する）ための機会と能力の集合のことだ。具体的にいうと、人びとが自分で必要な資源を調達し、使えるようにする能力と、その能力を使いながら、生きようとする意志のもとで自ら選択肢をつかんで生を切り開ける機会をもつことを指す（セン　二〇〇九＝二〇一一）。潜在能力と翻訳されることもあるが、翻訳の意味としては、倫理学者の川本隆史が用いた、「生き方の幅」という言葉を用いるのがわかりよい（川本　一九九五）。つまり、ケイパビリティとは、「生き方の幅」を自ら求め実現する能力と、そのための選択肢を得られる機会をもてることを指す。

(19) 松井は、視覚で人間を認識し、群れが人間を追随する対象と見なして行動すると、野生の群れを人間がコントロールする「群れのままの家畜化」がなったと考えられると指摘している（松井　一九八九：二〇三）。

(20) 二〇一四（平成二六）年二月二四日、フィールドノートより。

(21) 二〇一五（平成二七）年五月九日、山根幸伸さんへのインタビュー、堀内の山根さんの事務所にて。

(22) 同右。

(23) 二〇一七（平成二九）年一二月一七日に東京海洋大学佐々木剛研究室と共同で行われた鍬ヶ崎公民館におけるワークショップのフィールドノートより。

おわりに

学問の最大の社会への還元は、日常の縁に沈むように「あたりまえになった」初期条件や自明のように見えるものを、再度問い直す機会を提供することである。常識を問い直せ、忘れていることを忘れていないか考えよ、という言葉には、いったん自明化した「常識」の強固さが強く認識されている。

本書は、間(あわい)を去りゆくサケとわたしたちに、なぜ去るのか、と問うことから始めた。カワザケは、変化していく諸条件のなかで、どうにか資源を確保しよう、増大させようとする人びとの試みのなかで失われていった。人工ふ化放流事業の進展とともに、カワザケがいなくなることは、現在の「あたりまえのこと」になった。

本書は、サケとわたしたちがこれまで生きてきた間(あわい)について振り返りながら、去りゆくカワザケの姿を追いかけ、サケとわたしたちの関係を考え直しませんか、と読者の皆さんにもちかけた本である。

広く海洋に回遊し、必ず時期になると生まれた川に戻ってくる不思議な魚、サケ。その生は意外と柔軟に形を変えながら、わたしたちにとってはるか縄文の古代から重要な資源であり続けてくれた。間(あわい)を生きてきた過程で、そしてモノ化と家魚化が進む現在においても、人びとのサケとのかかわりは、さまざまな形で、さまざまな想いとともに繰り広げられてきた。驚くほどのその関係性の濃さと幅の広さは、とうてい本書ですべて拾いあげられるようなものではなかった。そのため、どうしても記述が一面的になってしまったことは否めない。特に三陸の地名にもあちこちに残る、アイヌの人びととサケの人工ふ化放流事業については、ここで扱いきれる記述では、とても満足に議論ができるものではなかったため、思い切って先行研究を中心にまとめ、大幅な割愛をすることにした。それにより本書の著述もまた単線的になってしまった批判は受け止めたいと思う。

それでも、増殖レジームのもとにある人工ふ化放流事業という技術と増殖という概念そのものを、新たな生の分有の縁を結び、モノ化をほどく新たな作法として、再生の思想を実現する技術として想像し、組み替えることの重要性は、描けてきたような気がする。もちろん、同じ本州といっても、日本海側、太平洋側の他の場所でも書かれ方はまったく違うだろう。岩手県でいえば、盛岡にサケの姿を運ぶ北上川水系は、まったく違う物語を津軽石ともつ。なぜならば、北上川水系はカワザケとともに今も生きる人びとがいて、津軽石が経験したような大規模産業化された人工ふ化放流事業とは異なる増殖を試みてきたからだ。そしてそれゆえに、現在では人工ふ化放流由来の移植や選択の進んだサケとは違うサケ集団のいる水系として注目されつつある。北海道についても、流域ごとに違う物語がある。この本が描いてきたのは、広く深いあるサケの存在のひだの表面を、少しだけ剝いでみたにすぎない。

カワザケを取り戻すには、サケ留をあげて川に親魚をあげてしまえばよい、という簡単な問題ではないことはわかっていただけただろう。サケと生を分有の縁を結び続けるために、再び、人工物を含めた作用の体系ののぞましいあり方、自然と人間のかかわりの可能性を減らさずにむしろ増加させるような未来に向かう道を、少しは描けてきただろうか。

少し個人的なことを書いておきたい。

わたしはワムシとクロレラが大量に培養される巨大水槽に親しんで育った。父が栽培漁業の担い手だったためである。瀬戸内海の片隅で、事業場を訪れては、小さな二ミリほどのマダコがぴんぴん水のなかで跳ねるのを見て愉しんだ。畳ほどあろうかと思うヒラメの親魚が、餌めがけて水面まで飛びあがってくるのに戦いた。事業場のあぜ道でスカンポを探した。しかし、温暖な気候と慣れ親しむ日々は突然の父の転勤により終わった。二度ほど飛行機を乗り継いだある日、着いたのは岩手県宮古市だった。宮古での日々は、すべてが驚きの連続だった。その大部分が、周囲にいる生きものがこれまで育ってきたところとは違うことによるのだ、ということは、なんとなくわかるようになった。何せ、裏山から、奇妙な長い顔の大きな灰色の動物（ニホンカモシカ）がちらりと顔をのぞかせていたり、食卓にオレンジ色のパイナップルのような、宇宙人の卵のような何か（つまりホヤ）があがったりするのだ。

冬のある日、いつものように登校していたら、裏道がやたらと生臭かった。イカやアジとも違う生臭さだった。上を見ると、はるかに大きな魚がずらりとぶら下げられていた。サケである。それも一軒だけではない。何軒も、何軒もサケをぶら下げている家があった。数日後、文房具屋さんが贈答用の新巻鮭専用箱を売り始めた。友人の親御さんが、「今年は二〇箱かな」といいながら、箱買ってきて、と友人にお使いを頼んでいた。異文化遭遇である。どうもそのときの記憶のせいなのか、サケはそれからわたしの頭から離れてくれなくなった。勢い余って博士論文は太平洋の反対側のサケを題材にした。書き終わったとき、そうだ、日本のサケの話を書こうと思った。それも、北海道ではなくて岩手県から見たサケの話を書こうと思いついた。三つ子の魂百までである。

調査のために再び宮古市を訪れ始め、津軽石をはじめ、さまざまな場所に顔を出し始めたのは、二〇〇八（平成二〇）年のことだった。本にするまで一〇年強もかかってしまったことになる。それは、ひとえにわたしの怠惰のためである。そのため、なかにはお話を聞かせていただきながら、鬼籍に入られてしまった方もいる。二〇一一（平成二三）年三月の東日本大震災のときには、テレビで津波を見て体が震えていた。その二ヵ月後、ようやく訪れることのできた津軽石のふ化場では、場長の萬直紀さんをはじめ、ふ化場の人たちが「今やれば、戻ってくっから」と、復旧作業に黙々と取り組んでいた。宮古の港にはその日、巻き網の船が戻ってきていた。

今やれば、戻ってくっから。サケへの信頼とでもいおうか。モノとしてではなく、サケという生きものを、自分に近しい生きものとして、けれどもペットとはまったく別種の近さをもつ生きものとして、萬さんはそういった。そのときに思いついた言葉が、生の分有の縁、という言葉だった。それからすでに八年がたとうとしている。関係者の皆さんには感謝とお詫びの言葉しか見つからない。

萬さんをはじめこの本を書くにあたって本当にたくさんの方々にお世話になったことを記さねばならない。多くの取材をしたにもかかわらず、その多くは本書に生かせることはできなかった。

宮古漁協の大井誠治組合長、小林猛男業務部長には、湊大杉神社の祭事の見学から、定置網漁に関するさまざまな聞き取りにご協力いただいた。同じく宮古漁協の山根幸伸さんには、あるシンポジウムで再生の話をしたとき、「たぶん、同じようなことを考えている」と、ご自身の考えを的確に教えてくださった。考えながら語る言葉に、実践者の重みがある人である。いつも学ばせていただいている。

津軽石さけ人工ふ化場では、萬直紀場長に、サケの人工ふ化放流事業のイロハを教えていただいた。機知に富んだ宮古弁というものの操り方を、わたしは萬さんに出会って初めて知った。サケの知識と技能のほかにも、文学から料理まで、とにかく引き出しの多い方で、会うたびに驚かされている。専門技量がいかんなく発揮された萬さんのイクラは絶品である。岩手県沿岸広域振興局水産部や、宮古水産振興センターの皆さんにも長年お世話になった。所長の稲荷森輝明さんにはたいへん失礼ながら、酒の席でサケ本を妄想する段階からお話を聞いていただいた。阿部孝弘さん（現・農林水産部水産振興課）、田村直司さん（現・岩手大学三陸水産研究センター）にも研究を始めたばかりの頃、岩手県の水産行政の来し方を教えていただいた。佐藤教之さん、高橋憲明さんにはサケ担当として、データと経験・現場からの知見と率直な意見をいただいた。岩手県水産試験場にいらした小川元さん（現・農林水産部水産振興課）には、岩手のサケ資源の現状から、資源動向分析などに加えて、技術者と研究者のコミュニケーションの重要さを教えてもらった。萬さんとの掛け合いで増殖についての議論がどんどん深まっていく様子を拝見するのはとても面白い経験だった。長く岩手県にてサケ増殖を牽引してこられた飯岡主税さんにも、ご引退後にもかかわらず、快くインタビューを受けていただいた。視野の広い、戦後の増殖事業を考えるうえで重要なお考えをいくつもお聞かせいただいた。本書に書けなかった内容については、また機会を改めたい。サケを超えてさまざまに必要になった知識を拾う手助けをしてくださったのは、岩手県沿岸広域振興局宮古地域振興センター所長の吉田真二さんだ。いろいろな方とつないでくださり、岩手県のなかで沿岸をどのように行政として位置づけるか、率直に意見交換をしていただき、思考を深めるヒントをいただいた。

津軽石鮭繁殖保護組合では、現在の山野目輝雄組合長、佐々木章雄事務局長をはじめ、中島勝利さんら職員の皆さんにも学生ごとお世話になった。そして、組合の資料や話を聞くべき方の紹介を快くしてくださったこと、感謝の念に堪えない。組合や又兵衛祭りを訪れるたび、おいしいサケのお振る舞いをごちそうになった。また、津軽石の歴史と郷土話を整理し、出版してこられた久保田均さんには、並々ならぬご協力をいただいた。終わらないプロジェクトを抱えたわたしをいつも、震災の直後ですらも、かえって励ましてくださった。そして、津軽石の町中で、繁殖保護組合の事務所で、番屋で、数多くの人びとに出会い、快くサケにとどまらない、たくさんのお話を聞かせていただいた。

もと宮古水産高校の教師でサケの中骨缶詰技術開発に主導的に携わった中嶋哲さんからは、高浜と宮古湾の豊かな記憶の語りと、日常の風景を切り取った数多くの写真を見せていただいた。ご家族ごと、中嶋さんの並々ならぬハマとカワ・ウミの生きものへの愛着、興味、こだわりを面白がりながら支えていらして、またご家族それぞれが豊かなハマの記憶をおもちだ。お宅におじゃましてそのお話を聞いていると、まるで映画館に座って高浜の昔の風景を見ているかのような気分になった。

また、閉伊川漁業組合の袰野正一組合長には、川に関する幅広い見識から河川行政に参与してきた経験から、たくさんのことを学ばせていただいた。ご意見番として頼りにさせていただいている。北村彰英参事には、閉伊川の内水面漁業のみならず、磯鶏から見たハマの話を組み立てるにあたり、いつもご本人の記憶と知識と人脈をあてにさせていただいた。宇都宮宗一さんには、閉伊川河口から津軽石の奥まで、川と海の生きものの知識でわからないことがあると聞きにいった。川の話は本書にはとても収まりきれず、また別の本に書き上げたいと思っている。

この本を書いている最中も幾度となく頼ったのが、宮古市市史編さん室であり、假屋雄一郎さんだ。近世の資料では特にお世話になり、にっちもさっちもいかないわたしを見かねて手を差し出してくださったことも一度や二度ではない。同じく、信仰および漁業の民俗については、岸昌一さんからお会いするたびに大きなご示唆をいただいた。宮古市には郷土史を編纂する郷土史家が輩出されてきた。郷土史家の活動の中心にあった文化印刷と、その情報誌『みやこわが町』は、宮古の人と歴史と生きものをつなぐ重要なメディアである。その代表編集者の橋本久夫さんには、いつも気さくにさまざまなご相談にのっていただき、知見の広さと人脈をあてにさせていただいた。ヨットを教えていただくことは次のわたしの課題である。宮古閉伊川大学校の水木高志さんには、素敵なご家族まるごとで、よろよろと進むわたしを励ましていただいた。ご本人も味わい深い文章を書かれる釣り師でもあり、川と海に関する知識では、二人の息子さんとともにいつもわたしの師匠である。

そのほか、岩手県立水産科学館、岩手県さけ・ます増殖協会、田老町漁協、重茂漁協、幅広い人びとに本当にお世話になった。これ以上お名前を出すのは控えるが、出版されたらそれぞれご挨拶に伺いたいと思う。たいへんな努力家で、遠洋の時代の優れた語り部である前田松雄さんはお茶目な紳士である。定置網の大謀、畠山勲さん、田老漁協の金庫番、梶山享治郎さん（故人）と田老町漁協で聞いたお話は、別の冊子に編集中である。栽培漁業と養殖についても、まだこれから書かねばならないことがある。だがその機会は別途待つことにしよう。

本を編集する段階では、多くの方に原稿に文字通り、文章にも論理にもなっていない段階から、たくさんの方に目を通していただいた。東京農工大学の高橋美貴さんには、歴史史料の読み方から解釈、水産史に関する知識に基づく助言、ご自身が集められた史料のご提供まで、本当にお世話になった。高橋さんに東京農工大学の大学院生時代に出会えていなかったら、わたしはおそらく、水産にこれほど接近することはなかったのではないだろうか。対等な研究者かつ友人として扱ってくださるご厚情と誠実さに、いつも助けられている。一橋大学の赤嶺淳さんには論点を一緒に面白がっていただき（本を書いているときには何より励みになる）、議論のおかしいところを指摘していただいた。法政大学の高橋五月さんには結論に関する大事な示唆をいただいた。北海道大学の宮内泰介さんには研究会で発表の機会をいただき、全体の構成について議論いただいた。いつも冷静に原稿を読んでアドバイスをくれる連れ合いの大倉季久からは、日本の森林資源管理にかんする知見をもとに、論の運びに関する重要な助言をもらった。そして大学院時代からの師匠である鬼頭秀一先生にも貴重なダメ出しをいただいた。いくつになってもダメ出しをしてくれる師匠がいるというのはありがたいことである。

文章を読み、訂正してくれた研究室の谷川彩月さん、川端将太朗さん、佐々木宰さん、三宅大二郎さんにも心からお礼を申し上げたい。

これほど多くの人にお世話になった。何よりもこの本は、編集者の光明義文さんがいらっしゃらなければ出版できなかった。わたしの幸運は、光明さんが東京水産大学ご出身で、まさに増殖が盛んだった頃の時代を存じていらっしゃった、ということだった。その縁で、北海道区水産研究所の安達宏泰さんをご紹介いただいたり、他の研究者による生きものの記述についてさまざまなご示唆をいただいたり、本当にお世話になった。日本の研究者は、専門分野に精通した編集者に見いだされ、あるいは自ら原稿をもち込んで編集者の「査読」を経て出版をする。この出版システムは、専門の研究者が出版社から依頼を受けて本の原稿の査読をする他国のシステムとは違っていて、編集者の力量に大きく頼ったシステムでもある。だからこそ、その分野に詳しくない、興味のない編集者にあたってしまうと研究者は悲惨である。しかも学術書は売れない。光明さんが最初に「さけ本、出してもいいよ」といってくださったのははるか五年前のことだ。「やくそくはまもってください」（ママ）というメールに戦きながら、なんとかここまでやってきた。

心から感謝を申し上げたい。

本研究は、ＪＳＰＳ科研費（24730425, 24243054, 16H02039）の助成をいただいた。山のものとも海のものとも知れぬ研究への資金援助ほど、研究者を育てるものはない。

最後に、この本は水産学と増殖の面白さを教えてくれた父に捧げたい。

参考文献

青塚繁志、一九六五「明治初期漁業布告法の研究5――府県漁業取締規則期」『長崎大学水産学部研究報告』一九：一〇〇―一四五。

青塚繁志、二〇〇〇『日本漁業法史』北斗書房。

赤羽正春、二〇〇六『鮭・鱒』法政大学出版会。

秋庭鉄之、一九七〇「新計画の方向――その考え方をめぐって」『魚と卵』一三二：三六―三八。

秋庭鉄之、一九七六『ふ化事業百年史』さけます友の会。

秋庭鉄之、一九七七「三原さんという人」『魚と卵』一四五：三七―三九。

秋庭鉄之、一九八四「回想　長期計画の道　その2　長期計画設定のための方針」『魚と卵』一五四：一―九。

秋庭鉄之、一九八八『鮭の文化誌』道新選書。

秋庭鉄之編、一九八〇『千歳――さけ・ますふ化事業創設の記録』北海道さけ・ます友の会。

秋庭鉄之・伊藤郁子編、一九五一「座談会　今年の密漁」『魚と卵』一〇―一三〇。

秋道智彌、一九九五『海洋民族学――海のナチュラリストたち』東京大学出版会。

秋道智彌、一九九六『なわばりの文化史――海・山・川の資源と民族社会』小学館ライブラリー。

秋本吉徳（全訳注）、二〇〇一『常陸国風土記』講談社学術文庫。

秋山博一、一九六〇「明治漁業法の制定過程」『漁業経済研究』八（三）：〇―三〇。

安達二朗、二〇〇三『栽培漁業読本』浜田地域マリノベーション構想推進協議会。

安達二朗、二〇一一『続・栽培漁業（つくる漁業）読本』浜田市水産業振興協会。

安達宏泰、一九八四「千歳事業場の養魚池管理――注水量の算出方法の検討」『魚と卵』一五四：一八―二〇。

阿部周一編、二〇一〇『サケ学入門――自然史・水産・文化』北海道大学出版会。

有賀喜左衛門、一九三八『農村社会の研究』河出書房（一九八一『昭和前期農政経済名著集　20　農村社会の研究』農山村文化協会に再録）。

安藤由久、一九五六「第二次漁業センサスによる漁業経営体の階層構造」『漁業経済学会誌』四（三・四）：二〇―二六。

飯岡主税、一九七六「Ⅳ-19　岩手県におけるサケの増殖」水産庁監修『新版　つくる漁業』、四五六-四七七。

飯岡主税、一九八二「シロザケ稚魚海中飼育放流による沿岸回帰特性」『別枠研究さけ・海中飼育放流　昭和56年度報告』東北区水産研究所、三五-四六。

飯島伸子、一九九三「環境問題の社会史」『環境社会学』有斐閣、九-三二。

飯島伸子、二〇〇〇『環境問題の社会史』有斐閣アルマ。

池田寛二、一九九五「環境社会学の所有論的パースペクティブ――『グローバル・コモンズの悲劇』を超えて」『環境社会学研究』一：二一-三七。

石川智士・渡辺一生、二〇一七『地域が生まれる、資源が育てる――エリアケイパビリティーの実践』勉誠出版。

板橋守邦、一九八三『北洋漁業の盛衰――大いなる回帰』東洋経済新報社。

伊藤一隆、一八八七「人工ふ化法ノ利」『北水協会報告書』北水協会。

伊藤一隆、一八八八「本道に鮭魚人工孵化場の設立を望む」『北水協会報告書』三五：一-一五。

伊藤一隆、一八九二『米国水産取調書』（北水協会補正）、北水協会。

伊藤繁、二〇〇三『ほっかいどう漁業史再発見』私家版。

伊藤康宏、一九九二『地域漁業史の研究――海洋資源の利用と管理』農文協。

井上和夫、一九五五「漁業労働者の現況」『漁業経済学会誌』四（二）：二四-六〇。

井上真、二〇〇四『コモンズの思想を求めて――カリマンタンの森で考える』岩波書店。

井上勝生、二〇一七「内村鑑三と石狩川サケ漁、アイヌ民族」『北海道大学文書館年報』一二：一-三〇。

岩崎寿男、一九九七『日本漁業の展開過程――戦後50年概史』舵社。

岩手県、一九七一『三陸沿岸漁業資源の培養および流通加工基地の形成に関する基本構想』岩手県。

岩手県、一九八一『さけ・ます増殖事業拡大計画』岩手県。

岩手県、一九八四『岩手県漁業史』岩手県。

岩手県鮭鱒増殖協会、一九七五『岩手県のサケ・マスに関する資料』岩手県鮭鱒増殖協会。

岩手県鮭鱒増殖協会、一九七八『岩手県のサケ・マスに関する資料』岩手県鮭鱒増殖協会。

岩手県水産技術センター、二〇一二『サケ海産親魚蓄養の手引き』岩手県水産技術センター。

岩手県水産試験場、一九九一『岩手県水産試験場　創立80年のあゆみ』岩手県水産試験場。

岩手県水産部編、一九五四『岩手縣漁業史料』岩手縣水産部漁政課。

岩手県林業水産部漁業振興課、一九九〇-二〇一二『岩手県のさけ・ますに関する資料』岩手県林業水産部漁業振興課。

岩本由輝、一九六七a「盛岡藩津軽石村漁業関係資料（一）」『月報社会史研究』東北大学経済学部日本経済史研究室：六-八。

岩本由輝、一九六七b「盛岡藩津軽石村漁業関係資料（二）」『月報社会史研究』東北大学経済学部日本経済史研究室：四-八。

岩本由輝、一九六七c「盛岡藩津軽石村漁業関係資料（三）」『月報社会史研究』東北大学経済学部日本経済史研究室：五-八。

岩本由輝、一九六八a「盛岡藩津軽石村漁業関係資料（四）」『月報社会史研究』東北大学経済学部日本経済史研究室：五-八。

岩本由輝、一九六八b「盛岡藩津軽石村漁業関係資料（五）」『月報社会史研究』東北大学経済学部日本経済史研究室：五-八。

岩本由輝、一九六八c「盛岡藩津軽石村漁業関係資料（六）」『季刊社会史研究』東北大学経済学部日本経済史研究室：一三-一六。

岩本由輝、一九六八d「盛岡藩津軽石村漁業関係資料（七）」『季刊社会史研究』東北大学経済学部日本経済史研究室：一三-二四。

岩本由輝、一九六八e「盛岡藩津軽石村漁業関係資料（八）」『季刊社会史研究』東北大学経済学部日本経済史研究室：一〇-二四。

岩本由輝、一九七七〔一九七〇〕『近世漁村共同体の変遷過程――商品経済の進展と村落共同体』御茶の水書房。

岩本由輝、一九七九『南部鼻曲がり鮭』日本評論社。

岩本由輝、一九八九『村と土地の社会史』刀水書房。

岩本由輝、二〇〇二『東北地域産業史――伝統文化を背景に』刀水書房。

ヴァンクリーブ、R〔黒沼勝造訳〕、一九五一『日本の内水面水産と利水計画（"Japanese fresh-water fisheries and water use projects"）』水産庁漁政部漁業調整第二課。

内田祐一、二〇〇三「帯広における開拓者とアイヌ民族――晩成者三幹部の日記にみられる十勝アイヌとの関係」『歴史評論』六三九：五一-六三。

内村鑑三、一九八一『内村鑑三全集　第1巻』岩波書店。

内村鑑三、一八八二「千歳川鮭魚減少の源因」『大日本水産会報告』、一：八三-八五。

内村鑑三、一八八四「石狩川鮭魚減少の源因」『大日本水産会報告』、二六：一〇-二〇。

内山節、二〇〇五『里という思想』新潮社。

内山節、二〇一四〔一九八八〕『人間と自然の哲学』農文協。

NHK産業科学部、一九八五『証言・日本漁業戦後史』日本放送出版協会。

沿岸漁業開発対策研究会、一九七〇『沿岸漁業資源・漁場開発の背景と対策』（未発行資料）、沿岸漁業開発対策研究会。

『遠洋漁業船情報コミュニティ誌　月刊みなと便り』二〇一一、七・八月合併号、『みなと便り』編集室。

大島泰雄、一九八三「Ⅲ-2　つくる漁業の技術論」水産庁監修、資源協会編著『最新版つくる漁業』資源協会：一三五-一四七。

大島泰雄編、一九九四『水産増・養殖技術発達史』緑書房。

大島泰雄監修・水産増・養殖技術史料集—Ⅱ編集委員会編、一九九三『水産増・養殖技術史料集—Ⅱ』日本栽培漁業協会。

大島泰雄・大島先生を偲ぶ会編、一九九五『沿岸増殖論——大島泰雄先生遺稿集』緑書房。

大巻秀詮、一七九七『邦内郷村志三巻』イーハトーブ電子図書館、岩手県立図書館 https://www.library.pref.iwate.jp/ihatov/no1/html1/b15/index.html　二〇一八年一〇月一日最終アクセス。

岡本清造、一九六四『水産資源保護に関する研究（Ⅰ）』日本水産資源保護協会。

岡本信男、一九五六（一九五四）『北洋鮭鱒』水産週報社。

岡本信男、一九八四『日本漁業通史』水産社。

小川元、二〇一〇「シロザケ——増殖事業が抱える問題と将来像」『日本水産学会誌』七六（二）：二五〇-二五一。

奥野克巳、二〇一七「明るい人新世、暗い人新世——マルチスピーシーズ民族誌から眺める」『現代思想』四五（二二）：七六-八七。

帰山雅秀、一九九八「日本系サケ資源の現状と今後の資源管理のあり方」『さけ・ます資源管理センターニュース』一：四-七。

帰山雅秀、二〇一八『サケ学への誘い』北海道大学出版会。

帰山雅秀ほか編、二〇一三『サケ学大全』北海道大学出版会。

科学技術庁資源調査会、一九七四『我が国における水産増殖及び養殖の将来に関する調査報告　科学技術庁資源調査会報告　第68号』科学技術庁調査会。

加賀元「戦後70年北海道　サケマス『無尽蔵と思った』」『朝日新聞』二〇一五年七月三一日。

柿崎京一、一九七八『近代漁業村落の研究——君津市内湾村落の消長』御茶の水書房。

片山房吉、一九三七『大日本水産史』農業と水産社。

勝川俊雄、二〇一二『漁業という日本の問題』ＮＴＴ出版。

ガブリエル、マルクス、二〇一五＝二〇一八『なぜ世界は存在しないのか』講談社選書メチエ。

釜澤勲、一九五二『三陸漁村の研究』高山書店。

釜沢勲、一九五九『岩手漁協八十年の歩み』いさな書房。

釜ヶ澤勲著・菊池正則編、二〇一五『大謀網と巾着網を考案した三陸の漁師根性とオットセイ王』ツーワンライフ。

神長英輔、二〇一五『「北洋」の誕生——場と人と物語』成文社。

神野善治、一九八四「藁人形のフォークロア——鮭の精霊とエビス信仰」『列島の文化史　創刊号』日本エディタースクール：一五六-一八五（後に谷川健一編、一九九六『鮭・鱒の民俗』三一書房に再編）。

川島武宜、一九六七『日本人の法意識』岩波新書。

川島利兵衛ほか編、一九八一『改訂版新水産ハンドブック』講談社サイエンティフィク。

川原田義男編、一九七七『陸中国宮古湾漁場史〔正〕』宮古漁業協同組合。

川本隆史、一九九五『現代倫理学の冒険——社会理論のネットワーキングへ』創文社。

菊地達夫、二〇〇六「石狩湾新港地域開発計画に於ける漁業補償の締結過程」『北方圏生活福祉研究所年報』一二：一五-二七。

菊地文代・前島典彦企画・編集、二〇一三『川はだれのものか——大川郷にいきる』（ドキュメンタリー、制作・周）。

岸昌一編、二〇〇一『御領分社堂』岩田書院。

北見事業場、一九七八「養魚池の流れに関する考察」『魚と卵』一四六：二四-三九。

木村鎚郎、一九五〇「発刊にあたって」『魚と卵』一：〇。

木村鎚郎、一九六九「場長時代の二三の思い出」日本鮭鱒資源保護協会編『さけます増殖のあゆみ』日本鮭鱒資源保護協会：二〇七-二一一。

木村義一、一九七〇「「さけ・ます資源増大再生産計画」のあらまし」『魚と卵』一三四：一-一三。

『漁船』一九六二、一一四号、漁船協会：七〇-七八。

「禁酒會演説の景況」『北海道毎日新聞』一八九一年七月三一日。

久保田均、二〇〇五『郷土史読本ふるさと津軽石　伏流水』文化印刷。

熊本一規、一九九五『持続的開発と生命系』学陽書房。

熊本一規、二〇一八『漁業権とはなにか』日本評論社。

クラーク、A〔高橋泰邦訳〕、一九五七＝二〇一三『海底牧場』早川書房。

黒川忠英、二〇一七「国内におけるサーモン海面養殖について」『SALMON 情報』一一：二三-二五。

郡司留吉、一九七五「私と本州さけ・ます」『本州鮭鱒二十年史』本州鮭鱒増殖振興会、七-一三。

コーン、E〔奥野克巳訳〕、二〇一三＝二〇一六『森は考える——人間的なるものを超えた人類学』亜紀書房。

小池裕子、二〇一七「生業動態からみた縄文時代人の食料戦略——sustainable use の先駆者としての縄文文化」『第四紀研究』五六（四）：一四九-一六八。

国土庁計画・調整局、一九七五『新全国総合開発計画総点検作業中間報告素案——自然環境の保全』国土庁計画・調整局。

後藤雅知・吉田伸之編、二〇〇二『水産の社会史』山川出版社。

小林多喜二、一九二九「蟹工船」『蟹工船・党生活者』新潮社（一九五四年再録版）。

小林哲夫、一九六八「サケとカラフトマスの産卵環境」『北海道さけ・ますふ化場研究報告』二二：七－一四。

小林哲夫、一九七八「さけ・ます別枠研究について」『魚と卵』一四六：八－一一。

小林哲夫、一九八八「漁業と増殖」久保達郎編『日本のサケマス――その生物学と増殖事業』たくぎん総合研究所：二三〇－二四六。

小林哲夫、二〇〇九『日本サケ・マス増殖史』北海道大学出版会。

小林哲夫・阿部進一、一九七七「遊楽部川におけるサケマス生態調査2　サケ稚魚の降海移動、成長と標識親魚の回帰」『北海道さけ・ますふ化場研究報告』三〇：一－一一。

近藤康男編、一九五三『日本漁業の経済構造』東京大学出版会。

斎藤善之・高橋美貴編、二〇一〇『近世南三陸の海村社会と海商』清文堂。

坂野栄市、一九五一「米国における鮭鱒卵の水性菌防止に関する一文献（Burrows, Roger E. 1951）の紹介」『魚と卵』一三：二一。

阪本寧男・田中正武・中尾佐助・堀田満・樋口隆康・渡部忠世・佐々木高明、一九七六「〈座談会〉討論　栽培植物と農耕の起源」『季刊人類学』（七－二）：三－七五。

佐藤健二、一九八七『読書空間の近代――方法論としての柳田国男』弘文堂。

佐藤重勝、一九八六『サケ――つくる漁業への挑戦』岩波新書。

佐野蘊、一九九八『北洋サケ・マス沖取り漁業の軌跡』成山堂書店。

佐野誠三、一九五六「卵及び仔魚の立体孵化器について」『魚と卵』五九：一四－二三。

佐野誠三、一九五九「北日本産鮭属の生態と蕃殖について」『北海道さけ・ますふ化場研究報告』一四：二一－九〇。

座間宏一・高橋裕哉編、一九八五『秋サケの資源と利用』恒星社厚生閣。

沢内勇三・鈴木哲・中島隆編、一九六二『宮古のあゆみ』宮古市。

重田眞義、二〇〇九「ドメスティケーションとは何か――ヒト－植物関係としてのドメスティケーション」『国立民族学博物館調査報告』八四：七一－九六。

清水幾多郎、二〇〇五「国産サケと輸入サケの需給動向について」『平成一七年八月四日　さけ・ます資源連絡会議』配布資料。

下啓助、一九三二『明治大正水産回顧録』東京水産新聞社。

「シロザケ陸上養殖本格化、岩手大三陸水産研究センター」『日刊水産経済新聞』二〇一七年一一月二九日。

「『新サーモン』を青森名物に通年水揚げ可早期流通へ体制整備」『河北新報』二〇一八年一月四日。

水産庁、一九四七『漁業制度改革の基本問題』水産庁資料、一九四七年三月二四日。

水産庁、一九六六『漁業基本対策資料　Ⅲ』水産庁。

水産庁、一九八五『さけ・ます増殖事業の展開方向』水産庁。

水産庁監修・資源協会編、一九七六『新版　つくる漁業』農林統計協会。

水産庁振興部沿岸課監修、一九八四『沿岸の時代』地球社。

菅豊、二〇〇〇『修験がつくる民俗史——鮭をめぐる儀礼と信仰』吉川弘文館。

菅豊、二〇〇六『川は誰のものか』吉川弘文館。

菅野尚、一九八一「本州太平洋沿岸のサケ増殖の現状」『別枠研究さけ・海中飼育放流　昭和55年度報告』東北区水産研究所、一四一-一四九。

菅野尚・佐々木実、一九八三「Ⅳ-13-2　本州太平洋沿岸におけるシロザケの資源培養」水産庁監修、資源協会編『最新版　つくる漁業』社団法人資源協会、六〇〇-六一〇。

鈴木牧之編撰・京山人百樹刪定・岡田武松校訂、一九九一〔一八三六〕『北越雪譜』岩波文庫。

鈴木正崇、二〇〇四「祭祀伝承の正統性——岩手県津軽石の事例から」『法學研究——法律・政治・社会』七七（一）：一八五-二三五。

関二郎、二〇一三「さけます類の人工孵化放流に関する小史　放流編」『水産技術』六（二）：六九-八二。

關澤明清・金田歸逸・溝口耕一、一八七八『養魚法一覧』勧農局蔵。

関根達人、二〇一四『中近世の蝦夷地と北方交易——アイヌ文化と内国化』吉川弘文館。

セン、アマルティア〔池本幸生訳〕、二〇〇九=二〇一一『正義のアイディア』明石書店。

全国漁業協同組合連合会・沿岸漁業開発対策研究会、一九七〇『沿岸漁業資源・漁場開発の背景と対策』全国漁業協同組合連合会。

全国豊かな海づくり推進協会、二〇一三『栽培漁業のあゆみ50年——豊かな海へ黎明期・発展期・定着期・転換期、そしてこれからの栽培漁業を考える』全国豊かな海づくり推進協会。

大日本水産會・大日本鹽業協會、一八九八『水産諮問會紀事』大日本水産會・大日本鹽業協會。

大日本水産会・日本鮭鱒資源保護協会編、一九六三『さけ・ますの再生産に関する日ソ専門家会議報告書』大日本水産会。

高倉新一郎、一九三六「アイヌの漁業権について」『社会経済史学』六（六）：五四-七〇。

高橋五月、二〇一八「福島に浮かぶ「未来」とその未来」『文化人類学研究』八三（三）：四四一-四五八。

高橋美貴、一九九五a『近世漁業社会史の研究——近代前期漁業政策の展開と成り立ち』清文堂出版。

高橋美貴、一九九五b「漁業資源管理慣行の歴史的展開——鮭資源をめぐる近世の漁業秩序と岩手県庁の漁業政策」『歴史』（八五）：七四-九七。

高橋美貴、二〇〇二「近世における漁場請負制と漁業構造——越後国岩船郡村上町鮭川を事例として」後藤雅知・吉田伸之編『史学会

シンポジウム叢書　水産の社会史』山川出版社：四一−七七。

高橋美貴、二〇〇七『「資源繁殖の時代」と日本の漁業』山川出版社。

高橋美貴、二〇一三『近世・近代の水産資源と生業――保全と繁殖の時代』吉川弘文館。

武田則愛、一八八七「大津十勝両川の鮭魚」『北水協会報告』二六。

田中宣一・小島孝夫編、二〇〇二『海と島のくらし――沿海諸地域の文化変化』雄山閣。

田中哲彦、二〇一二『さけ・ますふ化場――15年間の体験記』成山堂書店。

谷川健一編、一九九六『鮭・鱒の民俗』三一書房。

田村正、一九五六『水産増殖学』紀元社出版。

知里真志保、一九五九「アイヌの鮭漁――幌別における調査」『北方文化研究報告』一四：二五四−二五五。

津軽石漁業協同組合、一九六四『さけます人工ふ化場』文化印刷。

津軽石漁業協同組合、一九六六『業務報告書』津軽石漁業協同組合。

津軽石漁業協同組合、一九六七『業務報告書』津軽石漁業協同組合。

津軽石鮭繁殖保護組合、一九六八ａ『覚書』津軽石蕃殖保護組合。

津軽石鮭繁殖保護組合、一九六八ｂ『津軽石鮭繁殖保護組合規約』津軽石鮭繁殖保護組合。

津軽石鮭繁殖保護組合、二〇一二『第四四回　通常総会資料』津軽石鮭繁殖保護組合。

津軽石村漁業組合、一九一二『津軽石村漁業組合事績』津軽石村漁業組合。

「つくる漁業」編集委員会編、一九六九『つくる漁業――水産資源増殖の手引』資源協会。

デュルケム、Ｅ（宮島喬・川喜多喬訳）、一九七四『社会学講義』みすず書房。

寺沢一ほか編、一九七九『蝦夷・千島古文書集成――北方未公開古文書集成　第一巻』叢文社。

寺島良安編、一九九八（一七一二）『和漢三才図会』大空社。

ドゥルーズ、Ｇ・フェリックス、Ｇ（宇野邦一ほか訳）、一九八〇＝一九九四『千のプラトー――資本主義と分裂症』河出書房新社。

徳久三種、一九三五、「水産増殖」『漁村指導者養成講習會講義録』大日本水産會：一−二一。

鳥越皓之、一九九七『環境社会学の理論と実践――生活環境主義の立場から』有斐閣。

内閣官報局、一八八七『法令全書明治一四年』内閣官報局。

内務省勧農局、一八七八『農事月報』10号、内務省勧農局。

中井昭、一九七三『鮭鱒流網漁業史』全国鮭鱒流網漁業組合連合会。

中尾佐助、一九六六『栽培植物と農耕の起源』岩波新書。

長沢文作・大矢文治（平船圭子校訂）、一八五四『三閉伊日記』岩手古文書学会。

中野浩、二〇〇八「高校水産教育に記された水俣病――『公害』と『環境』の乖離構造の考察に向けて」『東京大学大学院教育学研究科紀要』四八：三九七-四〇六。

中野浩「トロサーモンお好きでしょ　国産ご当地もの一〇〇種超す」『朝日新聞』二〇一八年五月八日。

中野宗治、一九五三「『水産増殖』と『水産養殖』」『水産増殖』一（二）：一-一二。

中部謙吉、一九六八「北洋漁業の問題点を考える」『経団連月報』一六（七）：一六-一九。

永山義高・平泉悦郎、一九七七「時間切れの日ソ交渉！　200カイリで日本の漁業と食料は本当に危機なのか」『朝日ジャーナル』四月一五日号：一八-二一。

新村出編、二〇一八『広辞苑　第七版』（電子版）岩波書店。

二野瓶徳夫、一九六二『漁業構造の史的展開』御茶の水書房。

日本鮭鱒資源保護協会編、一九六九『さけます増殖のあゆみ』日本鮭鱒資源保護協会。

日本水産資源保護協会、一九六一『第壱回さけ・ます増殖研究協議会議事録』日本水産資源保護協会。

日本水産資源保護協会、一九六四『第弐回さけ・ます増殖研究協議会議事録』日本水産資源保護協会。

日本水産資源保護協会、一九六六『第参回さけ・ます増殖研究協議会議事録』日本水産資源保護協会。

日本水産資源保護協会、一九六七『第四回さけ・ます増殖研究協議会議事録』日本水産資源保護協会。

日本水産資源保護協会、一九六八『第五回さけ・ます増殖研究協議会議事録』日本水産資源保護協会。

ヌスバウム、M（神島裕子訳）、二〇〇六＝二〇一二『正義のフロンティア――障碍者・外国人・動物という境界を越えて』法政大学出版会。

ネビール、W・C編（農林大臣官房渉外課訳）、一九五二『日本の漁政――昭和二〇-二六年（連合国総司令部天然資源局報告一五二号）』農林大臣官房渉外課。

農商務省農務局、一八八四a『水産博覧会第一区第二類出品審査報告』農商務省農務局。

農商務省農務局、一八八四b『水産博覧会第一区第三類出品審査報告』農商務省農務局。

農商務省農務局、一八八五『水産博覧会第一区第一類出品審査報告』農商務省農務局。

農林漁業基本問題調査会、一九六〇『漁業の基本問題と基本対策』農林漁業基本問題調査会答申。

農林漁業基本問題調査会編、一九六一『漁業の基本問題と基本対策　解説編』農林統計協会。

農林水産技術会議事務局、一九八五『研究成果一六三　溯河性さけ・ますの大量培養技術の開発に関する総合研究』農林水産技術会議事務局。

農林水産省農林水産技術会議事務局、一九七九a『別枠研究「溯河性さけ・ますの大量培養技術の開発に関する総合研究」推進会議資料（A）――成果要約編／農林水産省農林水産技術会議事務局編』農林水産省農林水産技術会議事務局。

農林水産省農林水産技術会議事務局、一九七九b『別枠研究「溯河性さけ・ますの大量培養技術の開発に関する総合研究」推進会議資料（B）――細部課題編／農林水産省農林水産技術会議事務局編』農林水産省農林水産技術会議事務局。

「農林水産省百年史」編纂委員会編、一九七九『農林水産省百年史　上巻（明治編）』「農林水産省百年史」刊行会。

「農林水産省百年史」編纂委員会編、一九八一『農林水産省百年史　下巻（昭和戦後編）』「農林水産省百年史」刊行会。

野川秀樹、一九九二「本州日本海沿岸におけるサケ増殖と資源動態」『魚と卵』一六一：二九-四三。

野川秀樹、二〇一〇「さけます類の人工ふ化放流に関する技術小史（序説）」『水産技術』三（一）：一-八。

野川秀樹・八木沢功、二〇一一「さけます類の人工ふ化放流に関する技術小史（飼育管理編）」『水産技術』三（二）：六七-八九。

橋村修、二〇〇九『漁場利用の社会史――近世西南九州における水産資源の捕採とテリトリー』人文書院。

長谷川裕康、一九九四「仔魚期におけるサケの人工ふ化管理」『魚と卵』一六三：一一七-一三〇。

畠山武道、一九九二『アメリカの環境保護法』北海道大学図書刊行会。

羽原又吉、一九五二『日本漁業経済史　上巻』岩波書店。

花村宣彦、一九七五『資源培養型漁業について』南西海区水研パンフレット。

花村宣彦、一九八三「海の牧場 SEA RANCH」『農林水産技術研究ジャーナル』六（一）：四一-四四。

バロース、R・E・パルマー、D・D〔佐野誠三訳〕、一九五六「卵及び仔魚の立体式孵化器」『魚と卵』五九：一四-二三。

「反対運動が活発化　宮古港第五次整備　住民に続き漁民も」『岩手日報』一九七五年九月五日。

半田芳男、一九二四「石狩に於ける鮭の回帰率に就いて」『第四回民設孵化場経営者技術者打合会要報』北海道水産試験場、一一。

半田芳男、一九三三（一九三二）『鮭鱒人工蕃殖論（訂正再版）』北海道鮭鱒孵化事業協会。

平船圭子校訂、一九八八〔一八五四〕『三閉伊日記』岩手古文書学会。

フーコー、M〔小林康夫ほか編訳〕、一九七七＝二〇〇〇「真理と権力」『ミシェル・フーコー思考集成　Ⅵ　一九七六-一九七七――セクシュアリテ・真理』筑摩書房。

福井勝義、一九八三「焼畑農耕の普遍性と進化――民俗生態学的視点から」大林太良編『山民と海人――非平地民の生活と伝承』小学館：二三五-二七四。

福永真弓、二〇〇八『多声性の環境倫理――サケの生まれ帰る流域のゆくえ』ハーベスト社。

福永真弓、二〇一七「空間の記憶から環境と社会の潜在力を育むために――岩手県宮古湾のハマと海の豊かな記憶から」宮内泰介編『どうすれば環境保全はうまくいくのか――現場から考える「順応的ガバナンス」の進め方』新泉社：三〇三-三三〇。

福永真弓、二〇一八「須賀の絵解き地図を描く――風景の「上書き」を超えて」羽生淳子、佐々木剛、福永真弓編、二〇一八『やま・かわ・うみの知をつなぐ――東北における在来知と環境教育の現在』東海大学出版会：四七-六六。

藤永元作、一九六九「緒言」「つくる漁業」編集委員会編、『つくる漁業――水産資源増殖の手引』資源協会。

藤村信吉、一八九〇「千歳鮭魚人工孵化場の概況」『北水協会報告』五六：一五-一七。

藤村信吉、一八九一『鮭鱒人工孚化法』北海道廳第二部水産課。

藤村信吉編、一八九四『北海道鮭鱒人工孵化事業報告』北海道庁内務部水産課。

藤村信吉編纂・北海道廳第二部水産課編、一八九一『鮭鱒人工孚化法』北海道廳第二部水産課。

舩橋晴俊、一九九七「熊本水俣病の発生拡大過程と行政組織の意思決定（3）」『法政大学社会労働研究』四四（二）：九三-一二七。

平秩東作〔高倉新一郎校訂〕、一七八四＝一九六九「東遊記」『日本庶民生活史料集成　第4巻』三一書房。

閉伊川漁業組合、一九九三『母なる流れ――閉伊川漁業協同組合創立40年史』閉伊川漁業組合。

ヘリントン、W・C、一九五一「日本沿岸漁民の直面している経済的危機とその解決策としての五ポイント計画」『水産時報』三（四）一九五一：四三-四七。

北水協会、一八八七『北水協会報告』一九。

北水協会、一九〇〇『北水協会創基80周年記念誌――北水協会設立の趣旨と使命　北水協会先人の精神的遺産』北水協会。

北水協会、一九五九『北水協会沿革史』北水協会。

北水協会、一九六二『北海道鮭増殖目標設定とその実施経過』北水協会。

北水協会、二〇〇九『北水協会125年誌』北水協会。

北水協会編、一九八四『北水協会百年史』北水協会。

細野昭雄、二〇一〇『南米チリをサケ輸出大国に変えた日本人たち――ゼロから産業を創出した国際協力の記録』ダイヤモンド・ビッグ社。

北海道さけ・ます増殖事業協会、一九六八『昭和43年4月本州方面ふ化事業視察報告書』北海道さけ・ます増殖事業協会。

北海道鮭鱒孵化事業協会、一九六七「北海道鮭鱒孵化場の創設とその後の変遷」『魚と卵』一九六七、一二四：二〇-二一。

北海道さけ・ますふ化場、一九六三『さけ・ます人工ふ化放流事業実施要領』北海道さけ・ますふ化場（一九六九、一九八五年の改訂版あり)。

北海道さけ・ますふ化場、一九八一「千歳川及び支笏湖周辺水利総合開発計画における水産場の問題点」『北海道さけ・ますふ化場資料』一一四:一-二八、北海道さけ・ますふ化場。

北海道さけ・ますふ化場、一九九六「稚魚の放流　さけ・ますふ化事業実施マニュアル」五六-五七。

北海道さけ・ますふ化放流事業百年史編さん委員会、一九八八『北海道鮭鱒ふ化放流事業百年史1』北海道さけ・ますふ化放流百年記念事業協賛会。

北海道鮭鱒保護協力会連合会根室支部、一九六一『北海道庁西別(虹別)鮭鱒孵化場』(根室地方の鮭鱒ふ化事業沿革　第六集)北海道鮭鱒保護協力会連合会根室支部。

北海道水産課、一九〇〇『千歳鮭鱒人工孵化場事業報告』北海道水産課。

北海道水産孵化場、一九五〇「人工孵化はこうする　鮭鱒人工孵化事業要綱」『魚と卵』六:二七-三〇。

北海道水産孵化場、一九五一『昭和26年度事業報告書』北海道水産孵化場。

北海道・東北史研究会、一九九八『場所請負制とアイヌ――近世蝦夷地史の構築をめざして　札幌シンポジウム』北海道出版企画センター。

ボヌイユ、C・フレソズ、J(野坂しおり訳)、二〇一三=二〇一八『人新世とは何か――「地球と人類の時代」の思想史』青土社。

本州鮭鱒増殖振興会、一九七五『本州鮭鱒二十年史』本州鮭鱒増殖振興会。

本州鮭鱒増殖振興会、一九八七『本州鮭鱒三十年史』本州鮭鱒増殖振興会。

本州鮭鱒増殖振興会、二〇〇八『本州鮭鱒五十年史』本州鮭鱒増殖振興会。

本場第二事業課、一九五五「水生菌の予防について」『魚と卵』五七:二八。

本多勝一、一九七七『本多勝一全集　8』朝日新聞出版社。

本間昭郎、一九七六「I-2　つくる漁業の指向と問題点」水産庁監修・資源協会編『新版つくる漁業』農林統計協会:一九-二四。

本間昭郎、一九八五「4　海洋生物資源の培養と利用」『日本海水学会誌』三九(四):二五二-二六四。

牧野光琢、二〇〇三「日本の水産資源管理理念の沿革と国際的特徴」『日本水産学会誌』六九(三):三六八-三七五。

牧野光琢、二〇一三『日本漁業の制度分析――漁業管理と生態系保全』恒星社厚生閣。

松井健、一九八九『セミ・ドメスティケイション――農耕と遊牧の起源再考』海鳴社。

松井健、二〇〇六「ドメスティケイションとその関連諸概念――整理と注釈」『東北学〔第2期〕』東北芸術工科大学東北文化研究センター、九巻:一一六-一二三。

松下高・高山謙治、一九四二『鮭鱒聚苑』水産社。

眞山紘、一九八五「サケ資源増大のための技術革新　特に放流時に必要とされる稚魚の条件と放流時期について」日本水産資源保護協会、漁政叢書、一五：八三-九二。

眞山紘、一九九三「サケ・マスの生態特性と河川」玉井信行ほか編『河川生態環境工学——魚類生態と河川計画』東京大学出版会、一一一-一二二。

眞山紘、二〇〇四「さけ・ます類の河川遡上生態と魚道」『さけ・ます資源管理センターニュース』一三：一-七。

三原健夫、一九五四「石狩川に於ける鮭捕獲時期の変遷に就て（昭和二九年一〇月）」北海道立水産孵化場、三。

三原健夫、一九六九「稚魚の飼育をはじめた頃のあれこれ」日本鮭鱒資源保護協会編『さけます増殖のあゆみ』日本鮭鱒資源保護協会：二二九-二三三。

三村悌二、一九八三「Ⅱ-2　技術開発の推進」水産庁監修・資源協会編『最新版　つくる漁業』社団法人資源協会、三三一-四五。

宮内泰介編、二〇〇九『半栽培の環境社会学——これからの人と自然』昭和堂。

「宮古漁協『反対』決める　埋立拡張事実上不可能に」『岩手日報』一九七五年一一月三〇日。

宮古市教育委員会、一九九一『宮古市史　年表』宮古市教育委員会。

宮古市教育委員会、一九九四a『宮古市史　民俗編　上』宮古市教育委員会。

宮古市教育委員会、一九九四b『宮古市史　民俗編　下』宮古市教育委員会。

宮古市教育委員会、一九九九『宮古市史　資料集近代（1-1）』宮古市教育委員会。

宮古市・宮古港開港四〇〇周年記念行事実行委員会、二〇一五『宮古港開港四〇〇周年記念事業　宮古港歴史展・復興展　宮古港開港から四〇〇年のあゆみと震災から復興への記録』宮古市・宮古港開港四〇〇周年記念行事実行委員会。

宮古町漁業組合、一九二五『孵化場沿革』宮古町漁業組合。

「宮古湾の新埋め立て　商議所が推進を陳情　市議会、漁民に対抗」『岩手日報』一九七五年九月三日。

宮本幸太ほか、二〇〇九「サケ人工増殖における親魚捕獲、蓄養および受精作業の現状と問題点」『水産技術』一（二）：二九-三八。

盛合家『日記書留帳』（二〇一八〇三二一六翻刻版）宮古市史編纂室。

森嘉兵衛、一九三九「三陸東海岸における長崎俵物生産の研究」『社会経済史学』九（六）：六二八-六四一。

森田健太郎・高橋悟・大熊一正・永沢亨、二〇一三「人工ふ化放流河川におけるサケ野生魚の割合推定」『日本水産学会誌』七九（二）、二〇六-二一三。

森田健太郎・大熊一正、二〇一五「シリーズ　日本の希少魚類の現状と課題　サケ——ふ化事業の陰で生きながらえてきた野生魚の存在とその保全」『魚類学雑誌』六二（二）：一八九–一九五。

山口和雄、一九五七『日本漁業史』東京大学出版會。

山口彌一郎、一九五五「資料　名子制度と縁族集団よりみた漁村の形態　陸中重茂村鵜磯・荒巻　津波による集落占拠形態の研究　第三報」『社会経済史研究』、五〇–五八。

山田伸一、二〇〇四「千歳川のサケ漁規制とアイヌ民族」『北海道開拓記念館研究紀要』三二：一一九–一四二
山田伸一、二〇〇八「遊楽部川へのサケ種川法導入と地域住民」『北海道開拓記念館研究紀要』三六：一二四–一〇三
山田伸一、二〇〇九「札幌県による十勝川流域のサケ禁漁とアイヌ民族」『北海道開拓記念館研究紀要』三七：二〇一–二二二。

山田伸一、二〇一一『近代北海道とアイヌ民族――狩猟規制と土地問題』北海道大学出版会。

融資第一部農地課、一九七六「土地改良資金制度の歩み」『長期金融』第五一号（特集　転換期の土地改良）、農林漁業金融公庫。

横川健、二〇〇五『三面川のサケ』朝日新聞社。

吉永守、二〇一二「魚類ウィルス病とその防疫・防除に関する研究」『日本水産学会誌』七八（三）：三五八–三六七。

ラトゥール、B〔川村久美子訳〕、一九九一＝二〇〇八『虚構の「近代」――科学人類学は警告する』新評論。

リッチ、W・H〔水産研究会訳〕、一九五一『研究資料　日本の水産業研究計畫』水産研究会。

「漁師たちの戦争　徴用船の悲劇（2）手軽に使える〝便利屋〟」『神奈川新聞』二〇一四年八月七日（http://www.kanaloco.jp/article/77286、最終アクセス日二〇一八年八月三一日）。

ロック、J〔加藤節訳〕、一六八九＝二〇一〇『完訳　統治二論』岩波文庫。

渡邊勝・渡邊カネ〔小林正雄編註〕、一九六一–一九六二『渡辺勝、カネ日記』帯広市教員委員会。

Araki, H. *et al.* 2008. “Fitness of hatchery-reared salmonids in the wild.” *Evolutionary Applications*, 1 (2): 342–355.
Blumm, M. 1988. “Public property and the democratization of western water law: A modern view of the public trust doctrine.” *Environmental Law*, 19: 572–604.
Blumm, M. C. and T. Schwartz. 1995. “Mono lake and the evolving public trust in western water.” *Arizona Law Review*, 37: 701–738.
Callon, M. 1987. “Society in the making: The study of technology as a tool for sociological analysis.” In Huges, T. and T. Pinch eds. *The Social Construction of Technological Systems: New Directions in the Sociology and History of Technology*. London: MIT Press: 83–103.
Carruthers, B. G. and L. Ariovich. 2004. “The sociology of property rights.” *Annual Review of Sociology*, 30: 23–46.

Cronnon, W. 1983. *Changes in the Land: Indians, Colonists, and the Ecology of New England*. New York: Hill & Wang（＝一九九五、佐野敏行・藤田真理子訳『変貌する大地――インディアンと植民者の環境史』勁草書房）.

Crutzen, P. J. and E. F. Stoermer. 2000. "The 'Anthropocene.'" *Global Change Newsletter*, 41: 17–18.

Dulles, J. F. 1951. "The consultant to the secretary（Dulles）to the secretary of state, Tokyo, February 10, 1951." *Foreign Relations of the United States, 1951, Asia and the Pacific*, Volume VI, Part 1, 694. 001/2-1051.

FAO. 2016. *The State of World Fisheries and Aquaculture 2016. Contributing to food security and nutrition for all*. Rome.

FAO. 2019. *Profitable Growth Continues in the Global Salmon Sector Despite Price Volatility 2019/10/1*. http://www.fao.org/in-action/globefish/market-reports/resource-detail/en/c/1176223/（二〇一八年一〇月一日最終アクセス）.

Foucault, M. 1982. "The subject and power." *Critical Inquiry*, 8（4）: 777–795.

General Headquarters, *Supreme Commander for the Allied Powers*, Natural Resources Section, 1946. "Fisheries Research Program in Japan." *Report*. 1946. 2–1952.

Godelier, M. 1978. "Territory and property in primitive society." *Social Science Information*, 17（3）: 399–426.

Gunderson L. H. and C. S. Holling. 2002. *Panarchy: Understanding Transformations in Human and Natural Systems*. Washington, Covelo, London: Island Press.

Haraway, D. J. 1991. *Simians, Cyborgs and Women: The Reinvention of Nature*. New York: Routledge（＝二〇〇〇、高橋さきの訳『猿と女とサイボーグ――自然の再発明』青土社）.

Haraway, D. J. 2008. *When Species Meet*. Minneapolis, London: University of Minnesota Press.

Haraway, D. J. 2016. *Staying with the Trouble: Making Kin in the Chthulucene*. Durham: Duke University Press.

Honma, A. 1993, *Aquaculture in Japan*. Tokyo: Japan FAO Association, 98.

Howell, B. R. and Y. Yamashita. 2005. "Aquaculture and stock enhancement." In Gibson R. N. ed. *Flatfishes, Biology and Exploitation*. Oxford: Blackwell Publishing: 347–371.

Igoe, J. 2017, *The Nature of Spectacle: On Images, Money, and Conserving Capitalism*. Tucson: The University of Arizona Press.

Ingold, T. 1987. *The Appropriation of Nature: Essays on Human Ecology and Social Relations*. Iowa city: University of Iowa Press.

Ito, T. and M. Nakajima. 2009. "Abundance of salmon carcasses at the upper reaches of an adult salmon trap: Ten years of observation at a tributary of the Chitose River, Hokkaido, northern Japan." *Sci. Rep. Hokkaido Fish Hatchery*, 63: 1–7.

Kaeriyama, M. *et al*. 2012. "Perspectives on wild and hatchery salmon interactions at sea, potential climate effects on Japanese chum salmon, and the need for sustainable salmon fishery management reform in Japan." *Environmental Biology of Fishes*, 94 (1): 165–177.

Krkošek, M. *et al.* 2007 "Declining wild salmon populations in relation to parasites from farm salmon." *Science*, December 14, 2007.

Kurlansky, M. 1998. *Cod: A Biography of the Fish that Changed the World*. New York: Penguin Books (1997, Walker Publishing Company).

Latour, B. 1987. *Science in Action: How to Follow Scientists and Engineers through Society*. Cambridge: Harvard University Press.

Latour, B. 2005. *Reassembling the Social: An Introduction to Actor-Network-Theory*. Oxford, New York: Oxford University Press.

Lien, M, E. 2015. *Becoming Salmon Aquaculture and the Domestication of a Fish*. Berkeley: University of California Press.

Marsh, G. P. 1857. *Report Made under Authority of the Legislature of Vermont, on the Artificial Propagation of Fish*. Burlington: Free Press.

Marsh, G. P. 1864. *Man and Nature; or, Physical Geography as Modified by Human*. New York: C. Scribner.

McNeil, J. R. and J. Robert. 2014. *The Great Acceleration: An Environmental History of the Anthropocene Since 1945*. Cambridge and London: The Belknap Press of Harvard University Press.

National Oceanic and Atmospheric Administration (NOAA). 1999. *NOAA Technical Memorandum NMFS-NWFSC-38, A Conceptual Framework for Conservation Hatchery Strategies for Pacific Salmons*. NOAA.

North Pacific Anadromous Fish Commission (NPAFC). 2016. *Bulletin Number 6, Pacific Salmon and Steelhead Production in a Changing Climate: Past, Present, and Future*. Vancouver: NPAFC. (https://npafc.org/wp-content/uploads/2017/09/bulletin6.pdf 二〇一八年一〇月一日最終アクセス)

Nussbaum, M. C. 1995. "Objectification." *Philosophy & Public Affairs*, 24 (4): 249–291.

Olson, M. 2003. *The Logic of Collective Action*. reprint editions. Seattle: University of Washington Press (1965, Harvard University Press).

Porter, W. J. 1888–1889. *The Main Historical Magazine*, vol. 4. Maine: Bangor.

Sassen, S. 2014. *Expulsions: Brutality and Complexity in the Global Economy*. Cambridge: Harvard University Press (=二〇一七、伊藤茂訳『グローバル資本主義と〈放逐〉の論理――不可視化されゆく人々と空間』明石書店).

Scheiber, H. N. 1989. "Origins of the abstention doctrine in ocean law: Japanese-U.S. relations and the Pacific fisheries, 1937–1958." *Ecology Law Quarterly*, 16 (1): 23–99.

Scott, J. C. 1995. "State simplifications: nature, space and people." *Journal of Political Philosophy*, 3 (3): 191–233.

Smith, N. 1982. "Gentrification and uneven development." *Economic Geography*, 58: 139–155.

Spence, M. D. 1999. *Dispossessing the Wilderness: Indian Removal and the Making of the National Parks*. Oxford: Oxford University Press.

Sterling, A. 1998. "Risk at a turning point?." *Journal of Risk Research*, 1 (2): 97–100.

Suzuki Y. 2016. *The Nature of Whiteness: Race, Animals, and Nation in Zimbabwe*. Seattle and London: University of Washington Press.

Taylor, J. E. III. 1999. *Making Salmon: An Environmental History of the Northwest Fisheries Crisis*. Washington: University of Washington Press.

Tsing, A. L. 2015, *The Mushroom at the End of the World on the Possibility of Life in Capitalist Ruins*. Oxford: Princeton University Press.

Zangl, B. 2014. "Regime theory." In Siegfried, S. and M. Spindle eds. *Theories of International Relations*. London: Routledge, 76–88.

マ　行

ヤ　行

ラ　行

ワ　行

タ　行

ナ　行

ハ　行

サ　行

索　引

ア　行

カ　行

著者略歴

1976年　愛媛県に生まれる．
2008年　東京大学大学院新領域創成科学研究科博士課程修了，博士（環境学）．
　　　　立教大学社会学部助教，大阪府立大学現代システム科学域准教授などを経て，
現　在　東京大学大学院新領域創成科学研究科准教授．
専　門　環境社会学・環境倫理学．

主要著書

『多声性の環境倫理——サケが生まれ帰る流域の正統性のゆくえ』（ハーベスト社，2010年）
『環境倫理学』（共編，東京大学出版会，2009年）
『未来の環境倫理学』（共編，勁草書房，2018年）ほか．

サケをつくる人びと　水産増殖と資源再生

2019年12月5日　初　版

［検印廃止］

著　者　福永真弓（ふくなが まゆみ）

発行所　一般財団法人　東京大学出版会
　　　　代表者　吉見俊哉
　　　　153-0041　東京都目黒区駒場4-5-29
　　　　電話 03-6407-1069　Fax 03-6407-1991
　　　　振替 00160-6-59964

印刷所　株式会社精興社
製本所　牧製本印刷株式会社

ISBN 978-4-13-060322-5　Printed in Japan